Verlag PensareDiverso
Reihe „Il Campo di Coscienza“.

Quantenverschränkung und Bewusstseinsfeld in der lebendigen Form.

Bruno Del Medico.

Die Biologie der Felder

Quantenverschränkung und Bewusstseinsfeld in der neuen Biologie des Lebens.

Die Auswirkungen auf Gesundheit und Krankheit

Bruno Del Medico Verlag.
Verlag PensareDiverso
edizioni@delmedico.it
www.giardinoquantico.it

Inhaltsverzeichnis .

Einleitung .

Was ist ein lebender Organismus eigentlich? Eine äußerst komplexe biochemische Maschine, wie uns die Biologie des 20. Jahrhunderts gelehrt hat, oder doch etwas mehr: eine Sinnstruktur, ein Informationssystem, das in der Lage ist, Form, Identität und Zweck über die Zeit hinweg aufrechtzuerhalten? Die Feldbiologie entspringt dieser radikalen Frage und begleitet den Leser auf einer Reise durch Wissenschaft, Philosophie und neue Grenzen des biologischen Denkens.

In den letzten Jahrzehnten haben die Erfolge der Molekulargenetik und der Biochemie außergewöhnliche Ergebnisse hervorgebracht, aber auch die Grenzen eines rein reduktionistischen Paradigmas aufgezeigt. Das Leben als Summe chemischer Reaktionen oder als bloße Ausführung eines genetischen Codes zu erklären, reicht nicht mehr aus, um grundlegende Phänomene zu erklären: die Form, die Kohärenz des Organismus, die Selbstorganisation, die Fähigkeit zur kreativen Anpassung und letztendlich die biologische Bedeutung.

Dieses Buch schlägt einen Perspektivwechsel vor: Organismen sollen als stabilisierte Informationsstrukturen betrachtet werden, die von Kohärenzfeldern getragen werden, welche den einzelnen materiellen Teilen vorausgehen und diese organisieren. Dabei handelt es sich nicht um eine Flucht ins Vage oder Symbolische, sondern um den rigorosen Versuch, Beiträge aus der Physik komplexer Systeme, der theoretischen Biologie, den Neurowissenschaften und einer kritischen

Neuinterpretation der vitalistischen Traditionen im Lichte zeitgenössischer Erkenntnisse zu integrieren.

Von der Krise des klassischen biochemischen Paradigmas bis hin zum ungelösten Problem der Form in der Evolutionsbiologie zeigt der Text, wie das Leben besser verstanden werden kann, wenn man es als „ “ betrachtet – ein Phänomen nicht-lokaler Kohärenz, bei dem das Ganze nicht das Ergebnis der Teile ist, sondern deren Möglichkeitsbedingung. Aus dieser Perspektive sind biologische Felder keine suggestiven Metaphern, sondern konzeptuelle Werkzeuge, um zu beschreiben, wie Information Gestalt annimmt, wie Energie zu Organisation wird und wie der Organismus seine dynamische Identität bewahrt.

Diese Sichtweise hat tiefgreifende Auswirkungen auch auf unser Verständnis von Gesundheit und Krankheit. Gesundheit erscheint als Zustand globaler Kohärenz, während Krankheit eher als Fragmentierung des Feldes, als Verlust der informativen Harmonie und erst in zweiter Linie als mechanischer Defekt erscheint. Gleichzeitig wird das Leben als diffuser kognitiver Prozess neu interpretiert: Jeder Organismus erkennt, bewertet und reagiert in seiner bloßen Existenz auf die Welt.

Die Feldbiologie eröffnet einen Raum für verantwortungsvolle Reflexion, in dem Wissenschaft und Metaphysik wieder in einen Dialog treten, ohne sich zu vermischen. Eine Einladung, das Leben nicht nur als natürliches Phänomen, sondern als sinnstiftendes Ereignis im Universum zu überdenken und biologisches Wissen als eine Erkenntnis zu betrachten, die unweigerlich auch eine kulturelle und ethische Entscheidung beinhaltet.

Vorwort. Eine neue begriffliche Grammatik.

Warum das Leben nicht mehr als Materie in Bewegung gedacht werden kann.

Über ein Jahrhundert lang sprach die Biologie die Sprache der klassischen Physik: Materie, Stöße, Reaktionen, Kausalketten. Eine kraftvolle Sprache, die außergewöhnliche Ergebnisse hervorgebracht hat, die heute jedoch immer deutlichere Risse aufweist. Nicht, weil es an Daten mangelt – im Gegenteil –, sondern weil diese Daten mehr zu sagen scheinen, als die traditionellen Kategorien zu erfassen vermögen. Diese Einleitung entspringt genau diesem Umstand: dem immer weniger verborgenen Gefühl, dass das Leben nicht mehr als bloße Materie in Bewegung gedacht werden kann, als eine Summe chemischer Reaktionen, die vom Zufall orchestriert und durch die Notwendigkeit gefiltert werden.

Das Ziel dieser Einleitung ist es nicht, eine neue biologische Theorie zu beweisen oder alternative Experimente vorzuschlagen. Ihre Aufgabe ist radikaler und zugleich nüchterner: den konzeptionellen Boden für das Buch zu bereiten und zu verdeutlichen, warum es notwendig ist, die Grammatik zu ändern, noch bevor man das Modell ändert. Die folgenden Seiten laden den Leser dazu ein, für einen Moment den Automatismus außer Kraft zu setzen, mit dem wir das Lebendige mit dem Mechanischen gleichsetzen, um die Vorstellung zu erkunden, dass das Leben in erster Linie ein Phänomen der Kohärenz, des Feldes und der Information ist, die Gestalt annimmt.

In den letzten Jahrzehnten haben die Molekularbiologie, die Theorie komplexer Systeme, die Epigenetik und einige Konvergenzen mit der zeitgenössischen Physik ein stilles

Paradoxon hervorgebracht: Wir wissen immer mehr über die elementaren Bestandteile des Lebendigen, tun uns jedoch schwer damit zu erklären, warum sich der Organismus als Ganzes wie eine Einheit verhält, die über Stabilität, Plastizität und Sinn verfügt. Das Problem liegt, wie bereits Ludwig von Bertalanffy, , der Begründer der Systemtheorie, feststellte, nicht in den Fakten, sondern in der Sichtweise: *„Lebende Systeme sind keine Ansammlungen von Teilen, sondern organisierte Ganzheiten.*" Ein Satz, der heute weniger philosophisch und eher praxisorientiert klingt, als er Mitte des 20. Jahrhunderts erschien.

Hier zeigt sich das, was wir als die stille Krise der modernen Biologie bezeichnen könnten. Still, weil sie sich nicht als experimentelles Scheitern manifestiert, sondern als interpretatorisches Unbehagen. Phänomene wie die Morphogenese, die globale Regulation des Organismus und die überraschende Robustheit lebender Systeme gegenüber Störungen gehen über die lineare Kausalität hinaus, ohne dabei gegen irgendein Naturgesetz zu verstoßen. Wie der Biologe und Nobelpreisträger Albert Szent-Györgyi schrieb: *„Das Leben ist eine Eigenschaft der Organisation, nicht der Moleküle.*" Eine einfache, fast selbstverständliche Feststellung, die jedoch für eine Biologie, die es gewohnt ist, die letzten Ursachen in den elementaren Bausteinen zu suchen, zutiefst destabilisierend ist.

Wenn die Daten die Theorien übersteigen, ist es nicht ungewöhnlich, dass die Wissenschaft darauf reagiert, indem sie ihren Blick verengt, ihre Instrumente verfeinert und weitere Details sammelt. Dieses Buch wählt einen anderen Weg: Es fragt, ob nicht vielmehr der konzeptionelle Rahmen erweitert werden muss. Die Idee des biologischen Feldes, die in den folgenden Abschnitten weiterentwickelt wird, entsteht nicht als anschauliche Metapher, sondern als Versuch, den Organismus als eine stabilisierte Informationsstruktur zu begreifen, in der das Ganze den Teilen vorausgeht und ihnen Orientierung gibt. In diesem Sinne ist der Bezug zur Information nicht abstrakt oder digital zu verstehen, sondern als verkörpertes Prinzip, das in der Lage ist, Form, Funktion und Kontinuität im Laufe der Zeit zu erzeugen.

Eine ähnliche Erkenntnis hatte der Physiker David Bohm in einem anderen Zusammenhang intuitiv erkannt, als er schrieb, dass *„in einer impliziten Ordnung das Ganze in jedem Teil gegenwärtig ist*". Auf den biologischen Bereich übertragen legt diese Erkenntnis nahe, dass das Lebendige nicht einfach von unten aufgebaut, sondern von oben aufrechterhalten wird – durch eine Ordnung der Kohärenz, die mit keiner einzelnen materiellen Komponente übereinstimmt. Es geht nicht darum, die Biochemie aufzugeben, sondern ihre erklärenden Grenzen anzuerkennen, wenn sie als umfassende Ontologie herangezogen wird.

Vom Mechanismus zur Bedeutung: Das ist die Bewegung, die diese Einleitung in Gang setzen möchte. In der Biologie von Bedeutung zu sprechen, bedeutet nicht, naive Finalismen einzuführen, sondern anzuerkennen, dass jeder Organismus ständig Unterscheidungen trifft, Beziehungen pflegt und eine Form bewahrt. In diesem Sinne klingt die Aussage von Francisco Varela noch immer aktuell: *„Leben ist ein Prozess des Erkennens*." Ein Satz, der Raum für eine Biologie schafft, die nicht nur mit der Physik, sondern auch mit der Erkenntnistheorie und der Naturphilosophie in Dialog treten kann, ohne dabei an Stringenz einzubüßen.

Diese Einleitung ist also eine Schwelle. Sie bietet keine Lösungen, sondern Orientierungshilfen. Sie beantwortet nicht alle Fragen, sondern verdeutlicht, warum die Fragen selbst neu formuliert werden müssen. In den folgenden Kapiteln werden die Krise des klassischen Paradigmas, der Begriff der Kohärenz, die Idee des Feldes und die Implikationen für Gesundheit und Krankheit eingehender untersucht. Hier wird der Leser lediglich dazu eingeladen, eine Möglichkeit in Betracht zu ziehen: dass das Leben nicht nur das ist, was in der Materie geschieht, sondern die Art und Weise, wie die Materie kontinuierlich geprägt, zusammengehalten und mit Bedeutung erfüllt wird.

Die Worte, mit denen wir das Leben denken.

Jede Wissenschaft entsteht zweimal: einmal in den Labors und einmal in der Sprache, mit der sie versucht, sich zu beschreiben. Die Biologie bildet da keine Ausnahme. Seit ihren modernen Anfängen hat sie Wörter, Bilder und Metaphern aus der Physik und dem Ingenieurwesen entlehnt und darin eine außergewöhnliche Erklärungskraft gefunden. Von „Mechanismen", „molekularen Zahnrädern" und „genetischen Programmen" zu sprechen, hat es ermöglicht, das Lebendige verständlich zu machen, es zu zerlegen, zu analysieren und zu manipulieren. Doch gerade heute, wo die Biologie über eine beispiellose Datenmenge verfügt, zeigen dieselben Metaphern allmählich ihre undurchsichtige Seite: Anstatt zu klären, scheinen sie manchmal eher zu verbergen.

Es gilt, einen oft übersehenen Punkt in den Fokus zu rücken: Das Problem ist nicht nur, was wir über das Leben wissen, sondern auch, wie wir darüber sprechen. Die wissenschaftliche Sprache ist kein bloßes, neutrales Informationsmedium; sie lenkt den Blick, suggeriert kausale Zusammenhänge, legt fest, was plausibel erscheint und was von vornherein ausgeschlossen wird. Wie die Wissenschaftsphilosophin Mary Hesse betonte: *„Metaphern sind keine Verzierungen des wissenschaftlichen Denkens, sondern kognitive Werkzeuge."* Werkzeuge, die gerade wegen ihrer Wirkmächtigkeit zu unsichtbaren Fesseln werden können.

Die mechanistische Metapher hat die Biologie mit fast perfekter Konsequenz begleitet. Seit dem 17. Jahrhundert wurde der Organismus als raffinierte Maschine, der Körper als Apparat und die Zelle als chemische Fabrik betrachtet. Im 20. Jahrhundert, mit dem Aufkommen der Molekulargenetik, wurde das Vokabular aktualisiert, ohne dass sich der Grundtenor wirklich änderte: Die DNA wurde zu einem „Code", die Gene zu „Anweisungen", der Organismus zur Ausführung eines „Programms". Als François Jacob 1961 vom *„programme* génétique“ sprach, erschien dieser Ausdruck aufschlussreich; heute, Jahrzehnte später, erkennen viele Biologen, dass diese Metapher einen linearen Determinismus suggerieren könnte, den die tatsächlichen Daten nicht bestätigen.

Der kritische Punkt tritt zutage, wenn die Sprache der Beobachtung vorauseilt, anstatt ihr zu folgen. Phänomene wie phänotypische Plastizität, epigenetische Regulation oder die Selbstorganisation lebender Systeme finden nur schwer Platz in einem Vokabular, das darauf ausgelegt ist, Befehlsketten und Anweisungssequenzen zu beschreiben. Der englische Biologe Denis Noble hat nicht ohne eine gewisse Ironie bemerkt, dass *„Gene keine Befehle, sondern Ressourcen sind*“. Ein Wort zu ändern bedeutet in diesem Fall, das Bild des Organismus selbst zu verändern: nicht mehr passiver Ausführender, sondern dynamisches System, das Signale, Kontexte und globale Rahmenbedingungen integriert.

In diese Kluft zwischen Sprache und Phänomenen fügt sich der Ansatz dieses Buches ein. Von Feld, Kohärenz und verkörperter Information zu sprechen, bedeutet nicht, vage oder suggestiv klingende Begriffe einzuführen, sondern den Versuch einer Neukalibrierung des wissenschaftlichen Diskurses und d n Denkens. Im Übrigen zeigt die Geschichte der Wissenschaft, dass Wendepunkte oft mit einem tiefgreifenden lexikalischen Wandel zusammenfallen. Als Michael Faraday das Konzept des Feldes in die Physik einführte, fügte er keine mysteriöse Entität hinzu, sondern bot eine neue Art, das auszudrücken, was die Gleichungen bereits erahnen ließen. In ähnlicher Weise zielt der Rückgriff auf eine weniger mechanistische Sprache in der Biologie darauf ab, das aussprechbar zu machen, was die Daten zeigen, was die alten Metaphern jedoch nicht mehr fassen können.

Diese Überlegung bedeutet weder eine Ablehnung wissenschaftlicher Präzision noch eine Flucht in poetische oder symbolische Sprachen. Im Gegenteil: Wie Niels Bohr betonte, *„sind wir in der Sprache* gefangen“, und genau deshalb müssen wir sie mit Strenge und Bewusstsein einsetzen. Das Problem besteht nicht darin, Metaphern zu verwenden, sondern darin, zu vergessen, dass es sich um Metaphern handelt. Wenn der Organismus ausschließlich als Maschine beschrieben wird, wird es schwierig, ihn sich als eine Einheit vorzustellen, die über Geschichte, Gedächtnis und dynamische Stabilität verfügt. Wenn das Leben auf Materie in Bewegung reduziert wird, geht nicht das Detail verloren, sondern der Gesamtzusammenhang.

Dieser Absatz soll dem Leser daher einen Interpretationsansatz bieten: Bevor man sich mit den Themen der Krise des klassischen Paradigmas, der biologischen Kohärenz und der Lebensfelder befasst, ist es notwendig, das Vokabular zu hinterfragen, mit dem diese Themen behandelt werden. Denn, wie der Linguist Benjamin Lee Whorf schrieb: *„Wir analysieren die Natur entlang der Linien, die unsere Sprache vorzeichnet.“* Die Biologie neu zu überdenken bedeutet zwangsläufig auch, die Worte neu zu überdenken, mit denen wir sie beschreiben.

Von den physikalischen Feldern zu den Lebensfeldern.

Es gibt ein subtiles, aber immer deutlicher werdendes Signal, das sich durch viele zeitgenössische wissenschaftliche Disziplinen zieht: das Gefühl, dass sich die interessantesten Phänomene nicht mehr als einfache Ketten lokaler Ursachen und Wirkungen beschreiben lassen. In der Physik, in den Neurowissenschaften, in der Ökologie und sogar in einigen Zweigen der theoretischen Ökonomie haben Begriffe wie Feld, Kohärenz, Emergenz und globale Organisation Einzug in den Wortschatz gehalten – nicht aus Mode, sondern aus Notwendigkeit. Die Biologie ist in diesem Sinne keine isolierte Ausnahme, sondern das letzte Glied einer umfassenderen Transformation der Art und Weise, wie wir die Natur begreifen.

Der bekannteste Fall ist die Physik des 20. Jahrhunderts. Als sich in den 1920er- und 1930er-Jahren die Quantenmechanik und die Feldelektrodynamik durchsetzten, wurde klar, dass bestimmte Eigenschaften nicht einzelnen Objekten eigen sind, sondern dem System als Ganzem. In Göttingen und Kopenhagen, Orten, die heute in der Wissenschaftsgeschichte fast mythisch anmuten, wurde darüber diskutiert, dass ein Teilchen nicht mehr als isolierter Punkt, sondern als Knotenpunkt in einem Beziehungsnetz gedacht werden könne. Ohne auf technische Details einzugehen, kommt es auf den Perspektivwechsel an: Die Realität ist keine Summe von Teilen, sondern eine kohärente Konfiguration.

Etwas Ähnliches geschieht heute in den Neurowissenschaften. Seit den 1990er Jahren, mit der Entwicklung der *Neuroimaging-Techniken*, hat man begonnen zu beobachten, dass Funktionen wie Wahrnehmung oder Bewusstsein nicht einem einzelnen „Zentrum" im Gehirn entsprechen, sondern dynamischen Synchronisationsmustern zwischen weit voneinander entfernten Bereichen. Der Neurowissenschaftler Francisco Varela sprach von neuronaler Kohärenz, um diese vorübergehenden, aber hochgradig organisierten Zustände zu beschreiben. Kein zentraler Befehl, sondern eine vorübergehende Übereinstimmung, die (wie er 1998 in einem Vortrag in Paris sagte) eher einem *Jazz-Ensemble* als einem klassischen Orchester ähnelt.

Auch die Ökologie liefert aufschlussreiche Beispiele. Ökosysteme werden heute als Felder nichtlinearer Wechselwirkungen untersucht, in denen Stabilität nicht von Unveränderlichkeit abhängt, sondern von der Fähigkeit, Störungen zu absorbieren und dabei eine Gesamtstruktur aufrechtzuerhalten. Die Arbeiten von C.S. Holling zur ökologischen Resilienz, die in den 1970er Jahren in Kanada und Skandinavien entstanden, haben gezeigt, dass sich ein lebendes System ständig verändern kann, ohne seine Identität zu verlieren. Eine Idee, die tief mit dem biologischen Begriff des Organismus als stabilisierter Informationsstruktur im Einklang steht.

Dieser kurze vergleichende Blick dient weder dazu, Modelle von einer Wissenschaft in die andere zu übertragen, noch Analogien zu erzwingen. Er dient vielmehr dazu, die Feldbiologie in einen breiteren kulturellen und wissenschaftlichen Kontext einzuordnen, in dem Konzepte wie Kohärenz und Feld spontan immer dann auftauchen, wenn man sich mit komplexen und lebenden Systemen auseinandersetzt. Viele Forscher aus verschiedenen Bereichen teilen das Gefühl, dass die reduktionistische Sprache zwar gut für die einzelnen Komponenten funktioniert, aber an Wirksamkeit verliert, wenn es darum geht, das Verhalten des Ganzen zu verstehen. Die Biologie scheint sich heute genau an dieser Schwelle zu befinden.

Die Biologie, die funktioniert, aber nicht versteht.

Betrachtet man die zeitgenössische Biologie von außen, mag die Vorstellung einer „Krise“ fast paradox erscheinen. Nie zuvor hatten wir so ausgefeilte Instrumente, unerschöpfliche Datenbanken und Technologien, die in der Lage sind, Lebensprozesse mit einer Präzision zu lesen, neu zu schreiben und zu visualisieren, die noch vor wenigen Jahrzehnten undenkbar war. Und doch macht sich gerade innerhalb der wissenschaftlichen Gemeinschaft ein weniger triumphalistisches Gefühl breit: das einer Disziplin, die zwar rasch voranschreitet, aber ohne genau zu wissen, auf welche Vorstellung vom Leben sie zusteuert.

Es ist eine stille Krise, weil sie weder spektakuläre Brüche noch offene Konflikte zwischen den wissenschaftlichen Schulen hervorruft. Es gibt kein Experiment, das „nicht funktioniert“, und keine sensationelle Anomalie, die dazu zwingen würde, die Lehrbücher von heute auf morgen neu zu schreiben. Das Unbehagen zeigt sich anderswo: in der Art und Weise, wie die Ergebnisse interpretiert, in Schubladen gesteckt und erzählt werden. Wie die Wissenschaftshistorikerin Evelyn Fox Keller bereits in den 1990er Jahren feststellte, ist das Problem nicht der Mangel an Erklärungen, sondern der Überfluss an Teil-Erklärungen, die sich nicht zu einem Gesamtbild zusammenfügen lassen.

Eine Anekdote, die lange Zeit in den Fluren des *„Laboratory of Molecular* Biology“ in Cambridge die Runde machte, besagt, dass Sydney Brenner, einer der Väter der Molekularbiologie, gerne mit einem Hauch von Provokation wiederholte: *„Wir* *wissen alles über Gene, aber wir wissen noch nicht, was ein Organismus ist.*“ Dieser Satz, der einem informellen Gespräch aus den frühen 2000er Jahren zugeschrieben wird, war kein Eingeständnis von Unwissenheit, sondern eine klare Diagnose. Die Biologie zeichnet sich durch die Analyse von Bestandteilen aus, tut sich jedoch schwer damit zu erklären, wie diese Bestandteile zu einer stabilen, sich selbst erhaltenden, anpassungsfähigen und sich als Einheit erkennend n Lebensform werden.

Der Interpretationskonflikt tritt jedes Mal zutage, wenn man versucht, verschiedene Beschreibungsebenen miteinander zu verknüpfen. Genomkarten, Regulationsnetzwerke und Stoffwechselströme liefern äußerst detaillierte Informationen, doch der Übergang vom „Wie funktioniert ein Teil?“ zum „Warum ist der Organismus so und nicht anders?“ bleibt problematisch. Nicht weil es an Daten mangelt, sondern weil der vorherrschende konzeptionelle Rahmen dazu neigt, den Organismus als das emergente Ergebnis lokaler Prozesse zu behandeln, ohne die globale Stabilität der Form zu hinterfragen.

Diese Diskrepanz zeigt sich auch in der wissenschaftlichen Ausbildung. An vielen europäischen und nordamerikanischen Universitäten, darunter Heidelberg und Stanford, wird seit Jahren darüber diskutiert, wie schwer es den Studierenden fällt, Molekularbiologie, Physiologie und Morphologie miteinander zu verknüpfen. Die Disziplinen koexistieren, sprechen aber leicht unterschiedliche Sprachen. Das Ergebnis ist ein fragmentiertes Wissen, das auf technischer Ebene zwar hochkompetent ist, aber zögert, wenn es darum geht, ein einheitliches Lebenskonzept zu formulieren.

Die Krise betrifft also nicht die Gültigkeit der Experimente, sondern den Interpretationshorizont, in den sie eingeordnet werden. Die fortwährende Anhäufung von Daten ohne eine Überprüfung der begrifflichen Kategorien birgt die Gefahr, dass das entsteht, was der Wissenschaftsphilosoph Thomas Kuhn als *„Normal* Science“ bezeichnet hätte – eine *Wissenschaft,* die immer effizienter und immer weniger hinterfragend ist. In diesem Sinne gleicht die moderne Biologie einer unendlichen Bibliothek, in der die Anzahl der Bücher wächst, der begriffliche Katalog jedoch unverändert bleibt.

Von einer Interpretationskrise zu sprechen bedeutet nicht, einen Methodenwechsel oder eine Rebellion gegen die experimentelle Strenge zu fordern. Es bedeutet vielmehr anzuerkennen, dass die Frage „Was ist ein Organismus?" nicht allein durch eine Verbesserung der Auflösung der Instrumente beantwortet werden kann. Sie erfordert ein Umdenken in den theoretischen Rahmenbedingungen, eine stärkere Berücksichtigung der Prinzipien der Organisation, der Kontinuität und der informativen Stabilität, die das Lebendige zusammenhalten. An dieser unscheinbaren, aber entscheidenden Schwelle ansetzt der Vorschlag einer Feldbiologie.

Sehen ist niemals neutral: Die Bilder entscheiden darüber, was Leben ist.

Jede wissenschaftliche Epoche betrachtet das Leben durch die Bilder, die sie zu erzeugen vermag. Das ist kein ästhetisches Detail, sondern eine tiefgreifende erkenntnistheoretische Entscheidung. Als Rudolf Virchow in der zweiten Hälfte des 19. Jahrhunderts in Berlin erklärte, dass *„omnis cellula e* cellula" (*jede Zelle aus einer anderen Zelle entsteht*), formulierte er nicht nur ein biologisches Prinzip: Er verankerte eine Sichtweise auf das Lebendige, die durch das Bild unter dem Lichtmikroskop geprägt war – durch die Zelle als diskrete, abgegrenzte, autarke Einheit.

Seitdem hat die Biologie ihre visuellen Instrumente – Elektronenmikroskopie, Fluoreszenz, molekulare Bildgebung – kontinuierlich verfeinert, ohne sich jedoch ausreichend mit der Frage auseinanderzusetzen, was diese Bilder implizit nahelegen. Stoffwechselkarten, als lineare Codes dargestellte

Gensequenzen und Kaskadendiagramme der zellulären Signalwege erzählen eine ganz bestimmte Geschichte: die eines Lebens, das zerlegbar und lokalisierbar ist und von punktuellen Ursachen gesteuert wird. Und doch, wie der englische Biophysiker Brian Goodwin bereits in den 1970er Jahren bei der Beobachtung embryonaler Morphogenese feststellte: *„Die Bilder erklären weniger, als sie versprechen.*“ Sie zeigen uns das Wo, selten das Wie und fast nie das Warum.

Ein symbolträchtiges Beispiel ist die berühmte „Doppelhelix“ der DNA, die durch das Modell von Watson und Crick 1953 in Cambridge zur Ikone wurde. Ein äußerst wirkungsvolles Bild, das Jahrzehnte der Forschung geprägt hat, aber auch die Vorstellung verfestigt hat, dass biologische Information in einer statischen Struktur liegt, die wie ein Text lesbar ist. Dagegen wurde den Phänomenen der epigenetischen Regulation, den von Lionel Jaffe in Berkeley untersuchten zellulären elektrischen Feldern oder den dynamischen „ “-Mustern, die in den 1990er Jahren in den Labors für Embryonalentwicklung in Kyoto und Tübingen beobachtet wurden, weitaus weniger visueller Raum eingeräumt. Nicht, weil sie weniger real waren, sondern weil sie schwieriger zu „fotografieren“ waren. Wie der Wissenschaftsphilosoph Ian Hacking betonte, beschränken sich wissenschaftliche Bilder nicht darauf, die Welt darzustellen: Sie tragen dazu bei, festzulegen, was als real gilt. In der Biologie bedeutete dies, dem Isolierbaren und Färbbaren den Vorrang zu geben, auf Kosten dessen, was relational, diffus und kohärent ist. An diesem blinden Fleck – still, aber entscheidend – eröffnet sich die Perspektive der biologischen Felder: nicht gegen die Bilder, sondern jenseits ihrer Vereinfachungskraft.

Labore ohne Horizont: Die Fragmentierung des biologischen Wissens.

Es gibt einen Aspekt der Krise der zeitgenössischen Biologie, über den wenig gesprochen wird, vielleicht weil er empfindliche Punkte berührt, die über das Labor hinausgehen: ihre soziale und institutionelle Dimension. Die heutige Biologie leidet weder unter einem Mangel an Daten noch unter einem Mangel an Technologien. Im Gegenteil, sie produziert Informationen in schwindelerregender Menge. Und doch, wie der Wissenschaftssoziologe Bruno Latour bereits in den 1990er Jahren bei seinen Untersuchungen zur täglichen Arbeit in den Laboren feststellte, entsteht Wissen niemals abstrakt: Es ist stets eingebettet in Netzwerke aus Fördermitteln, Karrieren, Fachzeitschriften, Ausschreibungen und Produktivitätsindikatoren. In diesem Zusammenhang ist die Hyperspezialisierung nicht nur eine epistemische Entscheidung, sondern eine Überlebensstrategie. Die Untersuchung eines einzelnen Proteins, eines abgegrenzten Stoffwechselwegs oder eines isolierten Rezeptors ist oft „finanzierbarer" als die Auseinandersetzung mit der globalen Funktionsweise eines Organismus.

Ein Molekularbiologe, den ich vor Jahren in einem europäischen Forschungszentrum traf – nennen wir ihn M. –, erzählte mit einem Hauch von Ironie, dass in seiner Abteilung *„alle alles über fast nichts wissen*". Dieser Witz trifft den Kern der Sache: Die Aufteilung der wissenschaftlichen Arbeit ( ), angetrieben durch quantitative Bewertungssysteme, neigt dazu, das Lebendige in immer kleinere Probleme zu zerlegen, die zwar perfekt analysierbar sind, sich aber immer weniger in ein einheitliches Gesamtbild einordnen lassen. Es ist kein Zufall, dass Begriffe wie „Feld", „Kohärenz" oder „globale Organisation" oft als vage oder verdächtig empfunden werden: nicht, weil sie unbegründet wären, sondern weil sie sich nicht ohne Weiteres in die Formulare eines *Förderantrags* oder in die Kriterien einer Zeitschrift mit hohem *Impact-Faktor* einordnen lassen.

Bereits 1962 stellte Thomas Kuhn in seinem *Werk „Die Struktur wissenschaftlicher* Revolutionen" fest, dass sich

Paradigmen nicht allein durch die Anhäufung von Anomalien ändern, sondern dann, wenn es möglich wird, sich eine andere Art der Wissenschaftsbetreibung vorzustellen. Heute sind in der Biologie viele Anomalien für alle offensichtlich: nicht-lokale Regulationen, Fernsynchronisationen, systemische Resilienz, die sich nur schwer rein biochemisch erklären lassen. Was fehlt, sind nicht die Beobachtungen, sondern die institutionellen und kulturellen Räume, um sie zu integrieren. Hinzu kommt ein paradoxer Effekt: Je leistungsfähiger eine Disziplin auf technischer Ebene wird, desto mehr neigt sie dazu, ihre eigenen Interpretationskategorien zu verteidigen, denn von ihnen hängen Fördermittel, Ansehen und ganze Forschungsschulen ab. Wie der Nobelpreisträger Peter Medawar 1974 in einem Vortrag in London feststellte: *„Die Wissenschaft kann gerade dann konservativ werden, wenn sie am fortschrittlichsten erscheint.“*

Vor diesem Hintergrund bedeutet es keine Ketzerei, von Organismen als stabilisierte Informationsstrukturen zu sprechen, sondern den Versuch einer Neukomposition. Es geht nicht darum, den Wert molekularer Analysen zu leugnen, sondern anzuerkennen, dass sie Fragmente eines umfassenderen Prozesses beschreiben, der eine Sprache erfordert, die verschiedene Ebenen überbrücken kann. Die Feldbiologie entsteht auch als Antwort auf eine implizit soziologische Frage: Wie kann man einer Wissenschaft, die aufgrund ihrer Organisationsweise Gefahr läuft, den Blick für das Ganze zu verlieren, während sie gleichzeitig beispiellose Details ansammelt, wieder Sinnzusammenhänge verleihen?

Vorhersagen ist nicht dasselbe wie Verstehen: das Paradoxon der zeitgenössischen Biologie.

Eines der überraschendsten – und am wenigsten diskutierten – Merkmale der zeitgenössischen Biologie ist die wachsende

Kluft zwischen dem, was wir tun können, und dem, was wir verstehen. Wir sind außerordentlich geschickt darin geworden, biologische Prozesse vorherzusagen und zu manipulieren: Wir nehmen die Expression eines Gens vorweg, modifizieren ein Protein, blockieren eine Entzündungskaskade, lenken eine Stammzelle in die eine statt in die andere Richtung. Doch wenn wir einen Moment innehalten, bleibt die einfachste Frage oft unbeantwortet: Was ist der Organismus, den wir kontrollieren, in seiner Gesamtheit? Diese Spannung ist nicht neu. Bereits 1917 notierte Ludwig von Bertalanffy in Wien in seinen Notizbüchern, dass *„die Fähigkeit zur Vorhersage nicht mit dem Verständnis der Organisation übereinstimmt*“. Ein Jahrhundert später scheint sich die Kluft zwischen beiden vergrößert zu haben.

Ein bezeichnendes Beispiel stammt aus der jüngeren Geschichte der Pharmakologie. In den 2000er Jahren wurde in verschiedenen Forschungszentren zwischen Boston und Basel die Fähigkeit perfektioniert, hochselektive Medikamente zu entwickeln, die ein einzelnes molekulares Ziel mit fast chirurgischer Präzision ansprechen können. Die experimentellen Vorhersagen trafen zu: Der Rezeptor wurde gehemmt, das Signal blockiert. Und dennoch mehrten sich in klinischen Studien unerwartete systemische Wirkungen. Wie ein an einem dieser Programme beteiligter Forscher berichtete: *„Alles war unter Kontrolle, außer dem Organismus.*“ Die lokale Vorhersage führte nicht zu einem ganzheitlichen Verständnis. Das Problem war nicht technischer, sondern konzeptioneller Natur: Der Organismus reagierte als kohärente Einheit, nicht als Summe unabhängiger Teile.

Diese Diskrepanz erinnert an eine klassische Unterscheidung, die der deutschen philosophischen Tradition am Herzen liegt, zwischen „Erklären“ und „Verstehen“: Einen Mechanismus zu erklären ist nicht dasselbe wie eine Bedeutung zu verstehen. In der Biologie hat die kausale Erklärung außergewöhnliche Ergebnisse hervorgebracht, neigt jedoch dazu, die organisatorische „ “-Dimension aus den Augen zu verlieren –

jene, die den lokalen Interaktionen Sinn verleiht. Norbert Wiener, der Begründer der Kybernetik, erinnerte 1950 daran, dass *„ein System vorhersehbar und dennoch unverständlich sein kann, wenn wir das Prinzip ignorieren, das es organisiert*". Genau hier führt die Perspektive der biologischen Felder eine Diskontinuität ein: Sie leugnet die Vorhersagbarkeit nicht, sondern relativiert sie, indem sie sie in einen Rahmen einbettet, in dem das Verhalten der Teile erst im Bezug auf eine informierte Gesamtheit Bedeutung erlangt.

Die Feldbiologie legt nahe, dass das Verstehen eines Organismus nicht nur bedeutet, seine Reaktionen vorherzusehen, sondern auch seine innere Stabilisierungslogik zu erfassen – die impliziten Regeln, die Form, Funktion und Identität über die Zeit hinweg aufrechterhalten. Wie der Neurophysiologe Kurt Goldstein beobachtete, als er in den 1930er Jahren in Frankfurt mit Patienten mit Hirnschäden arbeitete, „reagiert" der Organismus nicht einfach auf Reize: Er reorganisiert sich selbst. Ein einzelnes experimentelles Ergebnis vorherzusagen, kann nützlich sein; die Organisation zu verstehen, die dieses Ergebnis ermöglicht, ist ein anderes Unterfangen – langsamer und weniger unmittelbar verwertbar, aber entscheidend, wenn man wirklich vom Leben als einem sinnvollen Phänomen sprechen will.

Widerspenstige Daten: Was Organismen tun und Theorien nicht erklären.

Es gibt einen Moment in der Geschichte jeder Wissenschaft, in dem die Daten anfangen, sich unberechenbar zu verhalten. Nicht, weil sie falsch sind, sondern weil sie nicht mehr an ihren Platz passen. Sie häufen sich weiter an, sind reproduzierbar, solide, oft sogar spektakulär, und passen dennoch nicht in die verfügbaren theoretischen Rahmen. In der Biologie tritt dieser Moment weder plötzlich noch offen zutage: Er ist still, schleichend, fast schon peinlich. Die beobachteten Phänomene funktionieren, aber sie „passen nicht zusammen". Es ist, als würde man einem Konzert beiwohnen, bei dem jeder Musiker korrekt spielt, die Gesamtharmonie sich jedoch jeder bekannten Partitur entzieht.

Ein klassisches Beispiel stammt aus der Morphogenese, der Lehre davon, wie ein Organismus Gestalt annimmt. Im Jahr 1952 veröffentlichte Alan Turing – derselbe Mathematiker, der zur Entschlüsselung der Enigma beigetragen hatte – in einem Büro der Universität Manchester einen überraschenden Artikel in *den „Philosophical Transactions of the Royal Society*". Er zeigte, dass einfache chemische Reaktionen, wenn sie mit Diffusionsprozessen gekoppelt werden, komplexe Muster erzeugen können: Streifen, Flecken, Symmetrien. Das Modell funktionierte und wird auch heute noch verwendet. Doch schon damals war klar, dass die Erklärung, wie eine Form entsteht, nicht gleichbedeutend ist mit der Erklärung, warum diese Form stabil und erkennbar bleibt und sich bei Beschädigung regenerieren kann. Die Daten zeigten eine Regelmäßigkeit, die über die lokale Ursache-Wirkungs-Kette hinausging.

Noch verblüffender ist der Fall der Regeneration. Wer schon einmal eine Planarie beobachtet hat – einen kleinen, flachen Wurm der Gatt , der seit dem 19. Jahrhundert erforscht wird –, weiß, dass sie aus einem winzigen Fragment einen ganzen Organismus wiederherstellen kann. In mehrere Teile zerschnitten, bildet sie kein zufälliges Zellgeflecht, sondern neue, vollständige Individuen, bei denen Kopf und Schwanz an der richtigen Stelle sitzen. Im Zuge von Experimenten, die Thomas Hunt Morgan in den 1920er- und 1930er-Jahren in Woods Hole, Massachusetts, durchführte, war das Phänomen bereits gut dokumentiert. Das Problem war nicht empirischer, sondern theoretischer Natur. Keine lineare Kette lokaler Anweisungen schien auszureichen, um zu erklären, wie die Zellen „wussten", wo sie sich einordnen mussten. Die Daten deuteten auf eine globale Steuerung hin, doch die verfügbare Fachsprache sprach nur von punktuellen Reaktionen.

Ähnliche Phänomene tauchen in der heutigen Zellbiologie auf. Das sogenannte *„Quorum* Sensing", das erstmals in den 1970er Jahren bei in Honolulu untersuchten Meeresbakterien beobachtet wurde, zeigt, wie einzellige Populationen ihr kollektives Verhalten in Abhängigkeit von der Dichte ändern und Gene erst dann aktivieren, wenn ein kritischer Schwellenwert erreicht ist. Keine einzelne Zelle enthält für sich genommen die Ursache der Veränderung. Es ist das System als Ganzes, das einen neuen Zustand hervorbringt. Die Kausalität ist nicht mehr linear, sondern verteilt: nicht „A verursacht B", sondern „eine Konfiguration ermöglicht ein Ereignis".

Auch die Genetik, die lange Zeit als Bastion der deterministischen Erklärung galt, sah sich mit einem Überfluss an Daten konfrontiert. Barbara McClintock beobachtete in den 1940er- und 1950er-Jahren bei ihrer Arbeit an Mais in Cold Spring Harbor, dass das Genom kein statischer Text ist, sondern ein dynamisches System, das sich als Reaktion auf Stress und Kontext neu organisieren kann. Sie sprach von einem „sensiblen

Genom", ein Ausdruck, der ihr jahrzehntelanges Unverständnis einbrachte, bevor sie 1983 den Nobelpreis erhielt. Die Daten waren vorhanden, aber die Theorien waren noch nicht bereit, sie aufzunehmen.

Diese Beispiele, die sich in Umfang und Kontext unterscheiden, laufen in einem entscheidenden Punkt zusammen: Das Lebendige zeigt emergente Eigenschaften, die sich nicht auf lineare Verkettungen von Ursachen reduzieren lassen. Die Feldbiologie entsteht genau in diesem Raum des Überschusses, wo die Fakten eine andere Grammatik erfordern. Nicht, um die Strenge aufzugeben, sondern um anzuerkennen, dass der Organismus als stabilisierte Informationsstruktur fungiert, die in der Lage ist, durch Strömungen, Störungen und Veränderungen hindurch Kohärenz aufrechtzuerhalten. Die Daten verraten die Wissenschaft letztlich nicht: Sie signalisieren, dass es an der Zeit ist, ihre Sprache zu erweitern.

Emergenz ohne Geheimnis.

Für viele Biologen war das Aussprechen des Wortes „Emergenz" lange Zeit eine zweideutige Geste, fast schon eine elegante Kapitulation. Als ob die Aussage, dass eine Eigenschaft „emerge", bedeuten würde, zuzugeben, dass wir nicht wirklich erklären können, wie und warum dies geschieht. Doch bei genauer Betrachtung der jüngeren Geschichte der Lebenswissenschaften wird immer deutlicher, dass Emergenz kein schwarzes Loch des Wissens ist, sondern eines ihrer raffiniertesten Werkzeuge. Sie hebt die Erklärung nicht auf: Sie verlagert sie auf eine andere Ebene.

Eine Anekdote, die in den Fluren des Santa Fe Institute in New Mexico oft erzählt wird, hilft, diesen Punkt zu verdeutlichen. Anfang der 1990er Jahre zeigte ein junger Forscher während eines informellen Seminars, wie sehr einfache Computermodelle unvorhersehbare kollektive

Verhaltensweisen erzeugen konnten. Am Ende der Präsentation bemerkte ein älterer Physiker: *„Wir haben die Kausalität nicht verloren, wir haben sie verteilt.*“ In diesem Satz lag bereits der Kern der Emergenz: nicht das Fehlen von Ursachen, sondern deren Organisation in Konfigurationen, die Neues hervorbringen.

In der Biologie wird Emergenz notwendig, wenn die beobachteten Eigenschaften keinem der einzelnen Teile eigen sind. Das Bewusstsein eines Organismus, seine Fähigkeit zur kreativen Anpassung, die Stabilität einer Form im Laufe der Zeit lassen sich nicht auf ein Molekül, ein Gen oder eine Zelle zurückführen. Es sind Eigenschaften des Systems als Ganzes. Ludwig von Bertalanffy, Begründer der Systemtheorie, schrieb dies bereits 1968 in seiner *„General System Theory*“: *„Das Ganze ist mehr als die Summe seiner Teile – nicht durch Zauberei, sondern durch Organisation.*“ Ein Satz, der Jahrzehnte später weniger philosophisch und eher praxisorientiert klingt.

Ein besonders aufschlussreiches Beispiel stammt aus der Entwicklungsbiologie. In den 1980er Jahren beobachteten Forscher in den Labors des EMBL in Heidelberg, dass Embryonen, die erheblichen Störungen ausgesetzt waren, dennoch eine korrekte Endstruktur erreichten. Nicht, weil jeder Fehler lokal korrigiert wurde, sondern weil der Organismus scheinbar zu einer Gesamtform „tendierte“. Von Emergenz zu sprechen bedeutete in diesem Fall nicht, ein okkultes Prinzip einzuführen, sondern anzuerkennen, dass die Erklärung in der kollektiven Dynamik lag, nicht in den einzelnen Schritten.

Das Missverständnis entsteht oft aus einem impliziten Vergleich mit dem klassischen mechanistischen Ideal, in dem Erklären gleichbedeutend ist mit Zerlegen. Doch die zeitgenössische Wissenschaft – von der Thermodynamik nicht im Gleichgewicht befindlicher Systeme bis hin zur Netzwerktheorie – hat gezeigt, dass Verstehen auch bedeuten kann, die Entstehung von Mustern, Einschränkungen und Regelmäßigkeiten zu verfolgen, die nirgendwo isoliert festgeschrieben waren. Die von Ilya Prigogine in den 1970er Jahren untersuchten Wirbel oder die in realen chemischen Systemen beobachteten dissipativen Strukturen waren nicht „mysteriös“: Sie waren emergent und gerade deshalb auf einer neuen Ebene verständlich.

Aus dieser Perspektive wird die Emergenz zu einem grundlegenden Schlüssel, um den Organismus als stabilisierte Informationsstruktur zu begreifen. Nicht als komplizierte Maschine, sondern als einen Prozess, der biologischen Sinn erzeugt und aufrechterhält. Weit davon entfernt, einen Rückschritt in der Erklärung darzustellen, bedeutet die Emergenz einen Fortschritt: Sie akzeptiert, dass sich das Leben nicht auf eine einzige beschreibende Ebene reduzieren lässt und dass wahres Verständnis im Übergang zwischen den Ebenen entsteht. Das Geheimnis besteht, wenn überhaupt, nicht darin, dass Ordnung entsteht, sondern darin, dass wir lange Zeit geglaubt haben, sie erklären zu können, ohne dies zu berücksichtigen.

Zwischen Erwartungen und Schwellenwerten: Die Biologie und die Zeit, die nicht geradlinig verläuft.

Es gibt eine stillschweigende Annahme, die einen Großteil der modernen Biologie begleitet: die Vorstellung, dass die Zeit gleichmäßig, umkehrbar und neutral verläuft. Eine Zeit im Labor, gemessen mit Stoppuhren und kartesischen Diagrammen, in der eine Ursache einer Wirkung mit fast bahnähnlicher Regelmäßigkeit vorausgeht. Und doch weiß jeder, der einen lebenden Organismus wirklich beobachtet hat – eine Pflanze, die „entscheidet“, wann sie blüht, ein Immunsystem, das zu spät oder zu früh reagiert, eine Narbe, die als Spur zurückbleibt –, dass die biologische Zeit etwas anderes ist. Sie ist unregelmäßig, vielschichtig, oft asymmetrisch. Mit einem Wort: nicht linear.

In den 1950er Jahren führte der britische Biologe Conrad Hal Waddington, der in Edinburgh tätig war, das Bild der epigenetischen Landschaft ein: eine Kugel, die über eine Oberfläche aus Tälern und Kämmen rollt, wobei der Weg nicht nur vom anfänglichen Anstoß abhängt, sondern auch von der bereits zurückgelegten Strecke. Das war nicht nur eine elegante Metapher: Es war eine Art zu sagen, dass in der Biologie die Vergangenheit weiterhin wirksam bleibt. Die Zellen „erinnern" sich daran, was geschehen ist, und dieses Gedächtnis beeinflusst, was noch geschehen kann. Die Zeit ist hier keine externe Variable: Sie ist in die Form eingebettet.

Ein weniger theoretisches Beispiel stammt aus der klinischen Beobachtung. In den 1990er Jahren wurde in einigen europäischen Onkologieabteilungen festgestellt, dass scheinbar ähnliche Tumoren, die mit identischen Protokollen behandelt wurden, radikal unterschiedliche Reaktionen zeigten. Das war nicht nur eine genetische Frage. Mit der Zeit stellte sich heraus, dass Verzögerungen, überschrittene oder verpasste Schwellenwerte sowie die zeitlichen Abläufe der Therapien eine Rolle spielten. Ein „zu früh" verabreichtes Medikament konnte unwirksam sein, eines, das „zu spät" verabreicht wurde, verheerend. Das biologische System reagierte nicht proportional, sondern in Sprüngen, mit Diskontinuitäten und Punkten ohne Wiederkehr.

Dies führt zu einem weiteren entscheidenden Merkmal der lebendigen Zeitlichkeit: der Unumkehrbarkeit. Ein Organismus kehrt niemals genau in seinen vorherigen Zustand zurück. Selbst wenn er genesen ist, bleibt er anders. Wie der französische Physiologe Henri Atlan Ende der 1970er Jahre schrieb: *„Die biologische Ordnung entsteht durch den Verbrauch von Möglichkeiten.*" Jede zeitliche Entscheidung eröffnet einige Wege und verschließt andere. Das Leben ist kein Band, das man zurückspulen kann, sondern eine Geschichte, die geschrieben wird, während sie geschieht.

Es überrascht daher nicht, dass viele lineare Modelle Schwierigkeiten haben, Phänomene wie Latenz, langsame

Anpassung oder verzögerte Reaktionen zu beschreiben. Denken wir an das endokrine System: Ein Signal kann jetzt ausgesendet werden und erst Tage oder Monate später signifikante Auswirkungen entfalten. Oder an die Darmmikrobiota, die seit 2010 intensiv erforscht wird und bei der minimale, zunächst unsichtbare Veränderungen im Laufe der Zeit ganze physiologische Gleichgewichte neu ordnen können. Hier wirkt die Zeit wie ein stiller Verstärker, nicht wie eine bloße Koordinate.

Diese komplexe Zeitlichkeit zwingt dazu, den Organismus als eine im Laufe der Zeit stabilisierte Informationsstruktur neu zu betrachten. Stabilisiert, aber nicht feststehend. Biologische Information ist keine sofortige Botschaft: Sie ist ein Prozess, der sich ablagert, sich wandelt und manchmal wieder aktiviert wird. So wie in bestimmten historischen Stadtvierteln von Städten wie Lissabon oder Neapel, wo Schichten verschiedener Epochen im selben Raum nebeneinander existieren, koexistieren auch in Organismen verschiedene Zeitebenen: evolutionäre, ontogenetische, physiologische. Das Leben zu verstehen bedeutet, zu lernen, sie gemeinsam zu deuten, ohne sie auf eine einzige Zeitachse zu reduzieren.

Wenn das Experiment gelingt, die Theorie aber schweigt.

In Laboren auf der ganzen Welt spielt sich immer häufiger eine kuriose, fast schon peinliche Szene ab. Das Experiment ist gelungen, die Daten sind einwandfrei, reproduzierbar und in renommierten Fachzeitschriften veröffentlichungsfähig. Doch wenn es darum geht, zu erklären, warum dieses Phänomen auftritt, werden die Worte vorsichtig, die Interpretationen gehen auseinander, die Schlussfolgerungen bleiben offen. Es ist, als ob die zeitgenössische Biologie außerordentlich gut darin geworden wäre, richtige Antworten auf falsch gestellte Fragen zu liefern.

Ein symbolträchtiges Beispiel stammt von *der Tufts University*, aus dem Labor von Michael Levin, wo seit über einem Jahrzehnt bioelektrische Muster in der Entwicklung von Organismen untersucht werden. Durch die Veränderung äußerst schwacher elektrischer Gradienten in den Zellen von Froschembryonen (*Xenopus laevis*) hat das Team Ergebnisse erzielt, die wie aus einer Science-Fiction-Geschichte stammen: Augen, die sich an ungewöhnlichen Stellen bilden, Gliedmaßen, die sich dort regenerieren, wo sie es nicht sollten, Gewebe, das „weiß", was aus ihm werden soll, selbst wenn der genetische Kontext gestört wurde. Die Experimente sind fundiert, wurden wiederholt und auf Video festgehalten. Doch was bestimmt die Form tatsächlich? Ein Gen? Ein lokales Signal? Oder etwas, das eher einem verteilten Informationsfeld gleicht, das in der Lage ist, das Ganze zu koordinieren?

Ein weiteres Beispiel, das der breiten Öffentlichkeit weniger bekannt ist, unter Fachleuten jedoch viel diskutiert wird, betrifft die sogenannte „biologische Robustheit". In zahlreichen entwicklungsbiologischen Experimenten, die Anfang der 2000er Jahre in Deutschland und Japan durchgeführt wurden, wurde beobachtet, dass Embryonen, die erheblichen Störungen ausgesetzt waren – Temperaturschwankungen, Entfernung von Zellen, chemische Veränderungen –, dennoch überraschend normale Formen entwickeln konnten. Klassische Modelle sprechen von lokalen molekularen Kompensationen. Doch wenn die Kompensationen zu zahlreich, zu koordiniert und zu zuverlässig sind, gerät die Vorstellung einer einfachen Summe von Anpassungen ins Wanken.

Dann gibt es noch den mittlerweile berühmten Fall der Photosynthese. Im Jahr 2007 veröffentlichte eine von Graham Fleming geleitete Gruppe in der Fachzeitschrift „Nature" experimentelle Daten, die Anzeichen von Quantenkohärenz in den Photosynthese-Komplexen von Algen und Bakterien zeigten. Die Ergebnisse waren eindeutig: Die Energie „sprang" nicht zufällig von einem Molekül zum anderen, sondern schien gleichzeitig mehrere Wege zu erkunden, als wüsste das System im Voraus, welcher der effizienteste sei. Die wissenschaftliche Gemeinschaft reagierte mit Interesse, aber auch mit Unbehagen. Das Phänomen war real; die Interpretation hingegen weit weniger. Handelte es sich um ein Artefakt? Um einen Grenzfall? Oder um den Hinweis, dass lebende Systeme Organisationsprinzipien nutzen, die die klassische Biologie nie wirklich integriert hat?

Auch in der Medizin wiederholt sich dieses Muster. Bei Transplantationen von Darmmikrobiota, die bei bestimmten Darmerkrankungen mit zunehmendem Erfolg durchgeführt werden, können die klinischen Ergebnisse hervorragend sein. Dennoch können zwei Patienten, die nach nahezu identischen Protokollen behandelt werden, radikal unterschiedliche Ergebnisse zeigen. Die übertragenen Bakterien sind dieselben, die Bedingungen kontrolliert, die Daten präzise. Was fehlt, ist eine Theorie, die erklären kann, wie sich ein komplexes lebendes Ökosystem als Ganzes neu organisiert und warum diese Neuorganisation Verläufe nimmt, die anhand der einzelnen Komponenten nicht vorhersehbar sind.

In all diesen Fällen liegt das Problem nicht in der Unzuverlässigkeit des Experiments. Im Gegenteil: Es ist sein übermäßiger Erfolg. Die Daten sprengen die verfügbaren begrifflichen Kategorien. Wie der Physiker und Wissenschaftsphilosoph Peter Medawar bereits 1968 feststellte: *„Fakten sprechen nicht für sich selbst, wenn es keine angemessene Sprache gibt, um ihnen zuzuhören.“* Die Feldbiologie entsteht genau in diesem Zwischenraum: dort, wo der Organismus nicht mehr als komplizierte Maschine erscheint, sondern als stabilisierte Informationsstruktur, die in der Lage ist, Form, Funktion und Sinn auch dann beizubehalten, wenn einzelne Teile verändert werden.

Wenn wir das Ergebnis kontrollieren, aber den Sinn aus den Augen verlieren.

Einer der meistgefeierten Erfolge der zeitgenössischen Biologie ist ihre Fähigkeit, Effekte zu erzeugen. Wir schalten ein Gen aus, und ein Protein verschwindet. Wir aktivieren einen Rezeptor, und eine Zelle ändert ihr Verhalten. Wir fügen eine Sequenz ein und erhalten ein messbares Ergebnis, das oft mit beeindruckender Präzision reproduzierbar ist. Doch zwischen dem erzielten Effekt und der verstandenen Form tut sich eine Kluft auf, die die Rhetorik des wissenschaftlichen Fortschritts gerne herunterspielt.

Ein anschauliches Beispiel stammt aus der Welt der Organoide, jener winzigen dreidimensionalen Strukturen, die im Labor aus Stammzellen gezüchtet werden. Im Jahr 2009 gelang es der von Hans Clevers geleiteten Gruppe in den Labors des „Hubrecht-Instituts“ in Utrecht, kleine funktionsfähige „Därme“ in vitro zu züchten. Das Ergebnis war außergewöhnlich: Isolierte Zellen, die sich ohne explizites Schema spontan zu einer Struktur mit Krypten, Zotten und funktioneller Differenzierung organisierten. Die experimentelle Vorhersage traf zu. Doch auf die entscheidende Frage – woher kommt die Form? – blieben die Antworten vage. Es gab weder ein „Architektengen“ noch eine lineare Anweisungssequenz. Vielmehr gab es eine kollektive Dynamik, die den einzelnen molekularen Ereignissen vorauszugehen und sie zu lenken schien.

Ähnliches geschieht bei den Techniken der Genbearbeitung. CRISPR-Cas9, das seit 2012 dank der Arbeit von Jennifer Doudna und Emmanuelle Charpentier entwickelt wurde, ermöglicht Eingriffe mit chirurgischer Präzision. Wir können die Auswirkung einer Mutation mit sehr hoher Wahrscheinlichkeit vorhersagen. Und doch reagiert der Organismus in vielen Fällen auf unerwartete Weise: Alternative Schaltkreise werden aktiviert, Funktionen entstehen an anderer

Stelle, die Gesamtform reorganisiert sich. Wie der englische Biologe Brian Goodwin bereits in den 1970er Jahren feststellte, bedeutet das Eingreifen in ein Element nicht, die Logik zu verstehen, die das Ganze zusammenhält. Es ist der Unterschied zwischen dem Wissen, wie man ein Ergebnis erzielt, und dem Wissen, warum dieses Ergebnis möglich ist.

Die Geschichte der Entwicklungsbiologie ist gespickt mit solchen interpretativen Kurzschlüssen. In den 1950er Jahren führte Conrad Waddington in Woods Hole das Konzept der „epigenetischen Landschaft“ ein, um zu erklären, warum genetisch identische Zellen unterschiedliche Schicksale nehmen konnten. Es war eine kraftvolle Metapher, aber auch ein implizites Eingeständnis: Die bekannten Mechanismen reichten nicht aus. Heute verfügen wir über unendlich viel ausgefeiltere Instrumente, doch die Frage bleibt überraschend ähnlich. Die Form ist nicht die einfache Folge einer Kausalkette; sie ist eine globale Eigenschaft, die sich aus räumlich und zeitlich verteilten Beziehungen ergibt.

Diese Unterscheidung zwischen Wirkung und Form ist nicht nur theoretischer Natur. In der regenerativen Medizin lassen sich beispielsweise die Zellproliferation oder die Expression von Wachstumsfaktoren anregen, wodurch vorübergehende Ergebnisse erzielt werden. Doch der Wiederaufbau einer funktionalen Struktur – eines Gewebes, eines Organs, eines physiologischen Gleichgewichts – erfordert mehr: ein Organisationsprinzip, das die lokalen Prozesse zu einem kohärenten Ganzen koordiniert. Hier beginnt sich der Begriff des biologischen Feldes durchzusetzen, nicht als Flucht ins Vage, sondern als Versuch, dem einen Namen zu geben, was das Experiment zwar zeigt, aber nicht erklären kann.

Wie der Wissenschaftsphilosoph Georges Canguilhem schrieb, wird das Leben nicht durch seine Bestandteile definiert, sondern durch die Normativität, die diese organisiert. Eine Wirkung vorherzusagen bedeutet, sich innerhalb einer bereits gegebenen Norm zu bewegen. Die Form zu verstehen bedeutet, sich zu fragen, wie diese Norm kontinuierlich erzeugt, aufrechterhalten und manchmal auch transformiert wird. Es ist ein subtiler, aber entscheidender Schritt: von der Biologie als Ergebnis-Engineering zur Biologie als Wissenschaft des Sinns.

Beunruhigende Zahlen: Was biologische Daten für sich allein nicht aussagen.

Es gab eine Zeit, in der wissenschaftliche Daten als Antwort angesehen wurden. Als Fixpunkt, als Bestätigung, manchmal als Sieg. In der heutigen Biologie überdauert diese Haltung eher als Gewohnheit denn als echte Überzeugung. Daten sind heute reichlich vorhanden, fast schon überflüssig, aber sie schließen selten eine Diskussion ab. Im Gegenteil, sie eröffnen sie. Und oft eröffnen sie sie in unerwartete Richtungen.

Das spürt man deutlich in den großen Forschungszentren, die globale biologische Atlanten erstellen. Als das Projekt „*Human Cell* Atlas“ 2016 in London vorgestellt wurde, lautete das erklärte Ziel, „alle Zellen des menschlichen Körpers zu kartier “. Ein ehrgeiziges Versprechen, gestützt auf immer ausgefeiltere Technologien zur Einzelzellsequenzierung. Doch schon nach wenigen Jahren sahen sich die beteiligten Forscher – aus Cambridge, Stanford und dem EMBL in Heidelberg – mit einem Paradoxon konfrontiert: Je mehr Zellen klassifiziert wurden, desto instabiler wurden die Kategorien. Zelltypen, die ineinander übergingen, Zwischenzustände, kontinuierliche Übergänge. Die Daten lieferten keine endgültige Antwort auf die Frage, „was“ eine Zelle ist, sondern warfen eine tiefgreifendere Frage auf: Wie bewahrt sich eine biologische Identität inmitten ständiger Veränderung?

Diese Verschiebung ist entscheidend. In der Feldbiologie ist die Datenlage nicht der letzte Baustein des Wissens, sondern ein Signal. Sie deutet auf eine Ordnung hin, ohne diese jedoch vollständig zu erschöpfen. So wie es Claude Bernard im Paris der Mitte des 19. Jahrhunderts erging: Bei der Untersuchung des

„milieu intérieur“ stellte er fest, dass die Stabilität der Organismen nicht aus der Abwesenheit von Schwankungen resultierte, sondern aus deren ständiger Regulierung. Seine Experimente lieferten präzise Messwerte, doch was wirklich zählte, war die Frage, die sich daraus ergab: Welches Prinzip hält diese scheinbare Instabilität zusammen?

Auch heute funktionieren viele biologische Daten auf dieselbe Weise. Nehmen wir die in Hefen beobachteten Stoffwechselschwankungen, die seit den 1990er Jahren in den Labors von Göteborg untersucht werden. Die Grafiken zeigen regelmäßige Zyklen, synchronisierte Schwankungen, kollektives Verhalten zwischen den Zellen. All das ist messbar, wiederholbar. Doch die Bedeutung liegt nicht in den Zahlen. Die Daten verlangen danach, als Spur einer unsichtbaren Koordination interpretiert zu werden, als Dynamik des Ganzen, die sich nicht auf die Summe der einzelnen Prozesse reduzieren lässt.

In diesem Sinne ähnelt die biologische Datenlage eher einer philosophischen Frage als einer ingenieurwissenschaftlichen Antwort. Sie besagt nicht einfach *„das* geschieht“, sondern legt die Frage nahe: *„Wie ist es möglich, dass dies geschieht*?“. Ein subtiler, aber entscheidender Unterschied. Wie der Physiker und Philosoph Erwin Schrödinger in seinen Vorlesungen in Dublin im Jahr 1943 betonte, sind die Tatsachen des Lebens nicht deshalb seltsam, weil sie bekannte Gesetze verletzen, sondern weil sie diese auf eine „ “ organisierte Weise nutzen. Die Daten sind also nicht das Ende der Untersuchung: Sie sind der Beginn einer Reflexion über die Organisation.

Den Blick auf die Daten zu verändern bedeutet auch, ein gewisses Maß an Unvollständigkeit zu akzeptieren. In den Fluren des *Max-Planck-Instituts* in Dresden, wo Prozesse der Gewebe-Selbstorganisation untersucht werden, hört man junge Forscher manchmal sagen: *„Die Daten sind wunderschön, aber wir wissen noch nicht, was sie von uns verlangen.*“ Das ist ein aufschlussreicher Satz. Er deutet auf eine Wissenschaft hin, die nicht mehr den Anspruch erhebt, das Phänomen zu beherrschen, sondern ihm zuzuhören.

Aus dieser Perspektive schlägt die Feldbiologie nicht vor, die Daten aufzugeben, sondern ihnen wieder Tiefe zu verleihen. Sie nicht als abschließende Antworten zu betrachten, sondern als Fragen, die Orientierung geben. Jede Messung wird dann zu einem Fenster zu einer umfassenderen Ordnung, jede Anomalie zu einem Hinweis, jede Regelmäßigkeit zu einer verschleierten Frage. Vielleicht ist es genau hier, wo die Biologie aufhört, nur eine Wissenschaft vom Leben zu sein, und beginnt, eine Wissenschaft vom Sinn des Lebens zu werden.

Jenseits des Räderwerks: Denn Organismen sind keine gut montierten Maschinen.

Seit über einem Jahrhundert spricht die Biologie die Sprache des Mechanismus. Eine kraftvolle, präzise Sprache, die außergewöhnliche Ergebnisse hervorbringen kann: zielgerichtete Medikamente, ausgefeilte Bildgebungsverfahren, genetische Eingriffe, die noch vor wenigen Jahrzehnten undenkbar waren. Doch unter dieser Oberfläche des Erfolgs hat sich ein stiller Riss aufgetan. Organismen werden weiterhin als funktionierende Vorrichtungen beschrieben, aber immer seltener als Systeme, die Bedeutung haben.

Der Übergang vom Mechanismus zur Bedeutung vollzieht sich nicht durch eine plötzliche theoretische Rebellion, sondern durch Sättigung. Wenn jeder Lebensprozess als Kette wirksamer Ursachen erklärt wird, bleibt eine grundlegende Frage unbeantwortet: Warum gerade diese Organisation und keine andere? Warum eine stabile Form, eine koordinierte Funktion, eine kontextbezogene Reaktion, die im Hinblick auf die Situation „sinnvoll" erscheint? Die mechanistische Sprache erklärt, wie etwas geschieht, schweigt jedoch darüber, warum dieses Etwas für den Organismus Sinn ergibt.

Eine Episode, an die man sich in den Laboren für Systembiologie am MIT oft erinnert, betrifft die ersten Computersimulationen genetischer Netzwerke zu Beginn der 2000er Jahre. Die Modelle funktionierten: Sie erzeugten Schwingungen, stabile Zustände, Übergänge. Doch wie Stuart Kauffman 2002 während eines informellen Seminars berichtete: *„Wir konnten nicht sagen, ob das System etwas tat oder ob es* *einfach nur geschah.*“ Das war ein wichtiges Eingeständnis: Das Verhalten war korrekt, die Bedeutung jedoch nicht. Es fehlte eine biologische Semantik.

An dieser Stelle kommt die Perspektive des Feldes ins Spiel. Vom Feld zu sprechen bedeutet nicht, vage Metaphern heraufzubeschwören, sondern anzuerkennen, dass die biologische Organisation den einzelnen Ereignissen vorausgeht und diese lenkt. Wie in einem Magnetfeld, in dem Eisenspäne eine unsichtbare Struktur sichtbar machen, so „richten“ sich in lebenden Systemen die molekularen Prozesse nach einer Ordnung aus, die in keiner isolierten Reaktion enthalten ist. Information ist in diesem Zusammenhang keine Botschaft, die von einem Punkt zum anderen wandert, sondern eine Beziehung, die das Gesamtverhalten prägt.

Ein aufschlussreiches Beispiel stammt aus der Entwicklungsbiologie. Im Jahr 1924 zeigte Hans Spemann in Berlin, dass durch die Transplantation eines kleinen embryonalen Bereichs – des berühmten „Organisators“ – die Bildung einer zweiten Körperachse induziert werden konnte. Spemann sprach von „morphogenetischen Feldern“, wobei er terminologisch große Vorsicht walten ließ. Er wusste nicht, wie dieser Effekt auf molekularer Ebene im Detail zustande kam, aber er hatte etwas Wesentliches erkannt: Biologische Information liegt nicht nur in den einzelnen Komponenten, sondern in der Konfiguration, die sie als Ganzes funktionsfähig macht.

Diese Intuition findet heute, mit anderen Mitteln, in der Erforschung von Zell- und Gewebenetzwerken wieder. Wenn ein Organismus auf eine Verletzung, auf Umweltstress oder auf eine Ernährungsumstellung reagiert, folgt er keinem starren Protokoll. Er interpretiert eine Situation. Und interpretieren bedeutet, Bedeutung zuzuschreiben, Prioritäten zu setzen, Reaktionen anzupassen. Es ist eine elementare Sprache, ohne reflektierendes Bewusstsein, aber nicht ohne Sinn.

Es ist kein Zufall, dass Wissenschaftsphilosophen wie Georges Canguilhem bereits in den 1950er Jahren auf den normativen Charakter des Lebens bestanden. In einer Vorlesung an der Sorbonne im Jahr 1952 stellte Canguilhem fest, dass sich ein Organismus nicht darauf beschränkt, seine Umwelt einfach zu erdulden: Er bewertet sie, unterscheidet zwischen günstigen und ungünstigen Bedingungen. Diese Bewertungsfähigkeit ist kein Nebenaspekt, sondern der Kern des Lebendigen selbst. Hier zeigt der Mechanismus seine konzeptuelle Grenze.

Die Perspektive des Feldes und der verkörperten Information ermöglicht somit einen Paradigmenwechsel. Das Leben erscheint nicht mehr als ein funktionierendes Objekt, sondern als ein Prozess, der für sich selbst Bedeutung hat. Jeder Organismus wird zu einer stabilisierten Informationsstruktur: kein Datenarchiv, sondern ein System, das seine Identität bewahrt, indem es kontinuierlich Signale, Zwänge und Möglichkeiten interpretiert. Wie der chilenische Biologe Francisco Varela 1987 in seinem Forschungsnotizbuch schrieb, das heute in Santiago aufbewahrt wird: *„Leben bedeutet, Sinn zu erzeugen, auch wenn niemand da ist, der es beobachtet.*"

Bei diesem Übergang vom Mechanismus zur Bedeutung verliert die Biologie nichts an ihrer Stringenz. Sie ändert lediglich ihre Grammatik. Und vielleicht nähert sie sich gerade deshalb dem, was sie zu verstehen versucht, noch mehr an.

Die verborgene Sprache der Organismen.

Es gibt ein stilles Paradoxon, das die moderne Biologie durchzieht. Noch nie zuvor hatten wir Zugang zu einer unermesslichen Datenmenge: sequenzierte Genome, kartierte Stoffwechselnetzwerke, hochauflösende Zellbilder. Doch je mehr Details hinzukommen, desto mehr scheint sich das Leben einem ganzheitlichen Verständnis zu entziehen. Es ist, als würde man ein Gespräch beobachten, wobei man die Chemie der Tinte perfekt kennt, aber die Bedeutung der Sätze nicht versteht.

In den letzten Jahrzehnten hat sich eine Frage an den Rändern der biologischen Forschung eingeschlichen: Was wäre, wenn Organismen nicht nur biochemische Maschinen wären, sondern Systeme, die in der Lage sind, Zeichen zu erzeugen, zu interpretieren und umzuwandeln? Keine poetischen Metaphern, sondern Zeichen im eigentlichen Sinne des Wortes. An dieser Stelle kommt die Biosemiotik ins Spiel, ein Forschungsgebiet, das zwischen Ende der 1980er und Anfang der 1990er Jahre entstand, oft abseits des Rampenlichts, aber immer schwerer zu ignorieren.

Der dänische Biologe Jesper Hoffmeyer erzählte gerne, dass der erste Fehler der modernen Biologie darin bestand, die Ursache mit dem Sinn zu verwechseln. Eine chemische Reaktion kann erklären, wie etwas geschieht, aber nicht, was dieses Ereignis für den Organismus bedeutet, der es erlebt. In der Biosemiotik ist das Schlüsselkonzept das des Zeichens: etwas, das für jemanden für etwas anderes steht. In einem Organismus ist dieses „Jemand" kein reflektierendes Bewusstsein, sondern das gesamte lebende System.

Denken wir an ein Bakterium, das seine Bewegung als Reaktion auf eine chemische Veränderung in der Umgebung anpasst. Aus klassischer Sicht handelt es sich um eine Kaskade molekularer Reaktionen. Aus semiotischer Sicht fungiert dieses externe Molekül als Signal, das „Nahrung" oder „Gefahr" bedeutet. Nicht das Molekül an sich steuert das Verhalten, sondern der Wert, den es innerhalb der Geschichte und Organisation des Lebendigen annimmt.

Im Jahr 2001 berichtete ein junger Forscher während einer Tagung in Tartu – einer estnischen Stadt, die untrennbar mit der semiotischen Tradition von Juri Lotman verbunden ist – davon, wie dieselbe chemische Substanz bei genetisch ähnlichen Organismen, die jedoch in unterschiedlichen Umgebungen aufgewachsen waren, gegensätzliche Reaktionen hervorrufen konnte. „*Sie reagieren* nicht", sagte er, „*sie interpretieren.*" Im Saal herrschte für einige Sekunden Stille: Es handelte sich nicht um eine Provokation, sondern um eine empirische Feststellung, die nach neuen begrifflichen Kategorien verlangte.

Die Biosemiotik leugnet die Biochemie nicht, genauso wenig wie die Linguistik die Physik der Schallwellen leugnet. Sie geht durch Integration darüber hinaus. Jeder Organismus, vom einfachsten bis zum komplexesten, lebt eingebettet in ein Netz von Zeichen, zu dessen Entstehung er selbst beiträgt. Hormone, elektrische Gradienten, räumliche Anordnungen von Geweben: All dies ist nicht nur „Materie in Bewegung", sondern Information, die für das System von Bedeutung ist.

Ein faszinierendes Beispiel stammt aus der Botanik. In den 2000er Jahren beobachtete ein Team in einem Versuchsgewächshaus in der Nähe von Florenz, dass einige Pflanzen ihre Wurzelentwicklung nicht aufgrund der physischen Anwesenheit anderer Wurzeln veränderten, sondern als Reaktion auf bestimmte Moleküle, die in den Boden freigesetzt wurden. Diese Moleküle waren weder Nährstoffe noch Giftstoffe: Es waren Signale. Die Pflanze „las" ihre Umgebung und traf morphologische Entscheidungen, die mit dieser Lesart im Einklang standen.

Hier ist das Zeichen kein willkürliches Symbol, sondern eine stabile Beziehung zwischen Form, Funktion und Kontext. Das ist es, was es ermöglicht, von Organismen als stabilisierte Informationsstrukturen zu sprechen: Einheiten, die ihre Identität nicht nur dank Energie und Materie bewahren, sondern dank der Kontinuität der biologischen Bedeutungen, die sie erkennen können.

Im Gegensatz zu menschlichen Sprachen ist die Sprache des Lebens weder in Wörterbüchern kodifiziert noch durch explizite Syntax geregelt. Es handelt sich um eine immanente Grammatik, die sich aus der Evolutionsgeschichte und der inneren Organisation der Organismen ergibt. Der Biologe und Philosoph Jakob von Uexküll sprach bereits in den ersten Jahrzehnten des 20. Jahrhunderts von *der Umwelt*: der für jede Art spezifischen bedeutungsvollen Welt. Keine objektive Umgebung, sondern ein Universum relevanter Zeichen.

Heute neu gelesen erscheint Uexküll überraschend aktuell. Seine Arbeit legt nahe, dass die biologische Realität keine neutrale Bühne ist, sondern ein Geflecht interpretierter Beziehungen. Jeder Organismus lebt in einer Welt, die für ihn Sinn ergibt, und diese Fähigkeit, Sinn zu erkennen, ist das, was wir Leben nennen.

Diese Perspektive zu akzeptieren bedeutet, den Blickwinkel zu verschieben: Man fragt sich nicht mehr nur, aus welchen Bestandteilen ein Organismus besteht, sondern welche Zeichen er erkennen kann, welche Informationen er verkörpern kann und welche Zusammenhänge er über die Zeit hinweg aufrechterhalten kann. Es ist eher ein Wandel der Sprache als der Theorie.

In der Biologie von Zeichen zu sprechen, ist weder eine Rückkehr zum Vitalismus noch ein Nachgeben gegenüber dem Mystizismus. Es ist der rigorose und notwendige Versuch, eine konzeptuelle Lücke zu schließen. Wie die Wissenschaftsphilosophin Evelyn Fox Keller 2012 in einem Vortrag in Berlin feststellte: „*Wir haben gelernt, die Bestandteile des Lebens zu beschreiben, aber noch nicht seine Sprache.*“

Diese Einleitung erhebt nicht den Anspruch, endgültige Antworten zu liefern. Sie möchte vielmehr einen Ansatzpunkt bieten: den Vorschlag, dass das Leben, bevor es erklärt wird, als ein Phänomen der Bedeutung verstanden werden muss. Ein Ereignis, in dem die Materie fähig wird, sich selbst etwas mitzuteilen.

Information ohne Absender

Wir sind es gewohnt, Information als etwas zu betrachten, das jemand an jemand anderen sendet. Ein Absender, eine Botschaft, ein Empfänger. Das ist das Kommunikationsmodell, das wir aus der Technik übernommen haben, vom Telegrafen des 19. Jahrhunderts bis hin zu digitalen Algorithmen. Doch was geschieht, wenn wir versuchen, dieses Schema auf das Leben anzuwenden? Wer „sendet“ die Information an eine sich differenzierende Zelle, an einen Embryo, der Gestalt annimmt, an einen Organismus, der sich an eine sich ständig verändernde Umwelt anpasst?

Die moderne Biologie sieht sich immer häufiger mit Informationsphänomenen konfrontiert, denen ein erkennbarer Absender fehlt. Es gibt kein Kommandozentrum, keinen verborgenen Dirigenten. Und doch ist die Information da: Sie zirkuliert, stabilisiert sich, erzeugt Form und Verhalten. Es ist eine Information, die nicht versendet wird, sondern entsteht.

In den 1950er Jahren entwickelte der Mathematiker Claude Shannon eine äußerst leistungsfähige Informationstheorie, die jedoch bewusst keine Aussagen über die Bedeutung traf. Sie funktionierte hervorragend für Telefonkabel, weitaus weniger gut jedoch für lebende Systeme. In einem Organismus ist Information keine abstrakte Größe, die von A nach B wandert, sondern ein Ereignis, das eintritt, „wenn ein Unterschied den Unterschied macht“, um einen Ausdruck zu verwenden, den der Anthropologe Gregory Bateson berühmt gemacht hat.

Bateson, der gerne erzählte, er habe durch das Beobachten von Delfinen mehr gelernt als durch das Lesen von Lehrbüchern, betonte einen entscheidenden Punkt: In lebenden Systemen entsteht Information aus der Beziehung. Sie ist nicht in einem isolierten Signal enthalten, sondern in der Art und Weise, wie ein System strukturiert ist, um auf bestimmte Veränderungen zu reagieren und auf andere nicht. Es bedarf keiner Absicht, es genügt eine innere Kohärenz, die diese Veränderung relevant macht.

Ein faszinierendes Beispiel liefern die Studien zu *Physarum polycephalum*, einem Schleimpilz, der seit den 1970er Jahren in japanischen und amerikanischen Labors untersucht wird. Dieser Organismus, der über kein Nervensystem verfügt, ist in der Lage, Labyrinthe „zu lösen“ und Wege zur Nahrung zu optimieren. Kein Neuron sendet Anweisungen, kein Zentrum trifft Entscheidungen. Die Information entsteht aus der Dynamik des Körpers selbst, aus dem ständigen Dialog zwischen Form, Bewegung und Umgebung.

Von Information ohne Absender zu sprechen bedeutet, den Fokus vom Signal auf die Schnittstelle zu verlagern. Die Information befindet sich weder vollständig im Organismus noch vollständig außerhalb: Sie entsteht im Kontaktraum. Der Psychologe James J. Gibson führte in den 1960er Jahren den Begriff der „Affordanz“ ein, um die Handlungsmöglichkeiten zu beschreiben, die die Umgebung einem Organismus bietet. Eine Oberfläche „sagt“ nur demjenigen, der einen bestimmten Körper, eine bestimmte Größenordnung und eine bestimmte Evolutionsgeschichte hat, dass sie betreten werden kann.

In diesem Sinne sendet die Umwelt keine Botschaften: Sie schlägt Konfigurationen vor. Es ist der Organismus mit seiner stabilisierten Informationsstruktur, der diesen Konfigurationen Bedeutung verleiht. Die Information geht der Beziehung nicht voraus, sondern begleitet sie. Sie ist ein notwendiges Nebenprodukt des In-Beziehung-Seins.

Ein Forscher berichtete, dass ihm dies bei der Beobachtung von Bakterienkolonien unter thermischem Stress bewusst geworden sei. Es gab kein neues chemisches Signal, keinen identifizierbaren molekularen „Alarm“. Dennoch änderte sich das kollektive Verhalten auf koordinierte Weise. Die Information lag nicht in einem bestimmten Molekül, sondern in der globalen Veränderung des physikalischen Kontexts und in der Fähigkeit des Systems, diesen als solchen zu deuten.

Aus dieser Perspektive ist Information kein transportierter Inhalt, sondern eine wirksame Konfiguration. Lebende Systeme erhalten keine Anweisungen: Sie organisieren sich so, dass bestimmte Ereignisse informativ werden. Es ist ein subtiler, aber entscheidender Unterschied. Wie der theoretische Biologe Francisco Varela 1996 in einem Vortrag in Paris feststellte: *„Kognition ist nicht die Darstellung einer gegebenen Welt, sondern das Entstehen einer handhabbaren Welt.“*

Hier setzt die Idee des biologischen Feldes an. Das Feld übermittelt keine Botschaften, sondern stabilisiert Beziehungen. Es ist das, was es ermöglicht, dass eine Information entsteht, ohne gesendet zu werden, dass eine Form ohne einen externen Entwurf bestehen bleibt. In diesem Sinne sind Organismen Informationsstrukturen, nicht weil sie Daten enthalten, sondern weil sie die Welt informierbar machen.

Die Vorstellung von einer Information ohne Absender zu akzeptieren, bedeutet auch, ein gewisses beruhigendes Bild vom Leben als einem System aufzugeben, das in jedem Augenblick von oben kontrolliert wird. Lebensprozesse führen keine Befehle aus: Sie reagieren auf Zwänge, Möglichkeiten und Resonanzen. Der Biologe und Chemiker Ilya Prigogine, Nobelpreisträger von 1977, sprach von „Ordnung durch Fluktuationen“: Strukturen, die nicht trotz der Unordnung, sondern dank ihr entstehen.

In diesem Licht erscheint das Leben weniger als eine Maschine und mehr als ein weit verbreiteter Interpretationsprozess ohne zentralen Interpreten. Ein Prozess, in dem die Information keinen Urheber hat, aber Sinn. Und vielleicht ist es genau das, was es so schwierig macht, das Lebendige auf sich bewegende Materie zu reduzieren.

Technologie und Missverständnisse über das Lebendige.

Jede Epoche begreift die Natur mit den ihr zur Verfügung stehenden begrifflichen Werkzeugen. Im 17. Jahrhundert war das Universum eine große Uhr; im 19. Jahrhundert eine Dampfmaschine; heute, zwangsläufig, ein Computer. Die Biologie bildete da keine Ausnahme. Im Gegenteil, sie ist vielleicht die Disziplin, die die technologischen Metaphern ihrer Zeit am tiefsten verinnerlicht hat. Von „genetischem Code“, „Entwicklungsprogrammen“ und „Transkriptionsfehlern“ zu sprechen, hatte eine enorme Erklärungskraft. Doch wie so oft bei gelungenen Metaphern hat der Erfolg letztendlich ihre Grenzen verdeckt.

Die Vorstellung, dass das Leben wie eine Software funktioniert, die auf molekularer Hardware läuft, entstand in einem ganz bestimmten historischen Kontext. Wir befinden uns in den 1940er- und 1950er-Jahren, zwischen Princeton, Cambridge und Los Alamos. Es ist die Zeit der Kybernetik, der ersten elektronischen Rechner und der Macy-Konferenzen. Es überrascht nicht, dass Francis Crick wenige Jahre später von der DNA als einem „Code" sprechen konnte und Jacques Monod den Organismus als eine chemische Maschine beschrieb, die von Anweisungen gesteuert wird. Die Informatik-Metapher schien endlich eine präzise Sprache für das zu bieten, was bis dahin geheimnisvoll erschien.

Und doch verspürte schon damals jemand ein Unbehagen. 1967 bemerkte der Biologe Conrad Hal Waddington in Santa Fe – derselbe, der das Bild der „epigenetischen Landschaft" eingeführt hatte – ironisch, dass noch nie ein Embryo sein eigenes Genom gelesen habe. Ein Scherz, gewiss, aber aufschlussreich: Das Problem ist nicht die DNA, sondern die Vorstellung, dass biologische Information wie eine Gebrauchsanweisung funktioniert.

Die Metaphern aus der Informatik haben funktioniert, weil sie es ermöglichten, operative Wissenschaft zu betreiben: Sequenzieren, vergleichen, modifizieren. In den 1990er Jahren, während des *Humangenomprojekts*, sprachen die Labore in Bethesda und Cambridge offen von genetischem „Debugging". Die Vorstellungswelt war die der Technik: Wenn es einen Fehler gibt, korrigiert man ihn. Doch während eine Software unabhängig vom Computer, auf dem sie läuft, immer dieselbe bleibt, verliert ein Gen außerhalb seines biologischen Kontexts einen Großteil seiner Bedeutung.

Eine Anekdote einer französischen Genetikerin ist aufschlussreich. Anfang der 2000er Jahre, während eines Gentransfer-Experiments an Modellpflanzen, zeigte das „richtige" Gen je nach Gewebe, Entwicklungsstadium und sogar den Lichtverhältnissen im Gewächshaus radikal unterschiedliche Wirkungen. „*Es war derselbe* Code“, erzählte sie, „*aber er schien verschiedene Sprachen zu sprechen.*“ Das Problem lag nicht in der Sequenz, sondern in der Vorstellung, dass die Sequenz die Botschaft sei.

Hier zeigt sich das zentrale Missverständnis: die Verwechslung von biologischer Information mit technischer Information. In technologischen Systemen ist die Bedeutung extern: Wir entscheiden, was ein Bit darstellt. In lebenden Systemen hingegen liegt die Bedeutung im Prozess selbst. Sie wird nicht zugewiesen, sondern verkörpert.

Das Bild des Programms suggeriert eine lineare Sequenz, einen Anfang und ein Ende, eine Steuerung von oben. Aber das Leben „ “ „führt“ nichts aus. Es organisiert sich, reorganisiert sich, weicht ab, erkundet. Im Jahr 1981 erzählte der Evolutionsbiologe Stephen Jay Gould, dass die Evolution eher einer Jazz-Improvisation als einer klassischen Partitur ähnelt. Eine musikalische, keine informatische Metapher, die die zeitliche, situative und relationale Dimension des Lebendigen besser erfasst.

Den Organismus als Computer zu betrachten, führt dazu, nach der „Schaltzentrale“, der Hauptdatei, der ursprünglichen Anweisung zu suchen. Aber reale Organismen funktionieren durch Verteilung, Redundanz und Plastizität. Paradoxerweise hat uns die digitale Technologie erst dann geholfen, das Leben zu verstehen, als sie ihm immer weniger ähnelte: mit neuronalen Netzen, adaptiven Systemen und unüberwachtem Lernen. Ein Zeichen dafür, dass das Problem nicht in der Verwendung von Metaphern liegt, sondern darin, sie wörtlich zu nehmen.

Es geht nicht darum, die Sprache der Information aufzugeben, sondern sie von der Vorstellung der Maschine zu befreien. In der Biologie ist Information kein Text, den es zu entschlüsseln gilt, sondern eine Dynamik, in der man sich bewegen muss. Sie auf einen Code zu reduzieren bedeutet, das aus den Augen zu verlieren, was sie wirksam macht: den Kontext, die Geschichte, die Gesamtform des Organismus.

Im Jahr 2005 fragte ein junger Forscher während eines Seminars in Heidelberg provokativ, ob ein Organismus eher einem Computer oder einer Stadt ähnele. Die Antwort fiel nicht einstimmig aus, doch in einem Punkt waren sich viele einig: Eine Stadt funktioniert nicht, weil jemand über den vollständigen Stadtplan verfügt, sondern weil Millionen lokaler Interaktionen eine erkennbare Ordnung hervorbringen. Das Leben ist vielleicht eher urban als informatikorientiert.

In diesem Sinne lehnt die Perspektive der Biowissenschaften die Technologie nicht ab, sondern relativiert sie. Sie erinnert daran, dass jedes konzeptuelle Instrument etwas beleuchtet und etwas anderes verdeckt. Und dass das Lebendige, wenn es nur durch die Metaphern der Maschinen verstanden wird, die wir bauen, unweigerlich missverstanden wird.

Vom Rechnen zum Sinn: die neue Unruhe der exakten Wissenschaften.

Während eines Großteils des 20. Jahrhunderts galt das Sprechen von „Sinn" in den Naturwissenschaften bestenfalls als philosophische Marotte, schlimmstenfalls als wenig seriöse Abweichung. Gleichungen funktionierten ohne Bedeutung, Modelle sagten Dinge voraus, ohne sie zu verstehen, und das schien auszureichen. Doch gerade dort, wo die Formalisierung am strengsten war, begann etwas zu bröckeln. Nicht aus Mangel an Daten oder Rechenleistung, sondern aufgrund eines subtileren Unbehagens: dem wachsenden Eindruck, dass Beschreiben nicht gleichbedeutend mit Verstehen ist.

In der Physik kam das Signal schon von weit her. Bereits in den 1980er Jahren begannen einige Theoretiker – darunter Carlo Rovelli, damals ein junger Forscher – in den Fluren des CERN in Genf darüber nachzudenken, dass die Grundgesetze keine „Dinge", sondern Beziehungen beschreiben. Die in jenen Jahren in Europa und den Vereinigten Staaten entwickelte Schleifen-

Quantengravitation spricht nicht mehr von Raum als neutralem Behälter, sondern als Netzwerk bedeutungsvoller Beziehungen. Es ist kein Zufall, dass Rovelli viele Jahre später schrieb, die Physik sage uns nicht, „*wie die Welt* ist“, sondern „*wie die Welt mit sich selbst interagiert*“. Ein Satz, der einen klassischen Positivisten die Nase rümpfen lassen würde.

Es geht nicht darum, dass die Physik plötzlich humanistisch geworden wäre. Es ist etwas Interessanteres geschehen: Die fortschrittlichsten Modelle begannen erst dann zu funktionieren, als sie Begriffe einbezogen, die überraschenderweise dem ähneln, was man früher „Sinn“ nannte. In der Quanteninformationstheorie beispielsweise ist Information nicht mehr nur eine einfache abstrakte Größe, sondern hängt vom Kontext, vom Beobachter und von der Beziehung ab. In Wien bemerkte 2015 ein Experimentalphysiker während einer Konferenz über die Grundlagen der Quantenmechanik ironisch, dass „*Information nicht für sich allein existiert: Sie existiert immer für jemanden*“. Eine banale Feststellung für einen Philosophen, fast schon skandalös für einen Physiker der alten Schule.

Eine ähnliche Entwicklung hat sich in den Neurowissenschaften vollzogen. Jahrzehntelang wurde das Gehirn als Signalverarbeiter beschrieben: Input, Verarbeitung, Output. Doch seit den 2000er Jahren hat sich vor allem in den Labors von Freiburg und San Diego eine andere Vorstellung durchgesetzt: dass das Gehirn nicht einfach nur Informationen verarbeitet, sondern Bedeutungen erzeugt. Der Neurowissenschaftler Francisco Varela – der 2001 verstorben ist, heute aber häufiger zitiert wird als je zuvor – sprach von „Sense-Making“, der Sinnkonstruktion, als primärer Funktion lebender Systeme. Keine poetische Metapher, sondern ein rigoroser Versuch zu erklären, warum ein Organismus nicht nur reagiert, sondern interpretiert.

Eine Anekdote, die eine italienische Forscherin erzählte, verdeutlicht diesen Perspektivwechsel sehr gut. Während einer Studie an Patienten mit kortikalen Läsionen stellte sie fest, dass zwei Probanden mit fast identischen Schädigungen radikal unterschiedliche Verhaltensweisen zeigten. Nicht die neuronale Karte machte den Unterschied aus, sondern die persönliche Geschichte, die Art und Weise, wie der Körper gelernt hatte, in der Welt zu leben. Sie kam zu dem Schluss: *„Das Gehirn stellt die Welt nicht dar: Es bedeutet sie.“* Eine Schlussfolgerung, die schwer zu formalisieren, aber unmöglich zu ignorieren ist.

In diesem kulturellen Klima findet die Feldbiologie ihren natürlichen Platz. Nicht als Einbruch vager Konzepte in die exakten Wissenschaften, sondern als Anerkennung der Tatsache, dass das Lebendige nicht verstanden werden kann, ohne den Sinn mit einzubeziehen. Organismen sind nicht einfach komplexe Systeme; sie sind Strukturen, die im Laufe der Zeit eine sinnvolle Kohärenz bewahren. Ihre Information dient nicht dazu, sie von außen zu beschreiben, sondern ihnen zu ermöglichen, als zielgerichtete Einheiten zu existieren.

Seltsamerweise entsteht diese Rückkehr zum Sinn nicht am Rande, sondern im Herzen der am stärksten formalisierten Disziplinen. Es ist, als wären die Naturwissenschaften, nachdem sie die mathematische Sprache bis an die Grenzen ihrer Leistungsfähigkeit getrieben hatten, auf eine Frage gestoßen, der sich Gleichungen allein nicht mehr entziehen können: Was zählt wirklich in einem lebenden System? Nicht, wie groß es ist, noch wie schnell es ist, sondern was für sein Überleben, seine Form und seine Geschichte von Bedeutung war.

Im Jahr 2022 schloss ein theoretischer Biologe auf einer interdisziplinären Tagung in Zürich seinen Vortrag mit einem Satz, der vielen im Gedächtnis geblieben ist: *„Wir haben gelernt, alles zu berechnen, außer dem, was Sinn macht.“* Das war keine Kapitulation, sondern eine Aufforderung. Eine Aufforderung anzuerkennen, dass Bedeutung kein nachträglicher Zusatz zur Wissenschaft ist, sondern eine Dimension, die jedes Mal wieder zum Vorschein kommt, wenn man sich dem Leben ernsthaft nähert.

ERSTER TEIL. Der blinde Fleck der modernen Biologie.

Aus den Gedanken von Ludwig von Bertalanffy

Ein Organismus lässt sich nicht anhand seiner Teile erklären, denn es ist die Organisation, die den Teilen Sinn verleiht, nicht umgekehrt.

Aus den Gedanken von Denis Noble:

Gene sind zwar wesentlich, aber sie sind nicht die Befehlshaber: Das Leben funktioniert wie ein kooperatives System, nicht wie eine Befehlskette.

Nach Stuart Kauffman:

Die Lebensform ist nicht vollständig in der Vergangenheit vorbestimmt: Sie entsteht, stabilisiert sich und eröffnet Möglichkeiten, die zuvor nicht existierten.

Nach Henri Bergson:

Das Leben folgt nicht einfach vorgegebenen Gesetzen, sondern beugt sie, nutzt sie und überwindet sie in seinem eigenen kreativen Elan.

Der erste Teil dieses Buches öffnet eine kritische Schwelle. Nicht, um das zu zerstören, was die Biologie im Laufe von über einem Jahrhundert aufgebaut hat, sondern um ihre Grundlagen dort zu hinterfragen, wo sie erste Anzeichen von Spannungen zeigen. Die Krise des klassischen biologischen Paradigmas entsteht nicht aus einem Scheitern, sondern aus einem Erfolg: der außerordentlichen Wirksamkeit biochemischer und genetischer Erklärungen bei der Beschreibung der lokalen Mechanismen des Lebens. Gerade diese Wirksamkeit macht jedoch umso deutlicher, was außerhalb des Bildes bleibt.

Die beiden Kapitel, aus denen dieser Teil besteht, befassen sich mit einer Frage, die nur scheinbar einfach ist: Was ist eigentlich ein lebender Organismus?

Im ersten Kapitel zeigen sich die Grenzen der biochemischen Erklärung, wenn man versucht, von der Beschreibung der Reaktionen zum Verständnis der Einheit des Organismus überzugehen. Die Moleküle funktionieren, die Prozesse sind klar, doch das Lebendige erscheint als mehr als nur eine Summe: als eine stabile, zielgerichtete Gesamtheit, die in der Lage ist, sich selbst zu erhalten und zu verändern, ohne dass ein äußerer Plan sie leitet. Die Frage nach dem Zweck – ohne auf einen Schöpfer zurückzugreifen – bleibt für die klassische Kausalität ein ungelöster Knotenpunkt.

Das zweite Kapitel richtet den Fokus auf den Darwinismus und die natürliche Selektion. Hier betrifft die Krise nicht die Anpassung, die die Theorie sehr elegant erklärt, sondern die Form. Das Entstehen, das Fortbestehen und die Kohärenz biologischer Strukturen scheinen einem Organisationsprinzip zu gehorchen, das sich weder auf zufällige Variation noch allein auf das Gen reduzieren lässt. Die Form erscheint nicht als Nebeneffekt der Funktion, sondern als stille Priorität, die jede Funktion erst möglich macht.

Im Gesamtkontext des Buches spielt dieser erste Teil eine entscheidende Rolle: Er schafft den notwendigen konzeptuellen Raum für das, was folgen wird. Indem er aufzeigt, wo das klassische Paradigma an seine Grenzen stößt, bereitet er den Boden für eine andere Vorstellung vom Leben, die in den folgenden Teilen anhand der Konzepte von Kohärenz, Feld, Information und dynamischem Gleichgewicht untersucht wird. Ohne diese anfängliche Krise würden die nachfolgenden Vorschläge willkürlich erscheinen; mit ihr werden „ “ zu einer möglichen Antwort auf Fragen, die viel zu lange offen geblieben sind.

Dieser Teil richtet sich also nicht „gegen“ die traditionelle Biologie, sondern geht über ihre derzeitigen Grenzen hinaus. Es ist der Moment, in dem der Leser dazu eingeladen wird, die gewohnten Erklärungen vorübergehend außer Kraft zu setzen – nicht, um sie aufzugeben, sondern um sie aus kritischer Distanz zu betrachten. An dieser Stelle beginnt das Buch tatsächlich, den Blickwinkel zu verändern.

Zusammenfassend lädt dieser erste Teil den Leser dazu ein, zu erkennen, dass die Krise keine Schwäche der Wissenschaft ist, sondern das Zeichen dafür, dass ein konzeptioneller Wandel notwendig ist. Es ist der Punkt, an dem die Frage nach dem Leben wieder radikal wird.

I. Die Grenzen der biochemischen Erklärung.

Dieses Kapitel geht von einer ebenso einfachen wie beunruhigenden Feststellung aus: Die Biochemie funktioniert hervorragend, und gerade deshalb stößt sie heute an ihre Grenzen. Niemand stellt die beschreibende Kraft in Frage, mit der die Molekularbiologie die innersten Mechanismen des Lebens aufgeklärt hat – die Stoffwechselwege, die enzymatische Regulation, die Genexpression. Und doch: Wenn man versucht, vom „Wie" zum „Was" überzugehen, von der lokalen Funktionsweise zur Gesamtrealität des Organismus, tritt eine Diskrepanz zutage, die nicht länger ignoriert werden kann.

Das zentrale Thema des Kapitels ist keine Kritik an der Biochemie, sondern an ihrer Verwendung als umfassende Erklärung des Lebendigen. Chemische Reaktionen finden zwar statt, erklären aber allein nicht, warum sich der Organismus als kohärente, zeitlich stabile und funktional ausgerichtete Einheit darstellt. Die Zelle ist kein bloßer Behälter für Reaktionen: Sie ist ein System, das sich selbst erhält, das auswählt, was wichtig ist, und das so handelt, als hätte es ein Ziel, ohne dass ein äußerer Plan es lenkt.

An dieser Stelle zeigt das klassische Paradigma erste konzeptionelle Risse. Die lineare Kausalität – eine Reaktion, die eine andere hervorruft – ist auf lokaler Ebene äußerst wirksam, reicht jedoch nicht aus, wenn es darum geht, die Einheit des Organismus zu erklären. Wie entsteht das Ganze aus den Teilen? Wie führen Millionen verteilter Prozesse zu einem koordinierten, zielgerichteten und überraschend robusten Verhalten? Die Biochemie beschreibt die Bausteine, tut sich jedoch schwer, das Gebäude zu erklären.

Noch heikler ist die Frage nach der Zweckmäßigkeit. Organismen scheinen „mit Blick auf etwas" zu handeln: das innere Gleichgewicht aufrechtzuerhalten, einen Schaden zu beheben, sich fortzupflanzen. Dennoch hat die moderne Biologie jeden Hinweis auf intrinsische Ziele verworfen und ihn durch die Sprache der Anpassung und der Selektion ersetzt. Das Ergebnis ist eine ungelöste Spannung: Zielgerichttheit ist in biologischen Phänomenen allgegenwärtig, in theoretischen Erklärungen jedoch nirgends zu finden. Dieses Kapitel setzt sich offen mit diesem Paradoxon auseinander, ohne sich auf verborgene Gestalter zu berufen, sondern indem es anerkennt, dass die klassische Kausalität möglicherweise nicht ausreicht.

Im Gesamtkontext des Buches erfüllt Kapitel I eine wesentliche vorbereitende Funktion. Es dient dazu, die Selbstverständlichkeit des vorherrschenden Paradigmas in Frage zu stellen, indem es aufzeigt, dass das, was offensichtlich erscheint – das Leben als Summe chemischer Prozesse –, in Wirklichkeit eine wirkungsvolle, aber unvollständige Vereinfachung ist. Erst durch die Hervorhebung dieser Grenze wird es in den folgenden Kapiteln möglich, die Konzepte von Kohärenz, Feld und verkörperter Information nicht als willkürliche Alternativen, sondern als Antworten auf eine reale theoretische Lücke einzuführen.

Dieses Kapitel verlangt vom Leser nicht, auf wissenschaftliche Erklärungen zu verzichten, sondern anzuerkennen, dass die Erklärung, wie etwas geschieht, nicht immer gleichbedeutend ist mit der Erklärung, was es ist. Aus dieser oft übersehenen Unterscheidung ergibt sich der gesamte Weg der Feldbiologie.

Zirkuläre Kausalität in lebenden Systemen: Das Leben, das sich selbst bedingt.

Wenn es einen Punkt gibt, an dem die biochemische Erklärung ihre Grenzen am deutlichsten zeigt, dann ist es gerade die Art und Weise, wie sie Kausalität versteht. Die klassische Biochemie lässt sich gut entlang geordneter Ketten nachvollziehen: Ein Molekül aktiviert ein Enzym, das Enzym bewirkt eine Wirkung, die Wirkung löst eine weitere Reaktion aus. Es ist eine lineare, kraftvolle und elegante Logik. Doch wenn man sie auf den Organismus als Ganzes anwendet, stimmt etwas nicht. Das Lebendige verläuft nicht wie eine Reihe von Dominosteinen: Es gleicht vielmehr einem System, in dem das, was geschieht, die Bedingungen seines eigenen Geschehens verändert.

Hier kommt der Begriff der zirkulären Kausalität ins Spiel, eines der heikelsten und am wenigsten verstandenen Konzepte der zeitgenössischen Biologie. Zirkulär bedeutet weder vage noch gar mystisch. Es bedeutet, dass in lebenden Systemen die Ursachen nicht nur in eine Richtung verlaufen: Die globale Ebene des Organismus beeinflusst die lokalen Prozesse ebenso sehr, wie die lokalen Prozesse dazu beitragen, das Globale zu konstituieren. Der Organismus ist nicht das Endergebnis seiner Reaktionen: Er ist die aktive Bedingung, die diese Reaktionen erst ermöglicht, sie auswählt und stabilisiert.

Dieser Punkt war Immanuel Kant bereits völlig klar, als er Ende des 18. Jahrhunderts von Organismen als Wesen sprach, in denen *„die Teile für das Ganze und das Ganze für die Teile existieren*“. Kant hatte zwar keinen Zugang zur Biochemie, hatte jedoch ein Problem intuitiv erkannt, das heute mit Nachdruck wieder auftaucht: Im Lebendigen verläuft die Kausalität niemals nur von unten nach oben. Jede Zelle agiert in einem Kontext, den sie nicht selbst geschaffen hat, zu dessen Aufrechterhaltung sie aber kontinuierlich beiträgt.

Oft wird zirkuläre Kausalität mit einfachem Feedback verwechselt, einem Konzept, das aus dem Ingenieurwesen und der Kybernetik entlehnt wurde. Der Thermostat, der die Temperatur eines Raumes regelt, ist ein klassisches Beispiel: Er erkennt eine Abweichung und korrigiert sie. Doch der Organismus tut etwas Radikaleres. Er beschränkt sich nicht darauf, eine Abweichung von einem vorgegebenen Wert zu korrigieren; er definiert kontinuierlich neu, was als Gleichgewicht gilt. Der Sollwert ist nicht ein für alle Mal festgelegt: Er ergibt sich aus der Geschichte des Systems selbst.

In den 1970er Jahren führten Humberto Maturana und Francisco Varela das Konzept der *Autopoiesis* ein, um genau diese Dynamik zu beschreiben. Ein lebendes System – so schrieben sie – ist ein Netzwerk von Prozessen, das die Komponenten hervorbringt, die ihrerseits das Netzwerk aufrechterhalten. Es gibt keinen privilegierten Anfang der Kausalkette, denn die Kette ist ein Kreislauf. Es ist eine Idee, die auch heute noch jede rein lineare Erklärung in Schwierigkeiten bringt: Wer verursacht was, wenn alles zu allem beiträgt?

Ein Biologe, der eine Zellkultur beobachtet, weiß sehr wohl, dass sich das Verhalten der einzelnen Zellen je nach dem Gesamtzustand des Gewebes ändert. Ein Arzt, der den Verlauf einer chronischen Erkrankung verfolgt, beobachtet oft, wie der Organismus seine Reaktion im Laufe der Zeit verändert, indem er nicht nur auf eine Ursache reagiert, sondern seine Funktionsweise neu organisiert. In beiden Fällen ist Kausalität kein Pfeil, sondern ein dynamischer, historischer und kontextsensitiver Kreislauf.

Diese Idee findet auch außerhalb der Biologie tiefe Resonanz. Der Philosoph Maurice Merleau-Ponty sprach in seinen Überlegungen zum lebenden Körper von einer „Logik der gegenseitigen Implikation“, in der Wahrnehmung, Handlung und Körperstruktur sich gegenseitig bedingen. Es ist kein Zufall, dass sich gerade die Phänomenologie und die theoretische Biologie im 20. Jahrhundert in diesem Punkt annäherten: Das Leben entzieht sich jeder Erklärung, die Ursache und Wirkung streng voneinander trennt.

Im Rahmen von Kapitel I ist die zirkuläre Kausalität noch nicht die Lösung, aber bereits ein entscheidender Riss im klassischen Paradigma. Sie zeigt, warum das Leben nicht als Summe unabhängiger Reaktionen gedacht werden kann: weil jede Reaktion innerhalb einer Organisation stattfindet, zu deren Aufrechterhaltung sie selbst beiträgt. Die Biochemie beschreibt die einzelnen Schritte; die zirkuläre Kausalität lädt dazu ein, den Tanz als Ganzes zu betrachten.

Worte, die mehr aussagen, als sie sagen.

Jede Wissenschaft ist auch eine sprachliche Übung. Wir beschreiben die Natur niemals neutral: Wir erzählen von ihr durch Worte, die wie Linsen bestimmte Aspekte in den Fokus rücken und andere verwischen. Die Biochemie hat, wahrscheinlich mehr als jede andere biologische Disziplin, ein präzises, operatives und scheinbar eindeutiges Vokabular entwickelt. Doch wenn man innehält, um dieser Sprache wirklich zuzuhören, zeigt sich eine merkwürdige Spannung: Die Wörter, die zur Beschreibung molekularer Reaktionen verwendet werden, scheinen auf etwas anzuspielen, das über die Reaktionen selbst hinausgeht.

Nehmen wir gängige Begriffe wie Regulation, Steuerung, Signal. Kein seriöser Biochemiker verwendet sie im metaphorischen oder absichtlichen Sinne. Und doch tragen diese Wörter einen semantischen Gehalt in sich, der nicht rein chemischer Natur ist. Von Regulation zu sprechen bedeutet, die Vorstellung einer aufrechterhaltenen Ordnung heraufzubeschwören; von Steuerung zu sprechen suggeriert eine Richtung, eine Priorität; von Signal zu sprechen impliziert jemanden – oder etwas –, das empfängt, interpretiert und reagiert. Mit anderen Worten: Die Sprache der Biochemie führt implizit die Einheit des Organismus ein, auch wenn das theoretische Paradigma ihn lediglich als Summe lokaler Prozesse betrachten möchte.

Claude Bernard war sich dessen im Paris der Mitte des 19. Jahrhunderts vollkommen bewusst. Als er den Begriff *„milieu* intérieur“ einführte, fügte er nicht einfach nur einen Fachbegriff hinzu: Er erkannte an, dass der lebende Organismus aktiv innere Bedingungen aufrechterhält, die mit dem Leben vereinbar sind. Keine automatische Folge chemischer Reaktionen, sondern eine Aufrechterhaltung. Walter Cannon nannte diesen Prozess einige Jahrzehnte später *Homöostase*, ein Wort, das wörtlich „gleich bleiben“ bedeutet, in Wirklichkeit aber eine dynamische, ständig neu ausgehandelte Stabilität beschreibt. Es ist schwer zu übersehen, wie sehr diese Idee bereits von einer einheitlichen Sichtweise auf das Lebendige geprägt ist.

Das Gleiche gilt, wenn von Signalen die Rede ist. Ein Signalmolekül ist nicht einfach nur vorhanden oder nicht vorhanden, wie ein Tropfen Reagenz in einem Reagenzglas. Es ist nur wirksam, wenn es als relevant erkannt wird. Im Jahr 1956 zeigte der Biologe George Palade am Rockefeller Institute in New York, dass Zellen keine chaotischen Ansammlungen von Molekülen sind, sondern hochorganisierte Systeme, die zu internem Transport und selektiver Kommunikation fähig sind. Seitdem hat sich der Begriff „zelluläre Signalübertragung“ fest im biologischen Wortschatz etabliert. Aber „signalisieren“ bedeutet auch im Alltagssprachgebrauch, etwas für jemanden anzuzeigen. Die Biochemie kann Rezeptoren und intrazelluläre

Kaskaden beschreiben, doch die Tatsache, dass ein Molekül als Signal gilt, hängt vom Gesamtzustand des Organismus ab.

Der vielleicht aufschlussreichste Begriff ist „Kontrolle“. Man spricht von enzymatischer Kontrolle, Genkontrolle, Stoffwechselkontrolle. Niemand stellt sich einen in der Zelle verborgenen „Dirigenten“ vor, und doch bleibt das Bild überraschend treffend. Wie der Evolutionsbiologe Conrad Waddington 1968 bei einer Konferenz in Edinburgh bemerkte: *„Wir beschreiben molekulare Prozesse so, als wüsste der Organismus, wohin er gehen muss, selbst wenn wir leugnen, dass er irgendetwas weiß.*“ Regulierung funktioniert in der Biologie nicht wie ein mechanischer Hebel: Sie ist verteilt, kontextabhängig und hängt von der Geschichte des Systems ab. Und dennoch bleibt der Begriff bestehen, denn kein anderer kann jene funktionale Kohärenz wiedergeben, die sich durch alle Ebenen der lebenden Organisation zieht.

Diese sprachliche Spannung ist kein Mangel: Sie ist ein Symptom. Sie deutet darauf hin, dass die Biochemie trotz ihres punktuellen Erfolgs ständig an der Grenze dessen bewegt, was sie mit rein mechanistischen Kategorien erklären kann. Die Sprache verrät, was das theoretische Modell nur schwer integrieren kann: den Organismus als orientierte Einheit, die in der Lage ist, sich selbst zu erhalten, zu reagieren und sich sinnvoll an die Umstände anzupassen.

Die Wissenschaftsphilosophin Evelyn Fox Keller stellte in ihren Überlegungen zur Sprache der Lebenswissenschaften fest, dass bestimmte Begriffe als „konzeptionelle Brücken“ fungieren: Sie ermöglichen es, effektiv mit n zu arbeiten, verweisen dabei jedoch auf ein umfassenderes Verständnis, das noch geklärt werden muss. Es ist, als wäre die Biochemie bei der Beschreibung einzelner Noten gezwungen, Wörter zu verwenden, die die Existenz der Melodie erahnen lassen.

In diesem Sinne ist die biochemische Sprache nicht nur ein beschreibendes Instrument, sondern eine Schwelle. Sie zeigt, dass das Leben nicht einfach das ist, was geschieht, wenn bestimmte Moleküle reagieren, sondern das, was diese

Reaktionen in einer stabilen, erkennbaren und zielgerichteten Form zusammenhält. Die Worte wissen das, auch wenn die Theorie so tut, als ob sie es nicht wüsste.

Zerlegte Identität: Warum sich das Leben nicht auseinandernehmen lässt.

Es gibt eine einfache, fast banale Geste, die einen tiefgreifenden Unterschied zwischen Maschinen und Organismen verdeutlicht: das Zerlegen. Wir können ein Fahrrad in der heimischen Garage auseinanderbauen, die Teile auf dem Boden auslegen, und selbst dann zweifelt niemand daran, dass es immer noch dasselbe Fahrrad ist. Es ist zwar vorübergehend unbrauchbar, aber seine Identität steht nicht in Frage. Im Gegensatz dazu: Wenn wir einen Organismus zerlegen – selbst wenn wir nur lebenswichtige Teile davon trennen –, ist das, was übrig bleibt, nicht mehr derselbe Organismus. Es ist keine „unvollständige“ Version: Es ist etwas anderes.

Dieser Unterschied ist weder metaphorisch noch sentimental. Er ist ontologisch. Er betrifft die Seinsweise einer Maschine im Vergleich zu der eines Lebewesens.

Eine Maschine wird durch die funktionale Anordnung ihrer Teile definiert. Ihr Identitätsprinzip ist extern: Es liegt im Entwurf, in der Zeichnung, im Schema, das dem konkreten Objekt vorausgeht und es überdauert. Ein 1984 in Turin gebauter Dieselmotor ist ontologisch identisch mit einem heute in Pune montierten, sofern er denselben Spezifikationen entspricht. Ihn auseinanderzunehmen, beeinträchtigt sein Wesen nicht: Die Maschine ist im Grunde eine Möglichkeit, die sich immer wieder rekonstruieren lässt.

Ein Organismus hingegen hat weder einen äußeren Entwurf, der ihn definiert, noch ein Schema, das von seiner konkreten Existenz getrennt werden könnte. Seine Identität fällt mit seinem Lebensprozess selbst zusammen. Wie Aristoteles bereits in „*De* Anima" feststellte, ist das Lebendige kein Körper, der eine Form hat, sondern ein Körper, der seine Form in der Tat ist. Die Teile zu entfernen bedeutet, diesen Prozess zu unterbrechen, nicht ihn auszusetzen.

Immanuel Kant hat diesen Punkt in *der „Kritik der* Urteilskraft" (1790) mit einer bis heute überraschenden Klarheit erfasst: Ein Organismus ist ein Wesen, in dem „die Teile gegenseitig Ursache und Wirkung ihrer Form sind". In einer Maschine arbeiten die Teile zusammen, weil jemand sie so angeordnet hat. In einem Organismus existieren die Teile, weil das Ganze bereits in Wirkung ist. Es ist ein subtiler, aber entscheidender Unterschied.

Eine Anekdote, die in den Abteilungen für Entwicklungsbiologie oft erzählt wird, stammt aus den 1930er Jahren, aus dem Labor von Hans Spemann in Freiburg. Als seine Studenten sehr frühe Embryozellen von Salamandern trennten, stellten sie fest, dass sich jede einzelne neu organisieren und einen vollständigen Organismus hervorbringen konnte. Doch sobald die Entwicklung fortschritt, schwand diese Möglichkeit: Die Trennung brachte nicht mehr zwei Organismen hervor, sondern zwei Fragmente, die zum Untergang bestimmt waren. Es handelte sich nicht um „Teile" eines bereits bestehenden Ganzen, wie Zahnräder auf einem Tisch: Es waren Momente eines Prozesses, der nur so lange existiert, wie er intakt bleibt.

Die Maschine duldet die Unterbrechung, weil ihre Einheit von außen hinzugefügt wird. Der Organismus duldet sie nicht, weil seine Einheit immanent ist. Gilbert Simondon, ein französischer Philosoph, der in Biologie-Lehrbüchern oft ignoriert wird, erklärte dies mit einer fast ingenieurwissenschaftlichen Sprache: Die Maschine ist ein technisches Individuum, das auch im Ruhezustand als solches bestehen bleibt; der Organismus ist ein Individuum, das nur in seiner Funktionsweise existiert. Ihn anzuhalten bedeutet, ihn aufzulösen.

Dies klärt auch ein weit verbreitetes Missverständnis in den technologischen Metaphern der zeitgenössischen Biologie. Zu sagen, die DNA sei ein „Programm“ oder die Zelle eine „Fabrik“, mag im Einzelfall nützlich sein, wird aber auf ontologischer Ebene irreführend. Ein Programm kann kopiert, angehalten und neu gestartet werden. Ein Organismus nicht. Nicht, weil er zerbrechlicher wäre, sondern weil er nicht von seiner eigenen Zeit trennbar ist. Seine Identität ist historisch, sie lässt sich nicht von Moment zu Moment replizieren.

Norbert Wiener, der Vater der Kybernetik, räumte dies 1951 bei einem Vortrag am MIT mit einer gewissen Besorgnis ein: *„Eine Maschine kann ausgeschaltet und wieder eingeschaltet werden; ein Organismus nicht, denn das, was wir Leben nennen, ist sein ständiges Werden.“* Es ist ein Satz, der fast selbstverständlich klingt, und doch markiert er genau den Punkt, an dem das mechanistische Paradigma seine Unzulänglichkeit offenbart.

Zusammenfassend lässt sich sagen: Eine Maschine ist etwas, das auch dann bleibt, was es ist, wenn sie nicht funktioniert; ein Organismus ist nur dann das, was er ist, solange er funktioniert, wächst und sich selbst erhält. Das Zerlegen einer Maschine ist ein reversibler Vorgang. Das Zerlegen eines Organismus ist ein ontologisch irreversibles Ereignis. Nicht, weil ein Teil fehlt, sondern weil das weggefallen ist, was die Teile zusammenhielt: die lebendige Einheit als Prozess.

Und genau diese Einheit – die nirgendwo lokalisierbar und doch real ist – kann die biochemische Erklärung allein nicht erfassen.

Der lokale Erfolg der Biochemie.

Wenn es eine Disziplin gibt, die im 20. Jahrhundert die Versprechen der modernen Wissenschaft eingehalten hat, dann ist es die Biochemie. Sie hat erklärt, vorhergesagt, manipuliert. Sie hat die Medizin, die Landwirtschaft und die Lebensmittelindustrie verändert. Sie hat dem, was jahrhundertelang undurchsichtig geblieben war, Namen, Formeln und Wege gegeben. Es wäre intellektuell unehrlich, ihren Erfolg nicht anzuerkennen. Das Problem ist nicht, was die Biochemie erklärt, sondern was außerhalb dessen bleibt, was sie erklärt.

Als James Sumner 1926 die Urease kristallisierte und damit bewies, dass ein Enzym ein Protein ist, setzte er einem Streit ein Ende, der fast schon metaphysisch anmutete. Von diesem Moment an erschien das Leben zunehmend als eine Frage katalysierter Reaktionen, molekularer Affinitäten und messbarer Kinetiken. Von da an ist die Geschichte bekannt: die Entdeckung der DNA-Struktur in Cambridge im Jahr 1953, der in den 1960er Jahren entschlüsselte genetische Code, die Stoffwechselwege, die in den Universitätslehrbüchern wie U-Bahn-Pläne dargestellt wurden.

In diesem Sinne funktioniert die Biochemie einwandfrei. Sie funktioniert, wenn sie einen Prozess isoliert, ihn in vitro reproduziert und seine Rahmenbedingungen misst. Sie funktioniert, wenn ein Medikament einen Rezeptor blockiert, wenn ein Inhibitor eine Enzymkaskade verlangsamt, wenn eine Mutation mit einem defekten Protein in Verbindung gebracht wird. Sie ist eine außerordentlich wirksame Wissenschaft auf lokaler Ebene: das aktive Zentrum eines Enzyms, die Bindungsstelle eines Liganden, die Sequenz einer Polypeptidkette.

Ein Forscher des EMBL in Heidelberg erzählte während eines informellen Seminars in den frühen 2000er Jahren, dass „ *s Labors alles Sinn ergibt, solange man das Molekül nicht wieder in die Zelle zurückbringt*“. Das war kein Seitenhieb gegen die Biochemie, sondern eine Feststellung ihrer Grenzen. Im Reagenzglas ist das System sauber, kontrollierbar und elegant reduzierbar. Im Lebendigen ist dieselbe Reaktion in einen Kontext eingebettet, der sie verändert, ablenkt, manchmal sogar untergräbt.

Der entscheidende Punkt ist, dass die Biochemie Wechselwirkungen beschreibt, nicht aber Organisationsformen. Sie kann erklären, wie ein Molekül ein anderes erkennt, aber nicht, warum diese Begegnung gerade dort, in diesem Moment, in dieser Reihenfolge stattfindet und zur Stabilität des gesamten Organismus beiträgt. Die Summe der richtigen Reaktionen allein garantiert noch nicht das Vorhandensein von Leben. Wie François Jacob, Nobelpreisträger von 1965, bemerkte: *„Die Biologie ist keine Physik des Lebendigen, sondern eine Geschichte.*“ Und eine Geschichte lässt sich nicht rekonstruieren, indem man die Buchstaben des Alphabets aufzählt.

Ein symbolträchtiges Beispiel stammt aus der Molekularbiologie der frühen 1970er Jahre. Am Salk Institute in La Jolla gelang es einigen Forschungsgruppen, grundlegende Prozesse wie die Transkription und die Translation in vitro nachzubilden. Alles funktionierte. Doch als man versuchte, diese Erklärungslogik auf den gesamten Organismus zu übertragen, zeigte sich eine subtile, aber hartnäckige Diskrepanz: Dieselben Moleküle in derselben Anzahl führten nicht zum gleichen Ergebnis. Etwas hing vom Gesamtkontext ab, von der dynamischen Organisation, von Beziehungen, die sich nicht auf eine lineare Kausalkette reduzieren ließen.

Die Biochemie ist hervorragend darin, die Frage „Wie läuft eine Reaktion ab?“ zu beantworten, tut sich jedoch schwer, wenn die Frage lautet: „Warum ist diese Reaktion für das Leben des Organismus relevant?“ Es handelt sich um einen Unterschied im Maßstab und in der Logik, nicht in der Genauigkeit. Das reduktionistische Paradigma ist nicht falsch: Es ist lokal wahr. Das Problem entsteht, wenn sein Erfolg unzulässigerweise auf das übertragen wird, was nicht lokal ist.

In den 1980er Jahren stellte der englische Biologe Conrad Waddington – eine Persönlichkeit, die heute weniger zitiert wird, als sie es verdienen würde – fest, dass die Biochemie zwar die „Bausteine“ des Lebens erklärt habe, nicht aber die „Architektur“. Und er fügte mit einer gewissen Ironie hinzu, dass niemand behaupten würde, eine gotische Kathedrale zu verstehen, indem er lediglich die chemische Zusammensetzung der Steine analysiert. Der Vergleich schmälert die Chemie der Steine nicht, sondern zeigt vielmehr ihre Grenzen bei der Erklärung auf.

Der Erfolg der Biochemie ist also real und messbar. Aber es ist ein Erfolg, der Teile des Lebensphänomens beleuchtet, während andere, entscheidende Teile im Dunkeln bleiben. Solange wir uns auf der Ebene der Reaktionen bewegen, ist alles klar. Wenn wir uns jedoch fragen, wie diese Reaktionen zusammenhalten, sich stabilisieren und im Laufe der Zeit koordinieren, verstummt die Sprache der Biochemie plötzlich. Nicht, weil sie falsch ist, sondern weil sie nicht dafür konzipiert wurde, diese Art von Fragen zu beantworten.

Und genau in diesem Schattenbereich – zwischen lokaler Wirksamkeit und globaler Unzulänglichkeit – zeichnet sich die Notwendigkeit einer anderen Sichtweise auf das Leben ab.

Von den Molekülen zu den Netzwerken: Als das Leben eine neue Größenordnung annahm.

Während eines Großteils des 20. Jahrhunderts war die Biochemie das schlagende Herz der Lebenswissenschaften. Nicht nur wegen der erzielten Ergebnisse, sondern auch wegen der Vorstellung von Wissen, die sie verkörperte: Einen Organismus zu verstehen bedeutete, ihn in seine elementaren Bestandteile zu zerlegen, diese einzeln zu untersuchen und dann – zumindest im Prinzip – das Ganze wieder zusammenzusetzen. Ein ehrgeiziges Programm, das dem Geist der wissenschaftlichen Moderne entsprach und in vielerlei Hinsicht außerordentlich produktiv war.

In den Labors von Harvard, Cambridge oder am Pasteur-Institut in Paris schien dieser Ansatz zwischen den 1950er- und 1970er-Jahren konkurrenzlos zu sein. Jeder neu kartierte Stoffwechselweg, jeder identifizierte Rezeptor, jedes charakterisierte Enzym bestärkte die Vorstellung, dass das Leben im Grunde eine Frage gut organisierter Chemie sei. Wie ein alter Forscher des Karolinska-Instituts ironisch anmerkte: *„Wenn wir es nicht verstehen, dann nur, weil wir das richtige Molekül noch nicht gefunden haben.“*

Doch gerade auf dem Höhepunkt des Erfolgs zeigten sich die ersten konzeptionellen Risse. Sie entsprangen keiner ideologischen Rebellion, sondern der täglichen Erfahrung im Labor. Ende der 1980er Jahre, mit dem Aufkommen der Genomik und Proteomik, wurde klar, dass die Kenntnis aller Bestandteile nicht gleichbedeutend war mit dem Verständnis des Verhaltens des Systems. Genome wurden sequenziert, die Proteinkataloge wurden immer länger, doch die Kluft zwischen Bestandsaufnahme und Verständnis verringerte sich nicht.

Eine oft – fast schon verlegen – erwähnte Begebenheit geht auf das Jahr 1995 zurück, während einer Konferenz in Santa Fe, einem symbolträchtigen Ort für die Komplexitätswissenschaften. Angesichts äußerst eleganter mathematischer Modelle und einer beeindruckenden Menge an molekularen Daten wies jemand darauf hin, dass man eine Zelle zwar als Netzwerk aus Tausenden von Interaktionen beschreiben könne, aber nicht zuverlässig vorhersagen könne, wie sie auf eine minimale Störung reagieren würde. Der Witz, der in den Fluren die Runde machte, lautete: *„Wir wissen alles, außer was sie tut.*“

In diesem Klima nahm die Systembiologie Gestalt an. Nicht als Ablehnung der Biochemie, sondern als ihre kritische Weiterentwicklung. Die Kontinuitäten sind offensichtlich: dieselben Daten, dieselben Instrumente, dieselbe Aufmerksamkeit für quantitative Genauigkeit. Der Bruch liegt jedoch in der Sichtweise. Nicht mehr die einzelne Reaktion als grundlegende Erklärungseinheit, sondern die Gesamtheit der Interaktionen, die gleichzeitig, in Zeit und Raum, betrachtet werden.

Im Jahr 2000 sprach Hiroaki Kitano – eine Schlüsselfigur dieses Wandels – in Tokio ausdrücklich von der Notwendigkeit, von einer „Biologie der Teile“ zu einer „Biologie des emergenten Verhaltens“ überzugehen. Der Begriff „Emergenz“ hatte nichts Mystisches an sich: Er bezeichnete lediglich beobachtbare Eigenschaften, die keiner einzelnen, isolierten Komponente zuzuschreiben sind. Eine empirische Feststellung, noch bevor sie theoretisch war.

Die Systembiologie entstand also aus einer Unzufriedenheit innerhalb des vorherigen Paradigmas. Sie bestreitet nicht, dass chemische Reaktionen real, notwendig und grundlegend sind. Aber sie zeigt, dass sich ihre biologische Bedeutung je nach dem Netzwerk, in das sie eingebettet sind , ändert. Ein und dasselbe Molekül kann je nach dem Gesamtzustand des Systems Signal, Nährstoff oder Gift sein. Hier stößt die lineare Kausalität, die in der klassischen Biochemie so wirksam ist, an ihre Grenzen.

Interessanterweise hat dieser Wandel auch eine breitere kulturelle Auswirkung. In denselben Jahren, in denen die Biologie die Netzwerke entdeckt, wird das Internet zu einer dominierenden Metapher; die Wirtschaft spricht von komplexen Systemen; die Ökologie gibt vereinfachende Modelle auf, um dynamische Gleichgewichte zu beschreiben. Das ist kein Zufall: Es ist das Zeichen eines Wandels in der wissenschaftlichen

Sensibilität, einer neuen Aufmerksamkeit für Beziehungen statt für Objekte.

Und dennoch bleibt die Systembiologie – bewusst – innerhalb der Grenzen der experimentellen Wissenschaft. Sie führt keine neuen Entitäten ein, beruft sich nicht auf externe Prinzipien. Sie beschränkt sich darauf zu sagen, dass das Leben nicht allein durch eine Änderung der Detailebene erklärbar ist, sondern einen Perspektivwechsel erfordert. Es handelt sich um eine konzeptionelle Schwelle, noch nicht um ein vollständiges neues Paradigma. Aber es ist eine entscheidende Schwelle.

In diesem Sinne stellt der Übergang von der klassischen Biochemie zur Systembiologie einen Moment des In-der-Schwebe-Seins dar: das Bewusstsein, dass die Sprache der Reaktionen nicht mehr ausreicht, ohne dass bereits klar wäre, welche Sprache sie ersetzen wird. Eine fruchtbare, oft unruhige Übergangsphase, in der die Wissenschaft zu ahnen beginnt, dass der Organismus nicht nur eine Ansammlung von Prozessen ist, sondern eine dynamische Einheit, die ihren eigenen Mechanismen Sinn verleiht.

Das Ganze, das sich nicht in seine Einzelteile zerlegen lässt.

Es gibt einen Moment in der Erforschung des Lebens, in dem selbst die ausgefeilteste Analyse vor einer scheinbar naiven Frage Halt macht: Wo befindet sich der Organismus? Nicht in den einzelnen Molekülen, nicht in den isolierten Genen, nicht in den Geweben, die als getrennte Kompartimente betrachtet werden. Und doch ist der Organismus da, er drängt sich auf, er widersteht, er erkennt sich als kohärente Einheit im Laufe der Zeit. Die moderne Biologie, die außerordentlich geschickt darin ist, Details zu beschreiben, tut sich nach wie vor schwer, dieses „gewisse Etwas" zu erklären, das aus einer Ansammlung von Teilen ein Lebewesen macht.

Das Problem ist nicht neu. Bereits zu Beginn des 19. Jahrhunderts stellte Johann Wolfgang von Goethe bei der Beobachtung der Metamorphosen der Pflanzen in seinem Garten in Weimar fest, dass die lebendige Form niemals ein bloßes Ergebnis ist, sondern ein Prozess, der sich ausdrückt. Er suchte die „wahre" Pflanze nicht in einem privilegierten Organ, sondern in der Bewegung, die alle miteinander verbindet. Ein Blatt ist nicht nur ein Blatt: Es ist eine vorübergehende Variation eines einheitlichen Themas. Goethe sprach nicht die Sprache der Biochemie, aber er hatte etwas erfasst, das uns auch heute noch beschäftigt.

Der klassische Reduktionismus geht von einer Zerlegung aus: Er versteht eine Funktion, indem er sie isoliert. Doch die Einheit des Organismus verhält sich nicht wie eine Funktion. Sie ist eine verteilte Präsenz, die niemals mit einem bestimmten Punkt zusammenfällt. Kurt Goldstein, ein deutscher Neurologe, der in den 1930er Jahren ins Exil in die Vereinigten Staaten gezwungen wurde, erkannte dies bei seiner Arbeit mit hirngeschädigten Soldaten des Ersten Weltkriegs. Ähnliche Verletzungen führten bei verschiedenen Menschen zu unterschiedlichen Folgen. Nicht das fehlende Teil erklärte das Defizit, sondern die Neuorganisation des gesamten Organismus um diesen Verlust herum. Goldstein sprach vom Organismus als Ganzheit, ein Konzept, das die offizielle Neurologie jener Zeit als peinlich vage ansah.

Doch die Fakten ließen sich nicht leugnen. Ein Organismus reagiert als Ganzes, auch wenn er an einer Stelle getroffen wird. Er summiert nicht lokale Reaktionen, sondern definiert sich neu. Das ist der blinde Fleck der rein biochemischen Erklärung. Die Reaktionen sind notwendig, erklären aber nicht, warum sie koordiniert, stabil und auf die Erhaltung der Einheit ausgerichtet ablaufen.

In den 1950er Jahren zeigte Ilya Prigogine bei seiner Arbeit in Brüssel und Austin, dass sich bestimmte physikalische Systeme, die weit vom Gleichgewicht entfernt sind, selbst organisieren können. Was bei Lebewesen jedoch auffiel, war die Beständigkeit der Identität: nicht nur die Ordnung, sondern eine Ordnung, die sich selbst erkennt und aufrechterhält. Ein Wirbel in einer Flüssigkeit existiert, solange bestimmte Bedingungen bestehen; ein Organismus hingegen trägt aktiv dazu bei, die Bedingungen seiner eigenen Existenz zu schaffen. Hier stößt die Physik an ihre Grenzen, überschreitet diese jedoch nicht vollständig.

Eine in embryologischen Labors oft erzählte Anekdote betrifft Hans Driesch, der 1891 in Neapel an Seeigel-Eiern forschte. Er trennte die ersten Embryozellen in der Erwartung, unvollständige Fragmente zu erhalten. Stattdessen erhielt er ganze Organismen, nur in kleinerer Form. Driesch, ursprünglich ein überzeugter Mechanist, war gezwungen, seine Meinung zu ändern: Es gab kein „Teil“, das das Sagen hatte, sondern eine globale Organisationsfähigkeit, die sich nicht lokalisieren ließ. Er sprach von „Entelechie“, einem Begriff, der heute aus der

Mode gekommen ist, aber geschaffen wurde, um ein reales Problem zu benennen.

Der entscheidende Punkt ist, dass die Einheit des Organismus nicht erst nach dem Zusammensetzen der Teile entsteht, wie es bei einem Artefakt der Fall ist. Sie ist von Anfang an als Wirkprinzip vorhanden, als Kontext, der den Teilen Sinn verleiht, während diese sich differenzieren. In diesem Sinne ist das Ganze nicht das Endergebnis: Es ist die Ausgangsbedingung, die jede Differenzierung erst möglich macht.

Der Philosoph Maurice Blondel schrieb 1893, dass *„das Leben eine Handlung ist, die nur von innen heraus verstanden werden kann*“. Heute würden wir sagen, dass die Einheit des Lebendigen eine Einheit des Sinns ist, nicht nur ein r der Struktur. Eine Leber ist nicht „eine Leber im Allgemeinen“, sondern jene Leber, in jenem Körper, in jener biologischen Geschichte. Entfernen wir sie von dort, bleibt kompetente, aber stumme Materie zurück.

Das Problem der Einheit des Organismus ist also kein vorübergehender Mangel der biologischen Theorie, der auf bessere Daten wartet. Es ist eine konzeptionelle Herausforderung. Sie verlangt, das Lebendige nicht als ein gut ineinandergreifendes Mosaik zu betrachten, sondern als eine dynamische Form, die Unterschied und Identität, Verwandlung und Beständigkeit miteinander verbindet. Eine Struktur, die sich nirgendwo speziell befindet, sondern sich überall manifestiert.

Das Gesicht, das wir erkennen, ohne sagen zu können, warum.

Es gibt eine alltägliche Erfahrung, die wir alle kennen und die, wenn man sie aufmerksam betrachtet, viel über das Wesen des lebenden Organismus aussagt. Wir erkennen ein Gesicht aus der Ferne, vielleicht auf einem unscharfen Foto oder nach Jahren der Abwesenheit, ohne genau angeben zu können, welche Merkmale es unverwechselbar machen. Es ist nicht die Nase, es sind nicht die Augen für sich genommen, noch ihre bloße geometrische Kombination. Es ist etwas, das „zwischen" den Teilen liegt, oder besser gesagt, das sie alle durchdringt. Eine wahrgenommene, nicht gemessene Einheit.

Diese ästhetische Erfahrung – denn es handelt sich um Ästhetik im ursprünglichen Sinne von „aisthesis", also Wahrnehmung – kommt dem, was geschieht, wenn wir einem lebenden Organismus begegnen, überraschend nahe. Auch hier offenbart sich das Ganze noch vor der Analyse. Kein Biologe, der ein Tier oder eine Pflanze beobachtet, muss deren Moleküle aufzählen, um deren Identität zu erkennen. Der Organismus präsentiert sich als Einheit, noch bevor er erklärt wird.

Im Jahr 1896 besuchte Henri Bergson in Paris eine Theateraufführung und notierte in seinen Notizbüchern, dass die Geste eines Schauspielers auch dann erkennbar war, wenn sie von einem anderen Körper ausgeführt wurde. Nicht die Abfolge der Muskelbewegungen zählte, sondern der Stil der Bewegung. Bergson wird dieses Beispiel nutzen, um vom Leben als Schwung zu sprechen, doch die Beobachtung bleibt gültig: Der Stil geht der Zerlegung voraus. Ebenso hat ein Organismus einen „biologischen Stil", eine ganzheitliche Handschrift, die mit keinem isolierten Element übereinstimmt.

Denken wir an die Musik. Eine Fuge von Bach bleibt auch dann erkennbar, wenn sie in eine andere Tonart transponiert oder mit anderen Instrumenten gespielt wird. Die einzelnen Noten zählen zwar, erklären aber nicht die Einheit des Werks. Die musikalische Einheit ist eine relationale Struktur, eine innere Kohärenz, die sich trotz aller Variationen bewahrt. Analog dazu durchläuft ein Organismus ständige Veränderungen – Zellumsatz, physiologische Anpassungen, Zyklen –, ohne dabei seine Identität zu verlieren. Die Teile ändern sich, das Ganze bleibt bestehen.

Eine in kunsthistorischen Kreisen oft erzählte Anekdote handelt von Ernst Gombrich, der seinen Studenten in den 1960er Jahren in London bewusst unvollkommene Kopien berühmter Gemälde zeigte. Viele erkannten den Künstler trotz offensichtlicher Fehler. „Der Stil“, sagte Gombrich, „ist kein Detail, sondern eine Gesamtheit, die jedes Detail durchdringt.“ Dieser Satz lässt sich ohne Weiteres auf die Biologie übertragen: Die lebende Form durchdringt und organisiert jeden lokalen Prozess.

Die Biochemie neigt ebenso wie die strengste formalistische Kritik dazu, zu fragen, woraus etwas besteht. Doch die ästhetische Einheit – wie auch die biologische – beantwortet eine andere Frage: Was bewirkt, dass dies das ist, was es ist? Wenn wir beispielsweise ein Gemälde von Morandi betrachten, reduzieren wir es nicht auf die Auflistung der dargestellten Objekte. Flaschen und Schachteln gibt es auch anderswo. Was wir erkennen, ist eine kompositorische Spannung, ein stilles Gleichgewicht, das sich nicht in unabhängige Parameter übersetzen lässt.

In den 1980er Jahren zeigten Studien der Gestaltpsychologie – die in Berlin und New York durchgeführt wurden –, dass die Wahrnehmung des menschlichen Gesichts der Fragmentierung widersteht: Selbst wenn einige Züge verändert oder verdeckt werden, bleibt das Gesicht erkennbar, solange die Gesamtkonfiguration erhalten bleibt. Das ist eine wertvolle Erkenntnis für die Biologie: Einheit ist kein Nebeneffekt der Teile, sondern eine primäre Wahrnehmungs- und Funktionsbedingung.

Der Organismus ist, wie ein gelungenes Kunstwerk, nicht einfach nur komplex. Er ist kohärent. Und Kohärenz lässt sich niemals lokalisieren. Sie liegt nicht in einem Gen, ebenso wenig wie in einem Pinselstrich. Sie ist eine Eigenschaft des Beziehungsfeldes, das das Ganze zusammenhält. Dies zu verstehen bedeutet anzuerkennen, dass sich das Leben nicht allein durch die Auflistung seiner Bestandteile erklären lässt, so wie sich Kunst nicht allein durch die Analyse der Materialien begreifen lässt.

In diesem Sinne teilen die biologische und die ästhetische Einheit dieselbe tiefgreifende Logik: Beide existieren als

Formen, die eher erkennbar als beschreibbar sind, als Präsenzen, die dem Messen vorausgehen. Sie leugnen nicht die Bedeutung der Teile, sondern ordnen sie einer Ordnung unter, die nicht aus der Summe entsteht, sondern diese orientiert.

Wenn Zellen „wissen“, was zu tun ist: Die Herausforderung der Zweckmäßigkeit ohne Planer.

Es gibt eine Frage, die die Biologie seit ihren modernen Anfängen begleitet und die trotz jahrhundertelanger Entdeckungen weiterhin die Labore und Hörsäle der Universitäten beschäftigt: Warum scheinen Organismen „mit Blick auf etwas“ zu handeln, obwohl sie von niemandem entworfen wurden? Der Kern des Problems liegt nicht darin, wie die Mechanismen des Lebens funktionieren – hier hat die Biochemie Wunder vollbracht –, sondern darin, warum diese Mechanismen so kohärent, stabil und zielgerichtet zusammenwirken.

Wenn wir eine Wunde beobachten, die verheilt, einen Embryo, der sich nach einem überraschend verlässlichen Ablauf entwickelt, oder ein Immunsystem, das „erkennt“, was beseitigt werden muss, neigen wir dazu, eine zweckgerichtete Sprache zu verwenden: heilen, sich entwickeln, sich verteidigen. Und doch hat die Wissenschaft seit Darwin alles getan, um die Zweckmäßigkeit aus ihrem offiziellen Vokabular zu verbannen. Von Zielen zu sprechen schien eine verschleierte Rückkehr zur Naturtheologie von William Paley zu sein, der für sein Beispiel der auf der Wiese gefundenen Uhr berühmt ist: Wenn es eine Uhr gibt, muss es einen Uhrmacher geben. Doch die moderne Biologie will keine Uhrmacher.

Das Ergebnis ist eine Spannung, die nie ganz aufgelöst wurde. Einerseits verhalten sich Organismen so, als hätten sie ein Ziel; andererseits wird nur die effiziente Kausalität zugelassen: Ketten lokaler, blinder, absichtsloser Ereignisse.

Die Sprache der Lehrbücher sucht daher nach Kompromisslösungen: „Teleonomie“, „selektierte Funktion“, „genetisches Programm“ (eine Metapher aus d n Informatik, die Jacques Monod bereits in den 1960er Jahren mit Vorsicht verwendete). Doch das Unbehagen bleibt.

Eine Anekdote, die in den 1990er Jahren im Embryologielabor der Universität Cambridge erzählt wurde, ist bezeichnend. Während einer informellen Diskussion beobachtete ein junger Forscher die Regeneration eines Salamanderembryos, dem ein Teil entfernt worden war, und platzte heraus: *„Es scheint, als wüsste er, was fehlt.“* Der Satz wurde mit ironischem Lächeln aufgenommen. Und doch konnte niemand eine Erklärung anbieten, die nicht implizit auf jene verbotene Idee zurückgriff: eine globale Form, die lokale Prozesse lenkt.

Die klassische Kausalität funktioniert hervorragend, wenn es darum geht, zu erklären, wie eine Reaktion abläuft oder warum sich ein Protein an einen Rezeptor bindet. Doch wenn es um den Organismus als Ganzes geht, gerät die Erklärung ins Wanken. Wie kann eine Abfolge lokaler Ursachen ein Verhalten hervorbringen, das auf die Erhaltung der Form, der Integrität und der Gesamtfunktionalität ausgerichtet ist? Zu sagen, dies sei „nur“ das Ergebnis der natürlichen Selektion, verlagert das Problem zwar in die Zeit, beseitigt es aber nicht. Die Selektion erklärt, warum bestimmte Konfigurationen fortbestehen, nicht aber, wie sie hier und jetzt als zielgerichtete Einheiten funktionieren.

Schon Immanuel Kant hatte in *der „Kritik der* Urteilskraft“ (1790) den Kern der Sache mit einer Klarheit erfasst, die auch heute noch überrascht. Organismen, so schrieb er, seien Gebilde, in denen die Teile für das Ganze und das Ganze für die Teile existieren. Sie seien nicht wie eine Maschine, die von außen zusammengesetzt werde, sondern wie eine sich selbst erzeugende Realität. Kant kam zu dem Schluss, dass die Zweckmäßigkeit in der Biologie als Urteilsprinzip unvermeidlich sei, auch wenn sie als tatsächliche Ursache nicht nachweisbar sei. Zwei Jahrhunderte später besteht das Problem immer noch, nur dass es nun in einer technischeren Sprache verpackt ist.

Heute vermeiden wir Begriffe wie „Entelechie“, doch das Phänomen ist nicht verschwunden. In den Labors für Systembiologie, sowohl in Boston als auch in Zürich, werden genetische und metabolische Netzwerke untersucht, die Robustheit aufweisen: die Fähigkeit, eine Funktion auch dann aufrechtzuerhalten, wenn einzelne Komponenten gestört werden. Es ist eine elegante, mathematische Sprache , doch im Hintergrund taucht immer wieder dieselbe Frage auf: Robustheit gegenüber was? Gegenüber einer Form, einer Funktion, einem erwarteten Ergebnis.

Das Paradoxon der Zweckmäßigkeit ohne Planer ist folgendes: Das Leben scheint zielgerichtet zu sein, ohne absichtlich zu sein, gerichtet, ohne einen Lenker zu haben. Die klassische, lineare und lokale Kausalität verfügt nicht über die konzeptuellen Instrumente, um diese inhärente Richtungsgebundenheit zu erklären. Sie kann den Weg beschreiben, aber nicht das Warum des Weges. Sie kann die Etappen aufzählen, aber nicht erklären, warum der Organismus trotz Rauschen, Fehlern und Störungen – solange er lebt – immer wieder zu einer gewissen funktionalen Kohärenz zurückkehrt.

Es überrascht daher nicht, dass selbst die strengsten Wissenschaftler in der täglichen Praxis in eine finalistische Sprache abgleiten. Man spricht von „zu korrigierenden Fehlern“, von „geeigneten Signalen“, von einer „angemessenen Reaktion“. Es ist zwar eine operative Sprache, doch sie verrät etwas Tieferes: die Schwierigkeit, das Leben zu begreifen, ohne ihm – zumindest implizit – einen inneren Sinn zuzuschreiben.

Vielleicht liegt das Rätsel nicht darin, dass die Biologie die Finalität noch nicht erklären kann, sondern in der Annahme, dass sich jede Erklärung auf blinde und lokale Ursachen reduzieren muss. Wie der Wissenschaftsphilosoph Francisco Varela 1996 in einem Vortrag in Paris bemerkte: „Es geht nicht darum, einen Planer wieder einzuführen, sondern zu verstehen, wie eine Normativität ohne Gesetzgeber entsteht.“ Ein Satz, der von vielen notiert, aber selten bis zum Ende durchdacht wurde.

Die Zweckmäßigkeit ohne Planer bleibt somit ein Grenzgebiet: zu empirisch für die traditionelle Metaphysik, zu bedeutungsvoll für eine Biochemie, die auf ein Räderwerk reduziert ist. Gerade in dieser Spannung eröffnet sich der Raum für eine neue Frage nach dem Leben – nicht mehr nur danach, woraus es besteht, sondern welche Art von Ordnung es ist.

Der Zweck ohne Zweck: Aristoteles im Lichte des heutigen Lebens neu lesen.

Wenn man in einem Institut für Molekularbiologie den Namen Aristoteles ausspricht, herrscht oft höfliches Schweigen, gefolgt von einem raschen Themenwechsel. Und doch drehen sich, ohne dass wir es merken, viele der konzeptionellen Schwierigkeiten der zeitgenössischen Biologie nach wie vor um einen Begriff, den der Philosoph aus Stagira in den Mittelpunkt seiner Überlegungen gestellt hatte: die Endursache, das *„télos*“.

Aristoteles verstand den Zweck weder als ein von außen auferlegtes Projekt noch als die Umsetzung eines bewussten Plans. In seinem *Werk „De Partibus* Animalium“ betont er einen Punkt, der heute überraschend modern klingt: In lebenden Organismen existieren Strukturen im Hinblick auf eine Funktion, und diese Funktion ist dem Entwicklungsprozess selbst innewohnend. Es gibt keinen verborgenen Architekten, sondern eine der Form innewohnende Ausrichtung auf ihre eigene Verwirklichung.

Die moderne Biologie reagierte auf diese Idee mit einer lang anhaltenden Verdrängung. Seit dem 17. Jahrhundert, mit Descartes und der Entstehung der mechanistischen Wissenschaft, wurde die Finalursache nach und nach aus dem wissenschaftlichen Diskurs verdrängt, da sie als metaphysische

Abkürzung angesehen wurde. Erklären bedeutet, wirksame Ursachen zu identifizieren, also Ketten messbarer Ereignisse. Alles andere – Ziele, Zwecke, Tendenzen – wird als poetische Sprache oder, schlimmer noch, als theologischer Überrest abgetan.

Und doch ist das Problem, mit dem sich Aristoteles auseinanderzusetzen versuchte, bei genauerer Betrachtung nie verschwunden. Wie lässt sich erklären, dass ein Säugetierembryo, ausgehend von einer einzigen Zelle, eine streng regulierte Abfolge von Transformationen durchläuft und – abgesehen von Unfällen – fast immer zu einer kohärenten, funktionsfähigen Form gelangt? Zu sagen, dass „es geschieht, weil es selektiert ist", reicht nicht aus, um zu klären, warum während der Entwicklung jeder Schritt auf eine zukünftige Konfiguration ausgerichtet zu sein scheint, die noch nicht existiert.

Eine Anekdote, die der Wissenschaftshistoriker Pietro Corsi erzählt, betrifft eine Vorlesung, die ein bekannter Evolutionsbiologe in den 1970er Jahren in Paris hielt. Auf die Frage eines Studenten, wie man eine finalistische Sprache vermeiden könne, wenn man über Entwicklung spreche, antwortete der Dozent mit einem Lächeln: *„Wir vermeiden sie in den Titeln der Artikel, nicht auf den Fluren.*" Ein Bonmot, das die Situation treffend beschreibt: Die Finalität ist offiziell verbannt, wirkt aber inoffiziell weiter.

Aristoteles heute neu zu lesen bedeutet nicht, seine Kosmologie oder seine beschreibende Biologie – die seit Jahrhunderten überholt sind – zu übernehmen, sondern die Relevanz seiner zentralen Intuition anzuerkennen: Bei Lebewesen scheint die Gegenwart im Hinblick auf eine zukünftige Form organisiert zu sein. Die Endursache ist in diesem Sinne keine mysteriöse Kraft, sondern eine Möglichkeit, eine umgekehrte zeitliche Ordnung zu beschreiben, in der sich der Sinn eines Prozesses nicht auf die Summe seiner Zwischenschritte reduzieren lässt.

Im 20. Jahrhundert haben einige Denker versucht, den Dialog mit Aristoteles wieder aufzunehmen, ohne in einen naiven Vitalismus zu verfallen. Der französische Philosoph Raymond Ruyer sprach beispielsweise in den 1950er Jahren von „formaler Aktivität“, um jene biologischen Prozesse zu beschreiben, die sich nicht allein als lokale mechanische Effekte erklären lassen. Seine Ideen blieben zwar randständig, nahmen jedoch ein Unbehagen vorweg, das heute in den Diskussionen über Morphogenese und Selbstorganisation wieder auftaucht.

Der entscheidende Punkt ist, dass die klassische Kausalität immer zurückblickt und die Ursachen in der unmittelbaren Vergangenheit sucht. Die aristotelische Endursache hingegen blickt nach vorne: nicht als bewusste Vorhersage, sondern als Anziehung hin zu einer stabilen Konfiguration. In moderner Sprache könnten wir sagen, dass Aristoteles versuchte, das zu benennen, was wir heute mit einem anderen Vokabular als „Dynamik hin zu organisierten Zuständen“ beschreiben.

Ein oft vergessenes Detail ist, dass Aristoteles ein unermüdlicher Beobachter war. Auf der Insel Lesbos, wo er lange Zeit damit verbrachte, Meerestiere zu studieren, notierte er Abweichungen, Anomalien und Grenzfälle. Er suchte nicht nach abstrakter Perfektion, sondern nach Regelmäßigkeiten innerhalb der Unvollkommenheit. Die Endursache war für ihn keine metaphysische Garantie, sondern eine interpretative Hypothese, um das Gesamtverhalten des Lebendigen verständlich zu machen.

Von hier aus betrachtet verringert sich die Distanz zwischen Aristoteles und der Feldbiologie – die den Organismus als stabilisierte Informationsstruktur interpretiert. In beiden Fällen kommt es nicht auf die einzelne Komponente an, sondern auf die Gesamtform, die die Prozesse lenkt. Die Begriffe ändern sich, nicht aber das Grundproblem. Und vielleicht kehrt, wie so oft in der Geschichte der Wissenschaft, eine alte Idee nicht deshalb zurück, weil sie im modernen Sinne „wahr“ war, sondern weil sie eine Frage aufgegriffen hatte, die wir uns bis heute immer noch stellen.

Die Endursache, befreit von der Vorstellung eines externen Planers, könnte dann nicht als letzte Erklärung, sondern als Hinweis auf eine Grenze neu interpretiert werden: den Punkt, an dem die rein mechanische Beschreibung nicht mehr ausreicht. Aristoteles hatte nicht die Mittel, darüber hinauszugehen. Wir vielleicht schon. Aber nur, wenn wir bereit sind anzuerkennen, dass das Leben Fragen aufwirft, die sich nicht einfach auf Reaktionen und Kausalketten reduzieren lassen.

Tagebücher, Briefe, Schweigen: Der Sinn, der in den Bekenntnissen der Wissenschaftler immer wieder auftaucht.

Es gibt einen Moment in der wissenschaftlichen Praxis, der in *begutachteten* Artikeln selten vorkommt, aber mit überraschender Regelmäßigkeit in privaten Briefen, in Labortagebüchern und in Interviews am Ende der Karriere auftaucht. Es ist der Moment des Zögerns. Der Moment, in dem der Forscher ahnt, dass die rein mechanische Erklärung, so makellos sie auf technischer Ebene auch sein mag, nicht alles aussagen kann, was gesagt werden müsste.

François Jacob, Nobelpreisträger für Medizin im Jahr 1965, gab dies mit entwaffnender Offenheit in einigen 1970 veröffentlichten autobiografischen Seiten (*La logique du vivant*) zu: *„Wir verwenden eine Sprache, die Ziele und Absichten zuschreibt, sogar , wenn wir wissen, dass wir es nicht sollten.*“ Jacob stand voll und ganz hinter dem molekularen Paradigma, erkannte jedoch an, dass Begriffe wie „Funktion“, „Programm“ und „Kontrolle“ keine einfachen, harmlosen Metaphern waren. Sie waren konzeptionelle Krücken, die notwendig waren, um sich in einem Gebiet zurechtzufinden, in dem die lineare Kausalität offensichtliche Risse aufwies.

Dieses Unbehagen entspringt nicht einer metaphysischen Nostalgie, sondern der konkreten Erfahrung wissenschaftlicher Arbeit. Man findet es beispielsweise in den Laborheften von

Conrad Hal Waddington, einem britischen Embryologen, der in den 1940er Jahren am Rande seiner Experimente an *Drosophila* Überlegungen notierte, die für einen Genetiker ungewöhnlich waren: *„Die Entwicklung scheint sich zu erinnern, wohin sie gehen muss.*“ Waddington prägte den Begriff *„epigenetische* Landschaft“ gerade, um eine finalistische Sprache zu vermeiden, doch die Metapher des „Kanals“ und des „Tals“ verriet eine ungelöste Spannung: Wie kann man von Richtung sprechen, ohne von einem Ziel zu sprechen?

Auch in den großen Tempeln der experimentellen Biologie war diese Verlegenheit spürbar. Im *„Cold Spring Harbor* Laboratory“ im Bundesstaat New York berichteten in den 1950er Jahren einige junge Forscher – in Interviews, die Jahrzehnte später von Wissenschaftshistorikern gesammelt wurden –, dass man bei informellen abendlichen Diskussionen frei über zelluläre „Ziele“ sprach, diesen Wortschatz dann aber sorgfältig aus den für Fachzeitschriften bestimmten Manuskripten strich. Es war eine Art Doppelmoral: eine praktische, unverzichtbar zum Nachdenken; eine offizielle, notwendig zum Veröffentlichen.

Der Schweizer Biologe Adolf Portmann, der der breiten Öffentlichkeit weniger bekannt, in den 1950er Jahren jedoch viel gelesen war, setzte sich offen mit dieser Diskrepanz auseinander. In seinen persönlichen Notizbüchern, die heute in Basel aufbewahrt werden, schrieb er, dass sich der Organismus „selbst zeigt“, als ob die Form neben ihrer Funktion auch einen Ausdruckswert hätte. Er sprach nicht von Zweckmäßigkeit im klassischen Sinne, räumte jedoch ein, dass die Reduzierung der Form auf ein reines adaptives Nebenprodukt ein Gefühl der Unvollständigkeit hinterlasse. Seine Positionen brachten ihm eine gewisse akademische Marginalisierung ein, aber auch die Aufmerksamkeit von Philosophen und Kunsthistorikern.

Das Interessante daran ist, dass das Unbehagen nicht die Unkenntnis der Mechanismen betrifft, sondern deren unzureichende Erzählkraft. Wissenschaftler wissen, wie viele Prozesse ablaufen; sie tun sich jedoch schwer damit zu erklären, warum diese Prozesse so zuverlässig zu stabilen funktionellen Konfigurationen konvergieren. In einem Interview mit der BBC im Jahr 1996 gestand die Entwicklungsbiologin Anne McLaren, eine zentrale Figur in der Forschung an Säugetierembryonen, dass ihr der Begriff „zelluläres Schicksal" „gefährlich, aber unvermeidlich" erscheine. Gefährlich, weil er Teleologie heraufbeschwöre, unvermeidlich, weil kein anderer Begriff ebenso gut passe.

Solche Eingeständnisse sind nicht selten, bleiben aber am Rande der öffentlichen Debatte. Es ist, als ob die zeitgenössische Biologie eine Form der epistemologischen Selbstzensur praktizieren würde: Sie erkennt bestimmte Probleme an, vermeidet es jedoch, sie vollständig zu formulieren, aus Angst, aus dem Rahmen der „harten" Wissenschaft herauszurutschen. Doch gerade dieses Zögern, diese emotionalen Fußnoten, weisen auf den Punkt höchster Spannung des biochemischen Paradigmas hin.

Im Kontext der Feldbiologie erhält dieses Unbehagen eine neue Bedeutung. Wenn der Organismus eine stabilisierte Informationsstruktur ist, dann ist das Wiederauftreten einer zweckorientierten Sprache keine subjektive Schwäche des Wissenschaftlers, sondern das Symptom einer Organisationsebene, die andere Kategorien erfordert. Briefe, Tagebücher und Interviews werden so zu wertvollen Dokumenten: keine Abweichungen von der Methode, sondern Spuren eines realen, noch offenen Problems.

Vielleicht, wie der Physiker Max Delbrück 1972 in einem privaten Brief an einen Kollegen in Pasadena schrieb: *„Wir haben viele Schlachten gegen das Geheimnis gewonnen, aber nicht den Krieg gegen den Sinn.*" Ein Satz, den wir niemals in einem Lehrbuch finden werden, der aber viel darüber aussagt, was uns noch entgeht, wenn wir versuchen, das Leben zu erklären, ohne – zumindest implizit – auf irgendeine Form von Zweckmäßigkeit zurückzugreifen.

Wenn Systeme mehr leisten, als wir programmiert haben.

In den letzten Jahren hat sich in den Forschungslabors eine merkwürdige Umkehrung der Perspektive eingeschlichen: Nicht mehr nur die Biologie inspiriert die Technik, sondern die Technik autonomer Systeme zwingt die Biologie dazu, ihre Gewissheiten zu überdenken. Insbesondere die künstliche Intelligenz – die echte, bestehend aus Codes, Robotern und Simulationsumgebungen – hat eine Frage wieder in den Mittelpunkt gerückt, die die klassische Biologie zu verdrängen versucht hatte: das Auftreten zielgerichteter Verhaltensweisen, ohne dass das Ziel explizit programmiert wurde.

Eine Anekdote, die in den Fluren des MIT oft erzählt wird, betrifft ein Projekt zur autonomen Robotik aus den frühen 2000er Jahren. Eine Gruppe unter der Leitung von Rodney Brooks, einem Pionier der verhaltensorientierten Robotik, hatte kleine mobile Roboter mit äußerst einfachen Regeln entwickelt, die über keine internen Repräsentationen der Welt verfügten. Während der Tests in einem Lagerhaus in Cambridge (Massachusetts) begannen einige dieser Roboter spontan, bestimmte Bereiche mit reichhaltigen Energieressourcen zu „verteidigen" und andere Roboter davon fernzuhalten. Keine Anweisung bezog sich auf Verteidigung, Wettbewerb oder Territorium. Und doch war das Verhalten da, stabil und wiederholbar.

Die Ingenieure nannten es *„emergentes Verhalten*". Doch unter den Biologen, die bei den Vorführungen anwesend waren, machte eine beunruhigendere Frage die Runde: Ist das nicht genau das, was wir bei lebenden Organismen beobachten? Wir beziehen uns hier auf *das „verstärkungsgesteuerte* Lernen", eine Redewendung, die dem Akteur Ziele, Absichten oder Zielsetzungen zuschreibt, auch wenn das Verhalten in Wirklichkeit nur aus Aktualisierungsregeln und Belohnungssignalen hervorgeht.

In diesem Bereich ist die Frage noch deutlicher geworden. Als AlphaGo 2016 Lee Sedol in Seoul besiegte, sprachen viele Kommentatoren von der „Kreativität“ der Maschine. Die Programmierer, die vorsichtiger waren, betonten, dass das System lediglich eine Zielfunktion maximierte. Doch in späteren Interviews räumte Demis Hassabis ein, dass einige Strategien weder vorhergesehen noch a priori verstanden worden waren: Sie ergaben sich aus der Interaktion zwischen Algorithmus, Umgebung und Spielverlauf. Eine operative Zielgerichtetheit ohne bewusste Vorstellung vom Zweck.

Die Parallele zur Biologie lässt sich kaum übersehen. Auch in Organismen präsentiert sich die Zielgerichtetheit nicht als ein irgendwo niedergeschriebener Plan, sondern als stabile Tendenz des Systems, bestimmte Formen, bestimmte Funktionen und bestimmte Beziehungen aufrechtzuerhalten. Die KI zeigt, dass es möglich ist, funktionale Orientierung zu erreichen, ohne auf einen Planer zurückzugreifen, der jeden Schritt kontrolliert. Sie zeigt aber auch etwas Subtileres: dass diese Zielgerichtetheit nicht auf die Summe lokaler Regeln reduzierbar ist.

In einem Vortrag, den der Physiker Chris Langton 2011 in Santa Fe am Santa Fe Institute – einem symbolträchtigen Ort für die Erforschung komplexer Systeme – hielt, bemerkte er, dass manche zellulären Automaten „zu wissen scheinen, was sie vermeiden müssen“. Das war zwar als Scherz gemeint, aber nicht ganz. Formale Systeme, die durch elementare Regeln gesteuert werden, entwickelten Dynamiken der Erhaltung und Anpassung, die – zumindest in struktureller Analogie – an das Verhalten lebender Systeme erinnerten.

Hier wird die Verbindung zur Feldbiologie besonders fruchtbar. Wenn in Organismen die Zielgerichtetheit eine emergente Eigenschaft des Beziehungsfeldes ist, aus dem sie bestehen, dann bietet die KI ein konzeptionelles Labor, in dem beobachtet werden kann, wie Zielgerichtetheit aus globalen Konfigurationen entstehen kann – und nicht aus punktuellen Anweisungen. Die Maschine „will“ nichts, und dennoch verhält sie sich, als strebe sie etwas an. Genau wie eine Zelle, die eine

Wunde verheilt, oder ein Embryo, der eine gestörte Entwicklung korrigiert.

Es ist kein Zufall, dass einige Forscher, wie der englische Mathematiker Michael Levin – bekannt für seine Studien zur Morphogenese –, begonnen haben, aus der KI entlehnte konzeptionelle Werkzeuge zur Beschreibung biologischer Prozesse zu nutzen und dabei von „Zielgerichtetheit“ auf verschiedenen Organisationsebenen sprechen. Es geht nicht darum, Absichten zuzuschreiben, sondern eine operative, e Sinnstruktur zu erkennen – eine Richtungsorientierung, die weder in einem einzelnen Molekül noch in einer einzelnen Codezeile lokalisiert werden kann.

Das Paradoxon liegt auf der Hand: Während die klassische Biologie die Sprache der Zweckmäßigkeit lange gemieden hat, um „wissenschaftlich“ zu bleiben, sieht sich die Technik autonomer Systeme heute gezwungen, sich mit zielgerichteten Verhaltensweisen auseinanderzusetzen, die niemand explizit einbauen wollte. Es ist, als würden zwei verschiedene Wege auf denselben blinden Fleck des Reduktionismus zulaufen.

In diesem Sinne bietet die künstliche Intelligenz kein Modell zum Nachahmen, sondern einen Spiegel. Sie zeigt, dass Zweckmäßigkeit ohne Absicht entstehen kann und dass das Problem nicht darin besteht, den Zweck aus dem wissenschaftlichen Diskurs zu eliminieren, sondern zu verstehen, auf welcher Ebene er angesiedelt ist. Eine wertvolle Lektion für eine Biologie, die Organismen nicht als komplizierte Maschinen betrachten will, sondern als stabilisierte Informationsstrukturen, die in der Lage sind, über die Zeit hinweg eine Richtung beizubehalten.

II. Wenn die Evolution spielt, aber die Partitur nicht schreibt.

Es gibt ein Bild, das mehr als viele Formeln hilft, den Kern dieses Kapitels zu verstehen: das eines Blinden, der einem Orchester lauscht. Er kann erkennen, dass die Musik harmonisch ist, er kann sogar die Instrumente unterscheiden und das Gleichgewicht zwischen den Stimmen schätzen. Aber er sieht weder die Partitur noch das Prinzip, das die Darbietung zusammenhält. Die natürliche Selektion ähnelt in der klassischen Darstellung des Darwinismus sehr diesem Blinden: Sie erklärt, warum eine bestimmte Variation begünstigt wird, aber nicht, warum es eine kohärente Form gibt, die ausgewählt werden kann.

Der Darwinismus war und ist nach wie vor eine der mächtigsten wissenschaftlichen Theorien, die je formuliert wurden. Er hat gezeigt, wie sich die Anpassung von Organismen an die Umwelt ohne Rückgriff auf vorgegebene Entwürfe oder äußere Finalitäten entwickeln kann. Doch gerade sein Erfolg hat letztendlich eine tiefgreifendere Frage verdeckt: Woher kommen die biologischen Formen? Nicht die einzelnen Variationen, sondern die stabile Architektur, die die Variation selbst erst ermöglicht.

Die natürliche Selektion wirkt immer auf etwas ein: auf Organismen, die bereits über eine Struktur, eine Symmetrie und eine Robustheit verfügen, die Störungen widersteht. Ein Herz kann in seiner Größe variieren, ein Glied in seiner Länge, ein Schnabel in seiner Krümmung, aber das Vorhandensein des Herzens, des Glieds, des Schnabels lässt sich nicht durch den Selektionsmechanismus an sich erklären. Die Selektion filtert, verfeinert, eliminiert. Sie orchestriert nicht.

Charles Darwin war sich dessen vollkommen bewusst, auch wenn dies oft vergessen wird. In *„On the Origin of* Species" schreibt er mit der für seinen Stil typischen Vorsicht: *„Wir neigen dazu, das Gesetz der Variation zu personifizieren, als wäre es eine eigenständige Kraft; doch müssen wir bedenken, dass die Variation nicht die Ursache für die Entstehung neuer Arten ist, sondern lediglich das Rohmaterial, auf das die Selektion einwirkt.*"

Ein Satz, der heute fast wie ein Eingeständnis der Unvollständigkeit klingt: Woher stammt dieses „Rohmaterial"? Und vor allem: Warum nimmt es so regelmäßige und wiederkehrende Formen an?

Das Kapitel ist hier angesiedelt, in diesem konzeptuellen Raum, der im Schatten geblieben ist. Nicht, um den Darwinismus zu leugnen, sondern um seine Erklärungskraft zu relativieren. Die Selektion erklärt die lokale Anpassung, nicht die globale Stabilität der Formen. Sie erklärt, warum etwas vorteilhaft ist, nicht, warum es existiert. Wie der englische Biologe W. H. Thorpe bei seinen Überlegungen zu den Grenzen des adaptationistischen Ansatzes feststellte: *„Das Problem des Ursprungs der Arten betrifft nicht nur die Anpassung, sondern auch den Ursprung komplexer und hochspezifischer Strukturen, die die Anpassung selbst erst ermöglichen.*"

Hier tritt das Problem der Form als eigenständiges Organisationsprinzip zutage. Biologische Formen zeigen eine erstaunliche Fähigkeit, sich zu erhalten, zu regenerieren und zu korrigieren. Ein gestörter Embryo neigt dazu, seine eigene Organisation „wiederzufinden“; ein verletzter Organismus versucht, eine erkennbare Konfiguration wiederherzustellen. All dies geschieht vor und jenseits des Selektionsdrucks. Die Form ist kein spätes Ergebnis der Evolution, sondern eine ihrer Voraussetzungen.

Henri Bergson hatte dies zu Beginn des 20. Jahrhunderts mit philosophischer Klarheit erkannt, als er in *„L'évolution créatrice“* schrieb: *„Das Leben ist kein Mechanismus, es ist eine Tendenz. Eine Kraft, die versucht, den Widerstand der Materie zu überwinden und im Herzen der Materie selbst das Instrument ihrer eigenen Evolution zu schaffen.“* Jenseits der metaphorischen Sprache ist diese Intuition präzise: Das Leben verläuft nicht durch die bloße Anhäufung selektiver Vorteile, sondern durch formale Konfigurationen, die den Wandel lenken und kanalisieren.

Der Zweck dieses Kapitels im Gesamtkontext des Buches ist somit klar: aufzuzeigen, dass die Krise des klassischen biologischen Paradigmas nicht nur die molekularen Mechanismen betrifft, sondern auch den Kern der Evolutionstheorie. Ohne eine Reflexion über die Form bleibt die Selektion wie ein Dirigent ohne Partitur: fähig, das Tempo zu halten, aber nicht, die Musik zu erklären.

Dieser Schritt ist entscheidend, um den Weg für die folgenden Teile des Buches zu ebnen. Wenn sich die Form weder auf Gene noch auf die Selektion reduzieren lässt, dann muss das Prinzip, das das Lebendige organisiert, anderswo gesucht werden: in Kohärenzfeldern, in Informationsstrukturen, in einer Ordnung, die nicht von außen auferlegt wird, sondern als globale Eigenschaft biologischer Systeme hervorgeht.

Die Form, die Bestand hat: das Geheimnis der biologischen Robustheit.

Es gibt einen Aspekt des Lebens, der jeden beeindruckt, der es ohne theoretische Vorurteile betrachtet: seine überraschende Fähigkeit, sich selbst treu zu bleiben, während sich alles verändert. Organismen entwickeln sich in unvollkommenen Umgebungen, sind Störungen, Fehlern und molekularen Schwankungen ausgesetzt und erreichen dennoch fast immer eine erkennbare, stabile und funktionale Form. Diese Eigenschaft, die Biologen als Robustheit bezeichnen, ist einer der offensichtlichsten blinden Flecken des klassischen Darwinismus, da sie genau zwischen zwei Bereichen liegt, die die Evolutionstheorie nur schwer miteinander in Einklang bringen konnte: der Entwicklungsbiologie und der Evolution.

Die natürliche Selektion kann erklären, warum eine robuste Form begünstigt wird: Ein Organismus, der besser „durchhält", überlebt leichter. Sie erklärt jedoch weder, warum diese Robustheit überhaupt erst entsteht, noch wie eine Form es schafft, ihre Identität während der Entwicklung trotz genetischer Variationen, biochemischer Störsignale und wechselnder Umweltbedingungen beizubehalten. Hier stößt die Evolution auf ein Paradoxon: Um variieren zu können, muss eine Form zunächst stabil sein; doch die Stabilität selbst kann nicht das direkte Ergebnis zufälliger Variation sein.

In den 2000er Jahren definierte der Systembiologe Hiroaki Kitano, der zwischen Tokio und Europa tätig war, Robustheit als eine grundlegende Eigenschaft lebender Systeme, die sich nicht auf einzelne Gene oder isolierte Schaltkreise reduzieren lässt. In einem mittlerweile klassischen Artikel aus dem Jahr 2004 schrieb er: *„Robustheit ist die Fähigkeit eines Systems, seine Funktionen trotz interner und externer Störungen aufrechtzuerhalten.*" Eine scheinbar nüchterne Definition, die das Problem jedoch radikal verlagert: Die Form ist kein passives Ergebnis, sondern eine aktiv aufrechterhaltene Konfiguration.

Aus entwicklungspsychologischer Sicht bedeutet dies, dass der Organismus nicht einer einfachen Abfolge von Anweisungen folgt, wie ein lineares Programm, sondern sich an einer globalen Konfiguration orientiert, Abweichungen korrigiert, Fehler ausgleicht und lokal das neu ordnet, was gestört wurde. Aus evolutionärer Sicht bedeutet dies, dass die Selektion nicht auf amorphes Material einwirkt, sondern auf Formen, die bereits über eine inhärente Resilienz verfügen, welche den Raum der möglichen Variationen begrenzt und deren Auswirkungen kanalisiert.

Eine ähnliche Intuition war bereits in vormolekularer Form in den Arbeiten von D'Arcy Wentworth Thompson vorhanden, der 1917 in *„On Growth and* Form" feststellte, dass viele biologische Strukturen eher den Zwängen von Ordnung und Stabilität zu gehorchen schienen als einer einfachen adaptiven Logik. Thompson leugnete die Evolution nicht, sondern legte nahe, dass die Geometrie und die Dynamik der Formen der Selektion vorausgehen und ihr den Boden bereiten, auf dem sie wirken kann.

Robustheit ist in diesem Sinne ein Brückenkonzept: Sie verbindet die individuelle Entwicklung mit der Evolutionsgeschichte und zeigt, dass das Leben keine Abfolge provisorischer Lösungen ist, sondern ein System, das in der Lage ist, strukturelle Informationen über die Zeit hinweg zu bewahren. Biologische Formen sind keine fragilen Gleichgewichte, die kurz vor dem Zusammenbruch stehen, sondern aktive Konfigurationen, die Widerstand leisten, sich selbst reparieren und neu zusammensetzen. Und genau dieser intelligente Widerstand gegen die Unordnung macht die Evolution selbst erst möglich.

Im Kontext des Kapitels wird die Robustheit somit zu einem entscheidenden Argument gegen eine rein selektive Sichtweise auf die Form. Wären die Formen nicht robust, hätte die Selektion nichts Stabiles, auf das sie einwirken könnte. Das Orchester – um auf die Metapher des Kapitels zurückzukommen – könnte gar nicht erst zu spielen beginnen, wenn jedes

Instrument schon beim ersten Bogenstrich auseinanderfallen würde.

Wirbel, Schneeflocken und Zellen: trügerische Ähnlichkeiten der Form.

Um zu verstehen, was eine Form biologisch macht, lohnt es sich, einen Schritt zurückzutreten und die Formen zu betrachten, die die Natur auch ohne Leben hervorbringt. Kristalle, Wirbel in Flüssigkeiten und die sogenannten dissipativen Strukturen, die in der Physik des 20. Jahrhunderts untersucht wurden, zeigen, dass Ordnung spontan aus dem Chaos entstehen kann, ohne dass ein äußerer Entwurf erforderlich ist. Es ist eine Entdeckung, die Generationen von Wissenschaftlern fasziniert hat und die auf den ersten Blick die unbelebte Welt der lebenden Welt näherzubringen scheint. Doch gerade in dieser Annäherung wird die Distanz deutlich.

Ein unter dem Mikroskop betrachteter Schneekristall erscheint wie ein kleines Meisterwerk der Symmetrie. Wilson Bentley, der Fotograf aus Vermont, der zu Beginn des 20. Jahrhunderts sein Leben der Darstellung dieser Kristalle widmete, pflegte zu sagen: *„Keine Schneeflocke gleicht der anderen.“* Und doch verbirgt sich hinter dieser Vielfalt eine eiserne Regel: Die Form des Kristalls wird vollständig von den physikalischen Gesetzen und den lokalen Temperatur- und Feuchtigkeitsbedingungen bestimmt. Der Kristall „verteidigt“ seine Form nicht, korrigiert sie nicht, interpretiert sie nicht. Ändern sich die Bedingungen, ändert sich die Form oder löst sich auf. Die Stabilität ist passiv, nicht aktiv.

Einen Schritt näher am Leben finden wir in den Wirbeln: eine Wasserspirale in einem Fluss, ein roter Fleck auf dem Jupiter, der bereits im 17. Jahrhundert von Cassini beobachtet wurde, oder die Konvektionszellen, die Henri Bénard im Jahr 1900 in seinen Pariser Experimenten beschrieb. Hier ist die Form nicht mehr statisch: Sie ist ein Prozess, der sich dank eines kontinuierlichen Energieflusses über die Zeit hinweg aufrechterhält.

Die Analogie zu Organismen ist verlockend. Auch das Leben ist ein offenes System, fernab vom Gleichgewicht, das sich durch ständigen Austausch mit der Umwelt aufrechterhält. Doch der entscheidende Unterschied wird deutlich, sobald man betrachtet, wie die Form erhalten bleibt. Ein Wirbel hat kein Gedächtnis: Wenn der Fluss unterbrochen wird, verschwindet die Form spurlos. Ein Organismus hingegen durchläuft Strömungen, Störungen, ja sogar Traumata und neigt dazu, zu einer erkennbaren Konfiguration zurückzukehren, als ob die Form in einer tieferen Ebene als der bloßen Bewegung der Materie verankert wäre.

Hier zeigt sich die Grenze der physikalischen Analogie. Physikalische Formen sind Epiphänomene der Bedingungen: Sie ergeben sich aus den Gesetzen, wirken aber nicht auf diese ein. Biologische Formen hingegen scheinen eine Art Kausalität von oben auszuüben und lokale Prozesse auf ein globales Ergebnis auszurichten. Während der Embryonalentwicklung nehmen Zellen, die genetisch identisch sind, unterschiedliche Schicksale an – nicht, weil der physikalische Kontext dies vorschreibt, sondern weil der Organismus als Ganzes – in einem operativen, nicht metaphorischen Sinne – „weiß", wohin er gehen muss.

Dieser Vergleich verdeutlicht auch einen zentralen Aspekt: Die natürliche Selektion kann auf bereits gegebene Formen einwirken, reicht jedoch nicht aus, um zu erklären, warum biologische Formen diese aktive, regulierende und beständige Eigenschaft besitzen. Physikalische Strukturen zeigen, dass Ordnung ohne Selektion möglich ist; das Leben zeigt, dass es eine Art von Ordnung gibt, die Bestand hat, sich selbst repariert und vorwegnimmt. In diesem subtilen, aber entscheidenden Unterschied offenbart die biologische Form ihre konzeptuelle Autonomie.

Das Orchester des Lebens besteht also nicht nur aus guten physikalischen Gesetzen, die zufällig zusammenklingen. Es gibt eine implizite Partitur, die die Prozesse durchzieht, sie koordiniert und ihnen im Laufe der Zeit Kohärenz verleiht. Und genau diese Partitur – die noch immer schwer zu benennen ist, ohne die Grenzen des Reduktionismus zu überschreiten – unterscheidet eine Schneeflocke von einer Zelle, einen Wirbel von einem Organismus.

Wenn die Form nach einem tieferen Prinzip fragt.

An diesem Punkt angekommen, spürt der aufmerksame Leser eine Spannung, die nicht ungelöst bleiben kann. Wir haben gesehen, dass die natürliche Selektion erklärt, warum eine Form besser funktioniert als eine andere, aber nicht, warum diese Form überhaupt existiert, noch warum sie es schafft, sich im Laufe der Zeit stabil zu halten und Entwicklung, Mutationen und Umweltbelastungen zu überstehen. Die im Titel des Kapitels heraufbeschworene Metapher des Orchesters kehrt nun mit Nachdruck zurück: Es reicht nicht aus, sich gut gebaute Instrumente oder nach ihrem Können ausgewählte Musiker vorzustellen. Ohne ein Prinzip, das sie zusammenhält, das Tempo, Intensität und Beziehungen synchronisiert, entsteht keine Musik, sondern Lärm.

Dieses Prinzip ist weder eine neue Substanz noch eine mysteriöse Entität, die dem Inventar der Biologie hinzugefügt werden müsste. Es ist vielmehr eine globale Eigenschaft der lebenden Organisation, etwas, das die Art und Weise betrifft, wie sich die Prozesse zeitlich und räumlich aufeinander abstimmen. Bereits in den 1940er Jahren fragte sich Erwin Schrödinger, der zwischen Princeton und Wien tätig war, wie es möglich sei, dass der Organismus den Zusammenbruch in das Chaos vermeide, und sprach von einer „Ordnung, die sich von Ordnung nährt“. Heute können wir sagen, dass diese Intuition auf ein präziseres Konzept hinwies: Das Leben ist nicht nur Ordnung, sondern kohärente Ordnung, die in der Lage ist, sich selbst zu erhalten, mit sich selbst in Resonanz zu treten und dynamische Stabilität zu erzeugen.

Es ist kein Zufall, dass Wissenschaftler und Philosophen in unterschiedlichen Kontexten ähnliche Bilder verwendet haben. Der Neurologe Karl Lashley sprach in den 1950er Jahren bei der Untersuchung der Verteilung von Funktionen im Gehirn von einer „Feldwirkung“, die sich nicht auf einen einzelnen Punkt lokalisieren lässt. In einem anderen Bereich vertrat der Dirigent Wilhelm Furtwängler die Ansicht, dass Musik nicht aus der Summe der Noten entsteht, sondern aus der Spannung, die sie durchzieht und verbindet. In ähnlicher Weise entsteht die biologische Form nicht aus der Anhäufung von Teilen, sondern aus einer kohärenten Beziehung zwischen Prozessen, die bewirkt, dass das Ganze vor den Einzelteilen steht.

Dieser Absatz endet also an einer Schwelle. Wenn sich die Form weder auf das Gen noch auf die Funktion zurückführen lässt, wenn die Selektion nicht ausreicht, um ihr Entstehen und ihre Stabilität zu erklären, dann müssen wir unseren Blickwinkel ändern. Wir müssen aufhören, uns nur zu fragen, was selektiert wird, und anfangen, uns zu fragen, wie es einem Organismus gelingt, im Laufe der Zeit eine sinnvolle Einheit zu bilden. Die Antwort, die sich abzeichnet, ist kein neuer Mechanismus, sondern ein neues Schlüsselwort: Kohärenz. Von hier aus wird der nächste Teil beginnen, in dem das Leben nicht als eine Ansammlung glücklicher Zufälle betrachtet wird, sondern als ein physikalisches und biologisches Phänomen, das in der Lage ist, Sinn, Form und Identität im ständigen Fluss des Wandels aufrechtzuerhalten.

Der Mythos vom souveränen Gen: Wenn Information nicht ausreicht, um die Form zu erklären.

Mindestens ein halbes Jahrhundert lang hat die Biologie das Leben als eine in der DNA geschriebene Geschichte dargestellt. Eine kraftvolle, elegante, ja sogar verführerische Erzählung: vier Buchstaben, unendliche Kombinationen, ein molekulares Buch, das die Form eines Blattes, die Anordnung der Neuronen und die Komplexität eines menschlichen Organismus erklären kann. Es ist kein Zufall, dass 1962, als Watson, Crick und Wilkins den Nobelpreis erhielten, die Begeisterung über die Grenzen der wissenschaftlichen Gemeinschaft hinausging. In Cambridge sprach man vom „Geheimnis des Lebens" als von etwas, das endlich gelüftet worden war.

Doch im Laufe der Jahre erwies sich dieses Versprechen als unvollständig. Nicht als falsch – die DNA ist unverzichtbar –, sondern als unvollständig. Der Genzentrismus, also die Vorstellung, dass das Gen die grundlegende und ausreichende Einheit zur Erklärung der Form und des Verhaltens von Organismen sei, zeigte erste Risse gerade dort, wo er am solidesten zu sein vorgab: in der Entwicklung, in der Stabilität der Formen, in der überraschenden Robustheit des Lebendigen.

Eine Erkenntnis unter vielen beeindruckte die Öffentlichkeit zu Beginn der 2000er Jahre: Das „Humangenomprojekt", das 2003 offiziell abgeschlossen wurde, enthüllte, dass der Mensch etwas mehr als 20.000 Gene besitzt, nicht viel mehr als ein Wurm wie *Caenorhabditis elegans*. Die Frage, die in ihrer Einfachheit fast schon peinlich war, begann auch außerhalb der Labore die Runde zu machen: Wo liegt dann die Komplexität?

Wäre die Form tatsächlich vollständig in den Genen festgelegt, hätte man einen viel deutlicheren Unterschied erwartet.

Das Problem ist, dass die DNA nicht wie ein detaillierter architektonischer Entwurf funktioniert. Sie sagt weder, wohin jede Zelle wandern wird, noch wie Milliarden von Interaktionen im Laufe der Zeit koordiniert werden. Sie liefert Bausteine, Möglichkeiten und chemische Vorgaben. Aber die biologische Form entsteht immer in einem Kontext, durch dynamische Beziehungen, die sich nicht in einer einzelnen genetischen Sequenz lokalisieren lassen.

Ein italienischer Embryologe provozierte während einer Tagung in Pavia in den frühen 1990er Jahren das Publikum gerne mit einem Satz, der unter den Studenten im Umlauf blieb: *„Die DNA kann Proteine herstellen, aber keine Organismen.“* Es war natürlich ein Scherz, aber er traf den Kern der Sache. Die Form eines Herzens, die Symmetrie einer Blume, die Anordnung der Finger leiten sich nicht aus einem Gen „für das Herz“ oder „für die Hand“ ab, sondern aus kollektiven, regulierenden Prozessen, die über das einzelne molekulare Element hinausgehen.

Hier zeigt der Genzentrismus seine tiefgreifendste konzeptionelle Grenze: die Verwechslung von Information mit Anweisung. Die DNA enthält Information, aber keine vollständigen Handlungsanweisungen. Es ist wie der Text eines Theaterstücks ohne Regieanweisungen, ohne Zeitangaben, ohne Intonation. Wer schon einmal zwei unterschiedliche Inszenierungen desselben Shakespeare-Stücks gesehen hat – etwa eine klassische im Londoner Globe und eine experimentelle in einem Berliner Theater –, weiß, wie sehr die endgültige Form von etwas abhängt, das nicht Wort für Wort im Drehbuch steht.

Auch in der Biologie kann dasselbe Genom je nach zellulärem Kontext, mechanischen Wechselwirkungen, bioelektrischen Signalen und chemischem Umfeld zu unterschiedlichen Ergebnissen führen. Conrad Waddingtons Studien zur Epigenetik, die er bereits in den 1940er Jahren in

Edinburgh durchführte, hatten das Bild der „epigenetischen Landschaft“ eingeführt: eine kraftvolle Metapher, um auszudrücken, dass die Entwicklung bevorzugten Bahnen folgt, die jedoch nicht starr durch das Gen vorgegeben sind.

Es geht also nicht darum, die Rolle der DNA herunterzuspielen, sondern sie neu zu verorten. Das Gen ist nicht der Herrscher, der von oben regiert, sondern ein Instrument innerhalb einer umfassenderen Organisation. Weiterhin anzunehmen, dass die Form im Genom „enthalten“ sei , kommt dem Versuch gleich, die Melodie in den einzelnen Noten zu suchen. Das Leben hingegen scheint aus einer höheren Integrationsebene hervorzugehen, auf der Information erst dann wirksam wird, wenn sie in Beziehung gesetzt, synchronisiert und in einen Zusammenhang gebracht wird.

Dieser Schritt ist entscheidend für den Aufbau des Kapitels. Er zeigt, warum die natürliche Selektion, die auf genetische Variationen einwirkt, das Entstehen stabiler und erkennbarer Formen nicht allein erklären kann. Und er bereitet den Boden für eine radikalere Frage: Wenn die DNA nicht ausreicht, was hält dann den Organismus als Einheit von Sinn und Form zusammen? Die Antwort wird nicht in einem zusätzlichen Molekül gesucht, sondern in einem Organisationsprinzip, das in der Lage ist, das Vielfältige zu koordinieren. An dieser Stelle wird die zuvor entwickelte Argumentation zur Kohärenz nicht nur plausibel, sondern notwendig.

Das Gen und die Maschine.

Jede große wissenschaftliche Epoche bringt nicht nur neue Daten mit sich, sondern auch neue vorherrschende Metaphern. Und Metaphern sind keine Verzierungen des Diskurses: Sie lenken den Blick, legen fest, was offensichtlich erscheint und was undenkbar wird. Der Genzentrismus, der die Biologie jahrzehntelang geprägt hat, entsteht nicht im luftleeren Raum.

Er ist das Kind einer Epoche, die die Technologie zu ihrem Sinnhorizont und den technischen Determinismus zu einer Art impliziter Philosophie gemacht hatte.

Es ist kein Zufall, dass die DNA seit den 1950er Jahren als Code, Programm oder Anweisung beschrieben wird. Es sind dieselben Jahre, in denen zwischen Princeton und Los Alamos die moderne Informatik entsteht und Alan Turing zu einer fast mythologischen Figur wird. Die Biologie, fasziniert von der Erklärungskraft der neuen Rechenmaschinen, beginnt, deren Sprache zu sprechen. Wenn ein Computer funktioniert, weil er präzise Anweisungen befolgt, warum sollte dann ein Organismus nicht genauso funktionieren?

Diese Analogie entfaltete eine außergewöhnliche Kraft. In den 1970er Jahren, als das Silicon Valley seine ersten Schritte machte und der Mikroprozessor in das kollektive Bewusstsein Einzug hielt, schien die Vorstellung, dass das Gen die „Software des Lebens“ sei, nicht nur plausibel, sondern unvermeidlich. Bei einer berühmten Konferenz in Santa Fe berichtete ein Molekularbiologe, er habe seine Arbeit verstanden, „indem er sich die Zelle als chemischen Computer vorstellte“. Es war eine wirkungsvolle Metapher, aber auch ein konzeptioneller Käfig.

Der technologische Determinismus, wonach Technologien die Entwicklung der Gesellschaft fast automatisch vorantreiben, hat im biologischen Genzentrismus einen engen Verwandten. In beiden Fällen wird ein Element – die Maschine oder das Gen – zur Hauptursache erhoben, während der Kontext, die Beziehungen und die sich herausbildenden Dynamiken in den Hintergrund treten. Als ob eine Gesellschaft nur durch ihre Werkzeuge erklärbar wäre oder ein Organismus nur durch seine Sequenzen.

Bereits in den 1960er Jahren warnte der Philosoph Lewis Mumford vor dieser Reduktion und stellte fest, dass Technologie niemals neutral oder autark sei, sondern stets mit Werten, Entscheidungen und Lebensformen verflochten sei. Dasselbe ließe sich über das Gen sagen: Es wirkt nicht im luftleeren Raum, es „entscheidet“ nichts von selbst. Und doch brauchte die Zeit ein einfaches, lokalisierbares, kontrollierbares Prinzip. Das Gen entsprach diesem symbolischen Bedürfnis perfekt.

Es gibt eine wenig bekannte Anekdote, die ein französischer Wissenschaftssoziologe 1984 in einem Pariser Seminar erzählte. Bei einem Besuch in einem molekularbiologischen Labor fiel ihm auf, dass die Tafeln voller Pfeile, linearer Diagramme und unidirektionaler Abläufe waren. „Es sah aus", sagte er, „wie der Kontrollraum eines Kraftwerks." Das war nicht nur eine Art zu zeichnen: Es war eine Art zu denken. Die Form der Erklärung spiegelte die Form der vorherrschenden Technologien wider.

Heute, da wir von Netzwerken, verteilten Systemen und kollektiver Intelligenz sprechen, beginnt sich auch die Sprache der Biologie langsam zu wandeln. Das Gen verschwindet nicht, verliert aber seinen Status als absoluter Herrscher. Und das ermöglicht es uns, den „ n Genzentrismus" als das neu zu lesen, was er auch kulturell war: eine kraftvolle, historisch verortete Metapher, keine endgültige Wahrheit über das Leben.

Dies zu verstehen bedeutet nicht, die Wissenschaft zu relativieren, sondern ihr ein stärkeres Selbstbewusstsein zu verleihen. Metaphern leiten die Forschung ebenso sehr wie Daten. Die Erkenntnis, dass die DNA in einer von Maschinen dominierten Epoche als Maschine gedacht wurde, ist ein notwendiger Schritt, um den Blick für andere Bilder zu öffnen: nicht mehr das Gen als Mikrochip, sondern der Organismus als koordinierter Prozess, als Informationsstruktur, die sich durch Beziehungen stabilisiert. Aus diesem Bewusstsein heraus wird es möglich, sich – ohne ideologische Zwänge – eine Biologie vorzustellen, die über den Determinismus hinausgeht, sei er genetischer oder technologischer Natur.

Das Gen auf der Titelseite: Wenn die Medien die Biologie zum Schicksal machen.

Es gibt einen ganz bestimmten Moment, in dem das Gen aufhört, ein technisches Konzept zu sein, das unter Fachleuten diskutiert wird, und zu einer öffentlichen Figur wird. Dies geschieht in der zweiten Hälfte des 20. Jahrhunderts, als die Wissenschaft fest Einzug in Zeitungen, Illustrierte und schließlich ins Fernsehen hält. Dort wird das Gen nicht mehr als Bestandteil des Organismus dargestellt, sondern als dessen verborgener Regisseur, als Hüter eines ein für alle Mal festgeschriebenen Schicksals.

Ein symbolischer Meilenstein lässt sich im Jahr 1962 verorten, als James Watson, Francis Crick und Maurice Wilkins den Nobelpreis für die Entdeckung der DNA-Struktur erhielten. In den Zeitungsberichten jener Zeit – von der New York Times bis hin zu Le Monde – wurde die Doppelhelix oft als „Schlüssel zum Leben" dargestellt. Eine wirkungsvolle Formulierung, gewiss, aber bereits voller Mehrdeutigkeiten: Ein Schlüssel öffnet ein Schloss, ermöglicht den Zugang. Die Vorstellung, dass das Leben endlich „entschlüsselt" worden sei, war zu kraftvoll, um nicht weiter ausgeschmückt zu werden.

In den 1970er- und 1980er-Jahren, mit dem Boom der populärwissenschaftlichen Berichterstattung, wurde diese Darstellung noch deutlicher. Schlagzeilen wie „Das Intelligenz-Gen entdeckt", „Das Aggressions-Gen", „Das Geheimnis der Fettleibigkeit liegt in der DNA" wurden alltäglich. Es spielte keine Rolle, dass dieselben Artikel in den folgenden Zeilen Vorbehalte, Wahrscheinlichkeiten und Wechselwirkungen mit der Umwelt einbrachten. Das Bild, das bleibt, ist das des Gens als letztendliche Ursache – einfach und in seiner Linearität beruhigend.

Ein bekannter italienischer Wissenschaftsjournalist erzählte in einem Interview aus dem Jahr 1998, dass er sich lange mit einem Chefredakteur gestritten habe, der darauf bestand, einen

Artikel über das menschliche Genom mit der Überschrift „Das Buch des Schicksals endlich geöffnet“ zu versehen. „Ich weiß, dass das nicht ganz richtig ist“, sagte er zu ihm, „aber das ist es, was die Leute verstehen.“ In diesem Satz liegt die gesamte Spannung zwischen wissenschaftlicher Genauigkeit und medialer Logik: das Bedürfnis nach einer klaren Geschichte mit einer starken Hauptfigur und einem verständlichen Ende.

Das Humangenomprojekt, das 1990 offiziell angekündigt und im Jahr 2000 im Weißen Haus von Bill Clinton und Tony Blair gefeiert wurde, stellt vielleicht den Höhepunkt dieser Erzählung dar. Die Fernsehbilder sprachen von einer „vollständigen Karte des Menschen“, von einer „Gebrauchsanweisung für das Leben“. Nur wenige erinnern sich daran, dass Clinton in derselben Rede betonte, dass das Genom das individuelle Schicksal nicht vorbestimme. Doch dieses Detail trat im Medienrummel gegenüber der symbolischen Kraft der Karte und der Gebrauchsanweisung in den Hintergrund.

Diese Art, über Genetik zu berichten, entspringt keiner Böswilligkeit. Sie ist das Ergebnis einer strukturellen Vereinfachung, die typisch für moderne Medien ist, welche einzelne Ursachen, direkte Zusammenhänge und eindringliche Bilder in den Vordergrund stellen. Das Gen – unsichtbar, aber benennbar, mikroskopisch klein, aber konzeptionell isolierbar – eignet sich perfekt für diese Rolle. Viel schwieriger ist es, über verteilte Prozesse, dynamische Wechselwirkungen und Formen zu berichten, die sich erst im Laufe der Zeit herausbilden.

So hat der mediale Diskurs, fast ohne dass wir es bemerkt haben, dazu beigetragen, ein Bild vom Leben als bereits vor s geschriebenes Drehbuch zu festigen, in dem sich die natürliche Selektion darauf beschränkt, zwischen von der DNA vorgegebenen Variationen zu wählen. Ein Bild, das tiefgreifende Auswirkungen nicht nur auf die öffentliche Wahrnehmung der Biologie hatte, sondern auch auf die Art und Weise, wie Wissenschaftler selbst ihre Arbeit kommuniziert – und manchmal auch gedacht – haben.

Heute, da neue Forschungen die Plastizität der Entwicklung, die Bedeutung zellulärer und umweltbedingter Kontexte sowie die Rolle der globalen Organisation hervorheben, zeigt diese alte Erzählung all ihre Risse. Doch ihre kulturelle Kraft bleibt bestehen. Zu verstehen, wie die Medien das Gen von einer Möglichkeit in ein Schicksal verwandelt haben, ist keine Übung in äußerer Kritik: Es ist ein notwendiger Schritt, um den Blick zu befreien und wieder Fragen nach der Form, nach dem Organismus als kohärenter Einheit und danach zu stellen, was im Leben stets über die einzelne Anweisung hinausgeht.

„Organismus" oder „Mechanismus" sagen: die moralischen Konsequenzen einer Metapher.

Wissenschaftliche Metaphern bleiben nicht auf Bücher oder Labore beschränkt. Sie schleichen sich still und leise in Protokolle, klinische Entscheidungen und die öffentliche Politik ein. Zu sagen, das Leben sei eine Maschine oder ein kohärenter Prozess, ist keine bloße sprachliche Entscheidung: Es ist ein Akt, der die Forschung und vor allem die damit einhergehende Ethik prägt.

Im industriellen 20. Jahrhundert erschien es selbstverständlich, den Organismus als Maschine zu betrachten. Maschinen waren das Symbol für Fortschritt, Effizienz und Kontrolle. Ist der Körper ein Gerät, dann wird Krankheit zu einer Störung, die Therapie zu einer Reparatur und der Arzt zu einem Fachtechniker. Diese Metapher hat unbestreitbare Ergebnisse hervorgebracht – von der modernen Chirurgie bis zur Pharmakologie –, aber sie hat auch Grauzonen hinterlassen, die schwer zu ignorieren sind.

Ein englischer Chirurg, der in den 1950er Jahren am St. Bartholomew's Hospital in London tätig war, notierte in seinem Tagebuch, dass *„der Patient unter Narkose einer auf dem Tisch* *aufgeschlagenen Uhr schrecklich ähnlich sieht*". Es war eine praktische, keine zynische Feststellung. Und doch lässt sich in diesem Satz die Gefahr einer Sichtweise erkennen, in der das lebende Subjekt sich auflöst und Platz für eine Ansammlung austauschbarer Teile macht.

Wenn das Leben als Maschine betrachtet wird, neigt auch die Ethik dazu, ingenieurwissenschaftlich zu werden: Man bewertet, was funktioniert, was effizient ist, was ein Ergebnis optimiert. Es überrascht nicht, dass sich gerade in diesem kulturellen Kontext zwischen den 1960er- und 1970er-Jahren hitzige Debatten über Tier- und Menschenversuche entwickelten, die oft eher unter dem Gesichtspunkt von Kosten und Nutzen als unter dem von Sinn und Verantwortung geführt wurden. Die berühmte Asilomar-Konferenz von 1975, die sich mit rekombinanter DNA befasste, war einer der ersten Versuche, innezuhalten und sich nicht nur zu fragen: „Können wir das tun?", sondern auch: „Was behandeln wir hier eigentlich als Objekt?"

Das Leben als kohärenten Prozess zu begreifen, verändert hingegen die ethische Landschaft radikal. Wenn der Organismus keine zusammengebaute Maschine ist, sondern eine Informationsstruktur, die sich dank von Beziehungen über die Zeit hinweg aufrechterhält, dann wird jeder Eingriff zu einem Akt, der das Ganze betrifft. Man „repariert" keinen Prozess, ohne dessen Gesamtgleichgewicht zu verändern. Die Verantwortung ist nicht mehr nur technischer, sondern interpretativer Natur.

In den 1980er Jahren betonte der Biologe und Philosoph Hans Jonas, dass das Leben eine ihm innewohnende Verletzlichkeit besitzt, die Schutz und nicht Beherrschung erfordert. Jonas war kein Feldbiologe, doch seine Ethik der Verantwortung entsprang gerade der Ablehnung einer rein mechanistischen Sichtweise auf das Lebendige. Wenn das Leben ein Prozess ist, dann ist es auch Träger eines inneren Wertes, der sich nicht auf seinen Nutzen oder seine Leistungsfähigkeit reduzieren lässt.

Dieser Unterschied tritt auch im medizinischen Bereich deutlich zutage. Ein italienischer Onkologe berichtete während eines Seminars in Mailand in den frühen 2000er Jahren, wie die Art und Weise, über die Krankheit zu sprechen, die therapeutischen Entscheidungen beeinflusse. „Wenn ich dem Patienten sage, dass wir den Feind vernichten müssen“, erklärte er, „begebe ich mich in eine kriegs -Logik. Wenn ich davon spreche, ein Gleichgewicht wiederherzustellen, ändert sich die Art der Allianz, die entsteht.“ Das ist nicht nur eine psychologische Frage: Es ist eine andere implizite Ontologie.

Im Rahmen der Feldbiologie gewinnt diese Unterscheidung noch mehr an Bedeutung. In eine stabilisierte Informationsstruktur einzugreifen bedeutet anzuerkennen, dass der Organismus reagiert, sich anpasst und integriert. Die Ethik kann sich nicht mehr auf äußere Regeln beschränken, sondern muss zur Achtsamkeit auf Kohärenz werden. Nicht alles, was möglich ist, ist automatisch legitim, denn nicht alles, was einen Teil verändert, respektiert den Prozess, der ihn am Leben erhält. Im Grunde ist die Metapher des Orchesters mehr als nur ein eindrucksvolles Bild. In einem Orchester stimmt man ein Instrument nicht ab, ohne auf das Ensemble zu hören. Und kein Dirigent, der diesen Namen verdient, behandelt die Musiker wie Rädchen im Getriebe. Das Leben als Orchester und nicht als Maschine zu begreifen, bedeutet, eine Ethik des Zuhörens noch vor der des Eingreifens anzunehmen.

Form verändern oder Form geben?

Eines der hartnäckigsten Missverständnisse in der zeitgenössischen Biologie entspringt einer ebenso weit verbreiteten wie selten explizit gemachten begrifflichen Überschneidung: der Vorstellung, dass das Erzeugen von Variationen früher oder später gleichbedeutend damit ist, Organisation zu erzeugen. Im Grunde ist das eine verständliche Versuchung. Wenn die natürliche Selektion auf zufälligen Unterschieden beruht, wenn die Zeit lang genug und die Anzahl der Versuche groß genug ist – warum sollte dann nicht auch die Form entstehen?

Und doch besteht zwischen Veränderung und Struktur eine Kluft, die sich nicht durch bloße Anhäufung überbrücken lässt. Verändern bedeutet, einen Zustand zu verändern; organisieren bedeutet, Beziehungen herzustellen, die der Veränderung standhalten. Das Leben gehört in seiner hartnäckigen Regelmäßigkeit zu dieser zweiten Kategorie.

Ein klassisches Beispiel, das in den Fluren der Abteilungen für Evolutionsbiologie oft diskutiert wird, betrifft Mutationen. In den 1970er Jahren zeigte ein junger Forscher im Naturhistorischen Museum in London einer Gruppe von Studenten eine Reihe von Drosophila-Flügeln, die durch im Labor induzierte Mutationen deformiert waren. „Seht euch diese Vielfalt an“, sagte er. Dann zeigte er auf einen normalen Flügel: „Und jetzt erklärt mir, warum diese Form trotz des genetischen Rauschens immer wieder, immer gleich, millionenfach zurückkehrt.“ Die Frage blieb unbeantwortet. Die

Mutationen erklärten die Abweichungen, nicht aber das Fortbestehen der Form.

Variation führt zu Unterschieden, erklärt aber weder, warum bestimmte Konfigurationen bevorzugt werden, noch warum ein Organismus auch nach erheblichen Störungen zu einer stabilen Form zurückkehrt. Ein Salamanderembryo, der in den ersten Entwicklungsstadien in zwei Hälften geteilt wird – Experimente, die bereits Ende des 19. Jahrhunderts von Hans Driesch in Neapel in der Zoologischen Station Anton Dohrn durchgeführt wurden –, bringt nicht zwei defekte Halborganismen hervor, sondern zwei vollständige Individuen. Hier ist die Veränderung drastisch, doch die Struktur bildet sich wieder her. Etwas „weiß“, wie das Ganze aussehen muss.

Dieser Punkt ist entscheidend: Die Variation ist blind gegenüber der Gesamtheit, während die Organisation eine Gesamtvision voraussetzt. Nicht im Sinne eines bewussten Entwurfs, sondern im Sinne einer Kohärenz, die die lokalen Prozesse lenkt. Die klassische Biologie hat beides oft verwechselt und der Selektion das Verdienst zugeschrieben, das geschaffen zu haben, was sie in Wirklichkeit lediglich filtert.

Eine Anekdote, die ein schwedischer Ökologe Anfang der 2000er Jahre auf einer Tagung in Uppsala erzählte, veranschaulicht dies sehr gut. Bei der Untersuchung von Flechtenpopulationen, die extremen Umweltbelastungen ausgesetzt waren, beobachtete er eine enorme Zunahme der morphologischen Variabilität. „Sie veränderten sich sehr stark“, erzählte er, „aber sie wurden weder komplexer noch besser organisiert. Im Gegenteil, oft verloren sie an Struktur.“ Die Variation führt, wenn sie über eine bestimmte Schwelle hinausgeht, zu Unordnung, nicht zu einer neuen Form.

Die Unterscheidung zwischen Veränderung und Struktur ist auch außerhalb der Biologie bekannt. Ein Architekt würde sagen, dass es nicht ausreicht, Materialien zu verändern, um ein Gebäude zu schaffen. Ein Musiker weiß, dass das Variieren von Noten ohne harmonischen Zusammenhang Lärm erzeugt. Es ist bezeichnend, dass Norbert Wiener – der Vater der Kybernetik –

bereits 1948 darauf hinwies, dass Information nicht mit Zufälligkeit gleichzusetzen ist: „Information ist Information, weder Materie noch Energie, aber auch kein Lärm.“ Ein oft zitierter Satz, dessen biologische Implikationen jedoch selten ernst genommen werden.

In einem lebenden Organismus ist die Struktur kein spätes Ergebnis der Selektion, sondern eine Voraussetzung, die die Selektion erst ermöglicht. Ohne eine relativ stabile Form gibt es nichts, was selektiert werden könnte. Die Variation wirkt auf eine Struktur ein, nicht an ihrer Stelle. Die beiden Ebenen zu verwechseln bedeutet, der Zeit und dem Zufall eine schöpferische Kraft zuzuschreiben, die sie empirisch gesehen nicht aufweisen.

Diese sprachliche und begriffliche Verwirrung hatte tiefgreifende Folgen. Sie hat dazu geführt, dass man den Ursprung der Form in den Mechanismen suchte, die die Vielfalt erklären, anstatt in denen, die die Kohärenz gewährleisten. Und sie hat es erschwert, die vielleicht unbequemste Frage zu stellen: Woher kommt die Tendenz des Lebens, sich zu organisieren und durch Veränderung Einheit zu bewahren?

Im Kontext der Feldbiologie erhält diese Frage einen neuen Stellenwert. Die Struktur wird nicht als unwahrscheinliches Ergebnis unendlicher Variationen betrachtet, sondern als dynamischer Attraktor, als eine Konfiguration, die das System anzustreben und zu bewahren sucht. Die Variation verschwindet also nicht, sondern nimmt eine andere Rolle ein: Sie lotet die Ränder aus, begründet aber nicht das Zentrum.

Vielleicht besteht der eigentliche konzeptionelle Schritt darin, anzuerkennen, dass das Leben nicht mit dem Wandel gleichzusetzen ist, sondern mit dem, was trotz des Wandels bestehen bleibt. Und gerade in dieser Treue zu einer Form – mehr noch als in der Verbreitung von Unterschieden – lässt sich ein Organisationsprinzip erahnen, das noch weitgehend zu verstehen ist.

Die Rolle von Attraktoren in der theoretischen Biologie.

Für viele theoretische Biologen war es schon immer eine heikle Angelegenheit, von Form zu sprechen, ohne dabei einen Zweck zu implizieren. Die Gefahr, in den Finalismus abzurutschen – ein Begriff, der auch heute noch in vielen akademischen Seminaren Unbehagen hervorruft –, hat oft dazu geführt, das Problem eher zu umgehen als es zu lösen. Doch seit den 1960er Jahren bietet ein aus der Mathematik dynamischer Systeme entlehnter Begriff einen eleganten Ausweg: den des Attraktors.

Ein Attraktor ist weder ein Ziel noch ein verborgenes Vorhaben. Es ist eine Konfiguration, zu der ein System unter bestimmten Bedingungen spontan tendiert. Der Begriff hielt vor allem dank Wissenschaftlern wie Stuart Kauffman Einzug in die Biologie, der in den 1990er Jahren zwischen Santa Fe und Princeton begann, von *„gene regulatory* networks" als Systemen mit stabilen Zuständen zu sprechen. Es spielt keine Rolle, wie viele lokale Störungen das System erfährt: Innerhalb bestimmter Grenzen kehrt es immer wieder dorthin zurück.

Der Attraktor ermöglicht es, etwas Aussagekräftiges zu sagen, ohne dabei etwas Metaphysisches zu behaupten. Er erklärt nicht, warum diese Form existiert, sondern verdeutlicht, wie sie sich aufrechterhält. In diesem Sinne ist er ein wertvolles konzeptionelles Instrument, um Variation und Organisation voneinander zu unterscheiden. Variation ist die Bewegung im Raum der Möglichkeiten; Organisation ist die Tatsache, dass dieser Raum nicht flach ist, sondern durch Stabilitätsbecken strukturiert wird.

Ein Entwicklungsbiologe erzählte während einer Sommerschule in Les Houches in den frühen 2000er Jahren, dass er diesen Punkt durch die Beobachtung eines einfachen Modells der Zelldifferenzierung wirklich verstanden habe. Durch die Veränderung von Parametern und Anfangsbedingungen änderten sich die Verläufe, doch die

Endergebnisse waren überraschend wenige. „Es spielt keine Rolle, wo man startet“, sagte er, „man landet immer am selben Ort.“ Kein Ziel, kein Plan: nur eine dynamische Topologie, die das Mögliche kanalisiert.

Das ist der entscheidende Punkt: Der Attraktor lenkt nicht, sondern begrenzt. Er sagt dem System nicht, was es werden soll, sondern was es wahrscheinlich nicht werden wird. Und damit gibt er der Form eine aktive Rolle zurück, ohne ihr Absichten zuzuschreiben. Die Form entsteht als globale Eigenschaft des Systems, nicht als durch Selektion verliehener Preis.

Diese Unterscheidung wird besonders aufschlussreich, wenn man die computergestützte Biologie betrachtet. In den letzten Jahrzehnten haben Computermodelle eine außergewöhnliche Fähigkeit gezeigt, Veränderungen zu simulieren: Mutationen, Fluktuationen, Populationsdynamiken, schnelle Anpassungen. Die Animationen sind elegant, die Grafiken überzeugend, die Trajektorien zahlreich. Doch wenn es darum geht, die Stabilität biologischer Formen nachzubilden, geht oft etwas verloren.

Ein Forscher des MIT, der 2017 während einer Konferenz in Berlin informell interviewt wurde, gab dies mit einer gewissen Ironie zu: „Wir sind sehr gut darin, Dinge geschehen zu lassen. Viel weniger gut darin, sie bestehen zu lassen.“ Das Problem ist nicht technischer, sondern konzeptioneller Natur. Viele Modelle sind darauf ausgelegt, den Variationsraum zu erkunden, nicht aber das Vorhandensein robuster Attraktoren zu berücksichtigen.

Ohne einen expliziten Begriff des Attraktors behandelt der Computer die Form als ein zufälliges Ergebnis, das stets reversibel und neu verhandelbar ist. Bei realen Organismen ist das jedoch nicht der Fall. Ein Herz „probiert“ nicht unendlich viele Konfigurationen aus, bevor es schlägt: Es konvergiert schnell zu einer stabilen Dynamik. Ein Embryo erkundet nicht alle möglichen Anatomien: Er landet sozusagen in einem ganz bestimmten Tal der dynamischen Landschaft.

Heute ist diese Landschaft berechenbar geworden, bleibt aber oft unbewohnt: Die Modelle zeichnen sie nach, ohne wirklich zu erklären, warum bestimmte Becken so tief und andere fast unsichtbar sind.

Die Folge ist paradox: Je mehr wir die Rechenleistung steigern, desto mehr laufen wir Gefahr, rechnerische Komplexität mit biologischer Organisation zu verwechseln. Der Computer vervielfacht die Szenarien, doch das Leben verwirklicht nur sehr wenige davon. Zu verstehen, warum – und wie – diese dynamische Selektion noch vor der darwinistischen stattfindet, ist eine der offenen Herausforderungen der Feldbiologie.

Die Funktion kommt erst danach: denn Organismen sind keine gelungenen Werkzeuge.

Es gibt eine ebenso tief verwurzelte wie selten hinterfragte Denkweise, die die moderne Biologie durchzieht: die Vorstellung, dass die Funktion vor der Form kommt. Das Herz dient dazu, Blut zu pumpen, der Flügel dient zum Fliegen, das Auge dient zum Sehen. Die Form wäre aus dieser Perspektive kaum mehr als ein technischer Kompromiss, das Ergebnis einer langen Reihe von Anpassungen, die ausgewählt wurden, weil sie nützlich waren. Es ist eine Art, das Leben zu beschreiben, die in Lehrbüchern gut funktioniert, aber ins Wanken gerät, wenn man versucht, die Stabilität und Wiederkehr biologischer Formen ernst zu nehmen.

Die hier vorgeschlagene konzeptionelle Umkehrung ist keine philosophische Marotte, sondern eine Erklärungsnotwendigkeit: Nicht die Funktion erzeugt die Form, sondern die Form ermöglicht bestimmte Funktionen. Funktionen ändern sich, überschneiden sich, passen sich an; Formen hingegen zeigen eine überraschende Beständigkeit. Sie sind wie Partituren, die viele, aber nicht unendlich viele Interpretationen zulassen.

Ein Anatom des frühen 20. Jahrhunderts, Adolf Portmann, stellte in Basel fest, dass viele tierische Strukturen „*formreicher* sind, *als es für ihre Funktion notwendig ist*". Er dachte dabei an die Färbung von Tiefseefischen, die in der Dunkelheit unsichtbar sind, oder an die kunstvollen Symmetrien von Organismen, die kein Raubtier jemals bewundern würde. Es handelte sich nicht um evolutionäre Verschwendung, sondern um Hinweise: Die Form lässt sich nicht immer durch unmittelbaren Nutzen rechtfertigen.

Dieser Punkt wird noch deutlicher, wenn man die Embryonalentwicklung betrachtet. Bevor ein Organ einem bestimmten Zweck „dient", muss es eine kohärente, erkennbare und stabile Form annehmen. Bei vielen Arten erfüllen morphologisch ähnliche Strukturen unterschiedliche Funktionen; andere, mit ähnlichen Funktionen, weisen radikal unterschiedliche Strukturen auf. Die Funktion ist also letztlich eine nachträgliche Interpretation einer bereits gegebenen Konfiguration.

Eine Anekdote, die in den 1970er Jahren im Embryologielabor von Utrecht erzählt wurde, betrifft eine Reihe von Experimenten an leicht deformierten Amphibienembryonen. Die Zellen „wussten", wohin sie gehen mussten, obwohl sie verschoben waren. Nicht, weil sie das Endziel kannten, sondern weil die Gesamtform des Organismus als Rahmen fungierte, als organisatorischer Rahmen, innerhalb dessen das Verhalten der Zellen Sinn ergab. Die Funktion ergab sich als Folge, nicht als Leitfaden.

Diese Umkehrung stellt eine gewisse vereinfachte darwinistische Erzählung in Frage, wonach die natürliche Selektion Formen ausgehend von vorteilhaften Funktionen formen würde. Die Selektion kann verfeinern, eliminieren, stabilisieren; aber sie wirkt auf bereits vorhandene Formen ein, sie erfindet sie nicht von Grund auf neu. Wie der Paläontologe Stephen Jay Gould 1984 bei einem Vortrag im Naturkundemuseum von New York feststellte: *„Die Evolution ist ein großer Wiederverwerter, kein Designer, der alles von Grund auf neu entwirft.*" Eine Struktur, die in einem bestimmten formalen Kontext entstanden ist, kann für völlig neue Funktionen kooptiert werden, ohne dass ihre grundlegende Architektur neu überdacht wird.

Die Form als vorrangig zu betrachten bedeutet auch, den Organismus nicht mehr als technisches Objekt zu behandeln. Ein Messer wird durch seine Funktion definiert; wenn es nicht schneidet, ist es ein schlechtes Messer. Ein Organismus hingegen nicht. Eine Lunge ist kein Gerät für den Gasaustausch: Sie ist eine lebendige Konfiguration, die diesen Austausch ermöglicht, zusammen mit vielen anderen Nebeneffekten, von denen einige biologisch irrelevant, andere entscheidend sind.

Dieser Perspektivwechsel hat tiefgreifende Konsequenzen. Er verlagert den Fokus von der Frage „Wozu dient es?“ hin zur Frage „Welche Art von Form ist hier möglich?“. Und er zwingt die Biologie dazu, sich mit einer unbequemen Tatsache auseinanderzusetzen: Das Leben optimiert keine Funktionen, sondern stabilisiert Konfigurationen. Die Funktion ist eine Erzählung, die wir im Nachhinein konstruieren – oft nützlich, manchmal aufschlussreich, aber selten grundlegend.

Es ist kein Zufall, dass Architekten wie Frei Otto, der in den 1960er Jahren in Stuttgart leichte Konstruktionen erforschte, sich mehr von biologischen Formen als von deren Funktionen inspirieren ließen. Seifenblasennetze, die hohlen Knochen von Vögeln und die Strukturen von Blättern zeigten eine eigenständige formale Logik, die Effizienz erzeugen konnte, ohne für einen bestimmten Zweck konzipiert zu sein. Die Biologie lehrt hier nicht, was zu tun ist, sondern wie Formen entstehen.

Zu sagen, dass die Form der Funktion vorausgeht, bedeutet nicht, die Anpassung zu leugnen, sondern sie in die richtige Perspektive zu rücken. Es bedeutet anzuerkennen, dass das Leben nicht dazu da ist, nützlich zu sein, sondern kohärent. Die Funktion ist eine lokale Konsequenz; die Form eine globale Entscheidung des Systems.

Ein und dieselbe Architektur, tausend Verwendungsmöglichkeiten: wenn die Form nicht das Schicksal bestimmt.

Wenn die Form der Funktion vorausgeht, wie es die konzeptionelle Umkehrung in diesem Kapitel nahelegt, dann muss eine nur scheinbar paradoxe Tatsache erklärt werden: Außerordentlich stabile biologische Formen können extrem variable Funktionen unterstützen. An dieser Stelle hört die Biologie auf, einem Ingenieurshandbuch zu ähneln, und beginnt, eine subtilere Geschichte zu erzählen, die aus Wiederverwendungen, Abweichungen und kontrollierten Improvisationen besteht.

Die Neurobiologie liefert Beispiele, die man kaum ignorieren kann. In den 1960er Jahren beobachtete Paul Bach-y-Rita am MIT, dass blinde Patienten durch taktile Reize auf dem Rücken oder der Zunge „sehen" konnten. Der visuelle Kortex verlor, obwohl ihm die visuellen Reize fehlten, weder seine Form noch seine Organisation, sondern änderte seine Funktion : Er verarbeitete Informationen aus anderen Sinneskanälen. Nicht die Funktion definierte den Hirnbereich, sondern seine innere Architektur, die in der Lage war, unterschiedliche Inhalte aufzunehmen und dabei eine strukturelle Kohärenz zu bewahren.

Ein ähnliches Phänomen findet sich in der vergleichenden Physiologie. Die Lunge der Landwirbeltiere und die Schwimmblase der Knochenfische weisen eine offensichtliche morphologische Verwandtschaft auf. Dennoch eignet sich ein und dieselbe Grundform für radikal unterschiedliche Funktionen: Atmung an der Luft, Kontrolle des hydrostatischen Gleichgewichts, Erzeugung von Lauten. Wie der schwedische Physiologe Per Scholander während einer Arktisexpedition in den 1950er Jahren feststellte, ist die Form kein funktionales Schicksal, sondern eine offene Ressource.

Noch aufschlussreicher ist der Fall des Herzens. In Schulbüchern wird es als Pumpe beschrieben; bei Meeressäugetieren, wie den seit den 1970er Jahren in der Antarktis untersuchten Weddellrobben, wird es zudem zu einem raffinierten Stoffwechselmodulator, der in der Lage ist, den Herzschlag während tiefer Tauchgänge drastisch zu verlangsamen, ohne dabei seine grundlegende Struktur zu verändern. Die Herzform bleibt erkennbar, fast unverändert; die Funktion hingegen passt sich extremen physiologischen Bedingungen an.

Diese Beispiele zeigen, dass die Stabilität der Form nicht mit funktionaler Starrheit gleichzusetzen ist. Im Gegenteil: Gerade die Stabilität macht die Plastizität erst möglich. Eine kohärente Form wirkt wie ein Feld der Möglichkeiten: Sie schreibt nicht nur eine einzige Nutzung vor, sondern macht viele nutzbar. Der französische Biologe Alain Prochiantz bemerkte Anfang der 2000er Jahre auf einer Pariser Tagung, dass das Gehirn „nicht plastisch ist, weil es unbestimmt ist, sondern weil es tiefgreifend strukturiert ist".

Hier erscheint die natürliche Selektion in einem anderen Licht. Sie wählt keine isolierten Funktionen aus, sondern Formen, die funktionale Variationen aushalten können, ohne zusammenzubrechen. Das Überleben belohnt nicht das am stärksten spezialisierte Organ, sondern das vielseitigste. Diese Logik ist der Sprache näher als der Maschine: Eine stabile Grammatik ermöglicht immer neue Sätze.

Eine Anekdote, die ein italienischer Physiologe erzählte, handelt von einem Labor in Neapel in den 1990er Jahren, in dem Höhlenbewohner unter untersucht wurden. Einige Fische, denen funktionierende Augen fehlten, behielten dennoch ihre Augenhöhlenstrukturen bei. Diese dienten nicht mehr dem Sehen, sondern der Organisation alternativer Sinneskreisläufe. Die Form blieb als Erinnerung an Möglichkeiten erhalten, nicht als nutzloser Überrest.

Die funktionelle Plastizität stabiler Formen deutet im Hintergrund auf eine kraftvolle Idee hin: Das Leben löst Probleme nicht ein für alle Mal, sondern baut Strukturen auf, die offen für Interpretationen bleiben. Die Funktion ist eine situative Antwort; die Form ein dauerhafter Kontext. Und genau diese Asymmetrie macht Organismen widerstandsfähig, kreativ und historisch.

Denn die Natur erscheint uns schön, noch bevor sie nützlich ist.

Es gibt einen Moment, wenn man einem lebenden Organismus gegenübersteht, in dem der Verstand verstummt und nur noch der Blick bleibt. Das geschieht, wenn man die Spirale einer Muschel, die beunruhigende Symmetrie einer Qualle oder das klare Profil eines Ginkgoblattes betrachtet, das seit über zweihundert Millionen Jahren nahezu unverändert geblieben ist. In diesem Augenblick interpretieren wir nichts und entschlüsseln auch keine Symbole: Wir erkennen eine Form. Und genau diese unmittelbare Erkenntnis stellt die Vorstellung in Frage, dass die Form ein bloßes funktionales Nebenprodukt der natürlichen Selektion sei.

Die Evolutionsbiologie erklärt zwar gut, warum eine Struktur funktioniert, sagt aber weniger darüber aus, warum eine Form notwendig, offensichtlich, fast unvermeidlich erscheint. Der Schweizer Naturforscher Adolf Portmann stellte in den 1950er Jahren nach langjährigen Feldbeobachtungen entlang der Adriaküste fest, dass viele Tiere sichtbare Merkmale aufweisen, die weder auf das Überleben noch auf die Fortpflanzung zurückzuführen scheinen. Seine Frage blieb damals wie heute offen: Wem zeigen sich die Formen des Lebens?

Diese Frage ist nicht weit entfernt von der, die sich Künstler stellen. Paul Cézanne, der zwischen 1882 und 1906 obsessiv an der „Montagne d “ Sainte-Victoire arbeitete, sagte, er wolle „die Struktur sichtbar machen“. Nicht die Bedeutung, nicht die Emotion, sondern die Form als innere Spannung, als sich manifestierende Ordnung. Cézanne malte keine Symbole der Natur: Er suchte nach ihrer formalen Kohärenz, nach etwas, das jeder Interpretation vorausgeht. Es ist erstaunlich, wie sehr diese Suche mit der biologischen Vorstellung von Form als autonomem Organisationsprinzip im Einklang steht.

Auch die Philosophie der Form vermeidet, wenn sie nüchterner ist, den Symbolismus. Maurice Merleau-Ponty betonte in seinen Vorlesungen am Collège de France, dass

Wahrnehmung keine Lesart der Welt sei, sondern eine Teilhabe an ihrer Struktur. Wir sehen Formen, weil wir selbst lebendige Formen sind. Die Stabilität einer biologischen Morphologie beeindruckt uns nicht, weil sie etwas „bedeutet", sondern weil sie mit unserer eigenen Art der Organisation in Resonanz tritt.

Die Form ist in diesem Sinne keine zu entschlüsselnde Botschaft, sondern ein Wahrnehmungsereignis. Sie verweist auf nichts anderes: Sie ist einfach da. Und vielleicht ist das der Grund, warum biologische Formen seit jeher Architekten, Designer und Bildhauer angezogen haben. Als Frei Otto in den 1970er Jahren in Stuttgart Leichtbauweisen erforschte, betrachtete er Seifenblasen und zelluläre Netzwerke nicht, um sie symbolisch nachzuahmen, sondern um zu verstehen, wie Materie, wenn man sie sich selbst überlässt, stabile Konfigurationen findet. Die lebendige Form wird so zu einer Lektion in Kohärenz, nicht zu einem Repertoire an Metaphern.

Aus dieser Perspektive gewinnt der Vorrang der Form vor der Funktion auch einen erkenntnistheoretischen Wert. Wir erkennen das Leben, weil wir seine Formen erkennen, noch bevor wir wissen, was sie tun. Ein Embryo, eine Zelle, ein unbekannter Organismus: Wir identifizieren sie als lebendig aufgrund der Art und Weise, wie sie den Raum einnehmen, aufgrund ihrer wahrnehmbaren inneren Organisation. Ästhetik ist hier kein kultureller Luxus, sondern eine primäre Form des Zugangs zur Realität.

Die natürliche Selektion erscheint somit tatsächlich wie „der Blinde und das Orchester": Sie kann verfeinern, eliminieren, anpassen, erklärt aber nicht, warum bestimmte Formen Anklang finden, fortbestehen und sich dem menschlichen Blick über verschiedene Epochen und Kulturen hinweg aufdrängen. Die Form ist kein Schmuckstück des Lebens; sie ist die Art und Weise, wie es der Welt erscheint.

Schaufenster der Form: Als die Museen der Biologie das Sehen beibrachten.

Der Besuch einer großen naturkundlichen Sammlung des 19. Jahrhunderts war nicht nur eine wissenschaftliche Erfahrung. Er war vor allem eine Übung des Blicks. Die Säle des *„Muséum national d'Histoire* naturelle" in Paris, die nach der Revolution neu gestaltet wurden, oder jene des 1889 eröffneten *„Kaiserlich-Königlichen Naturhistorischen* Hofmuseums" in Wien beschränkten sich nicht darauf, Exemplare aufzubewahren: Sie inszenierten die Form. Reihen von Skeletten, Muschelkollektionen und ausgestopfte Vögel in fast theatralischen Posen bildeten eine Art große visuelle Partitur. Und genau hier zeigte der Darwinismus, obwohl er als Anpassungslehre triumphierte, erste Schattenseiten: Die Form – stabil, erkennbar, fast schon hartnäckig – schien der Funktion voranzugehen.

Die Naturforscher jener Zeit waren sich dessen sehr wohl bewusst, auch wenn sie es oft nicht offen aussprachen. Georges Cuvier, der in Paris eine der einflussreichsten vergleichenden Sammlungen Europas aufbaute, war überzeugt, dass jeder Organismus ein in sich schlüssiges Ganzes sei, das durch eine „Korrelation der Teile" geregelt werde. Berühmt ist die Anekdote – von mehreren Schülern überliefert –, wonach Cuvier behauptete, er könne anhand eines einzigen Knochens das gesamte Tier rekonstruieren. Abgesehen von dieser Übertreibung war der Kernpunkt klar: Die Form war kein Nebeneffekt der Anpassung, sondern ein Organisationsprinzip. Darwin, der Cuvier zwar bewunderte, schaffte es nie ganz, diese Intuition in den Mechanismus der natürlichen Selektion zu integrieren.

Die Sammlungen des 19. Jahrhunderts fungierten als riesige kognitive Instrumente. Ordnen, Nebeneinanderstellen, Vergleichen bedeutete, das Auge darauf zu schulen, Muster, Wiederholungen, „ " und Variationen desselben Themas zu erkennen. In Wien zeigten die Schädelreihen in den den Wirbeltieren gewidmeten Sälen eine formale Kontinuität, die sich über verschiedene Arten hinweg erstreckte. Für einen aufmerksamen Besucher war es nicht schwer zu erkennen, dass Variation nicht mit Organisation gleichzusetzen ist. Man kann sich stark verändern, ohne eine Form zu verlieren; und man kann eine Form verlieren, ohne sich stark zu verändern. Es ist eine subtile, aber entscheidende Unterscheidung.

Charles Darwin besuchte während seiner Europareisen mehrfach Museen und Sammlungen, und in seinen Briefen – beispielsweise an Joseph Dalton Hooker in den 1860er Jahren – kommt ein gewisses Unbehagen angesichts der „Tyrannei der Formen" zum Ausdruck. Die natürliche Selektion erklärte, warum eine Struktur vorteilhaft war, aber nicht, warum gerade diese Struktur und nicht eine andere entstand. Die Vitrinen, stumm, aber eindringlich, schienen darauf hinzudeuten, dass das Leben tieferen Partituren folgte, wie ein Orchester, das auch ohne den Dirigenten zu sehen spielt.

In diesem Sinne waren die Sammlungen nicht nur Schulen der Wissenschaft, sondern auch der Ästhetik. Ernst Haeckel, ein deutscher Zoologe und unermüdlicher Museumsbesucher, verwandelte diese visuelle Erfahrung mit seinen *„Kunstformen der* Natur" (1899–1904) in Kunst. Die den Radiolarien oder Quallen gewidmeten Tafeln waren keine bloßen Illustrationen: Sie waren philosophische Statements. Für Haeckel besaß die Form eine ontologische Würde. Sie war kein Epiphänomen, sondern der sichtbare Ausdruck einer inneren Ordnung. Dass Haeckel die Daten oft verdrehte, um sie seinen Theorien anzupassen, ist eine andere Sache; Tatsache bleibt, dass sein Blick in den Sälen der Museen geprägt worden war.

In Paris vertrat Étienne Geoffroy Saint-Hilaire – Cuviers historischer Rivale – die Idee eines den Tieren gemeinsamen „Organisationsplans". In der berühmten Debatte von 1830 *an der Académie des Sciences* ging es nicht nur um die Evolution, sondern auch um formale Fragen: Gibt es eine Struktur, die den Funktionen vorausgeht? Die Sammlungen mit ihren geordneten

Reihen schienen Geoffroy mindestens ebenso Recht zu geben wie Cuvier. Beim Gang durch die Vitrinen sah der Besucher keine isolierten Anpassungen, sondern Familien von Formen, Variationen eines morphologischen Themas, das Zeit und Umwelt widerstand.

Es ist kein Zufall, dass viele Biologen des 19. Jahrhunderts auch hervorragende Zeichner waren. Vor dem Aufkommen der wissenschaftlichen Fotografie arbeiteten Hand und Auge zusammen. In Wien lehrte Carl Gegenbaur vergleichende Anatomie, indem er seine Studenten dazu anleitete, dieselben Strukturen bei verschiedenen Arten immer wieder zu zeichnen. Diese Übung diente nicht nur dem Auswendiglernen, sondern auch dazu, die Form zu „spüren". Einer seiner Schüler berichtet in einem Tagebuch, das heute im Archiv aufbewahrt wird, von anfänglicher Frustration und späterer Überraschung: *„Ab einem bestimmten Punkt*", schreibt er, *„sah ich keine Knochen mehr, sondern Zusammenhänge.*"

Diese Schulung des Blicks hatte theoretische Konsequenzen. Wenn die Form Vorrang hat, dann wird die Funktion zu einer lokalen Modulation und nicht zum generativen Prinzip. Die natürliche Selektion wirkt zwar, aber als Filter, nicht als Architekt. Die Sammlungen des 19. Jahrhunderts vermittelten diese Idee, ohne sie ausdrücklich zu verkünden. Sie zeigten, dass das Leben nicht durch zufällige Hinzufügungen voranschreitet, sondern durch die Stabilisierung von Konfigurationen. In zeitgenössischer Sprache könnten wir sagen: Informationsstrukturen, die im Fluss des Wandels kohärent bleiben.

Heute, da wir daran gewöhnt sind, in Begriffen von Genen zu denken, sprechen die Sammlungen des 19. Jahrhunderts weiterhin zu uns. Nicht als Relikte eines überholten Wissens, sondern als Archive einer noch offenen Frage: Woher kommt die Form? Der Darwinismus beantwortet das „Warum" der Anpassung; die Vitrinen der Museen erinnern uns still daran, dass die Form ein eigenständiges Problem ist, ein Ereignis der Ordnung vor dem Nutzen.

Die wissenschaftliche Fotografie und die Wiederentdeckung der lebendigen Form.

Es gab im 20. Jahrhundert einen Moment, in dem die Biologie aufhörte zu zeichnen und begann zu fotografieren. Das war kein bloßer Technikwechsel, sondern eine echte Veränderung des Blicks. Die wissenschaftliche Fotografie – von der optischen Mikroskopie über die elektronische bis hin zur fortschrittlichen Zellbildgebung – hat die Art und Weise, wie wir die lebendige Form wahrnehmen, radikal verändert. Ohne auf Symbole, Metaphern oder von außen auferlegte Interpretationsschemata zurückzugreifen, begannen die Bilder, das Leben in seinem Geschehen zu zeigen und Strukturen offenbaren, die sich weder auf die Funktion noch auf das Gen reduzieren lassen.

Zu Beginn des Jahrhunderts lösten die ersten Zellmikrofotografien in den Labors von Berlin und Jena eine fast beunruhigende Wirkung aus. Die Zellen erschienen nicht als formlose Säcke chemischer Reaktionen, sondern als organisierte Räume, durchzogen von Spannungen, Grenzen und Symmetrien. Walther Flemming, der bereits Ende des 19. Jahrhunderts die Mitose beschrieben hatte, erkannte – beim Betrachten immer schärferer Präparate –, dass die Zellteilung kein zufälliges, von einzelnen Molekülen gesteuertes Ereignis war, sondern eine hochgradig orchestrierte Abfolge von Formveränderungen. Die Fotografie machte deutlich, was die Theorie noch schwer in Worte fassen konnte: Veränderung ist nicht gleichbedeutend mit Organisation.

Mit dem Aufkommen der Elektronenmikroskopie in den 1930er- und 1940er-Jahren, vor allem in den Labors von Toronto und Cambridge, verlor die Zelle endgültig den Anschein einer „Black Box“. Die Bilder von Mitochondrien, endoplasmatischem Retikulum und geschichteten Membranen zeigten, dass Funktion aus einer präzisen und stabilen räumlichen Anordnung entsteht. Albert Claude, der 1974 den Nobelpreis erhielt, erzählte in einem Interview, er habe eine Art Schwindelgefühl verspürt, als er zum ersten Mal das Innere einer Zelle unter dem Elektronenmikroskop sah: *„Ich suchte keine* Maschinen", sagte er, *„sondern Architekturen.*" Ein einfacher, aber aufschlussreicher Satz.

Hier stößt der Darwinismus, im streng adaptiven Sinne verstanden, an eine konzeptionelle Grenze. Die natürliche Selektion kann erklären, warum eine Struktur erhalten bleibt, doch die wissenschaftliche Aufnahme zeigt, wie sehr diese Struktur bereits vor jedem messbaren funktionalen Vorteil in sich schlüssig ist. Die Bilder „beweisen" keine Theorie, sondern schulen die Wahrnehmung: Die Form erscheint als primäre Gegebenheit, nicht als Nebenprodukt. Der Blinde – um die Metapher aus dem Kapitel „ " wieder aufzunehmen – kann zwar noch von Selektion sprechen; doch das endlich sichtbare Orchester offenbart eine Partitur.

In den 1950er- und 1960er-Jahren ermöglichte die von Jean Comandon in Frankreich eingeführte und später in amerikanischen Labors perfektionierte Zeitrafferfotografie die Beobachtung lebender Zellen im Zeitverlauf. Nicht mehr unbewegliche Momentaufnahmen, sondern fortlaufende Prozesse: Zellwanderungen, Selbstorganisation von Geweben, embryonale Entwicklungszyklen. Beim Betrachten dieser Filmaufnahmen wurde vielen Biologen bewusst, dass Veränderung die Form nicht zerstört, sondern sie durch kontrollierte Transformationen bewahrt. Die Struktur ist nicht starr, sondern beständig. Ein Konzept, das sich mit der Sprache der Genetik nur schwer erfassen lässt, für das Auge jedoch sofort offensichtlich ist.

In den 1980er- und 1990er-Jahren, mit der Fluoreszenz und *der „konfokalen* Bildgebung", war die Form nicht mehr nur sichtbar, sondern wurde als räumliche Information lesbar. Die markierten Proteine schienen nicht zufällig verteilt zu sein, sondern folgten wiederkehrenden Mustern, Konzentrationsfeldern und stabilen Gradienten.

Diese Bilder hatten auch weitreichende kulturelle Auswirkungen. Künstler wie Hiroshi Sugimoto oder, im wissenschaftlichen Bereich, Lennart Nilsson – bekannt für seine 1965 in Life veröffentlichten Embryonenfotos – zeigten der breiten Öffentlichkeit, dass das Leben keine Abfolge von Einzelteilen ist, sondern ein Kontinuum von Formen, die sich im Laufe der Zeit stabilisieren. Nilsson betonte, obwohl er im populärwissenschaftlichen Kontext arbeitete, immer wieder, dass seine Bilder keine „Interpretationen“, sondern technische Enthüllungen seien. Die Form sprach für sich selbst.

Die wissenschaftliche Fotografie des 20. Jahrhunderts hat also nicht einfach nur Details zum biologischen Gesamtbild hinzugefügt: Sie hat den Genzentrismus in Frage gestellt, indem sie zeigte, dass die DNA, so grundlegend sie auch sein mag, nicht ausreicht, um die sichtbare Ordnung des Lebens zu erklären. Die Bilder legen nahe, dass biologische Information nicht nur festgeschrieben, sondern in Raum und Zeit verteilt ist. Die Form ist keineswegs nur ein Schmuckelement, sondern erscheint als der eigentliche Ort, an dem sich die Information festigt.

In diesem Sinne hat die Fotografie der Biologie etwas zurückgegeben, das sie zu verlieren drohte: den direkten Kontakt mit dem Phä n. Ohne Symbole, ohne Allegorien, ohne voreilige Reduktionen. Nur Licht, Materie und Organisation. Und vielleicht kann gerade hier eine umfassendere Reflexion über das Leben als Feld ansetzen: nicht als Summe von Elementen, sondern als kohärentes Ereignis, das sich erst einmal zeigen lässt, noch bevor es erklärt werden kann.

Die Naturästhetik als Alphabetisierung des Lebens.

Es gibt einen Moment in der Erforschung des Lebens, in dem die Erklärung zu früh kommt. Noch bevor man sich fragt, wozu eine Form dient, sollte man lernen, sie zu sehen. Dies ist ein Schritt, der in der modernen wissenschaftlichen Ausbildung oft vernachlässigt wird, der jedoch entscheidend ist, um das zu verstehen, was die natürliche Selektion allein nicht erklären kann: das Entstehen, die Kohärenz und die Stabilität biologischer Formen. Die Naturästhetik ist in diesem Sinne kein kulturelles Ornament, sondern eine echte Schulung der Wahrnehmung.

In seiner „Italienreise“ berichtet Goethe, wie ihm das direkte Studium der mediterranen Pflanzen in Palermo im Jahr 1787 mehr über die lebendige Form gelehrt habe, als er aus Büchern gelernt habe. Er suchte nicht nach Funktionen oder adaptiven Vorteilen, sondern nach Zusammenhängen: Variationen ein und derselben Struktur, erkennbare Metamorphosen, eine Ordnung, die sich durch die Unterschiede offenbart. Seine „Morphologie“ entspringt genau dieser Disziplin des Blicks, einer geduldigen Aufmerksamkeit für die Form als primäres Phänomen.

Diese Art der visuellen Schulung ist nicht unmittelbar. Alexander von Humboldt bemerkte in seinen südamerikanischen Aufzeichnungen zwischen 1799 und 1804, dass der unerfahrene Naturforscher nur „ein Durcheinander von Grün“ sieht, während derjenige, der sein Auge geschult hat, Rhythmen, Symmetrien und Wiederholungen unterscheidet. Es handelt sich noch nicht um experimentelle Wissenschaft, aber auch nicht um einen subjektiven Eindruck: Es ist das Erlernen der Form als objektive, teilbare und erkennbare Realität.

Hier setzt das darwinistische Problem der Form an. Die natürliche Selektion erklärt, warum eine Struktur beibehalten oder verworfen wird, lehrt aber nicht, sie zu erkennen. Ohne eine geschulte Wahrnehmung lebender Konfigurationen läuft die Biologie Gefahr, sich auf eine Auflistung von Funktionen und Vorteilen zu reduzieren und dabei aus den Augen zu verlieren, was eigentlich selektiert wird: eine bereits organisierte Form. Es ist, als wolle man den Erfolg eines Gebäudes erklären, indem man nur über die Materialien spricht, ohne jemals die Architektur zu berücksichtigen.

Im 19. Jahrhundert, bevor die Biologie überwiegend experimentell wurde, war die ästhetische Beobachtung ein fester Bestandteil der Methode. John Ruskin, den wir heute vor allem als Kunstkritiker kennen, hielt in den 1870er Jahren in Oxford Kurse im botanischen Zeichnen. Nicht, um Künstler auszubilden, sondern um das Sehen zu lehren. Er vertrat die Ansicht, dass das Zeichnen eines Blattes dazu zwinge, dessen Struktur zu erfassen, nicht dessen Nutzen. Eine Idee, die in jenen Jahren auch von einigen vergleichenden Anatomen geteilt wurde, die in der Zeichnung ein Mittel zur Erkenntnis und nicht zur Verschönerung sahen.

Dieser auf die Form geschulte Blick ist es, der fehlt, wenn man das Leben auf genetische Information oder adaptive Funktion reduziert. Die Form ist kein Nebenprodukt, sondern ein Organisationsprinzip, das erst erkannt werden muss, bevor es erklärt werden kann. Die Feldbiologie betont diesen Punkt: Der Organismus ist eine stabilisierte Informationsstruktur, und diese Stabilität manifestiert sich in erster Linie als wahrnehmbare Konfiguration.

Eine Anekdote, die ein alter Zoologieprofessor der Universität Padua erzählte, verdeutlicht dies sehr gut. Während einer Prüfung zeigte er den Studierenden eine Reihe von Meeresorganismen, ohne nach Namen oder Funktionen zu fragen. Die Frage war immer dieselbe: „Was seht ihr, das sich wiederholt?“ Wer in seiner Antwort von Symmetrien, Proportionen und formalen Kontinuitäten sprach, bestand die Prüfung. Wer hingegen nur von Anpassungen sprach, fiel durch. *„Zuerst die Form, dann die* Erklärung“, sagte er.

Aus dieser Perspektive ist die Naturästhetik kein humanistischer Luxus, sondern eine kognitive Kompetenz. Es ist die Fähigkeit, die Ordnung vor der Bedeutung zu erfassen, die Struktur vor der „ n“ Funktion. Genau wie beim Erlernen einer Sprache: Zuerst erkennt man die Laute und den Rhythmus, erst danach versteht man die Bedeutung der Wörter. Das Leben als Sprache der Natur erfordert dieselbe Art von Aufmerksamkeit.

Die Stabilität des Lebendigen: Warum die Form eine tiefgreifendere Theorie erfordert.

Es gibt einen Punkt in der biologischen Argumentation, an dem die Form aufhört, ein beschreibendes Problem zu sein, und zu einer theoretischen Frage wird. Solange wir uns darauf beschränken zu sagen, dass eine Struktur „funktioniert", bleiben wir im beruhigenden Bereich der Anpassung. Wenn wir uns jedoch fragen, warum diese Struktur Bestand hat, warum sie trotz des ständigen molekularen Austauschs über die Zeit hinweg fortbesteht, dann zeigt der Darwinismus seine subtilste Grenze. Nicht, weil er falsch ist, sondern weil er nicht ausreicht.

Die Priorität der Form, die im Mittelpunkt dieses Kapitels steht, ebnet natürlich den Weg für die folgenden Kapitel. Wenn die Form weder auf das Gen noch auf die Funktion reduzierbar ist, dann muss es ein Prinzip geben, das sie aufrechterhält, erkennbar macht und vor dem Auflösen im Strom der Variationen schützt. Dieses Prinzip, das in den folgenden Kapiteln den Namen „Kohärenz" erhalten wird, erscheint hier noch als eine notwendige Intuition.

Ein klassisches Beispiel, das in Embryologiekursen des frühen 20. Jahrhunderts oft zitiert wurde, sind die Experimente von Hans Spemann in Freiburg, die 1924 in der Entdeckung des „Organisators" gipfelten. Durch die Transplantation eines kleinen embryonalen Bereichs in einen anderen Molch-Embryo beobachtete Spemann die Bildung einer vollständigen Körperachse. Keine bloße Summe von Zellen, sondern ein kohärenter Organismus. Die Form zeigte sich als geordnetes Ganzes, das in der Lage war, sich neu zu organisieren. Die natürliche Selektion kann erklären, warum ein so organisierter Organismus erfolgreich ist; sie erklärt jedoch nicht, warum die Organisation entsteht und sich mit solcher Robustheit aufrechterhält.

An dieser Stelle wird das Problem der Form zu einer konzeptuellen Brücke. Die Stabilität biologischer Strukturen ist nicht statisch, sondern dynamisch. Die Zellen verändern sich, die Moleküle erneuern sich, und dennoch bleibt der Organismus er selbst. Die Form ist also kein erstarrtes Muster, sondern eine Konfiguration, die fortbesteht, weil ihre Teile nach inneren Regeln zusammenhalten. Es ist dieselbe Intuition, die den Physiologen Walter Cannon in den 1930er Jahren an der Harvard-Universität dazu veranlasste, das Konzept der Homöostase einzuführen: nicht als Unbeweglichkeit, sondern als Fähigkeit, eine globale Konfiguration aufrechtzuerhalten. Wieder einmal erklärt die Funktion, wie auf eine Störung reagiert wird; die Form deutet darauf hin, dass es eine höhere Ebene der Integration gibt.

Auch hier erweisen sich der Blinde und das Orchester als nützlich. Die natürliche Selektion achtet auf das Endergebnis – das Überleben –, „sieht“ aber nicht die Partitur, die die Musiker zusammenhält. Die Priorität der Form anzuerkennen bedeutet zuzugeben, dass es vor der Anpassung eine Kohärenz gibt, die jede Anpassung erst möglich macht. Es handelt sich dabei nicht um ein mysteriöses Gebilde, sondern um eine emergente Eigenschaft der lebendigen Organisation.

So schließt sich das Kapitel über die Form nicht in sich selbst. Im Gegenteil, es bereitet den Boden. Wenn das Leben im Wandel eine überraschende Treue zu sich selbst zeigt, dann müssen wir unseren Blick verlagern: von den lokalen Ursachen zu den globalen Eigenschaften, von den isolierten Mechanismen zu den Beziehungen, die diese koordinieren. Es ist dieser Übergang, der ganz natürlich zur Vorstellung von Kohärenz als grundlegender Eigenschaft des Lebendigen führt, dem zentralen Thema des nächsten Teils des Buches. Die Form ist letztlich der erste sichtbare Hinweis auf eine unsichtbare, aber wirksame Kohärenz. Sie zu verstehen bedeutet noch nicht, sie vollständig zu erklären, sondern anzuerkennen, dass das Leben nicht nur das ist, was reagiert, sondern das, was zusammenbleibt.

ZWEITER TEIL. Der unsichtbare Faden des Lebendigen.

Aus den Gedanken von Erwin Schrödinger.
Das Leben definiert sich nicht durch das, woraus es besteht, sondern durch die Fähigkeit, eine unwahrscheinliche Ordnung über die Zeit hinweg aufrechtzuerhalten.

Nach den Gedanken von Ludwig von Bertalanffy.
Ein Organismus ist nicht die Summe seiner Teile, sondern ein System, dessen Eigenschaften sich aus der Gesamtheit der Beziehungen ergeben.

Nach den Gedanken von Ilya Prigogine.
Die lebendige Ordnung ist nicht statisch: Sie existiert nur als Prozess, der sich fernab vom Gleichgewicht ständig erneuert.

Nach Francisco Varela.
Das Leben zu verstehen bedeutet zu verstehen, wie ein System seine Einheit erzeugt und aufrechterhält.

Nachdem der klassische biologische Paradigmenansatz in Frage gestellt wurde, unternimmt dieser zweite Teil des Buches einen entscheidenden Schritt: Er verlagert die grundlegende Frage von der Zusammensetzung hin zum Zusammenhalt. Während im ersten Teil deutlich wurde, dass das Leben weder als einfache Kette von Reaktionen noch als blindes Ergebnis der Selektion erklärt werden kann, wird das Problem hier radikaler und zugleich konkreter: Was ermöglicht es einem Organismus, inmitten des ständigen Wandels er selbst zu bleiben?

Die vorgeschlagene Antwort ist weder ein neuer Mechanismus noch eine zusätzliche Kraft, die zu den bereits bekannten hinzukommt. Es ist ein Perspektivwechsel. Kohärenz wird als grundlegende Eigenschaft des Lebendigen eingeführt: kein technisches Detail, das aus der Physik übernommen wurde, sondern das Prinzip, das die dynamische Einheit der Organismen ermöglicht. Leben bedeutet in dieser Perspektive, eine erkennbare Gesamtform beizubehalten, während auf der Ebene der Teile alles fließt und sich wandelt.

Das dritte Kapitel verdeutlicht die strenge Bedeutung dieser Aussage. Kohärenz ist weder eine bildhafte Metapher noch ein vager Begriff: Sie bezeichnet einen präzisen physikalischen Zustand, der bereits aus anderen wissenschaftlichen Bereichen bekannt ist und in der Biologie eine entscheidende Bedeutung annimmt. Das Leben erscheint somit als ein aktiver Prozess des Widerstands gegen die Fragmentierung, als eine ständige Auseinandersetzung mit der natürlichen Tendenz zur Zerstreuung. An dieser Entstehung ist nichts Geheimnisvolles; vielmehr gibt es eine Organisationsebene, zu deren Beschreibung geeignete konzeptionelle Werkzeuge erforderlich sind.

Das vierte Kapitel dehnt diese Erkenntnis auf ihre tiefgreifendsten Konsequenzen aus. Wenn Kohärenz eine globale Eigenschaft ist, dann kann der Organismus nicht als eine Stück für Stück zusammengesetzte Maschine betrachtet werden. Biologische Kausalität ist weder linear noch lokal begrenzt: Die

Teile „entscheiden“ nicht eigenständig, sondern verhalten sich in Abhängigkeit vom Gesamtzustand des Systems. Das Ganze ist, mit anderen Worten, nicht das Endergebnis der Funktionsweise der Teile, sondern deren Voraussetzung.

Dieser Teil des Buches nimmt daher eine zentrale Stellung im gesamten logischen Aufbau ein. Er füllt die Lücke, die die „ “ als Kritik am Reduktionismus hinterlassen hat, und bereitet den Boden für die Einführung der biologischen Felder, die im nächsten Teil behandelt werden. Ohne das Konzept der Kohärenz bliebe die Idee des Feldes abstrakt; ohne den Vorrang des Organismus bliebe die Information körperlos.

Hier beginnt die Biologie, eine andere Sprache zu sprechen: nicht mehr die der Anhäufung lokaler Ursachen, sondern die der Beziehungen, die das Lebendige zusammenhalten. Es ist ein theoretischer, aber auch ein kultureller Übergang. Denn Kohärenz als den wahren Namen des Lebens anzuerkennen, bedeutet zu akzeptieren, dass Einheit keine Illusion ist, die es zu entkräften gilt, sondern ein reales Phänomen, das es zu verstehen gilt.

III. Kohärenz: der wahre Name des Lebens.

Es gibt einen oft übersehenen Punkt, an dem die Biologie aufhört, ein Katalog von Molekülen zu sein, und zu einer Reflexion über die Form, den Sinn und den Fortbestand des Lebendigen im Laufe der Zeit wird. Hier kommt die Kohärenz ins Spiel. Nicht als evokatives Wort oder poetische Metapher, sondern als operatives, messbares Prinzip, das in der Lage ist, die Physik zu durchqueren und in der Biologie anzukommen, ohne an Stringenz zu verlieren.

Dieses Kapitel geht von einer einfachen und zugleich beunruhigenden Feststellung aus: Das Leben lässt sich nicht als bloße Summe lokaler Prozesse erklären, denn was es ausmacht, ist die Fähigkeit, eine dynamische Einheit unter Bedingungen aufrechtzuerhalten, die bei jedem trägen System rasch zum Zerfall führen würden. Leben bedeutet, zusammenzubleiben, im Einklang zu bleiben, weiterhin „eins“ zu sein, während alles auf Zerstreuung hindeutet.

In der Physik bezeichnet Kohärenz einen ganz bestimmten Zustand: die stabile Korrelation zwischen den Teilen eines

Systems, die dazu führt, dass sich das Verhalten des Ganzen nicht auf das „ “ Verhalten der einzelnen isolierten Komponenten reduzieren lässt. Das ist keine vage Vorstellung. Es ist der Kern äußerst solider experimenteller Phänomene, von der Quantenüberlagerung bis zur Phasenkohärenz, und stellt eine der tiefgreifendsten konzeptionellen Errungenschaften der Wissenschaft des 20. Jahrhunderts dar. Wenn dieses Konzept in die Biologie übertragen wird, geschieht dies nicht als exotischer Gast, sondern als überraschend passender Interpretationsschlüssel.

Die These, die sich durch das Kapitel zieht, ist klar: Leben ist ein Prozess der aktiven Aufrechterhaltung von Kohärenz. Ein Organismus lebt, solange es ihm gelingt, eine funktionale Korrelation zwischen seinen Teilen, zwischen seinen Ebenen, zwischen dem, was lokal geschieht, und der daraus entstehenden globalen Ordnung aufrechtzuerhalten. In diesem Sinne bedeutet Leben, der Dekohärenz zu widerstehen, d. h. dem Verlust der Verbindung, der Fragmentierung von Informationen und dem Zerbrechen der dynamischen Einheit.

Diese Idee führt kein zusätzliches Rätsel in die Wissenschaft ein. Im Gegenteil, sie macht Phänomene wieder verständlich, die der Reduktionismus nur schwer erklären kann: die Stabilität biologischer Formen, die Schnelligkeit integrierter Reaktionen, die überraschende Robustheit von Organismen angesichts ständiger Störungen. Kohärenz ist keine verborgene Entität, sondern eine reale, emergente Eigenschaft, die in ihren Auswirkungen beobachtbar und mit etablierten theoretischen Instrumenten beschreibbar ist.

Es ist kein Zufall, dass einige der größten Denker der Wissenschaft mit unterschiedlichen Worten genau diese Richtung aufgezeigt haben. Erwin Schrödinger schrieb in seinem berühmten Aufsatz *„What Is Life?“*, dass *„der lebende Organismus sich von Ordnung* nährt“, und nahm damit die Idee vorweg, dass sich das Leben nicht darauf beschränkt, Energie zu verbrauchen, sondern diese nutzt, um eine kohärente Struktur über die Zeit hinweg aufrechtzuerhalten. Jahre später stellte Ilya

Prigogine klar, dass „*Leben nur fernab vom Gleichgewicht möglich* ist", und wies gerade auf diese aufrechterhaltene – und gesteuerte – Distanz als Bedingung für dynamische Kohärenz hin. Und David Bohm stellte in seinen Überlegungen zum Verhältnis zwischen Physik und Totalität fest, dass „*in einem auf Fragmentierung basierenden Universum keine dauerhafte Bedeutung entstehen* kann" – ein Satz, der aus biologischer Sicht wie eine programmatische Erklärung klingt.

Im Gesamtzusammenhang des Buches spielt dieses Kapitel eine entscheidende Rolle. Es bildet die konzeptionelle Brücke zwischen der im ersten Teil analysierten Krise des klassischen biologischen Paradigmas und der Einführung biologischer Felder als stabilisierte Informationsstrukturen, die in den folgenden Kapiteln näher erläutert wird. Ohne ein klares Verständnis von Kohärenz bliebe das Feldkonzept eine bloße Vermutung; mit diesem Verständnis wird es zu einer theoretischen Notwendigkeit.

Hier wird klargestellt, dass das Sprechen von Kohärenz nicht bedeutet, die Biochemie oder die Genetik zu leugnen, sondern sie in einen größeren Rahmen einzuordnen, in dem Moleküle zählen, weil sie koordiniert sind und nicht einfach nur vorhanden. Kohärenz ist das, was es dem Ganzen ermöglicht, den Teilen voranzugehen – nicht im chronologischen, sondern im logischen und funktionalen Sinne. Zuerst kommt die dynamische Einheit des Organismus, dann die Einzelheiten seiner Mechanismen.

In diesem Sinne bereitet das Kapitel den Leser auf einen Perspektivwechsel vor: vom Leben als Maschine hin zum Leben als integrierter Prozess physikalischer Bedeutung. Es geht nicht darum, die Wissenschaft aufzugeben, sondern ihr bis zu ihren radikalsten Konsequenzen zu folgen.

Die lebendige Zeit: Wie Kohärenz die innere Uhr der Organismen schafft.

Einer der faszinierendsten Aspekte der biologischen Kohärenz zeigt sich, wenn man sie aus der Perspektive der Zeit betrachtet. Das Leben bewohnt nämlich nicht einfach die physikalische Zeit, wie sie von Uhren gemessen wird, sondern erzeugt eine eigene innere Zeitlichkeit, die sich qualitativ von der gleichförmigen Abfolge von Augenblicken unterscheidet, die unbelebte Systeme bestimmt. Ein kohärenter Organismus „erträgt" die Zeit nicht: Er strukturiert sie, moduliert sie und macht sie für seine eigene Organisation funktional.

In der klassischen Physik ist die Zeit eine externe Variable, die für alle Prozesse identisch ist. In der Biologie hingegen wird die Zeit zu einer emergenten Eigenschaft des lebenden Systems. Jeder Organismus unterhält eine Vielzahl koordinierter Rhythmen – metabolischer, zellulärer, physiologischer –, die nicht notwendigerweise mit der Umgebungszeit übereinstimmen, aber untereinander kohärent bleiben müssen, um die Stabilität des Ganzen zu gewährleisten. Wenn diese zeitliche Kohärenz zerbricht, „altert" der Organismus nicht einfach nur: Er verliert seine Integration.

Es ist kein Zufall, dass bereits Jakob von Uexküll in den ersten Jahrzehnten des 20. Jahrhunderts von der den Organismen eigenen Zeit sprach und dabei beobachtete, wie jede Lebensform eine spezifische Beziehung zu Dauer, Warten und Gleichzeitigkeit aufbaut. Später stellte der theoretische Biologe Francisco Varela klar, dass *„die biologische Zeit kein Rahmen ist, sondern ein Ergebnis der lebendigen* Organisation" – eine Formulierung, die sich nahtlos in die Diskussion über Kohärenz einfügt. Ein lebendes System existiert so lange, wie es seine inneren Prozesse synchronisiert halten kann und so eine operative Kontinuität schafft, die nicht mit bloßer materieller Beständigkeit gleichzusetzen ist.

Ein anschauliches Beispiel stammt aus der Chronobiologie: Zirkadiane Rhythmen sind keine bloßen passiven Reaktionen auf Sonnenlicht, sondern endogene Schwankungen, die auch ohne äußere Reize aufrechterhalten werden. Das bedeutet, dass der Organismus über eine innere Zeit verfügt, die mit der Zeit der Umgebung abgestimmt sein muss, ohne jedoch mit ihr identisch zu sein. Kohärenz manifestiert sich hier als die Fähigkeit, die biologische Vergangenheit (Erinnerung an frühere Zustände), die operative Gegenwart und die Vorwegnahme der unmittelbaren Zukunft miteinander zu verbinden. Leben ist aus dieser Perspektive ein kontinuierlicher Akt der Synchronisation.

Henri Bergson hatte, obwohl er sich im philosophischen Bereich bewegte, diesen Unterschied mit großer Klarheit erfasst, als er die räumlich gefasste Zeit der Wissenschaft von *der* gelebten *„Durée"* unterschied. Heute findet diese Intuition wissenschaftliche Bestätigung: Die biologische Dauer lässt sich nicht nur in quantitativen Einheiten messen, da sie qualitativ durch die Kohärenz des Systems strukturiert ist. Ein gesunder Organismus ist nicht derjenige, der „am längsten dauert", sondern derjenige, der eine innere Sinnkontinuität zwischen seinen Prozessen aufrechterhält.

Aus dieser Perspektive gewährleistet die Kohärenz nicht nur die räumliche Ordnung des Organismus, sondern auch seine zeitliche Beständigkeit. Leben findet statt, solange es dem System gelingt, sich zu erneuern und dabei sich selbst treu zu bleiben, das heißt, solange der Fluss der Veränderung den Faden nicht zerreißt, der seine Wandlungen miteinander verbindet. Die biologische Zeit ist keine gerade Linie: Sie ist ein Gewebe aus miteinander verwobenen Rhythmen, die ständig neu aufgebaut werden.

Die unvollkommene Ordnung: Warum das Leben das Rauschen braucht.

Es gibt ein hartnäckiges Missverständnis, wenn von biologischer Kohärenz die Rede ist: die Vorstellung, dass sie mit einer starren, stillen, störungsfreien Ordnung gleichzusetzen sei. Nichts könnte weiter von der Realität des Lebendigen entfernt sein. Organismen beseitigen das Rauschen nicht, sie leben darin. Das Leben ist kein perfekter Kristall, sondern ein System, das kohärent bleibt, obwohl es von ständigen Schwankungen, mikroskopischen Ungewissheiten und spontanen Variationen durchzogen ist. Gerade diese Fähigkeit, Unordnung innerhalb funktionaler Grenzen zu integrieren, unterscheidet die lebenswichtige Kohärenz von jeder mechanischen Ordnung.

In der Physik und im Ingenieurwesen wird Rauschen traditionell als Problem betrachtet: als etwas, das gefiltert, gedämpft oder unterdrückt werden muss. In der Biologie hingegen ist Rauschen unvermeidlich und in vielen Fällen sogar notwendig. Auf molekularer Ebene ist die Genexpression von Natur aus „rauschbehaftet“: Selbst Zellen mit demselben Erbgut und in derselben Umgebung produzieren unterschiedliche Mengen an Proteinen. Jahrzehntelang wurde dieses Phänomen als Fehler des Systems angesehen. Heute wissen wir, dass diese Variabilität eine Ressource ist: Sie ermöglicht Flexibilität, Anpassung und die Erkundung möglicher Zustände, ohne dass die Gesamtidentität des Organismus verloren geht.

Eine in den Laboren der Systembiologie oft erzählte Anekdote betrifft die Experimente, die Anfang der 2000er Jahre in Stanford durchgeführt wurden, als man begann, die Variabilität der Genexpression in einzelnen Zellen in Echtzeit zu messen. Die Forscher waren weniger von der Existenz des Rauschens überrascht als vielmehr von der Tatsache, dass es niemals in Chaos ausartete. Die Schwankungen waren real, blieben jedoch innerhalb präziser Grenzen, als wüsste das

System, wie weit es schwanken durfte. Kohärenz bedeutet hier nicht die Abwesenheit von Rauschen, sondern die Steuerung des Rauschens.

Dieses Prinzip findet eine elegante Entsprechung in der Theorie der stochastischen Resonanz, die in den 1980er Jahren von Roberto Benzi und Kollegen bei der Untersuchung physikalischer und klimatischer Systeme entwickelt wurde. In bestimmten Kontexten stört eine moderate Menge an Rauschen das Signal nicht, sondern verstärkt es. In der Biologie geschieht etwas Ähnliches. Schwankungen ermöglichen es dem lebenden System, auf schwache Reize zu reagieren, ein Feststecken in zu starren Zuständen zu vermeiden und empfindlich zu bleiben, ohne an Stabilität zu verlieren. Die lebenswichtige Kohärenz ist in diesem Sinne eine elastische Kohärenz.

Hermann Haken, deutscher Physiker und Begründer der Synergetik, pflegte zu sagen: „*Ordnung entsteht aus Unordnung, aber nicht jede Unordnung erzeugt Ordnung*." Organismen scheinen genau dieses Problem gelöst zu haben: Sie wählen Schwankungen aus, nehmen sie auf und verteilen sie neu, um die Gesamtform aufrechtzuerhalten. Sie bekämpfen die Instabilität nicht, sondern nutzen sie als Informationskraftstoff. Ein Organismus, der völlig frei von Rauschen wäre, wäre unfähig, sich anzupassen, zu lernen oder sich gar weiterzuentwickeln.

Ein eindrucksvolles Beispiel stammt aus der Embryonalentwicklung. In den frühen Stadien zeigen die Zellen ein äußerst variables Verhalten, und doch ist das Endergebnis überraschend robust: korrekt ausgebildete Organe, verlässliche Proportionen, kohärente Strukturen. Wie der Biologe Lewis Wolpert in seinen Studien zur Morphogenese feststellte, entsteht die endgültige Präzision aus ungenauen lokalen Prozessen, die durch globale Einschränkungen koordiniert werden. Auch hier gilt: Kohärenz beseitigt den Fehler nicht, sondern kanalisiert ihn.

Diese Fähigkeit, Rauschen zu integrieren, unterscheidet lebende Systeme grundlegend von Maschinen. Eine Maschine funktioniert nur gut, solange die Störungen minimal sind. Ein Organismus hingegen funktioniert gerade deshalb, weil er ständig gestört wird. Biologische Kohärenz ist nicht zerbrechlich; sie ist widerstandsfähig. Sie ist nicht gleichbedeutend mit totaler Kontrolle, sondern mit einer verteilten Regulierung, die Unsicherheit toleriert, ohne die Richtung zu verlieren.

In diesem Licht erscheint das Leben als eine einzigartige Form dynamischer Ordnung: eine Ordnung, die atmet, schwankt, leicht irrt, aber nicht zerfällt. Das Rauschen ist nicht der Feind der Kohärenz; es ist ihr ständiger Prüfstein. Und solange es dem Organismus gelingt, Schwankungen in sinnvolle Variationen umzuwandeln, ohne seine Einheit zu verlieren, geht das Leben weiter.

Wer regiert wen? Der entscheidende Unterschied zwischen Automatisierung und lebendiger Organisation.

Wenn von biologischer Kohärenz die Rede ist, lauert stets die Gefahr, in ein mechanistisches Missverständnis zu verfallen. Die Vorstellung, dass sich ein Organismus „reguliert", wird oft fast automatisch in die Sprache der Steuerung übersetzt: Sensoren, Befehle, Reaktionen. Doch die lebende Regulierung ist weder eine Steuerung von oben noch ein Programm, das passiven Komponenten Befehle erteilt. Es ist ein verteilter Prozess ohne Kommandozentrale, in dem Kohärenz aus der kontinuierlichen Interaktion der Teile entsteht.

Der Vergleich mit Maschinen ist gerade deshalb aufschlussreich, weil er nicht ganz zutrifft. Ein Thermostat hält die Temperatur eines Raumes aufrecht, indem er eine Abweichung von einem vorgegebenen Wert korrigiert. Das funktioniert gut, aber nur unter begrenzten und vorhersehbaren Bedingungen. Ein Organismus hingegen hat keinen festen Sollwert: Er definiert ständig neu, was als Gleichgewicht gilt, basierend auf seiner eigenen Geschichte, seinem inneren Zustand und seinem Kontext. Wie Walter Bradford Cannon, der in den 1930er Jahren an der Harvard University das Konzept der Homöostase einführte, feststellte, ist biologische Stabilität keine Unbeweglichkeit, sondern „eine Stabilität durch Veränderung".

Der entscheidende Unterschied liegt hier: Mechanische Steuerung reduziert die Variabilität, lebendige Kohärenz organisiert sie. In einem automatisier n System ist der Fehler etwas, das es zu beseitigen gilt; in einem Organismus ist die Abweichung Information. Sie ist es, die es ermöglicht, zu lernen, auszugleichen und das Handeln neu auszurichten. Ein Herz „gehorcht" keinem zentralen Befehl, der ihm befiehlt, schneller zu schlagen: Es reagiert auf ein Netzwerk aus chemischen, mechanischen und nervösen Signalen, die keinen Dirigenten haben, aber untereinander kohärent bleiben.

In den 1950er Jahren formulierte der britische Arzt und Mathematiker W. Ross Ashby das *„Gesetz der notwendigen Vielfalt"*: Nur ein System mit ausreichender innerer Vielfalt kann eine komplexe Umgebung wirksam regulieren. Auf die Biologie angewendet verdeutlicht diese Idee, warum das Leben nicht auf einen Steuerungsalgorithmus reduziert werden kann. Ein Organismus ist regulativ, weil er reich an Möglichkeiten ist, nicht weil er starr programmiert ist. Seine Kohärenz ergibt sich nicht aus der Auferlegung von Regeln, sondern aus der Fähigkeit, vielfältige Freiheitsgrade miteinander in Einklang zu bringen.

Eine Anekdote, die ein italienischer Physiologe erzählte, der in den 1970er Jahren in Pavia arbeitete, verdeutlicht diesen Unterschied sehr gut. Während einer Lehrdemonstration zeigte er den Studenten ein automatisches Gerät, das die Konzentration einer Lösung konstant hielt. Dann stellte er dem Experiment eine Zellkultur gegenüber, die unvorhergesehenen Umweltveränderungen ausgesetzt war. Das Gerät versagte, sobald sich die Bedingungen zu stark änderten; die Zellen hingegen nicht. Er kommentierte: *„Die Maschine korrigiert, die*

Zelle reorganisiert sich.“ Es ist ein subtiler, aber entscheidender Unterschied.

Auch Norbert Wiener, der Vater der Kybernetik, war sich dieser Grenze bewusst. Obwohl er grundlegende Werkzeuge zum Verständnis der Regulation geliefert hatte, wies er darauf hin, dass lebende Systeme nicht restlos mit automatischen Maschinen gleichgesetzt werden könnten. Biologische Kohärenz ist keine blockierende Steuerung, sondern eine Dynamik, die das System offen hält und es befähigt, auf Unvorhergesehenes zu reagieren, ohne seine Identität zu verlieren.

Die Klärung dieser Grenze ist wesentlich für das Verständnis der Biologie der Felder. Verwechselt man Kohärenz mit Steuerung, wird das biologische Feld zu einer verborgenen Software, die die Materie lenkt. Erkennt man hingegen, dass Kohärenz eine emergente Eigenschaft der Beziehung zwischen den Teilen ist, dann erscheint das Feld von t als das, was es ist: eine stabilisierte Informationsstruktur, kein Steuerungsmechanismus. Das Leben wird nicht ferngesteuert. Es hält sich selbst zusammen.

Was bedeutet „Kohärenz“ eigentlich wirklich?

Im allgemeinen Sprachgebrauch ruft das Wort „Kohärenz“ etwas Moralisches oder Narratives hervor: Kohärent zu sein bedeutet, sich nicht zu widersprechen, eine Linie beizubehalten. In der Physik hat der Begriff jedoch eine viel präzisere, technischere und überraschend konkrete Bedeutung. Er ist weder eine rhetorische Figur noch eine sprachliche Marotte, die importiert wurde, um der Biologie eine Aura der Tiefe zu verleihen. Kohärenz ist eine messbare Eigenschaft physikalischer Systeme mit beobachtbaren Effekten und alltäglichen Anwendungen, von Lasern in Krankenhäusern bis hin zu Quantenchips in Laboren.

Um zu verstehen, wovon wir sprechen, müssen wir einen Schritt zurückgehen, in die Zeit, als die Physik des 20. Jahrhunderts begann, die klassische Vorstellung einer Welt aus getrennten Objekten, die nur lokal miteinander interagieren, ins Wanken zu bringen. Im Jahr 1927, auf dem fünften Solvay-Kongress in Brüssel, als Einstein, Bohr und Schrödinger lebhaft über den Sinn der Quantenmechanik diskutierten, tauchte ein Konzept auf, das von zentraler Bedeutung werden sollte: Teilchen sind nicht nur „Dinge“, sondern auch Wellen, und Wellen können kohärent oder inkohärent sein.

Streng genommen beschreibt die Kohärenz den Grad der Phasenkorrelation zwischen verschiedenen Teilen eines Wellensystems. Zwei Wellen sind kohärent, wenn sie koordiniert schwingen und dabei eine zeitlich stabile Beziehung aufrechterhalten. Geht diese Beziehung verloren, spricht man von Dekohärenz. Das ist kein nebensächliches Detail: Ohne

Kohärenz gäbe es keinen Laser. Der Laserstrahl, der sich so sehr vom Licht einer Glühbirne unterscheidet, ist Licht, in dem Milliarden von Photonen „im Einklang“ schwingen. Er ist ein fast schon didaktisches Beispiel für „ “ kollektive Ordnung: keine zufälligen Emissionen mehr, sondern ein synchronisiertes Verhalten.

Charles Townes, einer der Väter des Lasers, erzählte, dass ihm die Idee 1951 kam, als er um sechs Uhr morgens auf einer Bank in Washington saß und nach einem Weg suchte, die Atome dazu zu „zwingen“, koordiniert Licht zu emittieren. Er suchte nicht nach einer Metapher: Er strebte einen ganz bestimmten physikalischen Zustand an. Wenn Kohärenz entsteht, tut das System etwas qualitativ Neues.

Das ist der entscheidende Punkt: Bei der Kohärenz geht es nicht um die einzelnen Elemente für sich genommen, sondern darum, wie sie zusammenwirken. Sie ist eine Eigenschaft des Systems als Ganzes. In der Festkörperphysik erklärt dasselbe Prinzip die Supraleitung: Unterhalb einer bestimmten Temperatur verhalten sich die Elektronen in einem Metall nicht mehr wie unabhängige Einzelteilchen, sondern bilden einen kollektiven kohärenten Zustand. Das Ergebnis? Elektrischer Strom, der ohne Widerstand fließt. Ein Phänomen, das so kontraintuitiv ist, dass Heike Kamerlingh Onnes, als er es 1911 in Leiden zum ersten Mal beobachtete, selbst Mühe hatte, es zu glauben.

Lange Zeit blieb die Kohärenz auf diese „exotischen“ Bereiche beschränkt: Optik, Quantenphysik, Zustände der Materie bei niedrigen Temperaturen. Doch zu Beginn des 21. Jahrhunderts änderte sich etwas. Im Jahr 2007 veröffentlichte eine Forschergruppe unter der Leitung von Graham Fleming an der Universität Berkeley in *der Fachzeitschrift „Nature“* ein unerwartetes Ergebnis: In einigen Photosynthese-Komplexen scheint sich die Energie bei biologischen Temperaturen unter Ausnutzung kohärenter Zustände zu übertragen. Das war zwar kein endgültiger Beweis für die „Quantenbiologie“, reichte aber aus, um viele dazu zu zwingen, ein Vorurteil zu überdenken:

Kohärenz ist weder so zerbrechlich, wie man dachte, noch auf kryogene Labore beschränkt.

Hier ist es wichtig, Klarheit zu schaffen. Von Kohärenz in der Biologie zu sprechen bedeutet nicht, dass Zellen „quantentheoretisch denken" oder dass das Leben die Gesetze der klassischen Physik verletzt. Es bedeutet anzuerkennen, dass die Physik Konzepte bietet, um Formen dynamischer Ordnung zu beschreiben, die sich nicht auf die Summe ihrer Teile reduzieren lassen. Kohärenz ist eines dieser Konzepte, und sie ist wissenschaftlich legitim , da sie definierbar, beobachtbar und experimentell überprüfbar ist.

Ein gutes, oft übersehenes Beispiel stammt aus der Physik komplexer Systeme. Wenn eine Gruppe von Oszillatoren – wie Pendel, künstliche Neuronen oder Moleküle – in Synchronisation gerät, beobachten wir einen Phasenübergang, ähnlich denen, die auftreten, wenn Wasser gefriert oder ein Metall magnetisch wird.

Zunächst folgt jeder Oszillator seinem eigenen Rhythmus, und zwar auf ungeordnete Weise. Doch wenn die Wechselwirkung zwischen ihnen eine bestimmte Schwelle überschreitet – beispielsweise durch eine Erhöhung der Verbindungsintensität oder eine Verringerung des Rauschens –, ändert das System sein kollektives Verhalten. Plötzlich entsteht eine globale Ordnung: Die Oszillatoren beginnen, sich koordiniert zu bewegen und teilen eine gemeinsame Phase.

Dieser Übergang hängt nicht von den Details einzelner Elemente ab, sondern von kollektiven Eigenschaften des Systems. Aus diesem Grund tritt dasselbe Phänomen der Synchronisation in sehr unterschiedlichen Kontexten auf: Die Sprache des Phasenübergangs ermöglicht es uns, sie alle mit einem einzigen grundlegenden Konzept zu beschreiben, nämlich dem der Ordnung, die aus der Interaktion entsteht.

Im Wesentlichen handelt es sich also, wenn eine Gruppe von Oszillatoren in Synchronisation tritt, nicht um ein Wunder, sondern um einen Phasenübergang. Der japanische Mathematiker Yoshiki Kuramoto zeigte dies in den 1970er

Jahren anhand eines einfachen und eleganten Modells: Ab einer bestimmten Kopplungsschwelle wandelt sich Unordnung spontan in kollektive Ordnung um. Die Kohärenz wird hier nicht von außen auferlegt: Sie entsteht von selbst.

Zu sagen, dass Kohärenz „jenseits der Metapher" liegt, bedeutet daher, sie zwei gegensätzlichen Missverständnissen zu entziehen. Das erste ist der naive Reduktionismus, der sie als vage Sprache abtut. Das zweite ist die mystische Begeisterung, die sie in ein Allzweckwort verwandelt. Tatsächlich ist Kohärenz ein präziser physikalischer Zustand, der beschreibt, wie ein System im Laufe der Zeit stabile Beziehungen zwischen seinen Teilen aufrechterhält und dabei Rauschen, Schwankungen und der natürlichen Tendenz zur Unordnung widersteht.

Es ist kein Zufall, dass eines der zentralen Probleme der modernen Physik darin besteht, zu verstehen, wie Systeme ihre Kohärenz aufrechterhalten und wie lange sie diese bewahren. In den Labors in Zürich oder Santa Barbara, wo Quantencomputer gebaut werden, besteht die tägliche Herausforderung darin, kohärente Zustände vor der Dekohärenz durch die Umgebung zu schützen. Jede Schwingung, jede thermische Störung ist ein Feind. Diese Sprache – Schutz, Aufrechterhaltung, Widerstand – wird einem vertraut vorkommen, sobald man über lebende Systeme spricht. Doch hier genügt es, den wesentlichen Punkt zu erfassen: Kohärenz ist kein konzeptionelles Schnickschnack, sondern ein physikalischer Kampf gegen die Zerstreuung.

In diesem Sinne bietet die Kohärenz der Biologie etwas, was die Biochemie allein nur schwer liefern kann: ein Vokabular, um über dynamische Einheit zu sprechen, ohne in den Vitalismus zurückzufallen. Sie führt keine mysteriösen Kräfte ein, sondern beschreibt Organisationsmuster. Wie der Physiker Philip Anderson in seinem berühmten Artikel *„More is* Different" schrieb: *„Auf jeder Ebene der Komplexität entstehen neue Gesetze.*" Die Kohärenz ist eines dieser entstehenden Gesetze, und sie zu ignorieren bedeutet, darauf zu verzichten, zu verstehen, wie das Vielfache zum Einen wird.

Wenn Ordnung zur Physik wird: Kulturgeschichte eines Schlüsselbegriffs.

Jede bedeutende wissenschaftliche Disziplin hat einige Leitbegriffe, Begriffe, die einfach erscheinen, aber bei genauerem Hinsehen eine komplexe Geschichte mit sich bringen, geprägt von Bedeutungsverschiebungen, Missverständnissen und Entdeckungen. Kohärenz ist einer davon. Noch bevor es zu einem Begriff der Physik wurde, war es eine intuitive Vorstellung: das, was „zusammenhält". Doch die Art und Weise, wie dieses „Zusammenhalten" nach und nach präzisiert wurde, sagt viel über den tiefgreifenden Wandel aus, durch den die Wissenschaft gelernt hat, Ordnung in der Natur zu begreifen.

Im 19. Jahrhundert hielt die Kohärenz über die Optik Einzug in den wissenschaftlichen Wortschatz. Es war die Zeit, in der das Licht endgültig aufhörte, nur ein geheimnisvoller Strom zu sein, und zu einem messbaren Wellenphänomen wurde. In Cambridge untersuchte George Biddell Airy in den 1830er Jahren die Interferenzstreifen; kurz darauf zeigte Augustin-Jean Fresnel in Paris, dass die in den Experimenten beobachteten Lichtmuster keine Illusionen sind, sondern das Ergebnis von Wellen, die sich geordnet überlagern. Hier bezeichnet Kohärenz eine konkrete Eigenschaft: die Fähigkeit zweier Wellen, eine stabile Interferenz zu erzeugen. Wenn die Wellen „aus dem Takt geraten", verschwindet der Effekt.

In dieser ersten Bedeutung hat die Kohärenz nichts Philosophisches an sich. Sie ist fast handwerklicher Natur: Sie betrifft Lichtquellen, Spalte und Spiegel. Thomas Young hatte dies bereits 1801 mit seinem berühmten Doppelspaltexperiment, das er der *Royal Society* in London vorstellte, intuitiv erkannt. Doch erst in der zweiten Hälfte des Jahrhunderts taucht das Wort „coherence" systematisch als

Fachbegriff in Abhandlungen zur Optik auf. Kohärentes Licht ist in der Lage, geordnete Muster zu erzeugen; inkohärentes Licht ist das einer Kerze oder der Sonne, das zu viele unabhängige Strahlungen „vermengt".

Der konzeptionelle Sprung erfolgte im 20. Jahrhundert, als die Kohärenz aufhörte, eine nebensächliche Eigenschaft von Lichtwellen zu sein, und zu einem allgemeinen Interpretationsschlüssel wurde. Mit der Entstehung der Quantenmechanik in den 1920er- und 1930er-Jahren rückt der Begriff der „Phase" – zentral für die Definition der Kohärenz – in den Mittelpunkt der Beschreibung der Materie. Erwin Schrödinger spricht in seinen Arbeiten von 1926 von Wellenfunktionen, die sich addieren oder aufheben können, genau wie die Lichtwellen von Fresnel. Das ist keine Metapher: Es ist eine konzeptionelle Kontinuität.

In dieser Zeit ändert sich der Status des Begriffs „Kohärenz". Er bezeichnet nicht mehr nur eine experimentelle Anforderung, sondern einen ontologischen Zustand des Systems. Ein kohärentes Quantensystem ist ein System, das Phasenbeziehungen zwischen seinen Teilen bewahrt. Wenn diese Beziehungen verloren gehen, spricht man von Dekohärenz, einem Begriff, der erst Jahrzehnte später, in den 1970er- und 1980er-Jahren, dank der Arbeiten von H. Dieter Zeh und Wojciech Zurek fest im wissenschaftlichen Vokabular verankert wurde.

Eine Anekdote, die in den Fluren der University of Texas, wo Zurek lange Zeit tätig war, oft erzählt wird, handelt von einer Vorlesung, in der er die Dekohärenz anhand des Bildes eines Orchesters erklärte, das seinen Dirigenten verliert. Jemand wandte ein, dies sei eine zu „humanistische" Metapher. Zurek antwortete knapp: *„Das ist keine Metapher, das ist eine Dynamik.*" Wieder einmal widersteht die Kohärenz dem Versuch, auf bildliche Sprache reduziert zu werden.

Der entscheidende Punkt aus semantischer Sicht ist folgender: Kohärenz beschreibt nicht mehr Ähnlichkeiten zwischen Elementen, sondern beginnt, stabile Beziehungen zu beschreiben. Es kommt nicht darauf an, dass die Teile identisch sind, sondern dass sie dauerhaft miteinander in Beziehung stehen. Dies erklärt viele aktuelle Missverständnisse, insbesondere wenn der Begriff in die Biologie oder die Lebenswissenschaften übertragen wird. Von Kohärenz zu sprechen bedeutet weder, Harmonie im ästhetischen Sinne heraufzubeschwören, noch von einer von oben auferlegten Ordnung. Es bedeutet vielmehr, auf einen physikalischen Zustand hinzuweisen, in dem die Teile eines Systems Informationen auf nicht zufällige Weise austauschen.

Ein interessanter kultureller Wandel vollzieht sich in den 1950er Jahren mit der Erfindung des Masers und später des Lasers. In New York präsentiert Charles Townes 1954 die ersten experimentellen Ergebnisse zu kohärenten Mikrowellenemissionen. In den Dokumenten jener Zeit taucht das Wort *„coherent"* mit einer bisher ungeahnten Häufigkeit auf. Es ist, als hätte die Physik plötzlich entdeckt, dass diese Eigenschaft, die jahrzehntelang fast nur am Rande untersucht worden war, tatsächlich in der Lage ist, radikal neue Technologien hervorzubringen. Von diesem Moment an ist Kohärenz nicht mehr nur eine Beschreibung: Sie wird zu einer Ressource.

Dieser historische Werdegang hilft zu verstehen, warum der Begriff heute oft missverstanden wird. Auf der einen Seite gibt es diejenigen, die ihn vage als Synonym für „Ordnung" oder „Gleichgewicht" verwenden. Auf der anderen Seite gibt es diejenigen, die ihn ablehnen, als wäre er ein poetischer Fremdkörper in einer Sprache, die nüchtern bleiben sollte. Beide Positionen ignorieren die konkrete Geschichte des Begriffs. Kohärenz entsteht als operatives Konzept, verfeinert sich zu einem theoretischen Konzept und behält dabei stets einen empirischen Bezug.

Diese semantische Geschichte neu zu betrachten, ist keine rein wissenschaftliche Übung. Es dient dazu, daran zu erinnern, dass wir, wenn wir heute von Kohärenz sprechen – auch außerhalb der Physik –, mit einem Wort umgehen, das im Laufe von zwei Jahrhunderten gelernt hat, zu beschreiben, wie aus der Vielfalt Einheit entsteht, ohne dass metaphysische Abkürzungen nötig sind. Es ist ein Wort, das Labore, Kongresse und theoretische Debatten durchlaufen hat und das gerade deshalb verdient, präzise verwendet zu werden.

Messen bedeutet eingreifen: wenn die Beobachtung die Kohärenz bricht.

Es gibt einen ganz bestimmten Moment in der Geschichte der Physik des 20. Jahrhunderts, in dem klar wird, dass Messen nicht einfach nur „besser hinschauen" bedeutet. Es bedeutet, den Zustand der Dinge zu verändern. Dieser konzeptionelle Wandel, der in den Physiklabors seinen Ursprung hat, hat tiefgreifende Konsequenzen auch für die Art und Weise, wie wir das Leben als kohärentes Phänomen begreifen. Ohne das Bewusstsein oder den menschlichen Beobachter ins Spiel zu bringen, genügt es, sich an eine wesentliche Tatsache zu halten: Jede Messung ist eine physikalische Wechselwirkung, und jede Wechselwirkung hinterlässt eine Spur.

In den 1920er Jahren beharrte Niels Bohr in Kopenhagen auf einem Punkt, der damals fast wie eine Provokation wirkte: Es gibt keine physikalischen Eigenschaften, die unabhängig vom experimentellen Kontext sind. Ein Elektron „hat" keine Position oder Geschwindigkeit im klassischen Sinne; diese Größen ergeben sich erst im Moment der Messung. Werner Heisenberg formalisierte diese Intuition 1927 mit der Unschärferelation, doch die Frage der Kohärenz blieb im Hintergrund bestehen, wie eine ungelöste Spannung.

Jahrzehntelang spricht man vom „Zusammenbruch der Wellenfunktion" als einem rätselhaften, fast theatralischen Ereignis. Dann, in den 1970er- und 1980er-Jahren, ändert sich die Lage. In den Forschungszentren von Heidelberg und Los Alamos zeigen Physiker wie H. Dieter Zeh und später Wojciech

Zurek, dass es keinen mysteriösen Sprung braucht: Es reicht aus, d s Umfelds zu betrachten. Ein System verliert seine Kohärenz, wenn es in eine unkontrollierte Wechselwirkung mit seiner Umgebung tritt. Die Messung ist ein (sehr raffinierter) Sonderfall dieser Wechselwirkung.

Eine von Zeh erzählte Anekdote handelt von einem informellen Gespräch, das 1970 während einer Kaffeepause an der Universität Heidelberg stattfand. Ein Kollege fragte ihn, warum er so sehr auf die Umgebung pochte, etwas, das niemand direkt „sieht". Zeh antwortete und deutete auf den Raum: *„Wir sehen die Luft nicht, aber versuch mal, sie wegzunehmen.*" Die Dekohärenz funktioniert auf dieselbe Weise: Sie ist unsichtbar, aber allgegenwärtig.

Hier bekommt das Wort „Beobachtung" eine neue Bedeutung. Es bezeichnet nicht mehr einen kognitiven Vorgang, sondern einen physikalischen Verstärkungsprozess: Eine mikroskopische Korrelation wird in ein makroskopisches System eingeprägt und hinterlässt dort eine stabile Spur. In den Neutronenlabors von Grenoble oder bei den Experimenten mit gefangenen Ionen in Innsbruck ist der Verlust der Kohärenz keine philosophische Spekulation, sondern ein konkretes technisches Problem. Ein System zu isolieren bedeutet, es vor der Umgebung zu schützen; es zu messen bedeutet zwangsläufig, es dieser auszusetzen.

Dies klärt ein weit verbreitetes Missverständnis: Die Kohärenz wird nicht „zerstört", weil jemand hinschaut, sondern weil etwas mit dem System interagiert. Auch ein automatischer Detektor, eine Fotoplatte oder ein kryogener Sensor spielen dieselbe Rolle. Im Jahr 1996 zeigten Serge Haroche und seine Gruppe an *der „École Normale* Supérieure" in Paris experimentell, wie kohärente Quantenzustände Schritt für Schritt in ihrem Dekohärenzprozess verfolgt werden können. Dabei geschieht nichts Plötzliches: Die Kohärenz bröckelt allmählich ab, wie ein Chor, der den Takt verliert.

Die konzeptionellen Implikationen sind bedeutend. Die Messung ist kein äußerer Zusatz zur Theorie, sondern ein innerer Moment in der Dynamik der Systeme. In diesem Sinne erscheint die Kohärenz als ein fragiler Zustand, der Isolation, Schutz und Pflege erfordert. Der Verlust der Kohärenz ist kein „ “ Versagen der Theorie, sondern deren Vollendung: Er erklärt, warum die makroskopische Welt stabil, lokalisiert und „klassisch“ erscheint.

Dieser Punkt hat eine interessante kulturelle Resonanz. In denselben Jahren, in denen die Physik die Rolle der Messung klärt, reflektieren Wissenschaftsphilosophen wie Bas van Fraassen und Ian Hacking über den interventionistischen Charakter des Experiments. Insbesondere Hacking wiederholt gerne, dass *„wenn man es besprühen kann, dann ist es* real“, wobei er sich auf die Elektronen in Elektronenmikroskopen bezieht. Die Realität manifestiert sich also durch kontrollierte Wechselwirkungen, nicht durch körperlose Blicke.

Über Kohärenz und Messung zu sprechen bedeutet also nicht, sich auf nebulöses Terrain zu begeben. Es bedeutet anzuerkennen, dass die physikalische Ordnung nicht ein für alle Mal gegeben ist, sondern von den Interaktionsbedingungen abhängt. Die Kohärenz verschwindet nicht, weil die Welt instabil ist, sondern weil die Welt relational ist. Und genau diese Relationalität, die durch die Messphysik offenbart wird, macht das Konzept der Kohärenz auch über die Grenzen der Physik hinaus zu einem mächtigen Werkzeug.

Die Bewährungsprobe: Wenn Stabilität zum wahren Zeichen des Lebens wird.

Wenn wir an Kohärenz denken, schweifen unsere Gedanken sofort zum Raum: ausgerichtete Elemente, Teile, die „zusammenpassen“, geordnete Strukturen. Das ist eine natürliche, aber trügerische Reaktion. Kohärenz spielt sich in der Physik nicht in erster Linie im Raum ab. Sie spielt sich in der Zeit ab. Sie ist eine Eigenschaft der Dauer, nicht der Form.

Und genau deshalb ist sie weniger intuitiv und zugleich entscheidender.

Ein System ist nicht deshalb kohärent, weil es in einem Augenblick geordnet erscheint, sondern weil es im Laufe der Zeit präzise Beziehungen zwischen seinen Teilen aufrechterhält. Kohärenz ist ein aktives Gedächtnis: die Fähigkeit, trotz des Wandels man selbst zu bleiben. In diesem Sinne reicht ein Foto nicht aus, um sie zu beschreiben. Man braucht einen Film.

Ein klassisches – aber oft missverstandenes – Beispiel stammt aus der Physik der Atomuhren. Im Jahr 1967 wurde im *„Bureau International des Poids et* Mesures“ in Sèvres bei Paris die Sekunde auf der Grundlage der Übergangsfrequenz des Cäsium-133-Atoms neu definiert. Diese Frequenz wurde nicht gewählt, weil sie „schön“ oder einfach ist, sondern weil sie über die Zeit hinweg äußerst stabil ist. Hier betrifft die Kohärenz nicht die Energie an sich, sondern ihre zeitliche Wiederholbarkeit. Würde diese Schwingung nach wenigen Zyklen ihre Phase verlieren, wäre die Uhr kein universeller Maßstab mehr.

Die gleiche Logik gilt – auf unterschiedlichen Skalen – für alle kohärenten Phänomene. Ein Laser beispielsweise ist nicht deshalb ein Laser, weil er intensives Licht aussendet, sondern weil er eine über die Zeit konstante Phasenbeziehung aufrechterhält. Schwankt diese Beziehung zu schnell, bleibt das Licht zwar erhalten, doch die Kohärenz verschwindet. Es ist ein subtiler, aber entscheidender Unterschied: Energie kann ohne Kohärenz existieren; das Leben hingegen, wie wir sehen werden, nicht.

In den 1990er Jahren beharrte der Physiker Anthony Leggett in den Labors von Santa Barbara auf einem Punkt, der damals fast schon polemisch wirkte: Die wahre Herausforderung komplexer Systeme besteht nicht darin, geordnete Zustände zu schaffen, sondern sie aufrechtzuerhalten. Die Natur ist voller flüchtiger Konfigurationen; was selten ist, ist dynamische

Stabilität. Kohärenz ist in diesem Sinne kein Zustand, sondern ein Prozess, der die Zeit durchläuft, ohne sich aufzulösen.

Diese Perspektive verändert die Art und Weise, wie wir physikalische Systeme begreifen, radikal. Ein kohärentes System ist nicht statisch: Es ist zuverlässig. Es beseitigt Schwankungen nicht, sondern absorbiert sie, ohne seine Identität zu verlieren. Dieses Thema taucht auch außerhalb der Physik immer wieder auf. Der Komponist György Ligeti erzählte in einem Interview von 1983, dass Musik dann „hält", wenn sie nicht ein Muster wiederholt, sondern wenn sie erkennbar bleibt, während sich alles verändert. Diese Definition kommt der physikalischen Definition der zeitlichen Kohärenz überraschend nahe.

Aus theoretischer Sicht stellt die Frage nach der Zeit eine naive Vorstellung von natürlicher Ordnung in Frage. Statische Ordnung ist zerbrechlich; schon ein Stoß reicht aus, um sie zu zerstören. Zeitliche Kohärenz, „ ", impliziert hingegen die Fähigkeit zur ständigen Erneuerung. Physiker sprechen von dynamischer Stabilität, ein Ausdruck, der wie ein Oxymoron klingt, es aber nicht ist. Er bedeutet, dass das System gerade deshalb dasselbe bleibt, weil es nie aufhört, sich zu bewegen.

Eine Anekdote, die Ilya Prigogine während einer Konferenz in Brüssel in den frühen 2000er Jahren erzählte, veranschaulicht dies sehr gut. Er zeigte einen Wirbel in einer Flüssigkeit und bemerkte: *„Das ist eine Ordnung, die nur so lange besteht, wie sie fließt.*" Wenn der Fluss zum Stillstand kommt, verschwindet der Wirbel. Kohärenz steht nicht im Widerspruch zur Zeit; sie ist eine besondere Art, in ihr zu leben.

Deshalb ist zeitliche Stabilität so entscheidend. Es reicht nicht aus, dass die Teile miteinander in Beziehung stehen; sie müssen auf die richtige Weise und für die erforderliche Zeit miteinander verbunden sein. Kohärenz ist eine operative Treue: Das System „erinnert" sich an seine Beziehungen und erneuert sie von Augenblick zu Augenblick. Ohne dieses dynamische Gedächtnis löst sich jede Struktur in Rauschen auf.

In diesem Licht ist Kohärenz kein theoretischer Luxus mehr, sondern wird zu einer physikalischen Notwendigkeit. Sie ist es, die es einem Phänomen ermöglicht, als erkennbare Einheit in der Zeit zu existieren, statt als bloßer momentaner Zufall. Und genau diese Fähigkeit, die Zeit zu durchqueren, ohne sich zu verlieren, macht Kohärenz zu einem grundlegenden konzeptuellen Schlüssel zum Verständnis lebenswichtiger Phänomene, ohne dabei bereits von Zellen, Genen oder Stoffwechsel sprechen zu müssen.

Kohärenz, Synchronität, Korrelation, Organisation: vier Wörter, vier verschiedene Welten.

In der wissenschaftlichen Sprache – und noch mehr in der populärwissenschaftlichen – wird der Begriff Kohärenz oft als elegantes Synonym für Ordnung, Synchronität oder gute Organisation verwendet. Das ist eine verständliche Versuchung: All diese Konzepte rufen die Vorstellung einer Welt hervor, die „funktioniert", in der sich die Teile nicht gegenseitig behindern. Doch aus physikalischer und biologischer Sicht bedeutet die Verwechslung dieser „ n" Begriffe, genau das zu verlieren, was die Kohärenz zu einem radikalen und fruchtbaren Begriff macht.

Um dies zu verstehen, sollte man von einer konkreten Szene ausgehen. Im Jahr 2009 bewegten sich während einer öffentlichen Übung in London Tausende von Pendlern gleichzeitig auf den Rolltreppen der U-Bahn-Station Canary Wharf. Die Ströme waren synchronisiert, die Richtungen klar, die Organisation makellos. Und doch würde niemand behaupten, dass dieses System im physikalischen Sinne kohärent ist. Es ist geordnet, ja. Teilweise synchronisiert. Aber schon ein Stromausfall reicht aus, damit alles zum Stillstand kommt. Kohärenz hingegen ist das, was es einem System ermöglicht, seine funktionale Identität auch dann beizubehalten, wenn sich die Bedingungen ändern.

Synchronität ist vielleicht der intuitivste dieser Begriffe. Synchronisierte Ereignisse finden zum selben Zeitpunkt oder in einem gemeinsamen Rhythmus statt. Neuronen können synchron feuern, wie die Experimente von Wolf Singer am „Max-Planck-Institut“ in den 1990er Jahren zeigten; Glühwürmchen können am Chao-Phraya-Fluss in Thailand im Einklang leuchten – ein Naturschauspiel, das bereits in den 1950er Jahren dokumentiert wurde. Doch Synchronität an sich ist fragil. Sie kann durch äußere Kopplungen, durch Zwang oder durch einfache dynamische Zufälle entstehen. Sie sagt nichts über die innere Stabilität des Systems aus, noch über dessen Fähigkeit, Störungen zu widerstehen.

Die Korrelation ist noch schwächer. Zwei Variablen können stark korrelieren, ohne dass zwischen ihnen ein tiefer struktureller Zusammenhang besteht. In den 1970er Jahren zeigte ein berühmtes Beispiel, das in Statistikkursen verwendet wurde, eine überraschende Korrelation zwischen dem Margarineverbrauch in den Vereinigten Staaten und der Scheidungsrate in Maine. Die Korrelation misst eine beobachtbare Beziehung, keine tatsächliche Einheit. In der Physik – und noch mehr in der Biologie – bedeutet das Verwechseln von Korrelation mit Kohärenz, den Schatten mit dem Objekt zu verwechseln.

Der Begriff „Organisation“ ist schließlich vielleicht der vieldeutigste. Ein organisiertes System weist eine geordnete Anordnung seiner Teile auf: Hierarchien, Module, klar abgegrenzte Funktionen. Eine fordistische Fabrik der 1930er Jahre war hochgradig organisiert; dasselbe gilt für einen Bienenstock oder eine Armee. Doch Organisation kann starr sein, von außen auferlegt und unfähig, sich anzupassen. Die Geschichte ist voll von perfekt organisierten Systemen, die bei der ersten unvorhergesehenen Veränderung zusammenbrechen. Kohärenz hingegen wird nicht aufgezwungen: Sie entsteht aus einem Netzwerk interner Beziehungen, die sich gegenseitig stützen.

Was Kohärenz von all diesen Konzepten unterscheidet, ist die Tatsache, dass sie eine verteilte kausale Einheit impliziert. In einem kohärenten System sind die Teile nicht einfach zeitlich aufeinander abgestimmt, datenmäßig miteinander verknüpft oder ordentlich angeordnet: Sie sind durch Beziehungen verbunden, die bewirken, dass das Verhalten des Ganzen nicht auf die Summe der lokalen Verhaltensweisen reduzierbar ist. Es ist ein subtiler, aber entscheidender Unterschied.

Eine Anekdote, die der theoretische Biologe Stuart Kauffman während eines Seminars in Santa Fe in den frühen 2000er Jahren erzählte, verdeutlicht diesen Punkt sehr gut. Er zeigte zwei Computersimulationen – eine eines hochgradig organisierten Systems, die andere eines weniger geordneten, aber stärker vernetzten Systems – und stellte fest, dass nur das zweite System weiterhin funktionierte, wenn zufällige Störungen eingeführt wurden. Er sagte: *„Die Organisation überlebt, solange die Welt so bleibt, wie vorhergesagt. Die Kohärenz überlebt, weil sich die Welt verändert.“*

Aus dieser Perspektive ist Kohärenz keine auf den ersten Blick erkennbare Eigenschaft. Sie ist weder mit ästhetischer Harmonie noch mit Regelmäßigkeit gleichzusetzen. Es handelt sich um eine tiefgreifende relationale Eigenschaft, die sich in der Fähigkeit eines Systems manifestiert, als Ganzes zu bestehen, während sich seine Teile verändern. Und genau aus diesem Grund kann Kohärenz, wenn es um das Leben geht, durch keinen ihrer „konzeptionellen Verwandten“ ersetzt werden, ohne den Kern der Sache aus den Augen zu verlieren.

Diese Begriffe zu verwechseln, ist nicht nur ein sprachlicher Fehler, sondern ein theoretischer Fehler. Es bedeutet, das Leben auf ein Phänomen scheinbarer Ordnung zu reduzieren, obwohl es sich vielmehr um ein Ereignis dynamischer Integration handelt. Kohärenz ist nicht der Nullpunkt des Chaos, sondern eine aktive Form der Einheit, die keine Synchronizität, Korrelation oder Organisation für sich allein erklären kann.

Denn leben bedeutet, das zusammenzuhalten, was dazu neigt, sich aufzulösen.

Es gibt einen oft übersehenen Punkt, der das Leben klar von allem trennt, was nicht lebendig ist: Das Leben besitzt keine Kohärenz, es erzeugt sie. Und vor allem verteidigt es sie. In einem Universum, das – um *es mit* den Worten von Arthur Eddington *zu sagen* – *„von Natur aus zur Unordnung* neigt", erscheint jeder lebende Organismus wie eine kleine, vorübergehende Anomalie, eine gegen den Strom gerichtete Klammer der Stabilität. Doch diese Stabilität ist niemals ein für alle Mal gegeben: Sie ist das Ergebnis einer kontinuierlichen, stillen, unaufhörlichen Arbeit. Leben bedeutet im tiefsten Sinne, der Dekohärenz zu widerstehen.

Die Dekohärenz ist nicht nur ein Konzept der Quantenphysik, das auf kryogene Labore beschränkt ist. Sie ist eine universelle Tendenz: Beziehungen lockern sich, Phasen entkoppeln sich, Systeme verlieren ihre Einheit. Ein Stein muss nichts tun, um das zu sein, was er ist. Ein Organismus hingegen schon. Jede Zelle, jedes Gewebe, jeder Körper verbraucht Energie nicht so sehr, um zu funktionieren, sondern um nicht als bedeutungsvolle Einheit auseinanderzufallen.

1944 hielt Erwin Schrödinger in Dublin eine Vortragsreihe. Dort führte er ein Bild ein, das berühmt geblieben ist: das des Organismus, der sich von *„negativer Entropie"* ernährt. Ungeachtet späterer Vereinfachungen war die Intuition beeindruckend: Das Leben entzieht sich nicht den physikalischen Gesetzen, sondern bewohnt sie aktiv und entzieht sich lokal dem Driften in Richtung des Verlusts an

Kohärenz. Es verstößt nicht gegen den zweiten Hauptsatz der Thermodynamik; es umgeht ihn, indem es einen Preis zahlt.

Dieser Preis ist natürlich der Stoffwechsel, aber nicht nur das. Es geht auch um Regulierung, Reparatur, Feinabstimmung sowie die kontinuierliche, n Auswahl dessen, was in Beziehung bleiben muss, und dessen, was losgelassen werden kann. Ein scheinbar banales Beispiel dafür schilderte der britische Physiologe Denis Noble während eines Vortrags in Oxford in den frühen 2000er Jahren: Das menschliche Herz ist, auf molekularer Ebene betrachtet, ein von Natur aus instabiles System. Und doch schlägt es jahrzehntelang regelmäßig. Nicht, weil es „gut gebaut" ist, sondern weil es ständig korrigiert, moduliert und in einem Zustand funktionaler Kohärenz gehalten wird.

Das Leben ist also kein Gleichgewicht, sondern ein Kampf um das Gleichgewicht. Jeder Organismus ist ein offenes System, das ständig interne und externe Schwankungen ausgleichen muss. Man muss nur einen fiebernden Körper betrachten: Die steigende Temperatur ist kein unmittelbares Zeichen von Chaos, sondern der Versuch – mal erfolgreich, mal nicht –, eine gestörte Kohärenz wiederherzustellen. Auch hier ist Kohärenz nicht gleichbedeutend mit Ruhe, sondern mit der Fähigkeit, Störungen zu durchlaufen, ohne die eigene Identität zu verlieren.

Der Dekohärenz zu widerstehen bedeutet auch, Informationen auszuwählen. Jeder Organismus filtert, interpretiert, verworfen. Nicht alles, was geschieht, wird bedeutungsvoll. In diesem Sinne ist Leben ein elementarer kognitiver Akt: eine Form von Sinn gegen den Lärm der Welt aufrechtzuerhalten. Der bereits erwähnte Francisco Varela sprach von *„Enation"*: Das Lebendige repräsentiert keine bereits gegebene Welt, sondern lässt eine bewohnbare Welt entstehen. Diese Entstehung ist jedoch fragil. Sie erfordert eine ständige Integrationsarbeit.

Selbst in den extremsten Umgebungen gilt diese Logik. In den frühen 1980er Jahren entdeckten Biologen in der Nähe der hydrothermalen Quellen der Galápagos-Inseln Gemeinschaften von Organismen, die ohne Sonnenlicht gediehen. Es handelte sich nicht um Beispiele für „einfacheres“ Leben, sondern um Leben, das andere Wege gefunden hatte, um unter Bedingungen, die an der Grenze zum chemischen Zerfall lagen, seine Kohärenz aufrechtzuerhalten. Wieder einmal war die Lehre klar: Das Leben ist nicht das, was am besten widersteht, sondern das, was am meisten daran arbeitet, zu widerstehen.

So betrachtet verliert die biologische Kohärenz jede mystische Aura und gewinnt eine fast dramatische Konkretheit. Sie ist ein Prozess, kein Zustand. Ein fortwährendes Protokoll, das der natürlichen Tendenz der Dinge, sich aufzulösen, entgegenwirkt. Das Leben dauert so lange, wie diese Arbeit gelingt. Wenn sie nicht mehr gelingt, gewinnt die Dekohärenz die Oberhand. Und was bleibt, ist Materie, kein Organismus mehr.

Den Preis der Einheit zahlen: der Energieaufwand der biologischen Kohärenz.

Es gibt eine Tatsache, die jeden überrascht, der zum ersten Mal davon erfährt: Der größte Teil der von einem lebenden Organismus verbrauchten Energie dient nicht dazu, sich zu bewegen, zu wachsen oder sichtbare Arbeit zu verrichten. Sie dient dazu, nicht auseinanderzufallen. Sie dient dazu, die innere Integration aufrechtzuerhalten und Prozesse aufeinander abzustimmen, die, sich selbst überlassen, schnell auseinanderlaufen würden. Es sind die Energiekosten der Kohärenz, ein kontinuierlicher Aufwand, der in der populären Darstellung der Biologie selten Erwähnung findet, aber deren Rückgrat bildet.

Physiologen nennen dies Grundumsatz. Der Begriff ist technisch, fast schon unscheinbar, doch die Realität, die er beschreibt, ist beeindruckend: Bei einem erwachsenen

Menschen in Ruhe, in einem Raum mit angenehmer Temperatur, werden etwa 60–70 % der täglichen Energie verbraucht, ohne dass etwas scheinbar „Aktives“ geschieht. Das Herz schlägt, natürlich. Die Lungen atmen. Vor allem aber arbeiten Milliarden von Zellen daran, Ionenkonzentrationsgradienten aufrechtzuerhalten, molekulare Strukturen zu reparieren, Fehler zu korrigieren und Signale zu synchronisieren. Es ist Energie, die aufgewendet wird, um eine innere Dekohärenz zu verhindern.

Ein symbolträchtiges Beispiel liefert die Funktionsweise der Nervenzellen. In den 1950er Jahren untersuchten Alan Hodgkin und Andrew Huxley am *„Marine Biological* Laboratory“ in Woods Hole, Massachusetts, das Aktionspotenzial in den Neuronen des Riesenkalmars. Was dabei zutage trat und bis heute beeindruckt, ist, dass ein riesiger Teil der Energie des Gehirns nicht zum „Denken“ dient, sondern dazu, nach jedem elektrischen Impuls die Ausgangsbedingungen wiederherzustellen. Die berühmte Natrium-Kalium-Pumpe, die drei Natriumionen ausstößt und zwei Kaliumionen einlässt, verbraucht unaufhörlich ATP. Ohne diese unscheinbare Arbeit würde die neuronale Erregbarkeit innerhalb weniger Minuten zusammenbrechen. Das Denken würde buchstäblich aufgrund mangelnder elektrischer Kohärenz erlöschen.

Dies gilt auf jeder Ebene. Im Jahr 1961 beobachtete der Biochemiker Christian de Duve in einem Labor in Brüssel, wie Zellen Energie in die interne Kompartimentierung investieren: Membranen, Vesikel, Lysosomen. Das ist kein architektonischer Luxus, sondern eine funktionale Notwendigkeit. Trennen, Grenzen aufrechterhalten, verhindern, dass alles mit allem reagiert. Jede biologische Grenze ist ein Energieaufwand, aber auch ein Gewinn an Kohärenz.

Selbst wenn wir schlafen, hört diese Arbeit nicht auf. Im Gegenteil, in gewisser Hinsicht intensiviert sie sich sogar. Studien zur indirekten Kalorimetrie, die in den 1990er Jahren in Stanford durchgeführt wurden, zeigten, dass während des Tiefschlafs bestimmte zelluläre Wartungsaktivitäten zunehmen.

Schlafen bedeutet nicht, sich „abzuschalten“, sondern äußere Störungen zu reduzieren, um Energie in die innere Neuordnung zu investieren. Eine scheinbare Pause für eine wesentliche Aufgabe: das System wieder in Einklang zu bringen.

Eine Anekdote, die ein italienischer Forscher erzählte, der in den frühen 2000er Jahren in einem Labor für Zellbiologie in Heidelberg arbeitete, verdeutlicht dies sehr gut. Bei der Untersuchung von Zellkulturen, die am Leben gehalten wurden, denen jedoch jegliche Reize vorenthalten wurden, stellte er fest, dass der Energieverbrauch überraschend hoch blieb. *„Sie schienen* stillzustehen“, erzählte er, *„aber sie verbrauchten alles, um nicht zu etwas anderem zu werden.*“ Es ist ein umgangssprachlicher Satz, aber er trifft den Kern der Sache: Das Leben verbraucht Energie, um sich selbst treu zu bleiben, nicht um sich zu verwandeln.

Dieser kontinuierliche Aufwand erklärt auch, warum Kohärenz so fragil ist. Schon eine deutliche Verringerung der Energiezufuhr reicht aus, damit die Integration ins Wanken gerät. Bei Hungersnot oder unter extremen Bedingungen „entscheidet“ der Körper nicht willkürlich, was er abschalten soll: Er opfert komplexe Funktionen, um ein Minimum an Einheit zu bewahren. Es ist eine Notfallstrategie gegen die Fragmentierung.

Aus kultureller Sicht stellt diese Vorstellung eine tief verwurzelte Metapher auf den Kopf. Wir sind es gewohnt, das Leben als Anhäufung, als Wachstum, als Expansion zu betrachten. Biologisch gesehen ist das Leben jedoch vor allem Erhaltung. Wie eine Hängebrücke, die ständige Wartungsarbeiten erfordert, um stehen zu bleiben, investiert der lebende Organismus Energie, um Beziehungen aufrechtzuerhalten. Dies nicht zu tun, würde bedeuten, der Zeit, der Chemie und dem thermischen Rauschen freien Lauf zu lassen.

In diesem Sinne sind die Energiekosten der Kohärenz kein quantitatives Detail, sondern ein ontologischer Hinweis. Sie sagen uns, dass das Leben keine passive Struktur ist, sondern ein Prozess, der Augenblick für Augenblick den Preis für seine Einheit zahlt. Solange es sich das leisten kann, bleibt es am Leben. Wenn es das nicht mehr kann, löst sich die Kohärenz auf, und mit ihr der Organismus.

Kein Leben ist eine Insel: Kohärenz entsteht im Dialog mit der Umwelt.

Es gibt ein hartnäckiges, fast instinktives Missverständnis in der Art und Weise, wie wir über biologische Stabilität denken: die Vorstellung, dass ein Organismus umso stabiler ist, je mehr er sich von der Umwelt abschotten kann. Als wäre das Leben eine Festung und die Gesundheit hänge von der Festigkeit ihrer Mauern ab. Doch wenn man lebende Systeme genau betrachtet, zeigt sich das Gegenteil: Kohärenz entsteht nicht aus Isolation, sondern aus einer kontinuierlichen, feinen und oft riskanten Beziehung zu seiner Umgebung.

Ein lebender Organismus ist per Definition ein offenes System. Er tauscht Materie, Energie und Signale aus. Vor allem aber tauscht er Informationen aus. Seine Stabilität besteht nicht darin, sich gegen die Welt zu verteidigen, sondern darin, sie zu interpretieren. Es ist ein ständiger Verhandlungsprozess, der aus Anpassungen, Vorwegnahmen und Kompromissen besteht. Wenn dieser Dialog unterbrochen wird – sei es durch Übermaß oder durch Mangel –, gerät die Kohärenz ins Wanken.

Ein klassisches Beispiel stammt aus der Ökologie und hat den Beigeschmack einer spät gelernten Lektion. In den 1950er Jahren schien in den Vereinigten Staaten der massive Einsatz von Pestiziden wie DDT ein Sieg der Technik über die Umwelt zu sein. Dann stellte man fest, dass als „geschützt“ geltende Arten zusammenbrachen. Sie waren nicht schwach, sie waren aus dem Gleichgewicht geraten. Ihre biologische Kohärenz hing von subtilen Umweltsignalen ab – Zyklen, Anwesenheiten, Abwesenheiten –, die plötzlich ausgelöscht wurden. Rachel

Carson beschrieb dies 1962 in *„Silent* Spring" mit großer Klarheit: Die Stille war kein Frieden, sondern der Verlust von Beziehungen.

Die gleiche Logik gilt auch auf einer intimeren Ebene. Denken wir an das Immunsystem. Lange Zeit wurde es als eine Armee beschrieben, deren Aufgabe es ist, streng zwischen „Selbst" und „Fremd" zu unterscheiden. Heute wissen wir, dass diese Metapher unzureichend ist. Studien, die in den 1990er Jahren in Paris und San Diego durchgeführt wurden, haben gezeigt, dass das Immunsystem durch kontrollierte Exposition gegenüber der Umwelt reift. Kinder, die in übermäßig sterilen Umgebungen aufwachsen, neigen eher zu Immunstörungen. Auch hier entsteht Kohärenz nicht durch Abschottung, sondern durch relationales Lernen.

Eine Anekdote, die ein Meeresbiologe erzählte, der in einer Forschungsstation auf den Lofoten in Norwegen arbeitete, veranschaulicht dies sehr gut. Bei der Untersuchung von Planktonpopulationen stellte er fest, dass die stabilsten nicht in „konstanten" Gewässern lebten, sondern in Gebieten, die wechselnden Strömungen ausgesetzt waren. „Es sind Systeme, die auf Veränderung trainiert sind", sagte er. Ihre Kohärenz bestand nicht in Starrheit, sondern in der Fähigkeit, trotz Schwankungen erkennbar zu bleiben.

Diese Erkenntnis hat eine lange kulturelle Geschichte. Bereits 1928 sprach der Physiologe Walter Bradford Cannon an der Harvard-Universität von Homöostase nicht als Unbeweglichkeit, sondern als dynamisches Gleichgewicht. Ein Konzept, das wir heute im informativen Sinne verstehen können: Der Organismus bleibt kohärent, weil er kontinuierlich Umweltsignale in seine inneren Abläufe integriert. Wenn er damit aufhört, verliert er den Kontakt zu dem Kontext, der ihn erst möglich macht.

Auch das menschliche Verhalten liefert aussagekräftige Beispiele. Bei Missionen mit längerer Isolation – von den antarkti n Stützpunkten der 1970er Jahre bis hin zu Isolationsexperimenten wie Mars-500, das 2011 in der Nähe von Moskau abgeschlossen wurde – zeigte sich, dass der Verlust reichhaltiger Umweltreize die psychophysiologische Kohärenz beeinträchtigt. Nicht die Kälte oder die Müdigkeit sind das Hauptproblem, sondern die Beziehungsarmut des Umfelds. Ohne eine „reaktionsfähige“ Umgebung fällt es dem menschlichen Organismus schwer, ein einheitliches Selbstgefühl aufrechtzuerhalten.

Aus dieser Perspektive erscheint die biologische Kohärenz eher als ökologische denn als interne Eigenschaft. Ein Organismus ist stabil, weil er eingebettet ist, weil er zu einem Beziehungsnetz gehört, das ihn ständig prägt. Seine Identität ist kein unveränderlicher Kern, sondern eine Form, die sich gerade deshalb über die Zeit hinweg erhält, weil sie mit ihrer Umgebung im Dialog steht.

Vielleicht erscheint uns das Leben gerade deshalb so widerstandsfähig und zugleich so verletzlich. Widerstandsfähig, weil es sich an unterschiedliche Kontexte anpassen kann. Verletzlich, weil keine Kohärenz auf Dauer in einer Welt überleben kann, die ihre Sprache nicht mehr spricht. Die Feldbiologie legt somit eine kontraintuitive, aber tiefgreifende Schlussfolgerung nahe: Leben bedeutet nicht, sich gegen die Umwelt zu verteidigen, sondern mit ihr in Beziehung zu bleiben, ohne sich selbst zu verlieren.

Wenn die Einheit zerbricht: Der Tod als Dekohärenz des Lebendigen.

Über den Tod in einem Kapitel zu sprechen, das der Kohärenz des Lebens gewidmet ist, mag wie ein melancholischer Exkurs erscheinen. Tatsächlich ist es jedoch ein fast unvermeidlicher Schritt. Wenn Leben die aktive Aufrechterhaltung von Kohärenz ist, dann lässt sich der Tod – der physische, biologische – nüchtern als der Moment beschreiben, in dem diese Kohärenz unwiderruflich verloren geht. Kein plötzliches, punktuelles Ereignis, sondern ein Prozess globaler Dekohärenz, der den gesamten Organismus als Informationseinheit betrifft.

Aus physikalischer Sicht stirbt ein lebender Organismus nicht, weil „die Energie zu Ende geht“. Die Energie ist auch in einem leblosen Körper weiterhin vorhanden. Was verloren geht, ist die Fähigkeit, Ströme, Zeitabläufe und Beziehungen zu koordinieren. Die Teile bleiben bestehen, sprechen aber nicht mehr dieselbe Sprache. Es handelt sich um eine Auflösung der Einheit, nicht um ein Verschwinden der Materie.

Ein anschauliches Bild liefert die klinische Medizin. Im Jahr 1968 schlug an *der Harvard Medical School* ein von Henry Beecher geleitetes Komitee erstmals klare Kriterien für die Definition des Hirntods vor. Dabei handelte es sich nicht um eine philosophische Entscheidung, sondern um eine praktische Notwendigkeit: die Unterscheidung zwischen einem noch einheitlichen Organismus und einem, der seine funktionelle Integration irreversibel verloren hatte. Das Herz konnte schlagen, die Lungen konnten beatmet werden, doch die zentrale Informationseinheit – die Fähigkeit, das Ganze zu koordinieren – war endgültig beeinträchtigt. Der Tod fällt aus dieser Perspektive nicht mit dem Ausfall einer isolierten Funktion zusammen, sondern mit dem Verlust der Kohärenz des Ganzen.

Wer den letzten Moment eines Patienten in einem Hospiz miterlebt hat, berichtet oft von einem merkwürdigen Detail: Es ist nicht die Stille, sondern eine Art fortschreitender Disharmonie. Parameter, die sich bis kurz zuvor gegenseitig gestützt hatten, beginnen auseinanderzudriften. Der Atemrhythmus „hört“ nicht mehr auf den Herzrhythmus, die Temperaturregulation wird unregelmäßig, die biochemischen Signale verlieren ihre Synchronisation. Es ist, als würde das Orchester weiter spielen, aber ohne Dirigent und ohne gemeinsame Partitur. Die Instrumente sind noch da, aber die Musik nicht mehr.

Diese Beschreibung hat nichts Metaphysisches an sich, und genau deshalb ist sie so aussagekräftig. Die globale Dekohärenz ist kein bildhaftes Konzept: Sie ist beobachtbar, messbar und klinisch erkennbar. Studien zur elektrischen Hirnaktivität, die in den 1980er- und 1990er-Jahren durchgeführt wurden, zeigen, dass es beim Sterben nicht einfach zu einem „Abfall“ des Signals kommt, sondern zu einer Fragmentierung der kohärenten Muster. Das EEG wird nicht sofort flach: Es verliert zuerst seine Struktur, dann seine Integration. Die Form löst sich vor der Intensität auf.

An dieser Stelle ist es wichtig, klar zwischen der wissenschaftlichen und der metaphysischen Ebene zu unterscheiden. Den biologischen Tod als informative Dekohärenz zu beschreiben, sagt nichts aus – weder in dem einen noch in dem anderen Sinne – darüber, was möglicherweise auf der Ebene des Bewusstseins, der Bedeutung oder der Transzendenz geschieht. Von einem „Phasenübergang“ im metaphysischen Sinne zu sprechen, mag symbolischen oder philosophischen Wert haben, gehört aber in eine andere Kategorie. Die Feldbiologie, wenn sie wissenschaftlich nüchtern bleiben will, hält einen Schritt früher inne: Sie stellt fest, dass der Organismus als verkörperte Informationseinheit aufhört zu existieren, wenn er nicht mehr in der Lage ist, seine globale Kohärenz aufrechtzuerhalten.

Seltsamerweise führt diese Sichtweise den Tod zurück in das Kontinuum des Lebens, ohne ihn zu mythologisieren oder zu banalisieren. Sterben ist nicht das Gegenteil von Leben, sondern der Punkt, an dem der Prozess der Aufrechterhaltung der Kohärenz endgültig scheitert. Ilya Prigogine bemerkte im Zusammenhang mit Systemen fernab des Gleichgewichts, dass die lebendige Ordnung stets vorübergehend ist und nur um den Preis eines ständigen Aufwands aufrechterhalten wird. Wenn die Kosten die Möglichkeiten des Systems übersteigen, bricht die Ordnung zusammen. Darin liegt keine kosmische Tragödie, aber auch keine Reduzierung auf einen bloßen mechanischen Defekt.

Eine Anekdote, die ein Krankenpfleger erzählte, der in den 2000er Jahren auf einer Intensivstation in Lyon arbeitete, ist aufschlussreich. Er sagte: „*Der Moment des Todes ist nicht der, in dem der Monitor ausgeht, sondern der, in dem man begreift, dass man das, was sich getrennt hat, nicht mehr wieder zusammenführen kann.*“ Es ist ein einfacher, fast schon handwerklicher Satz, der aber den Kern trifft: Der Tod als unwiderruflicher Verlust der Möglichkeit, die Einheit wiederherzustellen.

In diesem Licht erscheint der physische Tod als ein vollkommen natürliches und zugleich radikales Ereignis. Er ist das Ende einer einzigartigen, unwiederholbaren Informationsform, die nur so lange existierte, wie sie ihre inneren und äußeren Beziehungen aufrechterhalten konnte. Alles andere – die Fragen nach dem Sinn, nach der Kontinuität, nach einem möglichen „Jenseits“ – bleibt offen, gehört aber zu einem anderen Kapitel unserer Erfahrung und unseres Denkens.

Mehr als die Summe, weniger als der Mythos: Kohärenz als wissenschaftliche Tatsache.

Jedes Mal, wenn in der Biologie das Wort „Emergenz“ fällt, rümpft jemand die Nase. Zu oft wurde es in der Vergangenheit als elegante Abkürzung benutzt, um das zu verschleiern, was man nicht erklären konnte. Doch die Emergenz, von der wir hier sprechen – Kohärenz als grundlegende Eigenschaft des Lebendigen –, hat nichts Nebulöses oder Esoterisches an sich. Es handelt sich um eine reale Emergenz im konkretesten und wissenschaftlich seriösesten Sinne des Wortes.

Um dies zu verstehen, genügt es, einen Schritt zurückzutreten – nicht in Richtung Metaphysik, sondern in Richtung der jüngeren Wissenschaftsgeschichte. Als Ilya Prigogine 1977 den Nobelpreis für seine Forschungen zu dissipativen Systemen erhielt, schlug er keine konzeptionelle Magie vor. Er zeigte anhand von Daten, dass in offenen Systemen, die weit vom Gleichgewicht entfernt sind, spontan Formen globaler Ordnung entstehen können, die sich nicht aus den einzelnen lokalen Wechselwirkungen ableiten lassen. Die Bénard-Zellen – jene eleganten Konvektionsstrukturen, die in einer einfachen Schicht erhitzter Flüssigkeit zu beobachten sind – sind nicht in den Wassermolekülen „enthalten“. Und doch sind sie real, messbar und reproduzierbar. Niemand würde sie heute als Illusion bezeichnen.

Die biologische Kohärenz gehört zu derselben Familie von Phänomenen. Sie ist weder eine zusätzliche Kraft noch eine verborgene Entität, die hinter den Kulissen wirkt. Sie ist eine kollektive Eigenschaft, die entsteht, wenn sich eine enorme

Anzahl physikalischer und chemischer Prozesse zeitlich koordiniert organisiert. Der entscheidende Punkt ist, dass diese Organisation nicht willkürlich ist: Sie unterliegt Einschränkungen, Regelmäßigkeiten, „ “ und kritischen Schwellenwerten. Mit anderen Worten: Sie ist ein legitimes Objekt wissenschaftlicher Untersuchung.

Ein weniger bekanntes, aber aufschlussreiches Beispiel stammt aus der Arbeit von Walter Freeman, einem Neurophysiologen an der Universität Berkeley, in den 1970er- und 1980er-Jahren. Bei der Untersuchung der elektrischen Aktivität des Riechkolbens von Kaninchen stellte Freeman fest, dass sich die globalen Muster der neuronalen Aktivität nicht durch die Analyse des Verhaltens einzelner Neuronen vorhersagen ließen. Die Information lag nicht in den „Einzelteilen“, sondern in der kohärenten Konfiguration des Ganzen. Freeman sprach von „emergierenden Mustern“, nicht um ein Geheimnis heraufzubeschwören, sondern um eine hartnäckige experimentelle Tatsache zu beschreiben: Das Gehirn funktionierte als dynamische Einheit, nicht als Ansammlung unabhängiger Komponenten.

Hierin liegt der Kern der wissenschaftlichen Legitimität der Kohärenz: Sie erzeugt beobachtbare kausale Effekte. Ein kohärenter Organismus reagiert einheitlich auf seine Umgebung, bewahrt seine Form und trifft biologische Entscheidungen – vom Stoffwechsel bis zur Fortpflanzung –, die nicht einem einzelnen Molekül oder einem isolierten biochemischen Signalweg zugeschrieben werden können. Kohärenz bewirkt Dinge. Und was kausale Auswirkungen hat, fällt per Definition in den Bereich der Wissenschaft.

Es ist kein Zufall, dass ähnliche Konzepte in Bereichen außerhalb der Biologie aufgekommen sind. Im Jahr 1985 begannen Physiker, Ökonomen und Biologen am Santa Fe Institute, ernsthaft über komplexe adaptive Systeme zu sprechen. Die Grundidee war einfach, aber radikal: Manche Systeme lassen sich nicht verstehen, indem man sie in ihre Einzelteile zerlegt, denn ihre wichtigsten Eigenschaften entstehen aus den Wechselwirkungen. Das Leben ist in diesem Sinne keine peinliche Ausnahme, sondern einer der raffiniertesten Fälle eines allgemeinen Prinzips.

Es lohnt sich, dies zu betonen: Das Auftreten von Kohärenz anzuerkennen bedeutet nicht, auf eine Erklärung zu verzichten. Es bedeutet vielmehr, zu akzeptieren, dass sich die Erklärung auf eine andere Ebene verlagert. Wie der theoretische Biologe Robert Rosen in den 1990er Jahren schrieb: *„Ein lebendes System ist erklärbar, aber nicht ohne Verlust zerlegbar.“* Daran ist nichts unwissenschaftlich. Es ist vielmehr eine Forderung nach größerer begrifflicher Präzision.

Eine kleine Anekdote, erzählt von einer italienischen Forscherin, die Anfang der 2000er Jahre in Heidelberg arbeitete, vermittelt gut das kulturelle Klima im Labor. Während einer Besprechung fragte ein junger Doktorand: *„Aber diese emergente Eigenschaft ... wo genau befindet sie sich?“* Der Gruppenleiter antwortete nach einer Pause: *„Sie ist dort, wo die Melodie in einem Streichquartett ist. Nicht in einer Geige, aber auch nicht außerhalb der Instrumente.“* Der Witz sorgte für ein Schmunzeln, beendete aber die Diskussion. Alle hatten verstanden.

Kohärenz ist also kein eleganter Begriff für Unwissenheit. Sie ist die Erkenntnis, dass das Leben auf einer Organisationsebene funktioniert, auf der die Einheit vor der Aufzählung der Teile steht. Dies zu akzeptieren bedeutet nicht, die Strenge aufzugeben, sondern sie zu erweitern. Es bedeutet, ernst zu nehmen, was die biologische Erfahrung seit jeher zeigt: dass das Lebendige ein Ganzes ist, das als Ganzes wirkt, und dass diese Ganzheit kein Geheimnis, sondern ein Phänomen ist.

Kohärenz aus der Perspektive mathematischer Modelle.

Wäre die biologische Kohärenz nur eine sprachliche Suggestion, hätte sie kaum die Aufmerksamkeit von

Mathematikern, theoretischen Physikern und Forschern komplexer Systeme auf sich gezogen. Stattdessen ist es seit mindestens einem halben Jahrhundert gerade die Mathematik – die strengste und am wenigsten zu Metaphern neigende Disziplin –, die eine der solidesten Stützen für die Vorstellung liefert, dass die Ordnung des Lebendigen als globale, stabile und formal beschreibbare Eigenschaft hervortritt.

Ein oft vergessener Wendepunkt geht auf die 1960er Jahre am MIT in Cambridge zurück, als Norbert Wiener und seine Schüler den Grundstein für die moderne Kybernetik legten. Die Vorstellung, dass komplexe Systeme dank Rückkopplungskreisläufen *(Feedback)* ein kohärentes Verhalten aufrechterhalten könnten, war keine philosophische Intuition, sondern ein mathematisches Ergebnis. Die Differentialgleichungen, die diese Systeme beschrieben, zeigten, wie sich das System in dynamischen Konfigurationen – Attraktoren – stabilisieren konnte, unabhängig von lokalen Schwankungen. Mit anderen Worten: Die Kohärenz wurde nicht von außen auferlegt, sondern durch die innere Organisation erzeugt.

In den 1970er Jahren fand diese mathematische Sprache in den Arbeiten von René Thom, einem französischen Mathematiker und Begründer der Katastrophentheorie, eine ideale Heimat. Thom beschäftigte sich nicht direkt mit Molekularbiologie, sondern mit Formen. Er zeigte, wie kontinuierliche Systeme plötzliche qualitative Veränderungen durchlaufen können, obwohl sie deterministischen Gesetzen folgen. Sein berühmter Vortrag von 1972 *am „Institut des Hautes Études* Scientifiques“ in Bures-sur-Yvette sorgte monatelang für Diskussionen: Die Vorstellung, dass die Form eines Organismus ein stabiler Effekt eines Feldes mathematischer Beschränkungen sei – und nicht bloß das Produkt lokaler Anweisungen –, erwies sich als überraschend vereinbar mit dem, was Embryologen unter dem Mikroskop beobachteten.

In jüngerer Zeit lieferten dynamische Netzwerke ein noch überzeugenderes Bild. Als Stuart Kauffman Ende der 1980er Jahre begann, *„random Boolean* networks“ zu untersuchen, suchte er nach einer einfachen Antwort auf eine gewaltige Frage: Wie schafft es eine Zelle, ihre genetische Identität trotz molekularer Störungen aufrechtzuerhalten? Seine Modelle zeigten, dass Netzwerke ab einer bestimmten Schwelle an Verbindungen spontan zu geordneten, aber flexiblen Zuständen tendieren, die Kauffman als „Rand des Chaos“ bezeichnete. Das war keine poetische Metapher: Es war ein mathematisches Ergebnis. Kohärenz ergab sich als globaler Zustand des Systems, nicht als Eigenschaft eines einzelnen Gens.

Eine Anekdote, die Kauffman selbst 1994 während eines Seminars in Santa Fe erzählte, vermittelt gut die Atmosphäre dieser Forschungen. Nachdem er eine Simulation gezeigt hatte, in der sich ein komplexes Netzwerk in wenigen robusten Attraktoren stabilisierte, bemerkte ein Biologe im Saal: *„Es scheint fast so, als wüsste das Netzwerk, was zu tun ist.“* Kauffman lächelte und antwortete: *„Nein, es scheint, als wüsste das Ganze es.“* Es war ein Scherz, traf aber den Kern der Sache: Die Mathematik lieferte eine Sprache, um über das implizite Wissen lebender Systeme zu sprechen, ohne auf mysteriöse Akteure zurückgreifen zu müssen.

Auch die Theorie der nichtlinearen dynamischen Systeme hat entscheidend dazu beigetragen. Die „seltsamen Attraktoren“, die Edward Lorenz bereits 1963 im Zusammenhang mit Klimamodellen untersuchte, zeigten, dass Ordnung und Unvorhersehbarkeit nebeneinander bestehen können. In der Biologie bedeutet dies, dass ein Organismus in hohem Maße kohärent sein kann und gleichzeitig kontextsensitiv bleibt. Die Gleichungen beschreiben keine starre Maschine, sondern einen gebundenen Tanz: eine dynamische, keine statische Kohärenz.

Was diese Modelle besonders bedeutsam macht, ist die Tatsache, dass Kohärenz messbar, simulierbar und widerlegbar wird. Sie ist kein vager Begriff mehr, sondern eine mathematische Eigenschaft: strukturelle Stabilität, Konvergenz zu Attraktoren, Synchronisation von Netzwerken. Als Forschungsgruppen in Barcelona und Boston Anfang der 2000er Jahre begannen, reale Stoffwechselnetzwerke zu modellieren, stellten sie fest, dass der Verlust der globalen Kohärenz oft dem funktionalen Zusammenbruch des Systems vorausging. Die Mathematik war einmal mehr der biologischen Interpretation voraus.

In diesem Sinne bieten mathematische Modelle eine Grammatik, um zu beschreiben, wie Einheit aus der Vielfalt entsteht, ohne sich auf diese zu reduzieren. Biologische Kohärenz ist keineswegs ein vager Begriff, sondern erscheint als klar definierte formale Struktur: ein kollektives Ereignis, das Gleichungen überraschenderweise zu erzählen vermögen.

Wenn Mathematik und Biologie lernen, sich zu verstehen.

Lange Zeit betrachteten sich Mathematiker und Biologen mit einem gewissen Misstrauen, als Vertreter benachbarter, aber unvereinbarer Berufe. Die einen sprachen von abstrakten Räumen, Variablen und struktureller Stabilität; die anderen von Zellen, Geweben, Entwicklung und Krankheiten. Wenn sie aufeinandertrafen, verstanden sie sich oft nicht. Nicht aus Mangel an Intelligenz oder Offenheit, sondern aufgrund eines tiefer liegenden Problems: der Sprache.

Eine Anekdote, die ein niederländischer theoretischer Biologe während eines Workshops in Leiden in den frühen 1990er Jahren erzählte, ist bezeichnend. Am Ende eines Vortrags über dynamische Modelle der Embryonalentwicklung kam eine experimentelle Biologin auf ihn zu und sagte: *„Ihre Gleichungen sind elegant, aber wo ist der Organismus?“* Die Frage war nicht polemisch, sondern aufrichtig. Für sie war der Organismus etwas, das man sezieren, anfärben und unter dem Mikroskop betrachten konnte. Für den Mathematiker hingegen war der Organismus genau jene Struktur von Beziehungen, die die Gleichung zu erfassen versuchte.

Diese semantische Diskrepanz hat das Verständnis der biologischen Kohärenz lange Zeit behindert. In der Biologie beschwor das Wort „Kohärenz“ höchstens eine gute funktionelle Integration herauf; in der Mathematik und der Systemphysik bezeichnete es eine strenge globale Eigenschaft, die sich in Begriffen wie Stabilität, Korrelation und kollektivem Verhalten definieren ließ. Über Kohärenz zu sprechen, ohne die Ebene der Diskussion zu klären, bedeutete oft, aneinander vorbeizureden.

Doch seit den 2000er Jahren hat sich etwas geändert. Orte wie das *Santa Fe Institute* in New Mexico, *das EMBL* in Heidelberg oder das *Max-Planck-Institut für Physik komplexer Systeme* in Dresden sind zu Orten des sprachlichen Austauschs geworden. Hier begannen Biologen, Mathematiker und Physiker, nicht so sehr daran zu arbeiten, ihre eigenen Konzepte zu übersetzen, sondern vielmehr daran, ein gemeinsames Vokabular aufzubauen. Es ging nicht mehr darum, „Mathematik auf die Biologie anzuwenden“, sondern gemeinsam Modelle zu entwickeln, die aus realen biologischen Fragestellungen hervorgingen.

Ein oft zitiertes Beispiel ist die Arbeit an Netzwerken der Genregulation während der Entwicklung. Als in den frühen 2000er Jahren interdisziplinäre Gruppen begannen, diese Prozesse als hochdimensionale dynamische Systeme zu beschreiben, waren viele Biologen skeptisch. Dann kamen die Ergebnisse: Die mathematischen Modelle konnten die Robustheit bestimmter Entwicklungsmuster besser vorhersagen als isolierte molekulare Beschreibungen. Die Kohärenz des Organismus ergab sich nicht aus einzelnen Genen, sondern aus der Gesamtstruktur der Interaktionen.

Ein italienischer Mathematiker erinnerte sich in einem Interview aus dem Jahr 2011 daran, dass der eigentliche konzeptionelle Sprung nicht vor einer Tafel stattfand, sondern bei einem informellen Abendessen in Trastevere nach einer

Tagung in Rom. Er erzählte, dass ein Embryologe irgendwann sagte: *„Vielleicht meint ihr mit ‚Attraktor' das, was wir ‚zelluläres Schicksal' nennen.*" Es war eine gegenseitige Offenbarung. Die Begriffe waren unterschiedlich, das Thema jedoch dasselbe.

Dieser Dialog hat beide Fachgebiete bereichert. Die Biologie hat formale Werkzeuge gewonnen, um die Einheit des Lebendigen zu begreifen, ohne sie auf eine Auflistung von Bestandteilen zu reduzieren. Die Mathematik ihrerseits wurde gezwungen, sich mit historischen, kontingenten und gegenüber der Umwelt offenen Systemen auseinanderzusetzen – die sich stark von den idealen Objekten der Lehrbücher unterscheiden. Die biologische Kohärenz hat in dieser Begegnung aufgehört, ein „Zwischenkonzept" zwischen Poesie und Wissenschaft zu sein, und ist zu einer gemeinsamen Eigenschaft geworden, die aus mehreren Blickwinkeln beschreibbar ist.

Wenn heute vom Organismus als stabilisierter Informationsstruktur die Rede ist, ist dieser Dialog kein optionales Extra mehr, sondern eine epistemologische Notwendigkeit. Die Kohärenz gehört keiner Disziplin an: Sie ist das Phänomen, das die Disziplinen dazu zwingt, miteinander zu sprechen. Und vielleicht ist genau das ihre tiefste Lehre.

Der Schatten des Vitalismus: Wie die Emergenz den wissenschaftlichen Verdacht hinter sich gelassen hat.

Zu Beginn des 20. Jahrhunderts war es riskant, das Wort „Emergenz" in einem wissenschaftlichen Kontext auszusprechen. Es klang wie ein Eingeständnis von Unwissenheit oder, schlimmer noch, wie eine verschleierte Rückkehr zum Vitalismus. In einer Zeit, in der die organische Chemie und die experimentelle Physiologie gerade ihren Triumph erlebt hatten, schien die Vorstellung, dass neue Eigenschaften auf der Ebene des Organismus „auftauchen" könnten, eine konzeptionelle Abkürzung zu sein, eine elegante Art zu sagen: Wir können es nicht erklären.

Dieser Verdacht war nicht unbegründet. Viele Emergentisten der ersten Stunde – man denke nur an den britischen Philosophen C. D. Broad, der 1925 von Eigenschaften sprach, die nicht einmal prinzipiell ableitbar seien – ließen eine Grauzone offen. Wenn eine Eigenschaft nicht ableitbar ist, liegt sie dann außerhalb der physikalischen Kausalität? Ist sie etwas, das von außen hinzukommt? In denselben Jahren verfolgten Labore wie das von Jacques Loeb an der *Rockefeller University* in New York ein gegenteiliges Programm: den Nachweis, dass das Leben vollständig auf physikalisch-chemische Kräfte zurückzuführen sei. Jeder Verweis auf „Gesamtheit“ oder „Organismus“ wurde mit Unbehagen betrachtet.

Eine Anekdote aus den Memoiren eines jungen deutschen Forschers vermittelt ein gutes Bild vom Klima jener Zeit. Während einer Diskussion in Berlin im Jahr 1931 wagte es ein Kollege, von „emergenten Eigenschaften“ des Zellstoffwechsels zu sprechen. Auf die Stille im Saal folgte ein scharfer Spruch: *„Hier betreiben wir Wissenschaft, keine Metaphysik.*“ Der Vorwurf war klar: Emergenz gleich Rätsel.

Es gab drei Hauptkritikpunkte. Erstens: Der Emergentismus schien gegen das Prinzip der kausalen Geschlossenheit der Physik zu verstoßen. Zweitens: Es fehlten formale Modelle, man stützte sich auf qualitative Beschreibungen. Drittens: Es bestand die Gefahr, eine implizite Zweckmäßigkeit in der Natur wieder einzuführen, die die moderne Wissenschaft mühsam verdrängt hatte. In diesem Kontext erschien der Reduktionismus nicht nur strenger, sondern auch ehrlicher.

Was sich geändert hat, ist weniger die Idee der Emergenz selbst als vielmehr das wissenschaftliche Fundament, auf dem sie ruht. Die Einwände des frühen 20. Jahrhunderts setzten eine Welt voraus, die von Linearität, einfachen Kausalitäten und isolierbaren Systemen bestimmt war. Doch die Wissenschaft der Nachkriegszeit – von der Thermodynamik offener Systeme bis zur Theorie komplexer Systeme – hat gezeigt, dass diese

Annahmen unvollständig waren. Heute wissen wir, dass neue Verhaltensmuster entstehen können, ohne gegen irgendein Grundgesetz zu verstoßen, einfach wenn die Anzahl und die Verflechtung der Wechselwirkungen eine bestimmte Schwelle überschreiten.

Der entscheidende Wendepunkt war formaler Natur. Wenn Emergenz modellierbar wird – durch nichtlineare Dynamiken, interagierende Netzwerke, kollektive Stabilität –, verliert sie ihren geheimnisvollen Nimbus. Biologische Kohärenz ist in diesem Rahmen kein magisches Ereignis, sondern eine stabile Konfiguration von Beziehungen. Nicht „etwas Mehr“, sondern „etwas, das geschieht“, wenn das System ausreichend organisiert ist.

Auch der alte Vorwurf des Finalismus hat sich als weniger stichhaltig erwiesen, als es zunächst schien. Wenn man heute von zielgerichtetem Verhalten oder der Aufrechterhaltung von Kohärenz spricht, impliziert dies kein äußeres Ziel, sondern beschreibt eine systeminterne Notwendigkeit. Ein kohärenter Organismus will nicht kohärent bleiben: Er hört einfach auf zu existieren, wenn er es nicht tut. Es handelt sich um eine strukturelle Notwendigkeit, nicht um ein Vorhaben.

In diesem Sinne verlangt der zeitgenössische Emergentismus keine philosophische Nachsicht, sondern wissenschaftliche Aufmerksamkeit. Die historischen Kritiken waren Kinder einer Epoche, in der es an geeigneten konzeptuellen und mathematischen Werkzeugen mangelte. Heute existieren diese Werkzeuge. Und mit ihnen erscheint die Vorstellung, dass das Leben eine kohärente emergente Eigenschaft ist, nicht mehr als Kapitulation der Erklärung, sondern als deren natürliche Erweiterung.

Was uns die reduktionistische Schulung daran hindert, dies zu erkennen.

Es gibt eine Vorgehensweise, die fast jede wissenschaftliche Ausbildung begleitet: das Zerlegen. Man zerlegt einen Organismus in Organe, ein Organ in Gewebe, ein Gewebe in Zellen, eine Zelle in Moleküle. Es ist eine kraftvolle Vorgehensweise, die einige der beeindruckendsten Errungenschaften der Moderne hervorgebracht hat. Doch wie alle ohne Nachdenken wiederholten Vorgehensweisen läuft sie Gefahr, sich in eine kognitive Gewohnheit zu verwandeln. Und Gewohnheiten, das ist bekannt, helfen nicht dabei, das zu erkennen, was nicht in das Schema passt.

Viele Wissenschaftler berichten mit einem Hauch von Ironie von genau diesem Moment der Verwirrung. Das passiert oft in den ersten Jahren der Forschung: Man beobachtet ein biologisches Phänomen, das einwandfrei „funktioniert“ – eine robuste Embryonalentwicklung, eine koordinierte Heilung, eine fein abgestimmte Immunantwort –, kann es aber nicht erklären, indem man die einzelnen molekularen Schritte zusammenzählt. „*Ich kann jedes Einzelteil* beschreiben“, vertraute ein junger Zellbiologe 2014 bei einem Seminar in Cambridge an, „*aber das Gesamtverhalten entzieht sich mir.*“ Das war keine Grenze der Kompetenz, sondern eine Grenze der Sichtweise.

Die wissenschaftliche Ausbildung des 20. Jahrhunderts, insbesondere in den Lebenswissenschaften, wurde von einer ganz bestimmten Vorstellung von Erklärung geprägt: Verstehen bedeutet Reduzieren. Dieser Ansatz hat tiefe Wurzeln, die mindestens bis zum Erfolg der klassischen Mechanik und der analytischen Chemie zurückreichen. Es überrascht nicht, dass er als universelles Modell übernommen wurde. Das Problem entsteht, wenn das, was einst eine wirksame Methode war, zur einzig denkbaren Methode wird.

Eine wenig bekannte, aber aufschlussreiche Anekdote betrifft einen Besuch von Ludwig von Bertalanffy an einer amerikanischen Universität in den 1950er Jahren. Er war eingeladen worden, eine Vorlesung über Systemtheorie zu halten, und wurde von einem Studenten gefragt: „*In welchem Kapitel des Biochemie-Lehrbuchs findet das System Platz?*“

Bertalanffy antwortete gelassen: „*In keinem. Und genau das ist das Problem.*“ Es war keine philosophische Provokation, sondern eine pädagogische Feststellung: Bestimmte Konzepte finden keinen Platz, weil in der Standardausbildung kein Raum für sie ist.

Der Reduktionismus im Bildungswesen führt tendenziell zu einem Paradoxon. Einerseits liefert er immer ausgefeiltere Analysewerkzeuge; andererseits lässt er jede Eigenschaft, die sich nicht lokalisieren lässt, als verdächtig erscheinen. Wenn man nicht angeben kann, wo die Kohärenz liegt – in welchem Molekül, in welchem Gen –, dann ist man versucht, sie als beschreibende Illusion zu betrachten. Aber Emergenz lässt sich nicht mit dem Finger zeigen: Man erkennt sie, indem man das Verhalten des Systems im Zeitverlauf beobachtet.

Diese Schwierigkeit rührt nicht von Unwissenheit her, sondern von einer Ausbildung, die die statische Analyse gegenüber der dynamischen, das Element gegenüber der Beziehung bevorzugt. Das Erkennen eines emergenten Phänomens wie der Kohärenz erfordert einen Wandel der intellektuellen Haltung: Man darf nicht auf die Zerlegung verzichten, sondern muss sie mit der Fähigkeit zur konzeptuellen Neuzusammensetzung verbinden. Eine Fähigkeit, die selten explizit vermittelt wird.

Es ist kein Zufall, dass viele Wissenschaftler die Emergenz erst spät „entdeckt“ haben, oft außerhalb des Hörsaals. Manche begegnen ihr bei der Beobachtung eines Ökosystems vor Ort, wie die Meeresbiologin Rachel Carson in ihren Tagebüchern berichtete; andere ahnen sie bei der Arbeit mit Computermodellen, die unerwartete Verhaltensweisen zeigen; wieder andere stellen ganz einfach fest, dass der Organismus weiterhin das tut, was er tut, auch wenn einige Teile gestört werden. Die Kohärenz zeigt sich, aber man muss bereit sein, sie zu erkennen.

In diesem Sinne ist nicht der Reduktionismus an sich das Problem, sondern seine ausschließliche Rolle in der Bildung. Solange wir Wissenschaftler ausbilden, die hervorragend darin sind, Dinge zu zerlegen, aber Angst haben, über das Ganze zu sprechen, wird die Emergenz weiterhin als etwas Vages erscheinen. Wenn wir hingegen lernen, sie als ein beobachtbares, stabiles und reproduzierbares Phänomen zu betrachten – auch wenn es nicht lokalisierbar ist –, dann hört die Kohärenz auf, ein verdächtiges Konzept zu sein, und wird zu dem, was sie ist: eine reale Eigenschaft des Lebens.

IV. Der Organismus als nicht-lokales System.

Es gibt einen Moment im Verlauf dieses Buches, an dem sich die Kritik am Reduktionismus nicht mehr darauf beschränken kann, aufzuzeigen, was nicht funktioniert. Sie muss einen Perspektivwechsel vorschlagen. Kapitel IV entspringt genau dieser Notwendigkeit: dem Leser eine Idee näherzubringen, die ebenso einfach wie für die klassische Biologie erschütternd ist, nämlich dass in lebenden Organismen das Verhalten der Teile nicht verstanden werden kann, ohne vom Zustand des Ganzen auszugehen.

Nachdem in den vorangegangenen Kapiteln die Grenzen der rein biochemischen Erklärung und die Schwierigkeiten des Darwinismus bei der Erklärung von Form und Organisation aufgezeigt wurden, wird hier ein weiterer Schritt unternommen. Es geht nicht mehr nur darum zu sagen, dass Moleküle nicht ausreichen, sondern anzuerkennen, dass biologische Kausalität weder linear noch lokal ist. In Organismen hängt das, was an einer Stelle geschieht, von Bedingungen ab, die sich nicht auf diese Stelle beschränken lassen. Das Leben funktioniert, mit anderen Worten, eher als ein globales System denn als eine Ansammlung von Komponenten.

Diese Erkenntnis stammt nicht aus der Biologie, findet jedoch überraschende Parallelen in der Physik des 20. Jahrhunderts. Als Albert Einstein mit einer gewissen Ironie von *der „spukhaften* Fernwirkung" sprach, drückte er damit sein Unbehagen angesichts einer Nichtlokalität aus, die den klassischen gesunden Menschenverstand zu verletzen schien. Heute erkennen viele Biologen – ohne unpassende Analogien zu erzwingen –, dass auch lebende Systeme eine Form funktionaler Nichtlokalität aufweisen: nicht, weil sie Signale augenblicklich übertragen, sondern weil die globale Organisation das lokale Verhalten bestimmt.

Wie der theoretische Biologe Robert Rosen schrieb: *„Ein Organismus ist keine Maschine, denn in einer Maschine erklären die Teile das Ganze, während in einem Organismus das Ganze die Teile erklärt.*" Ein Satz, der den Zweck dieses Kapitels perfekt zusammenfasst. Im Lebendigen gibt es kein „Regie-Molekül", kein souveränes Gen und keine chemische Reaktion, die allein in der Lage wäre, die biologische Ordnung zu erklären. Die Kausalität ist verteilt, zirkulär und oft rückwirkend. Jede Ebene des Organismus existiert in Abhängigkeit von den anderen.

Diese Vorstellung vom Vorrang des Organismus hat eine lange, verborgene Geschichte. Kurt Goldstein, Neurologe und Denker der ersten Hälfte des 20. Jahrhunderts, stellte bei der Beobachtung von Patienten mit Hirnverletzungen fest, dass das verbleibende Verhalten nicht die einfache Summe der intakt gebliebenen Funktionen war. Der gesamte Organismus reorganisierte sich und fand neue Gleichgewichte. Er schrieb: *„Der geschädigte Teil kann nur im Bezug auf den Organismus in seiner Gesamtheit verstanden werden.*" Das war keine klinische Metapher, sondern eine theoretische Aussage.

Im vorliegenden Kapitel wird diese Perspektive bis zu ihren äußersten Konsequenzen geführt: Der Organismus ist nicht das Endergebnis lokaler Prozesse, sondern die Bedingung selbst, die diese Prozesse erst ermöglicht. Zellen, Gewebe, ja sogar die Genexpression reagieren auf einen globalen Zustand der Kohärenz oder Inkohärenz. Wie der Nobelpreisträger Ilya Prigogine bemerkt: *„Ursache und Wirkung sind in Zeit und Raum nicht mehr voneinander zu trennen.“* Auf die Biologie angewendet legt diese Aussage nahe, dass das Leben keiner linearen Kausalkette folgt, sondern einem Netzwerk gegenseitiger Verflechtungen.

Das Kapitel hat daher eine strategische Funktion in der Struktur des Buches. Es dient dazu, den konzeptionellen Boden für die Einführung der biologischen Felder zu bereiten, die nicht verstanden werden können, wenn man nicht zuvor die Vorstellung akzeptiert, dass der Organismus eine primäre, nicht abgeleitete Einheit ist. Ohne diesen vorbereitenden Schritt von Feldern zu sprechen, würde bedeuten, sie auf bloße Metaphern zu reduzieren. Hier hingegen wird verdeutlicht, warum sie eine theoretische Notwendigkeit darstellen.

Lokalität und Nicht-Lokalität. Die Unterschiede.

Jahrhundertelang betrachtete die Wissenschaft die Natur mit einer beruhigenden Überzeugung: Um ein Phänomen zu verstehen, genügt es, festzustellen, wo es stattfindet und was es verursacht. Das ist die Idee der Lokalität, wonach jede Wirkung eine Ursache hat, die an einem bestimmten Punkt in Raum und Zeit identifiziert werden kann. Dieser Ansatz hat sich in der Mechanik, der Chemie und einem Großteil der klassischen Physiologie hervorragend bewährt. Doch wenn man sich wirklich mit der Komplexität lebender Organismen auseinandersetzt, zeigen sich tiefe Risse.

Dieses Kapitel des Buches befasst sich genau mit diesem Konfliktpunkt. Nachdem die Vorstellung in Frage gestellt wurde, dass sich Leben auf eine Kette biochemischer Reaktionen reduzieren lässt, wird hier eine entscheidende Unterscheidung thematisiert: die zwischen lokalen Prozessen und nicht-lokalen Dynamiken. Dabei handelt es sich nicht um eine theoretische Feinheit, sondern um einen Unterschied, der die Art und Weise, wie wir die biologische Organisation interpretieren, radikal verändert.

In einem lokalen System hängt das Verhalten eines Teils im Wesentlichen davon ab, was sich in seiner unmittelbaren Nähe befindet. Ein Enzym katalysiert eine Reaktion, weil es auf ein Substrat trifft; ein Rezeptor wird aktiviert, weil sich ein Molekül daran bindet. Alles geschieht „hier", und was anderswo geschieht, ist im Prinzip irrelevant. Das ist das implizite Modell der klassischen Biochemie – leistungsstark und präzise, aber begrenzt.

Die biologische Nichtlokalität führt hingegen eine andere Logik ein. In Organismen hängt das, was an einer Stelle geschieht, oft vom Zustand des gesamten Systems ab. Nicht, weil es mysteriöse Fernkräfte gäbe, sondern weil das Lebendige als kohärente Einheit organisiert ist, in der der globale Kontext das lokale Verhalten bestimmt. Ein Beispiel, das Fachleuten bekannt ist, außerhalb von Fachkreisen jedoch selten diskutiert wird, betrifft den Herzrhythmus. Denis Noble, Physiologe aus Oxford, hat gezeigt, dass der Herzschlag nicht von einer einzelnen Schrittmacherzelle „gesteuert" wird, sondern aus der kollektiven Interaktion von Millionen von Herzzellen entsteht, von denen jede auf den Gesamtzustand des Gewebes reagiert. Eine Zelle zu isolieren bedeutet, ihr tatsächliches Verhalten aus den Augen zu verlieren.

Der Unterschied zwischen lokal und nicht-lokal wird bei der Embryonalentwicklung noch deutlicher. Wäre die Lokalität das dominierende Prinzip, würde es ausreichen, die Position und das Schicksal jeder einzelnen Zelle zu kennen, um die endgültige Form eines Organismus zu erklären. Doch klassische

Experimente des 20. Jahrhunderts haben gezeigt, dass frühzeitig getrennte Embryonen sich neu organisieren und vollständige Strukturen bilden können, auch wenn Teile „fehlen“, die nach einer lokalen Logik unverzichtbar gewesen wären. Die Entwicklung folgt einem Feld globaler Beziehungen, nicht einer Punkt-für-Punkt-Karte.

Walter Freeman, ein amerikanischer Neurowissenschaftler, verwendete im Zusammenhang mit der Gehirnaktivität einen bewusst provokativen Ausdruck: *„Das Gehirn verarbeitet Informationen nicht wie eine Telefonzentrale, sondern wie ein Sturm.*“ Was er damit meinte, war einfach und radikal: Es gibt keinen bestimmten Ort, an dem ein Gedanke oder eine Wahrnehmung „entsteht“. Die neuronale Aktivität nimmt globale Konfigurationen an, die den einzelnen Signalen einen Sinn geben. Wieder einmal geht das Ganze den Teilen voraus.

Die Lokalität sucht nach der Ursache; die Nicht-Lokalität sucht nach der Bedingung. Im ersten Fall fragt man: „Welches Element erzeugt diesen Effekt?“ Im zweiten Fall: „In welchem Zustand muss sich das System befinden, damit dieser Effekt möglich ist?“ Es ist ein subtiler, aber entscheidender Unterschied. Claude Bernard hatte bereits im 19. Jahrhundert etwas Ähnliches intuitiv erkannt, als er feststellte, dass „die Stabilität des *inneren Milieus* die Bedingung für ein freies Leben ist“. Er sprach nicht von bestimmten Molekülen, sondern von einem globalen Zustand, der jede lokale Funktion ermöglicht.

Diese Unterscheidung hilft auch zu verstehen, warum die Vorstellung eines „Regisseur-Moleküls“ so verlockend und zugleich so irreführend ist. Einem Gen, einem Hormon oder einem Neurotransmitter die Rolle der letzten Ursache zuzuschreiben, ist ein lokaler Reflex, der auf ein System angewendet wird, das kein lokales System ist.

Vom Körper zur Gesellschaft: Die Nichtlokalität, die uns regiert.

Es gibt einen Punkt im Vergleich zwischen Biologie und Wirtschaft, an dem die Parallele aufhört, eine elegante Metapher zu sein, und zu einem Instrument des Verständnisses wird. Es ist der Punkt der Nichtlokalität. So wie in einem lebenden Organismus das Verhalten einer Zelle vom Gesamtzustand des Körpers abhängt, so sind auch in wirtschaftlichen und sozialen Systemen die Handlungen der einzelnen Akteure zutiefst von globalen Dynamiken geprägt, die niemand direkt kontrolliert. John Maynard Keynes erkannte dies bereits in den 1930er Jahren klar, als er von *„animal spirits"* sprach: scheinbar rationale Einzelentscheidungen, die in ihrer Gesamtheit unvorhersehbare kollektive Auswirkungen haben. Kein einzelner Investor „beschließt" eine Finanzkrise, und doch kommt es zu einer Krise, wie zu einem systemischen Fieber. Das Beispiel des Börsencrashs an der Wall Street im Jahr 1929 – das bis heute nicht nur von Ökonomen, sondern auch von Theoretikern komplexer Systeme untersucht wird – zeigt eine Dynamik, die bestimmten biologischen Phänomenen überraschend ähnlich ist: Kleine lokale Signale gewinnen erst dann an Bedeutung, weil das System als Ganzes seine Kohärenz verloren hat. Karl Polanyi sprach, als er das Europa der Zwischenkriegszeit beobachtete, von einem „Zerfall des sozialen Gefüges", noch bevor er den wirtschaftlichen ansprach. Auch hier, wie im Lebendigen, erklärt nicht der einzelne Teil den Zusammenbruch, sondern der Gesamtzustand des Beziehungsgeflechts. Näher an unserer Zeit hat der Soziologe Mark Granovetter gezeigt, wie individuelles Verhalten – zum Beispiel die Teilnahme an einer Demonstration oder das Mitmachen bei einem Modetrend – von unsichtbaren kollektiven Schwellenwerten abhängt: Was wie eine persönliche Entscheidung erscheint, ist in Wirklichkeit ein nicht-lokales Ereignis, das durch die Gesamtkonfiguration des sozialen Netzwerks ermöglicht wird. Sowohl in der Biologie als auch in den Sozialwissenschaften hebt die Nicht-Lokalität das Individuum nicht auf, sondern bettet es in einen Kontext ein, der ihm vorausgeht und es verständlich macht. Das Ganze kommt also wieder einmal vor den Teilen.

Wenn die Zukunft die Gegenwart bestimmt.

Während die Nichtlokalität die Vorstellung in Frage stellt, dass jede Ursache an einem bestimmten Punkt im Raum liegt, geht die Zeit noch einen Schritt weiter: Sie zeigt, dass in lebenden Systemen die Ursache nicht einmal in einem isolierbaren Augenblick liegt. Ein Organismus lebt niemals nur in der Gegenwart. Jede seiner Reaktionen ist von der Vergangenheit durchdrungen und auf eine mögliche Zukunft ausgerichtet. Das Immunsystem beispielsweise reagiert auf der Grundlage eines Gedächtnisses: Eine Infektion, die Jahre zuvor stattfand, verändert heute die Qualität der zellulären Reaktion. 1973 beschrieb Niels Jerne während eines Kongresses in Cold Spring Harbor das Immunsystem als ein Netzwerk, das sich „erinnert“ und vorausschauend handelt – eher wie ein Gespräch als wie eine Kette von Reaktionen. Hier verläuft die Zeit nicht geradlinig: Sie zirkuliert, faltet sich zurück, kehrt wieder. Dieselbe Logik gilt für den gesamten Körper. Ein verletzter Sportler berichtete, dass der Knieschmerz schon vor der Anstrengung wieder auftrat, allein bei der Aussicht auf den Wettkampf. Die Erwartung der Zukunft hatte die physiologische Gegenwart bereits verändert. Ähnliche Phänomene sind auch in Gesellschaften wohlbekannt. Wirtschaftskrisen beginnen oft, bevor die Zahlen dies rechtfertigen: Es reicht aus, dass sich die Vorstellung einer ungewissen Zukunft verbreitet, damit sich das kollektive Verhalten bereits heute ändert. Im Jahr 1992, am Vorabend der Lira-Krise, stellten einige Beobachter fest, dass die Märkte stärker auf Gerüchte als auf offizielle Daten reagierten. Wie in einem Organismus unter Stress reorganisiert die Vorwegnahme der Gefahr das System in seiner Gesamtheit. Der Soziologe Robert K. Merton sprach von einer „sich selbst erfüllenden Prophezeiung“: Zukunftserwartungen, die zu gegenwärtigen Ursachen werden. In beiden Fällen, dem biologischen wie dem sozialen, wirkt die Zeit nicht-lokal: Die Vergangenheit ist nicht wirklich vergangen, die Zukunft ist noch nicht eingetreten, und doch wirken beide aktiv an der Gestaltung des Hier und Jetzt mit. Die zeitliche Nichtlokalität ist vielleicht die subtilste Form des Vorrangs des Ganzen: Das System reagiert nicht auf das, was geschieht, sondern auf das, was es im Fluss seiner Geschichte bedeutet.

Wenn auch Maschinen nicht-lokal werden.

In den letzten Jahrzehnten hatten viele Ingenieure bei der Beobachtung der Funktionsweise großer Computernetzwerke ein Gefühl, das Biologen bekannt ist: kein Kommandozentrum, und doch ein überraschend kohärentes globales Verhalten. Das Internet ist seit seiner ursprünglichen Architektur, die in den 1960er Jahren von Paul Baran und Donald Davies bei *der RAND Corporation* und *am National Physical Laboratory* in Teddington entworfen wurde, so konzipiert, dass es auch dann funktioniert, wenn wesentliche Teile ausfallen. Die Datenpakete finden alternative Wege, der Datenverkehr ordnet sich neu, das Netzwerk „hält stand“. In diesem Sinne erinnert die Nichtlokalität von Computernetzwerken an die von Organismen: Was an einem Knotenpunkt geschieht, hängt vom Gesamtzustand des Systems ab. Doch damit endet die Ähnlichkeit auch schon. Ein lebender Organismus beschränkt sich nicht darauf, die Funktionsfähigkeit aufrechtzuerhalten: Er interpretiert das Geschehen. Als 2012 ein Stromausfall ein großes Rechenzentrum in Nord-Virginia traf, traten die

Redundanzsysteme gemäß vordefinierten Protokollen in Kraft. Alles funktionierte, aber kein Netzwerk „verstand" die Bedeutung des Ereignisses. In einem Organismus hingegen ist eine Störung niemals nur technischer Natur: Sie ist bedeutungsvoll. Der kanadische Biologe Brian Goodwin stellte fest, dass komplexe Maschinen zwar die Organisation simulieren können , nicht jedoch die Bildung von Bedeutung. Künstliche Netzwerke sind räumlich nicht-lokal, bleiben aber im Sinne von „Bedeutung" lokal: Sie funktionieren nach externen Regeln, nicht nach einer gelebten Kohärenz. Selbst die fortschrittlichsten Architekturen der künstlichen Intelligenz, wie jene, die in *den DeepMind-Labors* in London entwickelt wurden, zeigen Anpassungsfähigkeit und Lernvermögen, jedoch stets innerhalb eines von außen vorgegebenen Zielrahmens. Der Organismus hingegen ist zugleich Netzwerk, Regel und Zweck: Sein „Feld" ist nicht programmiert, sondern wird ständig neu generiert. Der Vergleich mit künstlichen Systemen ist daher nicht dazu da, das Leben auf eine hochentwickelte Maschine zu reduzieren, sondern um zu verdeutlichen, was den Maschinen noch fehlt: der Vorrang des Ganzen als innere Bedingung, nicht als auferlegtes Projekt.

Als das Ganze den Teilen ein Dorn im Auge war.

Um zu verstehen, warum es heute noch manchmal gegen den Strom zu schwimmen scheint, wenn man vom Organismus als nicht-lokalem System spricht, muss man auf das intellektuelle Klima der zweiten Hälfte des 20. Jahrhunderts zurückblicken. Zwischen den 1950er und 1970er Jahren erlebte die Biologie eine Zeit spektakulärer Erfolge: die Entdeckung der DNA-Struktur im Jahr 1953, die Entschlüsselung des genetischen Codes, der Aufstieg der Molekularbiologie als vereinheitlichende Sprache. In diesem Kontext erschien die Vorstellung, dass das Ganze vor den Teilen kommen könnte, nicht nur überflüssig, sondern sogar verdächtig. Francis Crick erklärte 1966 in einem Vortrag in Cambridge unmissverständlich, das ultimative Ziel der Biologie sei es, das Leben „in Begriffen der Physik und Chemie“ zu erklären. Das war keine Arroganz, sondern Vertrauen in ein erfolgreiches Paradigma. Wer ganzheitliche Sichtweisen vertrat, wie der österreichische Biologe Ludwig von Bertalanffy mit seiner *„Allgemeinen* Systemtheorie“, wurde oft an den Rand gedrängt: philosophisch interessant, hieß es, aber im Labor kaum umsetzbar. In denselben Jahren sprach der Neuroembryologe Paul Weiss in Chicago von morphogenetischen Feldern und von globaler Koordination in der Entwicklung, doch seine Ideen fanden in den führenden Fachzeitschriften nur schwer Zugang. Eine in den Fluren der Universitäten immer wieder erzählte Anekdote handelt von einem jungen europäischen Forscher, dem in den 1970er Jahren geraten wurde, „jeden Verweis auf den Organismus“ aus einem Artikel zu streichen, wenn er diesen veröffentlicht sehen wolle. Das Klima war derart, dass Holismus mit theoretischer Unschärfe verwechselt wurde, wenn nicht gar mit vitalistischen Tendenzen.

Erst später, angesichts der Krisen innerhalb des Reduktionismus selbst – der Unfähigkeit, das Verhalten komplexer genetischer Netzwerke vorherzusagen oder die Robustheit von Organismen zu erklären –, begann sich die Sichtweise langsam zu wandeln.

Persönlichkeiten wie Ilya Prigogine zeigten, dass Ordnung und Kohärenz auch ohne einen zentralen Regisseur entstehen können. Doch es dauerte seine Zeit, bis diese Ideen in die Biologie des Lebendigen Einzug hielten. Der akademische Widerstand war nicht nur wissenschaftlicher Natur: Er war kultureller und institutioneller Art und hing mit Karrieren, Fördermitteln und gemeinsamen Sprachgebräuchen zusammen. Diese Geschichte zu verstehen bedeutet zu begreifen, warum die Feldbiologie nicht als eine neue Modeerscheinung entstanden ist, sondern als die endlich gereifte Rückkehr zu Fragen, die lange Zeit beiseitegeschoben worden waren.

Biologische Nichtlokalität.

Eine der beunruhigendsten Ideen der zeitgenössischen Biologie ist zugleich eine der am einfachsten zu formulierenden: In lebenden Organismen hat niemand wirklich das Sagen. Es gibt keinen Kontrollraum, keinen Generaldirektor, keine Regiekabine, in der die Bewegungen der Zellen, Gewebe und Organe beschlossen werden. Und doch liegt das Ergebnis direkt vor unseren Augen: eine fein abgestimmte, adaptive und oft elegante Koordination. Dieses Paradoxon – Ordnung ohne Befehle – ist der Kern der biologischen Nichtlokalität.

Ein faszinierendes Beispiel stammt aus der Welt der sozialen Insekten. Im Jahr 1991 beobachtete der Schweizer Biologe Laurent Keller Kolonien der *Leptothorax-Ameisen* in den Wäldern des Jura. Wenn der Bau gestört wurde, „entschied" keine einzelne Ameise, wohin sie umziehen sollte. Und doch sammelte sich die Kolonie innerhalb weniger Stunden an einem neuen Standort, oft dem besten verfügbaren. Die Entscheidung ergab sich aus einer Vielzahl lokaler Mikrointeraktionen, doch das endgültige Verhalten war global. Keller erzählte dies Jahre später mit einem Witz, der in Seminaren berühmt wurde: *„Die Kolonie ist intelligenter als jede einzelne Ameise, aber sie ist kein Gehirn.*"

In vielzelligen Organismen geschieht etwas Ähnliches, wenn auch weniger sichtbar. Bei der Wundheilung beispielsweise warten die Zellen nicht auf Anweisungen von oben. Studien, die Anfang der 2000er Jahre in Cambridge durchgeführt wurden, zeigten, dass sich die Heilungsfront wie eine kollektive

Migration organisiert: Jede Zelle „spürt" die anderen, reagiert auf mechanische und chemische Gradienten, die nicht einem bestimmten Punkt zuzuordnen sind, sondern dem Gesamtzustand des Gewebes. Die Koordination wird nicht vorgegeben, sondern gemeinsam getragen.

Diese Vorstellung stellt eine tief verwurzelte Denkweise in Frage: die Annahme, dass jeder Funktion ein Zentrum entsprechen müsse. Im menschlichen Körper sind wir versucht, diese Rolle dem Gehirn zuzuschreiben. Doch bereits in den 1980er Jahren wies der französische Physiologe Alain Berthoz darauf hin, dass das Nervensystem nicht wie ein General regiert, sondern wie ein Diplomat: Es verhandelt, integriert und harmonisiert Signale, die überall entstehen. Das Herz, der Darm und das Immunsystem erzeugen lokale Rhythmen und Entscheidungen, die das Ganze beeinflussen. Das Ergebnis ist eine Art biologische Demokratie, instabil, aber wirksam.

Biologische Nichtlokalität darf nicht mit dem Fehlen einer Struktur verwechselt werden. Im Gegenteil, es handelt sich um eine verteilte Struktur, in der Informationen zirkulieren, ohne dass es eine bevorzugte Richtung gibt. Wie der Wissenschaftsphilosoph Georges Canguilhem schrieb: *„Das Leben ist das, was zur Norm fähig* ist", nicht das, was einer externen Norm gehorcht. Die zentrumslose Koordination ist die konkrete Ausprägung dieser Autonomie: Der Organismus führt keinen Plan aus, sondern erzeugt ihn kontinuierlich.

Für den heutigen Leser, der an pyramidenförmige Organisationsstrukturen und Entscheidungsalgorithmen gewöhnt ist, hat diese Vorstellung etwas Provokatives. Doch vielleicht liegt genau darin die aktuellste Erkenntnis der Feldbiologie: Kohärenz entsteht nicht durch totale Kontrolle, sondern durch die Qualität der Beziehungen. Und das Leben bleibt aus dieser Perspektive nach wie vor das fortschrittlichste System, das wir kennen.

Lebenswichtige Spannungen: Die stille Sprache des Gewebes.

Es gibt einen Aspekt des Lebens, der lange Zeit unter dem Radar der Molekularbiologie geblieben ist: die Tatsache, dass Körper Kräfte wahrnehmen. Nicht im metaphorischen, sondern im physikalischen Sinne. Spannungen, Kompressionen, Dehnungen und die Elastizität des Gewebes bilden eine regelrechte nicht-lokale Sprache, die in der Lage ist, den Organismus zu koordinieren, ohne dass punktgenaue chemische Botenstoffe oder „ " Entscheidungszentren erforderlich sind. Es handelt sich um eine Kommunikation, die in der Form des Körpers selbst stattfindet.

In den 1990er Jahren begann der Arzt und Bioingenieur Donald Ingber in den Labors der Harvard Medical School von *„biologischer Tensegrität"* zu sprechen: einer Struktur, in der sich starre und flexible Elemente durch ein durchgehendes Netz von Spannungen gegenseitig stützen. Die Idee, inspiriert von den Skulpturen Buckminster Fullers, fand zunächst mehr Gehör bei Architekten als bei Biologen. Doch die Experimente sprachen für sich: Durch die Veränderung der mechanischen Spannung an einer einzelnen Zelle beobachtete Ingber koordinierte Veränderungen in der Genexpression und im Verhalten des gesamten Gewebes. Kein lokales Signal, sondern eine globale, über die Struktur verteilte Reaktion.

Ein faszinierendes Beispiel stammt aus der Embryologie. Bereits in den 1980er Jahren zeigten Gerald Oster und seine Kollegen in den Labors der Universität Berkeley, dass während der Embryonalentwicklung viele Formen nicht deshalb entstehen, weil sie molekular „programmiert" sind, sondern weil sie mechanischen Spannungsfeldern ausgesetzt sind. Die Zellen richten sich aus, wandern oder differenzieren sich entlang von Kraftlinien, die den gesamten Embryo durchziehen. Wie bei einer gotischen Kuppel, bei der jeder Stein „weiß", wo er hingehört – nicht, weil er einen Befehl erhält, sondern weil er auf die Spannungen des Ganzen reagiert.

Ein orthopädischer Chirurg aus Lyon berichtete, dass bei bestimmten Knochenrekonstruktionen das beste Ergebnis weniger von der millimetergenauen Präzision des Implantats abhing als vielmehr von der Wiederherstellung der korrekten Belastungslinien. *„Wenn die Kräfte wieder fließen können, erledigt der Knochen den Rest.“* Es handelt sich um eine empirische Feststellung, die die Feldbiologie heute in einem umfassenderen Kontext interpretiert: Die Form prägt, und zwar überall gleichzeitig.

Diese Erkenntnis ist nicht ganz neu. Im Jahr 1917 schrieb der schottische Zoologe D'Arcy Wentworth Thompson in „On Growth and Form“, dass *„die Form eines Organismus ein Diagramm der Kräfte ist, die auf ihn eingewirkt haben“*. Damals schien dies eine elegante, aber nebensächliche Überlegung zu sein. Heute wirkt sie fast prophetisch. Mechanische Kräfte sind keine bloßen Nebeneffekte der Biochemie: Sie sind Informationsträger, die den Körper wie ein kontinuierliches Feld durchziehen und so eine zentrumslose Koordination ermöglichen.

In diesem Sinne verkörpern mechanische Signale perfekt die biologische Nichtlokalität. Sie gehen nicht von einem Punkt aus, sie treffen nicht auf ein isoliertes Ziel. Sie verändern den Gesamtzustand des Systems, und jeder Teil reagiert als Teil dieses Ganzen. Es ist eine Biologie, die dem Körper in seiner Gesamtheit zuhört, noch bevor sie dessen Moleküle entschlüsselt.

Das grüne Denken: Wie sich Pflanzen ohne Gehirn koordinieren.

Jahrhundertelang galten Pflanzen als unbewegliche Kulisse des Lebens: passive Wesen, ohne Verhalten, sicherlich ohne Verstand. Eine Sichtweise, die viel mehr über unsere Vorurteile aussagt als über die Pflanzenbiologie. Und die zu Beginn des

21. Jahrhunderts ernsthaft ins Wanken geriet, als in Florenz – nicht in einem Hightech-Labor im Silicon Valley, sondern in einer Stadt voller Kunst und Geschichte – einige Experimente zeigten, wie ausgefeilt die Koordination von Pflanzen ist, obwohl ihnen jegliches Nervensystem fehlt.

Im Jahr 2005 begannen Stefano Mancuso und sein Team an der Universität Florenz, die Wurzelspitze als diffuses Wahrnehmungs- und Entscheidungszentrum zu untersuchen. Charles Darwin hatte in einem wenig zitierten Text aus dem Jahr 1880 („*The Power of Movement in Plants*“) bereits etwas Ähnliches geahnt und die Wurzelspitze mit dem Gehirn eines niederen Tieres verglichen. Über ein Jahrhundert lang war diese Beobachtung jedoch in den Hintergrund geraten. Mancuso nahm sie ernst, verzichtete jedoch auf Metaphern: Er maß elektrische Signale, chemische Gradienten und Wachstumsveränderungen als Reaktion auf komplexe Umweltreize.

Das Ergebnis ist überraschend: Eine Pflanze koordiniert ihr Verhalten wie ein nicht-lokales System, in dem kein Organ für alle entscheidet und in dem Informationen durch den gesamten Organismus zirkulieren. Stößt eine Wurzel auf ein Hindernis, reorganisiert sich die gesamte Wurzelarchitektur. Wird ein Blatt angegriffen, lösen andere Teile der Pflanze Abwehrreaktionen aus, noch bevor sie selbst berührt werden. Es handelt sich nicht um einen mechanischen Reflex, sondern um eine globale, kohärente Reaktion, die den gesamten Organismus einbezieht.

Eine Anekdote, die von einer Forscherin des LINV – des 2007 in Florenz gegründeten „*Internationalen Labors für Pflanzenneurobiologie*“ – erzählt wurde, veranschaulicht dies sehr gut. Während eines Experiments, bei dem Pflanzen um begrenzte Ressourcen konkurrierten, änderte eine Pflanze ihr Wurzelwachstumsmuster, indem sie die Schritte einer benachbarten Pflanze vorwegnahm. Sie reagierte nicht, sondern schien vorauszusehen. Natürlich handelte es sich dabei nicht um eine bewusste Vorhersage, sondern um die Fähigkeit,

Informationen zu integrieren, die im biologischen Feld des Organismus verteilt sind.

Hier wird die biologische Nichtlokalität deutlich: Die Pflanze reagiert nicht Punkt für Punkt, sondern Zustand für Zustand. Jede Umweltveränderung wird in eine Veränderung des gesamten Informationsfeldes übersetzt, das Wachstum, Blüte und Abwehr steuert. Es ist eine im Vergleich zu unseren neuronalen Zeiträumen langsame Koordination, aber nicht weniger raffiniert. Im Gegenteil, vielleicht sogar robuster, da sie nicht von einem verwundbaren Zentrum abhängt.

Es ist kein Zufall, dass Mancuso gerne daran erinnert, dass Pflanzen über 99 % der Biomasse des Planeten ausmachen und ungestört Massensterben überstanden haben, die „weiter entwickelte“ Organismen ausgelöscht haben. Ihre Stärke liegt nicht in der Geschwindigkeit, sondern in der Verteilung der Intelligenz. Eine biologische Lehre, die auch über die Grenzen der Wissenschaft hinaus Resonanz findet: Im Jahr 2018 zitierte ein Stadtplaner auf einer Konferenz in Paris genau diese pflanzlichen Modelle, um weniger zentralisierte und widerstandsfähigere Städte neu zu konzipieren.

Im Rahmen der Feldbiologie werden Pflanzen so zu einem exemplarischen Fall: Organismen, die zeigen, wie das Leben ohne Gehirn, ohne Zentrum und ohne Kommando tiefgreifend koordiniert sein kann. Nicht aus Mangel, sondern aus evolutionärer Entscheidung. Und vielleicht ist es genau das, was sie heute so aktuell macht.

Grüne Blindheit: Warum der Westen so lange gebraucht hat, um die Pflanzen zu verstehen.

Während eines Großteils der westlichen Geschichte waren Pflanzen Opfer einer Art ontologischer Voreingenommenheit. Sie lebten zwar, aber in einer Grauzone der Hierarchie des Seins: unterhalb der Tiere, weit entfernt vom Menschen, zu still, um interessant zu sein. Schon Aristoteles ordnete sie der untersten Stufe der Seele zu, der „vegetativen“, die frei von Empfindung und Verlangen ist. Eine Einordnung, die, wie so oft, zum kulturellen Schicksal wurde.

Während sich die moderne Wissenschaft weiterentwickelte und dabei Bewegung, Geschwindigkeit und sichtbares Verhalten verfolgte – alles, was gemessen, seziert und isoliert werden konnte –, blieb die Pflanzenwelt im Hintergrund. Galileo beobachtete den Himmel, Vesalius sezierte Tierkörper, Harvey verfolgte den Blutfluss. Pflanzen wurden bestenfalls katalogisiert. Linnaeus schuf im 18. Jahrhundert ein makelloses Klassifizierungssystem, doch seine Botanik bestand vor allem aus Nomenklatur, nicht aus dem Verständnis der Prozesse.

Dieser Rückstand war nicht nur wissenschaftlicher, sondern zutiefst kultureller Natur. Der Westen hat Wissen lange Zeit als etwas betrachtet, das von einem Zentrum – dem Gehirn, dem Subjekt, dem Geist – ausgeht und sich nach außen ausbreitet. In diesem Schema konnte ein Organismus ohne Nervensystem nur als einfach, reaktiv, fast mechanisch erscheinen. Eine Sichtweise, die mit dem kartesischen Reduktionismus im Einklang stand, aber kaum geeignet war, Formen verteilter und nicht-lokaler Organisation zu erfassen.

Anderswo war die Sichtweise eine andere. In Japan basierte die Beziehung zur Pflanzenwelt bereits in der Edo-Zeit (17.–19. Jahrhundert) nicht auf der Idee der Herrschaft oder Klassifizierung, sondern auf der der Resonanz. Die Kunst des Ikebana, die bereits vor Jahrhunderten kodifiziert wurde, besteht nicht darin, „Blumen zu arrangieren“, sondern die Kraftlinien zwischen Stiel, Raum und Leere sichtbar zu machen. In den Zen-Gärten von Kyoto – man denke an den Ryōan-ji, der Ende des 15. Jahrhunderts fertiggestellt wurde – ist die „ “ der Natur keine Dekoration, sondern ein Beziehungsgeflecht: Jedes Element hat nur in dem Feld, das es umfasst, einen Sinn.

Ein britischer Anthropologe berichtete nach einem langen Aufenthalt bei den Völkern des Amazonasgebiets, dass ihn die Art und Weise beeindruckt habe, wie bestimmte

Gemeinschaften über Heilpflanzen sprachen: nicht als Ressourcen, sondern als Wesen, mit denen man eine Beziehung unterhält. Das war weder Romantik noch naiver Animismus, sondern ein ausgefeiltes praktisches Wissen, das auf jahrhundertelanger Beobachtung komplexer pflanzlicher Verhaltensweisen beruhte: Reaktionszeiten, unsichtbare Wechselwirkungen, langsame, aber kohärente Anpassungen.

Der Westen hingegen brauchte viel länger, um zu akzeptieren, dass Komplexität weder mit Schnelligkeit noch mit dem Vorhandensein eines Kontrollzentrums gleichzusetzen ist. Erst in der zweiten Hälfte des 20. Jahrhunderts, mit der Krise linearer Modelle und dem Aufkommen der Wissenschaft von komplexen Systemen, wurde es möglich, Organismen, die „feldbezogen" funktionieren – wobei das Ganze den Teilen vorausgeht und diese bedingt –, ernsthaft neu zu betrachten.

Es ist kein Zufall, dass diese Neubewertung parallel zu einem umfassenderen kulturellen Umdenken stattfand: Die Ökologie, die kritische Anthropologie, ja sogar bestimmte Strömungen der zeitgenössischen Ästhetik begannen, die Vorstellung eines isolierten Subjekts, das ein lebloses Objekt betrachtet, in Frage zu stellen. Pflanzen sind aus dieser Perspektive zu einem konzeptionellen Testfeld geworden. Ihre Komplexität anzuerkennen bedeutet zu akzeptieren, dass Leben ohne Zentrum organisiert sein kann, dass Intelligenz verteilt sein kann und dass Kausalität nicht-lokal sein kann.

Vielleicht lag der wahre Rückstand des Westens nicht im Wissenschaftlichen, sondern in der Vorstellungskraft. Es fiel uns schwer, das anzuerkennen, was uns nicht ähnelte. Und gerade weil Pflanzen so radikal „anders" sind, verlangten sie von uns einen Paradigmenwechsel, den wir erst jetzt in Angriff nehmen.

Ob Pflanzen „wissen": eine neue Ökologie der Beziehungen.

Den Pflanzen eine Form verteilter Intelligenz zuzugestehen, ist nicht nur ein wissenschaftlicher Akt. Es ist eine kulturelle Geste, die den Schwerpunkt unserer Beziehung zur Umwelt verschiebt. Solange wir die Pflanzenwelt als eine Ansammlung lebloser Objekte betrachtet haben – Ressourcen, die es zu gewinnen gilt, Flächen, die es zu besetzen gilt, Biomasse, die es zu optimieren gilt –, blieb die Ökologie bestenfalls eine umsichtigere Form der Ausbeutung. Wenn wir jedoch akzeptieren, dass Pflanzen Organismen sind, die in der Lage sind, Informationen zu integrieren, sich zu koordinieren und als nicht-lokale Systeme kohärent zu reagieren, dann ändert sich die Frage: nicht mehr „Wie viel können wir entnehmen?“, sondern „Mit wem interagieren wir?“.

Dieser Wandel ist bereits vor Ort spürbar. Im Jahr 1997 stellten Ökologen während eines Wiederaufforstungsprojekts in der Nähe von Vancouver fest, dass Pflanzungen, die unter Berücksichtigung der lokalen Pflanzenvielfalt angelegt wurden, eine deutlich höhere Widerstandsfähigkeit aufwiesen als Monokulturen. Es war nicht nur eine Frage des Bodens oder des Klimas. Es war das Verhalten des Ganzen, das sich veränderte: eine kollektive Reaktion auf Umweltbelastungen. Damals sprach man von „emergenten Effekten“. Heute würden wir sagen: Felddynamiken.

Die Vorstellung, dass ein Ökosystem nicht die Summe seiner Arten ist, sondern eine stabilisierte Informationsstruktur, hat praktische Konsequenzen. In der Landwirtschaft beispielsweise verändert sie die Art und Weise, wie die Pflege der Kulturen konzipiert wird. In einigen biodynamischen Betrieben im Loiretal hat man sich dafür entschieden, den Einsatz von Chemikalien drastisch zu reduzieren – nicht aus ideologischen Gründen, sondern aufgrund von Beobachtungen: Weniger „kontrollierte“ Felder zeigten eine überraschende Fähigkeit zur Selbstregulierung. Nicht, weil die Pflanzen wohlwollend sind, sondern weil ein kohärentes System besser reagiert als ein fragmentiertes.

Auf ökologischer Ebene bedeutet die Anerkennung der verteilten Intelligenz der Pflanzen auch, das Konzept des Umweltschadens zu überdenken. Einen Wald zu roden bedeutet nicht einfach nur, Bäume zu entfernen; es bedeutet, ein Netzwerk sensibler Beziehungen zu unterbrechen, das sich im Laufe der Zeit stabilisiert hat. Im Jahr 2019, während der Brände, die weite Teile Australiens verwüsteten, betonten einige lokale Botaniker , dass der Verlust nicht nur quantitativer, sondern auch qualitativer Natur sei: Bestimmte Ökosysteme „kehren" nach ihrer Fragmentierung nicht mehr zurück, da ihr Kohärenzfeld zerbrochen ist.

Dieses Bewusstsein hält auch im Recht Einzug. Im Jahr 2008 hat Ecuador die Anerkennung der Rechte der Natur in seine Verfassung aufgenommen. Ein Schritt, der oft als symbolisch abgetan wird, der aber aus einer Vision entspringt – die von vielen indigenen Völkern der Anden geteilt wird –, in der die belebte Welt ein Geflecht miteinander verflochtener Subjekte ist und keine Ansammlung von Objekten. Es geht nicht darum, Pflanzen menschliche Absichten zuzuschreiben, sondern anzuerkennen, dass ein Eingriff in einen Organismus oder ein Ökosystem einen Eingriff in ein Beziehungsgeflecht bedeutet.

Sogar die ökologische Sprache verändert sich. Begriffe wie „Bewirtschaftung", „Kontrolle" und „nachhaltige Nutzung" stoßen allmählich an ihre Grenzen. Wenn Pflanzen komplexe Informationssysteme sind, dann ist die Umwelt kein passives Szenario, sondern ein Gesprächspartner. Das hatte bereits Aldo Leopold erkannt, als er 1949 von einer „Ethik der Erde" sprach: eine Aufforderung, den Boden, das Wasser und die Pflanzen als Mitglieder einer biotischen Gemeinschaft zu betrachten. Heute findet diese Erkenntnis eine solidere biologische Grundlage.

Aus dieser Perspektive ist die Ökologie nicht mehr nur eine Wissenschaft des Naturschutzes, sondern eine Wissenschaft des Zusammenlebens. Die Anerkennung der verteilten Intelligenz der Pflanzen zwingt uns dazu, in Systemen, langen Zeiträumen und diffusen Kausalitäten zu denken.

Der Mythos der Befehlskette: Was menschliche Organisationen über das Leben nicht verstehen.

Jedes Mal, wenn in einer menschlichen Gemeinschaft versucht wird, ohne eine klar definierte Befehlskette zu funktionieren, entsteht ein fast instinktives Misstrauen. „Wer entscheidet?“, „Wer ist verantwortlich?“, „Wer hält alles zusammen?“ Legitime Fragen, gewiss, aber auch aufschlussreiche. Denn die Biologie zeigt uns schon seit langem, dass hochkomplexe Systeme sich auch ohne ein Leitungszentrum koordinieren können, während unsere gesellschaftliche Vorstellungskraft sich weiterhin schwer damit tut, dies zu akzeptieren.

Der Vergleich mit nicht-lokalen Organismen dient nicht dazu, naive Analogien zu konstruieren – eine Genossenschaft ist kein Organismus, eine Zelle ist keine Versammlung –, sondern dazu, eine tiefgreifende kulturelle Grenze in den Fokus zu rücken: unsere Schwierigkeit, Koordination als Eigenschaft des Systems und nicht als Funktion einer Führungsspitze zu begreifen.

In der menschlichen Welt wurden Versuche einer nicht-hierarchischen Organisation oft als fragile Experimente betrachtet, die zum Chaos oder zur Ineffizienz verurteilt seien. Und doch bestehen einige Fälle über die Zeit hinweg. Die 1956 im Baskenland gegründete Genossenschaftsgruppe Mondragon umfasst heute Zehntausende von Arbeitnehmern in einem System, in dem das Eigentum und viele Entscheidungen verteilt sind. Es handelt sich nicht um eine konfliktfreie Utopie, sondern um ein konkretes Beispiel dafür, wie Kohärenz eher aus gemeinsamen Regeln und kontinuierlichem Feedback entstehen kann als aus Anordnungen, die von oben erlassen werden.

Ein noch anderer Fall sind Open-Source-Projekte. Im Jahr 2001 erzählte ein Entwickler bei einem Treffen in San Diego, wie sich die Software, an der er arbeitete, gerade deshalb verbesserte, weil niemand alles kontrollierte. Linux, das oft fälschlicherweise als anarchistisches Modell bezeichnet wird, funktioniert in Wirklichkeit dank einer verteilten Kausalität: lokale Beiträge, gegenseitige Bewertungen, Reputationen, die sich im Laufe der Zeit herausbilden. Es gibt kein „Leitmolekül", sondern eine Struktur, die trotz ständiger Veränderungen ihre Kohärenz bewahrt.

Was bei der Betrachtung dieser Modelle auffällt, ist, wie kulturell anstrengend sie sind. Die Versammlungen der *Occupy-Wall-Street-Bewegung* in New York im Jahr 2011 waren ein symbolträchtiges Beispiel dafür. Das Fehlen sichtbarer Anführer war keine organisatorische Unfähigkeit, sondern eine bewusste Entscheidung. Dennoch interpretierten viele Beobachter – Journalisten, Politiker, Wissenschaftler – dieses Fehlen eines Zentrums als Zeichen von „ " Unreife. Als ob es ohne einen Anführer keine Form geben könnte.

Die Biologie von Feldern legt eine andere Lesart nahe. In nicht-lokalen lebenden Systemen erfolgt die Koordination nicht, weil jemand „mehr weiß", sondern weil der globale Zustand des Systems die Teile bindet und lenkt. Auf die menschliche Ebene übertragen bedeutet dies, dass Normen, Kontexte, gemeinsame Werte und Informationsflüsse wichtiger sind als Führungsfiguren. Eine Erkenntnis, die die Ökonomin Elinor Ostrom bereits in den 1970er- bis 1990er-Jahren gewonnen hatte, als sie Gemeinschaften untersuchte, die in der Lage waren, gemeinsame Ressourcen ohne zentrale Autoritäten zu verwalten – von der Bewässerung in Nepal bis hin zu den Wäldern Japans.

Der entscheidende Punkt ist nicht, festzustellen, ob diese Modelle immer vorzuziehen sind, sondern anzuerkennen, dass unsere Vorstellung von Koordination historisch begrenzt ist. Wir haben die Vorstellung verinnerlicht, dass Ordnung auferlegt werden muss und nicht von selbst entstehen darf; dass Kohärenz ein Zentrum erfordert und kein Beziehungsgeflecht. Deshalb erscheinen uns nicht-hierarchische Modelle instabil, während uns biologische Modelle – die nach ähnlichen Logiken funktionieren – „natürlich" erscheinen.

Vielleicht geht es bei der wahren Auseinandersetzung mit der biologischen Nichtlokalität nicht um Effizienz, sondern um Vorstellungskraft. Zu akzeptieren, dass das Ganze auch in menschlichen Organisationen vor den Teilen kommen kann, bedeutet, eine bestimmte Vorstellung von Kontrolle aufzugeben. Und dies ist weniger eine technische Schwierigkeit als vielmehr eine kulturelle Schwelle, die wir noch nicht vollständig überschritten haben.

Wenn alles alles beeinflusst: das Ende des souveränen Moleküls.

Jede wissenschaftliche Epoche hat ihren Fetisch. Für die Biologie des 20. Jahrhunderts war es lange Zeit die Idee des entscheidenden Moleküls: das Schlüsselgen, das Meisterhormon, der Rezeptor, der „alles erklärt“. Eine beruhigende, fast schon erzählerische Figur. Wenn es einen Regisseur gibt, wird der Film verständlich. Aber das Leben liebt, bei genauerem Hinsehen, keine linearen Drehbücher.

Die Vorstellung, dass es in Organismen eine zentrale Ursache gibt, eine Art molekularen Puppenspieler, entspringt eher einem kulturellen Bedürfnis als empirischen Beweisen. Sie ist Ausdruck einer Mentalität, die vertikale Erklärungen bevorzugt: Etwas befiehlt, etwas anderes gehorcht. Doch je mehr die Biologie ihre Instrumente verfeinert hat, desto mehr ist dieses Bild ins Wanken geraten.

In den 1980er Jahren stellten einige Forscher des EMBL-Labors in Heidelberg bei der Untersuchung der Genregulation in Hefen eine unbequeme Tatsache fest: Dieselben Gene konnten je nach Gesamtzustand der Zelle gegensätzliche Wirkungen hervorrufen. Es gab kein „Leitgen“, das über das Schicksal entschied. Es war der Gesamtkontext, der der lokalen Aktivität einen Sinn gab. Die Kausalität kam nicht von oben, sondern verteilte sich seitlich.

Ein symbolträchtiges Beispiel stammt aus der modernen Embryologie. Im Jahr 2006 beobachtete eine Forschungsgruppe am *Karolinska-Institut* in Stockholm, dass identische Embryozellen, die in leicht unterschiedlichen Umgebungen platziert wurden, trotz des gleichen Erbguts unterschiedliche Entwicklungsrichtungen einschlugen. Nicht die DNA-Sequenz hatte sich verändert, sondern das Beziehungsgeflecht, in das diese Zellen eingebettet waren. Wie der Schweizer Bi r Denis Duboule in einem Vortrag in Genf schrieb: „*Das Genom ist keine Partitur, die von selbst erklingt; es ist ein System, das auf den Zustand des Orchesters reagiert.*“

Dieses Bild trifft einen wesentlichen Punkt: In lebenden Organismen sind Ursachen nicht isoliert, sondern voneinander abhängig. Ein Enzym funktioniert, weil der pH-Wert, die Temperatur, die Zellstruktur und der gesamte Stoffwechselzustand dies ermöglichen. Ändert sich das Umfeld, ändert sich die Funktion. Die Suche nach dem „Regie-Molekül“ läuft darauf hinaus, einen Knotenpunkt des Netzwerks mit dem gesamten Netzwerk zu verwechseln.

Der Neurowissenschaftler Karl Friston bemerkte 2012 in London in einem Vortrag über das Gehirn als prädiktives System, dass „die Ursachen im Lebendigen keine punktuellen Ereignisse, sondern verteilte Bedingungen sind“. Ein Satz, der weit über die Neurowissenschaften hinaus Gültigkeit hat. Das Leben verläuft nicht nach Anweisungen, sondern nach Bedingungen.

Seltsamerweise ist diese Idee nicht ganz neu. Bereits 1934 betonte der amerikanische Physiologe Walter Cannon bei seinen Forschungen zur Homöostase in Harvard, dass das Gleichgewicht des Organismus nicht von einem einzigen Kontrollzentrum abhänge, sondern von einer Vielzahl miteinander interagierender Mechanismen. Der heute überstrapazierte Begriff „Feedback“ entstand gerade, um diese zirkuläre Kausalität zu beschreiben, bei der die Wirkung die Ursache verändert.

Später, in den 1970er Jahren, erzählte der italienische Biochemiker Enrico Bucci seinen Studenten oft, dass „*die Zelle keine Anweisungen liest, sondern Signale interpretiert*“. Ein aufschlussreiches Verb. Interpretieren impliziert einen Kontext, keinen Befehl. Auch die klinische Medizin liefert aussagekräftige Beispiele. Manche Medikamente zeigen je nach dem Gesamtzustand des Patienten unterschiedliche, manchmal gegensätzliche Wirkungen. Es ist nicht nur eine Frage der Dosierung, sondern der systemischen Organisation. Der Wirkstoff „entscheidet“ nichts von selbst. Er wirkt innerhalb eines biologischen Feldes, das seine Bedeutung moduliert.

Wenn es das „Regie führende“ Molekül nicht gibt, warum suchen wir dann weiterhin danach? Weil es die Dinge vereinfacht. Es verringert die Unsicherheit und verspricht Kontrolle. Doch der Preis ist hoch: Wir verlieren aus den Augen, was einen Organismus wirklich am Leben erhält, nämlich die dynamische Kohärenz des Ganzen. Die Wissenschaftsphilosophin Isabelle Stengers bemerkte 2015 in einem öffentlichen Dialog in Brüssel, dass *„die moderne Wissenschaft oft das Erklären mit dem Beherrschen verwechselt hat“*. Die verteilte Kausalität hingegen erfordert eine andere Haltung: verstehen, ohne zu reduzieren; eingreifen, ohne zu beanspruchen, zu befehlen.

Zu akzeptieren, dass es kein souveränes Molekül gibt, bedeutet nicht, auf Präzision zu verzichten, sondern die Perspektive zu wechseln. Es bedeutet, von der Suche nach der einzigen Ursache zum Lesen von Konfigurationen überzugehen. Und genau diese Wende bereitet den Boden für die folgenden Kapitel des Buches, in denen das Konzept des biologischen Feldes unvermeidlich wird.

Wir werden nicht in Einzelteilen geboren: Denn in der Biologie kommt das Ganze tatsächlich zuerst.

Es gibt ein hartnäckiges Missverständnis, das sich wie ein unterirdischer Strom durch die moderne Biologie zieht: die Vorstellung, dass es ausreiche, einen Organismus auseinanderzunehmen, um ihn zu verstehen. Zelle für Zelle, Molekül für Molekül, Gen für Gen. Ein Vorgehen, das zwar außergewöhnliche Ergebnisse hervorgebracht hat, aber eine heikle Frage offen lässt: Wann genau werden diese Teile zu einem Organismus?

Der Vorrang des Organismus ist kein philosophischer Slogan, sondern eine empirische Feststellung, der man sich immer schwerer entziehen kann. Bei Lebewesen existieren die Teile nicht bereits vor dem Ganzen wie gebrauchsfertige Bausteine. Im Gegenteil: Es ist der Organismus – verstanden als dynamische, historische, kohärente Einheit –, der seine Teile erst möglich und funktionsfähig macht. Ohne das Ganze „bedeuten" die Teile nichts.

In den 1950er Jahren beobachtete der Neurologe und Psychiater Kurt Goldstein bei seiner Arbeit mit Soldaten mit Hirnverletzungen in Krankenhäusern in Frankfurt und später in New York eine überraschende Tatsache: Eine lokal begrenzte Läsion führte niemals zu einem rein lokalen Defizit. Das gesamte Verhalten des Patienten ordnete sich neu. Goldstein kam zu einer damals unbequemen Schlussfolgerung: Der Organismus reagiert immer als Ganzes. Er repariert kein defektes Teil, sondern definiert seine eigene Lebensnorm neu.

Ein faszinierendes Beispiel stammt aus der modernen Zellbiologie. Stammzellen, die seit den 1990er Jahren in Laboren wie dem in Cambridge oder am Weizmann-Institut intensiv erforscht werden, besitzen kein festgelegtes Schicksal. Sie werden zu Neuronen, Hepatozyten oder Muskel n nicht, weil sie eine „innere Berufung" in sich tragen, sondern weil der Organismus – oder das Gewebe – sie in ein Beziehungsgeflecht einordnet, das ihre Identität prägt. Die gleiche Zelle verliert, aus ihrem Kontext herausgelöst, diese Fähigkeit rasch. Dies wurde bereits in den 1970er Jahren von Mina Bissell in Berkeley festgestellt: In vitro kultivierte Brustzellen verhielten sich nicht mehr wie solche. Die DNA hatte sich nicht verändert. Der Organismus als Bedingung der Sinnhaftigkeit war weggefallen. Hier wird der Vorrang des Ganzen deutlich: Die Teile sind keine absoluten Einheiten, sondern situierte Funktionen. Ihre „Natur" hängt von der Rolle ab, die sie im Ganzen spielen.

Auch das Immunsystem, das oft als Armee spezialisierter Zellen beschrieben wird, bietet eine wertvolle Erkenntnis. Niels Jerne, dänischer Immunologe und Nobelpreisträger von 1984, stellte die Idee eines Immunnetzwerks vor: Antikörper, die andere Antikörper erkennen, in einem Spiel gegenseitiger Gleichgewichte. Es gibt kein Kontrollzentrum, das entscheidet, was „Selbst" und was „Fremd" ist. Es ist der Organismus, der im Laufe seiner Geschichte diese Unterscheidung kontinuierlich trifft. Eine Anekdote, die ein seiner Mitarbeiter in Basel erzählte, erinnert daran, wie Jerne gerne zu sagen pflegte: *„Das Immunsystem verteidigt den Körper nicht; es ist der Körper, der durch sein Leben seinem Immunsystem Gestalt verleiht.*" Wieder einmal geht das Ganze den Teilen voraus und begründet sie.

Diese Umkehrung hat tiefgreifende Auswirkungen auch auf den Begriff der Form. Der Biologe und Mathematiker D'Arcy Wentworth Thompson deutete bereits 1917 in seinem *Werk „On Growth and* Form" an, dass die Form nicht das Ergebnis punktueller Anweisungen, sondern globaler Zwänge sei. Heute wissen wir, dass diese Intuitionen überraschend weitsichtig waren.

Ein Organismus ist kein zusammengesetzter Entwurf, sondern ein sich selbst erhaltender Prozess. Die Teile entstehen, bestehen fort oder verschwinden in Abhängigkeit von der Stabilität des Ganzen. Deshalb ist, wie Georges Canguilhem in seinen Vorlesungen an der Sorbonne in den 1960er Jahren feststellte, die biologische Normalität kein statistischer Mittelwert, sondern die Fähigkeit, Normen zu setzen. Eine Fähigkeit, die nur dem Organismus als Ganzes eigen ist.

Den Vorrang des Organismus anzuerkennen bedeutet auch, die Art und Weise zu ändern, wie wir in das Leben eingreifen. In der Medizin, in der Ökologie, sogar in der Biotechnologie. Es geht nicht darum, auf die Analyse zu verzichten, sondern anzuerkennen, dass die sinnstiftende Einheit des Lebendigen nicht der Teil ist, sondern das organisierte Verhältnis der Teile zueinander.

Es ist eine stille Revolution, ohne Manifeste, aber mit radikalen Konsequenzen. Wie der theoretische Biologe Robert Rosen kurz vor seinem Tod 1998 in Halifax schrieb: *„Ein Organismus lässt sich nicht durch das erklären, woraus er besteht, sondern durch das, was er ermöglicht.“* Ein Satz, der den Kern dieses Kapitels präzise zusammenfasst.

DRITTER TEIL. Wo das Leben an Boden gewinnt.

Aus den Gedanken von Michael Faraday:
Im Kleinen sind stets die Prinzipien des Großen vorhanden. Ein Satz, der für die Physik geprägt wurde, der heute jedoch überraschend biologisch anmutet, wenn man zu verstehen versucht, wie die Ordnung des Lebendigen ohne einen zentralen Regisseur entsteht.

Aus den Gedanken von James Clerk Maxwell:
Ab einem bestimmten Punkt dominiert nicht mehr die Materie die Szene, sondern die Beziehungen, die sie durchziehen. In seinen Studien zu den Feldern erkannte Maxwell, dass die Realität nicht nur aus Objekten besteht, sondern aus dynamischen Konfigurationen, die diese zusammenhalten.

Nachdem in den vorangegangenen Teilen die Grenzen des reduktionistischen Paradigmas aufgezeigt und das Leben als Phänomen globaler Kohärenz eingeführt wurden, geht der dritte Teil des Buches einen weiteren und gewagteren Schritt: Er wagt es, das zu benennen, was bisher im Hintergrund geblieben ist. Hier tritt das Konzept des biologischen Feldes auf den Plan, nicht als poetische Anspielung oder Überbleibsel alter vitalistischer Traditionen, sondern als rigoroser Versuch, der Organisation des Lebendigen eine angemessene Sprache zu geben.

Kapitel V setzt sich direkt mit einer heiklen Frage auseinander: Was ist ein biologisches Feld eigentlich? Keine bequeme Metapher, um Lücken in der Erklärung zu füllen, sondern eine konzeptuelle Hypothese, die aus der Beobachtung von Phänomenen entsteht, die sich nur schwer rein lokal erklären lassen. Vom Feld zu sprechen bedeutet, den Fokus vom isolierten Objekt auf die Konfiguration zu verlagern, die es zu dem macht, was es ist – vom „Wo“ zum „Wie“ der Lebensform. Es ist ein Perspektivwechsel, der die Biologie näher an das heranführt, was die Physik bereits im 20. Jahrhundert gelernt hat: dass Ordnung ohne direkten Kontakt entstehen kann, dass Wirkung verteilt sein kann, dass das Ganze nicht mit der Summe seiner Teile übereinstimmt.

In Kapitel VI wird die Diskussion weiter vertieft, wobei der Begriff der verkörperten Information in den Mittelpunkt rückt. Hier ist Information weder ein abstrakter Code, der über der Materie schwebt, noch ein einfacher Fluss messbarer Signale. Sie ist etwas, das Gestalt annimmt, sich in Raum und Zeit ausdrückt, das zu Gewebe, Rhythmus und Orientierung wird. Das Leben erscheint somit als ein stabilisiertes Informationsereignis: keine ein für alle Mal festgeschriebene Botschaft, sondern ein Prozess, der sich durch das ihn tragende Feld ständig erneuert. In diesem Sinne wird das biologische Feld zum Ort, an dem Information aufhört, eine Gegebenheit zu sein, und zu einem Verhalten wird.

Kapitel VII befasst sich schließlich mit einem ebenso alten wie umstrittenen Begriff: der Lebensenergie. Nicht, um ihn aus Nostalgie wiederzubeleben, sondern um ihn kritisch neu zu begründen. Energie ist hier keine mysteriöse Entität, die der Biochemie gegenübersteht, sondern eine r, organisierte Form des Austauschs, der Aufrechterhaltung von Kohärenz und des Widerstands gegen Zerstreuung. Im Lichte der Felder neu interpretiert, ist die Lebensenergie nicht das, was der Materie hinzugefügt wird, sondern das, was sie in einer erkennbaren lebendigen Form zusammenhält.

Im Gesamtkontext des Buches stellt dieser dritte Teil einen echten konzeptionellen Knotenpunkt dar. Haben die vorangegangenen Abschnitte gezeigt, warum Reduktionismus nicht ausreicht und wie sich das Leben als globale Kohärenz manifestiert, so wird hier versucht, die anspruchsvollste Frage zu beantworten: Durch welche unsichtbaren Strukturen stabilisiert und erhält sich diese Kohärenz? Die Lebensfelder sind nicht der Abschluss der Argumentation, sondern ihr Punkt höchster theoretischer Dichte: der Ort, an dem Biologie, Physik und philosophische Reflexion beginnen, eine gemeinsame Sprache zu sprechen.

Von nun an wird es nicht mehr möglich sein, über Gesundheit, Krankheit, Wissen und Verantwortung zu sprechen, ohne sich mit dieser Dimension des Feldes auseinanderzusetzen, die man nicht sieht, die aber organisiert, die man nicht direkt messen kann, die aber orientiert, die nicht befiehlt, sondern ermöglicht. Es ist der Übergang, an dem die Biologie endlich aufhört, nur zu beschreiben, woraus das Leben besteht, und beginnt, sich ernsthaft zu fragen, was es dazu macht, Leben zu sein.

V. Was ist ein biologisches Feld?

An diesem Punkt des Weges angekommen, lautet die Frage nicht mehr, ob das Lebendige als einfache Summe von Komponenten erklärt werden kann, sondern mit welchen konzeptuellen Instrumenten es möglich ist, seine Einheit zu beschreiben. Dieses Kapitel V entspringt genau diesem Bedürfnis: dem, was in Organismen die Prozesse koordiniert, stabilisiert und orientiert, ohne mit einem einzelnen Molekül, einer Reaktion oder einem Gen zusammenzufallen, einen Namen und eine theoretische Substanz zu geben.

Das biologische Feld wird hier als physikalische und informative Realität eingeführt, nicht als bildhafte Metapher oder als Überbleibsel des Vitalismus. Es ist ein Versuch, ein Konzept in die Biologie einzubringen, das sich in anderen Wissenschaften bereits als entscheidend erwiesen hat: die Vorstellung, dass Ordnung nicht nur in den Objekten selbst liegt, sondern in dem Beziehungsraum, der sie erst möglich macht. Von einem Feld zu sprechen bedeutet, den Blick von der linearen Kausalität auf die globale Konfiguration zu richten, vom Teil auf den Kontext, der ihm Sinn verleiht.

In der Geschichte der Wissenschaft taucht das Konzept des Feldes immer dann auf, wenn Erklärungen, die auf isolierten Einheiten basieren, ihre Grenzen offenbaren. Ein Feld ist kein zusätzliches Element, sondern eine andere Art, die Realität zu beschreiben: nicht das, was wirkt, sondern das, in dem das Wirken möglich wird. Auf die Biologie angewendet legt dieses Konzept nahe, dass der Organismus nicht nur eine Ansammlung materieller Bestandteile ist, sondern eine dynamische Konfiguration, die ihre Identität im Wandel bewahrt.

Wie Albert Einstein schrieb: *„Ein Feld ist ein wesentlicher Bestandteil der physikalischen Beschreibung der Realität, kein bloßer* mathematischer *Kunstgriff.*" Diese Aussage entstand zwar im Kontext der Physik, gewinnt jedoch besondere Bedeutung, wenn man die Fähigkeit von Organismen betrachtet, Form und Funktion trotz des ständigen Stoffwechsels zu bewahren.

Eines der zentralen Ziele dieses Kapitels ist es, eine klare Grenze zu ziehen. Der Bereich der Biologie ist keine mysteriöse Kraft, kein okkultes Prinzip, das zur Chemie und Physik hinzukommt, und auch keine konzeptionelle Abkürzung, um schwierige Erklärungen zu umgehen. Im Gegenteil, er ist ein Ansatz, der größere Strenge erfordert, da er dazu zwingt, Kausalität in verteilten und nicht-lokalen Begriffen zu denken.

In diesem Sinne findet die Mahnung von Richard Lewontin ihren Widerhall, als er feststellte, dass *„die Ursachen biologischer Phänomene niemals auf einer einzigen Organisationsebene liegen*". Das biologische Feld ersetzt die bekannten Mechanismen nicht, sondern organisiert sie, bindet sie ein und begrenzt ihren Wirkungsraum.

Der theoretische Kern des Kapitels liegt hier: Das biologische Feld wird als eine Struktur der Möglichkeiten beschrieben. Es bestimmt nicht jedes Ereignis, sondern macht einige Ereignisse wahrscheinlicher als andere; es schreibt keine starre Form vor, sondern stabilisiert eine Kohärenz. Das ist es, was es einem

Organismus ermöglicht, sich zuverlässig zu entwickeln, ohne starr programmiert zu sein, und auf die Umwelt zu reagieren, ohne im Chaos unterzugehen.

Diese Idee findet eine überraschend klare Formulierung in den Worten von Kurt Lewin, einem der Ersten, der den Begriff des Feldes in lebenden Systemen explizit verwendete: *„Verhalten ist eine Funktion der Person und ihres Feldes.*" Auf die Biologie übertragen legt diese Aussage nahe, dass die „ r Form und der Funktion" keine isolierten inneren Eigenschaften sind, sondern aus einer kontinuierlichen Wechselwirkung zwischen Struktur und Kontext hervorgehen.

Im Gesamtkonzept des Buches nimmt dieses Kapitel eine entscheidende Übergangsfunktion ein. Nachdem in den vorangegangenen Teilen die Krise reduktionistischer Erklärungen und die Bedeutung der Kohärenz als Kennzeichen des Lebendigen aufgezeigt wurden, wird hier die Sprache eingeführt, die notwendig ist, um darüber hinauszugehen. Das biologische Feld wird zum Brückenkonzept, das es ermöglicht, in den folgenden Kapiteln von verkörperter Information und Lebensenergie zu sprechen, ohne dabei weder in den Mechanizismus noch in den Mystizismus abzugleiten.

Biologisches Feld und Umwelt: eine notwendige Unterscheidung.

Wenn vom biologischen Feld die Rede ist, lauert immer die Gefahr eines Missverständnisses: Ist es nicht vielleicht nur eine elegante Umschreibung für die Umwelt? Der Boden, die Temperatur, das Licht, der chemische und soziale Kontext, der einen Organismus umgibt? Die Verwirrung ist verständlich, doch genau hier liegt einer der wichtigsten Unterschiede dieser neuen Sichtweise auf das Leben. Das biologische Feld ist nicht mit der Umwelt gleichzusetzen, genauso wenig wie Musik mit der Luft, die sie trägt.

Die Umwelt ist das, was einen Organismus umgibt: eine Gesamtheit äußerer, variabler und oft zufälliger Bedingungen. Sie kann das Leben begünstigen oder behindern, es nähren oder bedrohen. Das biologische Feld hingegen ist dem Organismus innewohnend, auch wenn es nicht streng auf dessen materielle Grenzen beschränkt ist. Es ist eine organisatorische Realität, die den Wechselwirkungen mit der Außenwelt vorausgeht und diese koordiniert. Die Umwelt schlägt vor, das Feld entscheidet.

Ein einfaches, aber aufschlussreiches Beispiel stammt aus der experimentellen Botanik des frühen 20. Jahrhunderts. In Wien beobachtete der Physiologe Gottlieb Haberlandt in den 1920er Jahren, wie isolierte Pflanzenzellen unter den richtigen Bedingungen ganze Gewebe regenerieren konnten. Die Umgebung lieferte natürlich Nährstoffe und Reize. Doch die Form, die dabei entstand – Blatt, Stängel, Wurzel –, war keine „ “, die im Boden oder in der Nährlösung vorgegeben war. Es war, als ob die Pflanze „wüsste“, was aus ihr werden sollte. Heute würden wir sagen: Sie folgte einer inneren Struktur von Möglichkeiten, die sich nicht aus der Umgebung selbst ableiten ließ.

Das biologische Feld ist genau das: eine Organisationsmatrix, eine Informationsstruktur, die die Lebensprozesse lenkt, ohne sich weder auf die Genetik noch auf den äußeren Kontext zu beschränken. Die Umwelt wirkt als eine Gesamtheit von Randbedingungen; das Feld als Prinzip der Integration. Beides zu verwechseln bedeutet, die Bühne mit dem Drehbuch zu verwechseln.

Eine Analogie, die oft von den Wissenschaftlern komplexer Systeme selbst – und nicht von beiläufigen Mystikern – verwendet wird, ist die des Orchesters. Der Konzertsaal mit seiner Akustik beeinflusst die Darbietung: Er ist die Umgebung. Aber die Symphonie entsteht nicht im Saal. Es sind die innere Organisation des Orchesters, das gemeinsame Tempo und die Kohärenz zwischen den Instrumenten, die die Musik hervorbringen. Das biologische Feld ähnelt eher dieser dynamischen Kohärenz als dem physischen Raum, der es beherbergt.

Diese Unterscheidung wird entscheidend, wenn wir Organismen betrachten, die in der Lage sind, in extrem unterschiedlichen Umgebungen eine stabile Form und ein stabiles Verhalten beizubehalten. Denken wir an die Bärtierchen, die seit dem 18. Jahrhundert erforscht werden und im 21. Jahrhundert für ihre Widerstandsfähigkeit berühmt geworden sind: Sie überleben das Vakuum des Weltraums, Strahlung und extreme Kälte. Die Umgebung kann sich radikal verändern, doch der Organismus bewahrt – in latenter Form – seine eigene Organisation. Es ist schwierig, diese Kontinuität allein mit den äußeren Bedingungen zu erklären. Viel plausibler ist es, von einem biologischen Feld auszugehen, das sich zusammenziehen, inaktiv werden und wieder aktivieren kann, ohne sich aufzulösen.

Die Feststellung, dass das Feld nicht mit der Umwelt gleichzusetzen ist, dient auch dazu, pseudowissenschaftlichen Tendenzen Einhalt zu gebieten. Nicht alles, was einen Organismus „beeinflusst“, bildet dessen Feld. Der Stadtverkehr, sozialer Stress und Lichtverschmutzung haben reale, dokumentierte biologische Auswirkungen. Aber sie bleiben Umweltfaktoren. Das biologische Feld ist weder die Summe der äußeren Reize noch eine vage Wolke, die alles aufnimmt, was um ein Lebewesen her geschieht. Es ist eine spezifische Struktur mit einer eigenen inneren Kohärenz, die mit der Umwelt in Dialog tritt, ohne sich in ihr aufzulösen.

In diesem Sinne kann das biologische Feld als aktives Formgedächtnis verstanden werden, das nicht an einem bestimmten Punkt lokalisiert, sondern im Organismus verteilt ist. Die Umwelt kann dieses Gedächtnis stören, fördern oder behindern, aber sie erzeugt es nicht. Es ist der Unterschied zwischen Wetter und Klima: Ersteres ändert sich ständig, Letzteres ergibt sich aus einer langfristigen Kohärenz.

Die konzeptionelle Trennung von Feld und Umwelt hat auch eine nicht zu unterschätzende kulturelle Konsequenz. Sie bedeutet anzuerkennen, dass das Leben nicht nur passive Anpassung an das ist, was draußen geschieht, sondern auch die Bekräftigung einer organisierten Innerlichkeit, die fähig ist zu reagieren, ohne vollständig determiniert zu sein. In einer Zeit, die dazu neigt, das Menschliche – und das Lebendige im Allgemeinen – als Produkt der Umstände zu erklären, eröffnet diese Unterscheidung einen Raum biologischer, ja sogar ethischer Autonomie.

Das biologische Feld ist also nicht das, was uns umgibt, sondern das, was uns zusammenhält, während wir das durchqueren, was uns umgibt. Die Umwelt verändert sich, das Feld bleibt bestehen; die Umwelt regt an, das Feld organisiert. Sie zu verwechseln bedeutet, den Kern des Lebensphänomens selbst aus den Augen zu verlieren.

Die Welt bewohnen, nicht erdulden: Vom Begriff der „Umwelt" zum biologischen Feld.

Um vollständig zu verstehen, was ein biologisches Feld ist – und was es nicht ist –, ist es sinnvoll, eher einen Seitenschritt als einen Rückschritt zu machen und einer philosophischen Stimme zuzuhören, mit der sich die Biologie des 20. Jahrhunderts lange Zeit beschäftigt hat, ohne sie jemals ganz zu verinnerlichen: der von Jakob von Uexküll. , ein deutsch-baltischer Biologe und Denker, der zwischen dem Ende des 19. Jahrhunderts und den 1930er Jahren des vergangenen Jahrhunderts tätig war, führte eine ebenso einfache wie umwälzende Idee ein: Jeder Organismus lebt in seiner eigenen *Umwelt*, einer ausgewählten, bedeutungsvollen „Umgebungswelt", die genau auf seine Sinne und Handlungsfähigkeiten zugeschnitten ist.

Das berühmte Beispiel der Zecke, das er in seinem Werk *„Umwelt und Verhalten der* Tiere" (1934) erörterte, ist für Generationen von Wissenschaftlern fast schon zu einer Art Initiationsgeschichte geworden. Die an einem Ast hängende

Zecke reagiert nur auf drei Reize: den Geruch von Buttersäure, den Säugetiere absondern, deren Körperwärme und die Beschaffenheit der Haut. Alles andere – der Wald, die Farben, die Geräusche – existiert für sie schlichtweg nicht. Ihre Welt ist äußerst karg, aber perfekt auf ihr Leben abgestimmt.

Hier entsteht eine erste, wichtige Ähnlichkeit mit dem Konzept des biologischen Feldes: Das Leben reagiert nicht auf eine objektive und neutrale Umwelt, sondern auf eine durch den Sinn strukturierte Welt. Sich jedoch auf diese Ähnlichkeit zu beschränken, birgt die Gefahr, ein neues Missverständnis hervorzurufen. Uexkülls *Umwelt* ist vor allem eine wahrnehmungsbezogene und funktionale Konstruktion, eine Blase aus Bedeutungen, die aus der Begegnung zwischen Organismus und Welt entsteht. Das biologische Feld hingegen wirkt auf einer tieferen Ebene: Es definiert nicht nur, was der Organismus wahrnimmt, sondern auch, was der Organismus werden kann.

Mit anderen Worten: Die Umwelt beschreibt die Welt, wie sie einem Lebewesen erscheint; das biologische Feld beschreibt die innere Kohärenz, die dieses Erscheinen erst möglich macht. Das eine ist phänomenologisch, das andere organisatorisch. Die Umwelt verändert sich, wenn sich die Sinne oder Funktionen ändern; das biologische Feld verändert sich nur, wenn sich die Informationsstabilität des Organismus selbst verändert.

Eine wenig bekannte Anekdote, die von einem Schüler Uexkülls erzählt wird, betrifft eine Diskussion, die 1928 in Hamburg während eines informellen Seminars stattfand. Auf die Frage, ob die Umwelt eine Eigenschaft der Welt oder des Organismus sei, antwortete Jakob von Uexküll mit einem Satz, der fast provokativ klang: „*Die Welt ist eine Partitur, aber jeder Organismus spielt nur seine eigene Melodie.*“ Eine kraftvolle Metapher, die jedoch eine entscheidende Frage offen lässt: Wer hält die Melodie über die Zeit hinweg zusammen?

An dieser Stelle kommt das Konzept des biologischen Feldes ins Spiel, ohne sich dabei zu überschneiden. Das Feld ist nicht die wahrgenommene Melodie, sondern die Struktur, die die

Ausführung ermöglicht und die auch bei sich ändernden Bedingungen die Kohärenz aufrechterhält. Zwei Organismen können eine ähnliche Umgebung und sogar ein teilweise überlappendes Umwelt teilen, aber dennoch tiefgreifend unterschiedliche biologische Felder aufweisen – wie es beispielsweise bei verschiedenen Arten der Fall ist, die im selben künstlichen Kontext gezüchtet werden, oder bei Individuen derselben Art mit unterschiedlichen Entwicklungsgeschichten.

Diese Unterscheidung fand auch außerhalb der Biologie Widerhall. Der Philosoph Maurice Merleau-Ponty griff in seinen Vorlesungen am Collège de France zwischen 1956 und 1959 Uexküll auf, um die Vorstellung eines Organismus als reaktive Maschine zu kritisieren. Er ging jedoch noch weiter und legte nahe, dass die lebendige Form über eine „innere Logik" verfügt, die weder auf den Reiz noch auf die Wahrnehmung reduzierbar ist. Es ist ein subtiler, aber entscheidender Schritt: von der Umwelt als gelebter Welt hin zum Feld als Organisationsprinzip des Lebendigen.

Der implizite Dialog zwischen Uexküll und der Feldbiologie ist also keine Zustimmung, sondern eine Linie kritischer Kontinuität. Uexküll hat uns gelehrt, dass es keine einzige Welt für alle Lebewesen gibt. Die Theorie der biologischen Felder fügt hinzu, dass es auch keine rein äußere Erklärung für die Form und die Stabilität des Lebens gibt. Jeder Organismus bewohnt nicht nur eine Welt, sondern trägt die Regeln seiner eigenen Bewohnbarkeit mit sich.

In diesem Sinne ersetzt das biologische Feld die Umwelt nicht, sondern setzt sie voraus und geht über sie hinaus. Wenn die Umwelt die Welt ist, wie sie einem Lebewesen erscheint, dann ist das Feld das, was es diesem Lebewesen ermöglicht, eine Welt zu haben, sie kohärent zu halten und sie neu zu konfigurieren, ohne sich dabei aufzulösen. Ein subtiler, aber entscheidender Unterschied, der den Übergang von einer Biologie der Wahrnehmung zu einer Biologie des Sinns markiert.

Die Form, die sich selbst erhält: Entwicklung, Stabilität und Lebensfelder.

Eine der ältesten Fragen der Biologie ist zugleich eine der in ihrer Einfachheit entwaffnendsten: Wer bestimmt die Form eines Organismus? Wer „sagt“ einer Zelle, dass sie Teil einer Leber werden soll, und einer anderen, dass sie sich in ein Neuron verwandeln soll? Lange Zeit war die implizite Antwort beruhigend: Irgendwo muss es ein Kontrollzentrum geben, ein Programm, eine molekulare Schaltzentrale. Doch je genauer die Biologie die Entwicklung unter die Lupe nahm, desto mehr begann dieses Zentrum zu verschwinden.

Die Idee des biologischen Feldes entspringt genau hier: aus der Erkenntnis, dass die Stabilität lebender Formen keine zentrale Steuerung erfordert, sondern aus einer verteilten, kohärenten Regulierung entsteht, die kontinuierlich zwischen den Teilen ausgehandelt wird. Es gibt keinen Dirigenten, und doch geht die Symphonie weiter.

Eine historische Begebenheit, an die in den Fluren der Embryologie-Abteilungen oft erinnert wird, geht auf die 1920er Jahre am Kaiser-Wilhelm-Institut in Berlin zurück. Der Embryologe Hans Spemann, späterer Nobelpreisträger (1935), zeigte, dass sich ein Salamanderembryo, selbst wenn er teilweise beschädigt oder umgestaltet war, auf überraschend geordnete Weise entwickeln konnte. Durch das Schneiden, Verschieben oder sogar Drehen von Teilen des embryonalen Gewebes neigte die endgültige Form dennoch dazu, sich wieder zusammenzusetzen. Sicherlich nicht perfekt, aber erkennbar.

Der entscheidende Punkt war nicht die „Plastizität“ an sich – ein Begriff, der heute überstrapaziert wird –, sondern die Tatsache, dass der Embryo zu wissen schien, wohin er sich entwickelte, selbst wenn die Ausgangsbedingungen verändert wurden. Spemann sprach von „morphogenetischen Feldern“, einem Ausdruck, der damals eher beschreibend als erklärend klang, den wir heute jedoch als grundlegende Intuition neu interpretieren können: Die Entwicklung ist keine lineare Kette von Anweisungen, sondern ein Prozess, der durch globale Rahmenbedingungen geregelt wird.

Diese Regulierung funktioniert nicht wie ein von oben auferlegter Stadtentwicklungsplan, sondern eher wie die Selbstregulierung einer historischen Stadt . Jeder, der schon einmal durch Venedig spaziert ist, weiß es: Es gibt keine perfekte Symmetrie, und doch stimmt das Gesamtbild. Die Gassen passen sich an, die Räume gleichen sich aus, Funktionen ergeben sich aus der Nutzung. Ebenso reagiert im biologischen Bereich jede Zelle auf lokale Signale, tut dies jedoch innerhalb einer Konfiguration von Möglichkeiten, die die Entscheidungen begrenzt und lenkt.

In den 1970er Jahren schlug der Entwicklungsbiologe Lewis Wolpert das berühmte „Gradienten"-Modell vor, das er anhand des Bildes der französischen Flagge veranschaulichte: Identische Zellen nehmen je nach ihrer Position unterschiedliche Schicksale an. Die Idee war äußerst erfolgreich, ließ jedoch eine entscheidende Frage offen: Wer hält den Gradienten stabil? Wer sorgt dafür, dass das Gesamtmuster trotz Rauschen, Fehlern und Schwankungen nicht zusammenbricht?

Hier zeigt das Konzept des biologischen Feldes seine Erklärungskraft. Das Feld erteilt keine Befehle, sondern stellt Beziehungen her. Es sagt der einzelnen Zelle nicht deterministisch, was sie tun soll, sondern definiert den Raum der möglichen Antworten, wodurch einige Entwicklungsverläufe wahrscheinlicher und andere praktisch unzugänglich werden. Die Form wird nicht auferlegt, sondern angezogen.

Ein weniger bekanntes, aber aufschlussreiches Beispiel stammt aus Studien, die Anfang der 2000er Jahre in Heidelberg an dreidimensionalen Zellaggregaten durchgeführt wurden, die heute als Organoide bezeichnet werden. Wenn Stammzellen ohne detaillierte äußere Steuerung miteinander interagieren dürfen, bilden sie oft überraschend geordnete Strukturen: Schichten, Hohlräume, rudimentäre Symmetrien. Nicht, weil sie „wissen", was aus ihnen werden soll, sondern weil das Feld der Wechselwirkungen, das zwischen ihnen entsteht, die Entwicklung in Richtung stabiler Konfigurationen lenkt.

In diesem Sinne ist die Stabilität der Form keine Starrheit. Sie ist Resilienz. Sie ist die Fähigkeit, Störungen zu absorbieren, ohne die Identität zu verlieren. Ein wirksames biologisches Feld beseitigt den Fehler nicht: Es integriert ihn

Diese Perspektive hat tiefgreifende Konsequenzen. Wenn die Entwicklung durch ein Feld und nicht durch ein Zentrum gesteuert wird, dann ist die lebendige Form das Ergebnis einer dynamischen Kohärenz, nicht eines starren Entwurfs. Der Organismus führt keinen Plan aus: Er bleibt in Form, während er sich verändert. Und genau diese Fähigkeit, sich selbst zu erhalten – mehr als zu gehorchen –, ist das Kennzeichen des Lebens.

Die Formen, die anziehen: Warum das Leben manche Wege mehr bevorzugt als andere.

Wenn wir die Entwicklung eines Organismus betrachten – von einer einzelnen Zelle bis hin zu einer komplexen Form –, ist die Versuchung immer dieselbe: sich eine Abfolge von Anweisungen vorzustellen, die Schritt für Schritt ausgeführt werden. Doch wer schon einmal die Gelegenheit hatte, mit echten lebenden Systemen zu arbeiten, weiß, dass die Entwicklung weniger einem Rezept gleicht als vielmehr einem Abstieg durch eine Landschaft. Manche Pfade sind rutschig, andere führen ganz natürlich in tiefe Täler. Hier hat die mathematische Biologie eine kraftvolle und überraschend konkrete Metapher eingeführt: die der Attraktoren.

Der Begriff entstand im Kontext dynamischer Systeme, an der Schnittstelle zwischen Physik und Mathematik, hat aber in der Biologie des 20. Jahrhunderts eine natürliche Heimat gefunden. Ein Attraktor ist ein Zustand, zu dem ein System spontan tendiert, auch wenn es von unterschiedlichen Ausgangsbedingungen ausgeht. In den 1940er Jahren schlug der Mathematiker und Biologe Conrad Hal Waddington, der in Cambridge tätig war, das heute berühmte Bild der epigenetischen Landschaft vor: eine Kugel, die über eine wellige Oberfläche rollt und dabei immer deutlicher ausgeprägte Täler durchquert. Jedes Tal steht für eine stabile Form, ein mögliches Entwicklungsziel.

Waddington zeichnete diese Bilder von Hand, oft auf von Kreide vergilbten Tafeln, während lebhafter Diskussionen mit Kollegen und Studenten. Es handelte sich nicht um einfache didaktische Illustrationen: Sie waren eine Art zu verdeutlichen, dass die Form nicht Stück für Stück aufgebaut wird, sondern entsteht, weil manche Konfigurationen von Natur aus stabiler sind als andere. In moderner Sprache könnten wir sagen, dass das biologische Feld die Landschaft schafft, während die Attraktoren deren Täler sind.

Dies hilft, einen entscheidenden Punkt des Kapitels zu verdeutlichen: Nicht alle Formen sind gleich wahrscheinlich. In einem sich entwickelnden Organismus sind manche Architekturen „einfach“, andere fast unerreichbar. Nicht, weil sie durch ein externes Gesetz verboten wären, sondern weil das Feld der Wechselwirkungen – genetischer, biophysikalischer und zeitlicher Art – bestimmte Lösungen extrem robust macht. Es ist dasselbe Prinzip, nach dem, wie der Physiker Ilya Prigogine in den 1960er Jahren in Brüssel feststellte, Systeme fernab vom Gleichgewicht kein wahlloses Chaos erzeugen, sondern bevorzugte Ordnung.

Eine Anekdote, die ein Forscher des Institut Pasteur in den frühen 1990er Jahren erzählte, veranschaulicht dies sehr gut. Bei Experimenten mit künstlich gestörten genetischen Netzwerken „kehrte“ das System immer wieder zu wenigen wiederkehrenden Zuständen zurück, als würde es viele der theoretischen Möglichkeiten ignorieren. *„Es war, als würde* *man eine Murmel aus einer Mulde schieben und zusehen, wie sie hartnäckig immer wieder an dieselbe Stelle zurückrollt.*“ Diese Punkte waren Attraktoren: stabile Zustände, die nicht durch einen Befehl, sondern durch die Gesamtgeometrie des Systems definiert waren.

In der Sprache der Feldbiologie sind Attraktoren keine abstrakten Entitäten: Es sind verkörperte Formen, Konfigurationen, zu denen der Organismus tendiert, weil das biologische Feld sie kohärent macht. Dies erklärt ein Phänomen, das denjenigen bekannt ist, die sich mit vergleichender Morphologie beschäftigen: Verschiedene Arten, auch solche, die phylogenetisch weit voneinander entfernt sind, können zu ähnlichen Formen konvergieren. Nicht nur die natürliche Selektion erklärt diese Konvergenzen, sondern auch die Tatsache, dass bestimmte morphologische Lösungen tiefe Regionen der Attraktorenlandschaft einnehmen.

Eine kulturelle Parallele hilft, diese Vorstellung zu veranschaulichen. Der Kunsthistoriker Ernst Gombrich stellte fest, dass bestimmte bildliche Muster in verschiedenen Epochen und an verschiedenen Orten immer wieder auftauchen. Nicht, weil sich die Künstler gegenseitig kopieren, sondern weil manche visuelle Lösungen besser „funktionieren“ als andere. Ebenso schreibt das Feld in der Biologie keine Form vor, sondern begünstigt jene, die sich halten, die Schwankungen widerstehen und die Fehler absorbieren, ohne ihre Identität zu verlieren.

Aus dieser Perspektive kann das biologische Feld als der Kontext betrachtet werden, der die Landschaft der Attraktoren definiert. Kein Programm, keine geheimnisvolle Kraft, sondern eine Struktur von Möglichkeiten, die bestimmte Entwicklungsverläufe natürlicher, zugänglicher, fast unvermeidlich macht.

Von der Ordnung zum Sinn: Wie das Feld Information in lebendige Form verwandelt.

An diesem Punkt des Weges angelangt, kann das biologische Feld nicht mehr als bloßer Hintergrund betrachtet werden, noch als elegante Idee, die dazu dient, schwer zu erklärende Phänomene zusammenzuhalten. Wenn das Feld real ist, wenn es die Möglichkeiten des Organismus strukturiert und bestimmte Formen gegenüber anderen stabilisiert, dann drängt sich die Frage unweigerlich auf: Welche Art von Information vermittelt das Feld?

Nicht die passive Information eines Archivs, bestehend aus Daten, die darauf warten, gelesen zu werden, sondern etwas, das dem näherkommt, was der Physiker Donald MacKay bereits in den 1950er Jahren in London als „wirksame Information" bezeichnete: Information, die etwas bewirkt, die einen Prozess lenkt. In der Biologie „enthält" das Feld keine Botschaften, so wie eine Bibliothek Bücher enthält; vielmehr moduliert es das Verhalten des Systems im Laufe der Zeit und macht dabei bestimmte Reaktionen wahrscheinlich und andere unwahrscheinlich.

Eine Anekdote, die in den Fluren des *„Marine Biological* Laboratory" in Woods Hole, Massachusetts, erzählt wird, hilft, diesen konzeptionellen Schritt zu verdeutlichen. In den 1980er Jahren stellten einige Forscher bei der Beobachtung scheinbar identischer Zellkulturen fest, dass ein und dieselbe Störung je nach der Vorgeschichte des Systems systematisch unterschiedliche Ergebnisse hervorbrachte. Es waren weder neue genetische Informationen im Spiel noch gab es offensichtliche Umweltveränderungen. Was sich änderte, war der globale Organisationszustand: das, was wir heute als verteilte Information bezeichnen würden, eingebettet in das Beziehungsfeld.

Hier zeigt die Biologie ihre interessanteste Seite: Sie lehrt nicht, sondern orientiert. Sie befiehlt nicht, sondern bereitet vor.

Es handelt sich um eine Information, die durch Einschränkungen und Möglichkeiten wirkt, nicht durch explizite Befehle. Ein wenig so, wie es in der Musik geschieht: Die Tonart eines Stücks sagt dem Musiker nicht, welche Note er spielen soll, sondern lässt manche Tonfolgen natürlich und andere dissonant klingen. Der Komponist György Ligeti sprach 1969 in einem Gespräch in Berlin von *„Feldern klanglicher* Spannung", innerhalb derer die Musik Gestalt annimmt. Die Metapher ist zwar nicht biologisch, doch der konzeptuelle Mechanismus weist überraschende Ähnlichkeiten auf.

Das Feld als aktive Information zu begreifen, ermöglicht es auch, ein weit verbreitetes Missverständnis zu überwinden: dass biologische Information mit der DNA gleichzusetzen sei. Das Genom liefert notwendige, aber nicht hinreichende Bedingungen. Es ist das Feld, das diese Potenziale in konkrete Verläufe umwandelt und die Information im Laufe der Zeit verwirklicht. Wie der theoretische Biologe Howard Pattee in den 1970er Jahren feststellte, wird Information erst dann biologisch relevant, wenn sie in ein System eingebettet ist, das in der Lage ist, sie zu interpretieren und zu nutzen. Das Feld ist genau dieser interpretative Kontext.

In diesem Licht erscheint der Organismus als eine stabilisierte Informationsstruktur – nicht, weil er unbeweglich ist, sondern weil er in der Lage ist, seine Kohärenz zu bewahren, während er sich verändert. Information ist nicht das, was der Organismus besitzt, sondern das, was durch ihn geschieht. Das Feld ist also keine zusätzliche Entität, sondern die Art und Weise, in der Information wirksam, körperlich und verortet wird.

Dieser konzeptionelle Schritt bereitet natürlich den Boden für das nächste Kapitel. Wenn das Feld wirkende Information ist, kann der nächste Schritt nur darin bestehen, zu fragen, wie die Information Gestalt annimmt, wie sie zu Gewebe, Geste, Funktion wird. Nicht mehr das „Was" der Information, sondern das „Wie" ihrer Verkörperung. Genau dort trifft die Biologie der Felder ganz natürlich auf eine neue Vorstellung vom Leben:

nicht als Maschine, die Anweisungen ausführt, sondern als Prozess, der seinen eigenen Möglichkeiten Sinn verleiht.

Vom Magneten zum Organismus: Eine kurze Geschichte einer Idee namens Feld.

Um zu verstehen, was man heute unter einem biologischen Feld versteht, muss man einen Schritt zurückgehen – ja, sogar mehr als einen – und zu dem Zeitpunkt zurückkehren, als die Wissenschaft zu vermuten begann, dass die Realität nicht nur aus Objekten bestehe, sondern auch aus Beziehungen, die sich in Raum und Zeit erstrecken. Das Konzept des Feldes entstand genau aus dieser Intuition, und zwar nicht in der Biologie.

Zu Beginn des 19. Jahrhunderts stand die Physik in den provisorischen und oft kalten Labors des industriellen Europas vor einem heiklen Problem: Wie lässt sich Fernwirkung erklären? Als Michael Faraday, Sohn eines Londoner Schmieds und genialer Autodidakt, beobachtete, wie sich Eisenfeilspäne um einen Magneten anordneten, hatte er den Eindruck, dass der Raum selbst aktiv geworden sei. Es gab keinen direkten Kontakt, keine unsichtbaren Zahnräder: Es gab etwas, das den Raum strukturierte. Faraday sprach von Kraftlinien, und für viele seiner Zeitgenossen wirkte er eher wie ein Dichter als wie ein Wissenschaftler.

Es war James Clerk Maxwell, der dieser Intuition einige Jahrzehnte später mathematische Gültigkeit verlieh. Mit seinen in den 1860er Jahren veröffentlichten Gleichungen hörte das elektromagnetische Feld auf, ein konzeptioneller Kunstgriff zu sein, und wurde zu einer eigenständigen physikalischen Realität. Es ist nicht mehr nur eine Art, die Wechselwirkung zwischen Ladungen zu beschreiben: Es ist etwas, das existiert, sich ausbreitet und Energie transportiert. Wie Einstein später schreiben wird: „*Das Feld ist die grundlegende physikalische Realität.*“

Dieser Schritt ist entscheidend. Mit dem Feld beginnt die Wissenschaft, die Natur nicht mehr als eine Ansammlung isolierter Objekte zu betrachten, sondern als ein kontinuierliches Geflecht von Einflüssen, in dem es nicht nur darauf ankommt, was vorhanden ist, sondern auch darauf, wie es verteilt ist. Im 20. Jahrhundert radikalisiert sich diese Vorstellung: Die Quantenmechanik führt Felder ein, die nicht nur beschreiben, was geschieht, sondern auch die Wahrscheinlichkeiten dessen, was geschehen kann. In Göttingen und Kopenhagen, in den 1920er- und 1930er-Jahren, wird das Feld eher zu einer Struktur der Möglichkeiten als zu einer Struktur der Ereignisse.

Der Sprung hin zu komplexen Systemen erfolgt, als diese Logik über die Grundlagenphysik hinaus erweitert wird. In der zweiten Hälfte des 20. Jahrhunderts beginnen Wissenschaftler aus verschiedenen Disziplinen, das Feldkonzept zur Beschreibung kollektiver Phänomene zu nutzen: von atmosphärischen Dynamiken über ökologische Netzwerke bis hin zu sozialen Systemen. Am 1984 in New Mexico gegründeten Santa Fe Institute teilen Physiker, Biologen und Ökonomen eine Überzeugung: Bestimmte Verhaltensweisen entstehen nicht aus den einzelnen Teilen, sondern aus der Gesamtkonfiguration des Systems.

Hier hört das Feld endgültig auf, eine exotische Größe zu sein, und wird zu einer stringenten Denkweise über Organisation. Ein Feld ist kein Ding, sondern ein strukturierender Zustand: Es definiert Rahmenbedingungen, verteilt Einflüsse und koordiniert Dynamiken, ohne dass es einer Leitstelle bedarf. Es ist ein Begriff, der den Weg für die Feldbiologie ebnet, denn er zeigt, wie es möglich ist, Ordnung und Stabilität zu erklären, ohne auf einen externen Gestalter oder eine Summe lokaler Ursachen zurückzugreifen.

Eine Anekdote, die von einem Ingenieur erzählt wird, der in den 1970er Jahren an den ersten Studien zum Stadtverkehr in Stuttgart beteiligt war, ist aufschlussreich. Durch eine geringfügige Änderung der zeitlichen Abfolge der Ampeln – ohne die Anzahl der Autos oder die Straßen zu verändern – veränderte sich der gesamte Verkehrsfluss der Stadt. „*Wir haben nicht auf die Fahrzeuge eingewirkt, sondern auf das Feld der Möglichkeiten.*" Es ist dasselbe Prinzip, das – auf die Biologie übertragen – es ermöglicht, den Organismus als in ein Feld eingebettet zu betrachten, das die Lebensprozesse lenkt, noch bevor es sie bestimmt.

Wenn das Konzept des Feldes in die Lebenswissenschaften Einzug hält, bringt es dieses Erbe mit sich: die Vorstellung, dass Kausalität nicht nur linear ist, dass Raum und Zeit eine Rolle spielen und dass die Organisation eine eigene Realität besitzt. Von einem biologischen Feld zu sprechen bedeutet daher, sich in eine solide wissenschaftliche Tradition einzureihen, die von Faraday bis zu komplexen Systemen reicht und dazu einlädt, das Leben nicht als eine Ansammlung von Teilen zu betrachten, sondern als eine Form ausgedehnter, dynamischer und informierter Ordnung.

Gibt es ein Feld wirklich? Der wissenschaftliche Realismus auf dem Prüfstand des Unsichtbaren.

Als das Konzept des Feldes fest in der Wissenschaft Fuß fasste, brachte es nicht nur neue Gleichungen oder elegantere Modelle mit sich, sondern warf auch eine Frage auf, die das gesamte 20. Jahrhundert durchzog: Existiert das Feld wirklich oder ist es nur eine nützliche Art, über die Welt zu sprechen? Diese Frage ist weniger abstrakt, als es scheint, denn sie berührt den Kern des wissenschaftlichen Realismus, nämlich die Vorstellung, dass wissenschaftliche Theorien – zumindest teilweise – die tatsächliche Struktur der Natur beschreiben.

Die Debatte entbrannte vor allem zwischen den 1930er und 1960er Jahren, als die Feldphysik zur vorherrschenden Sprache für die Beschreibung des Elektromagnetismus, der Gravitation und später der fundamentalen Wechselwirkungen wurde. In Wien, Berlin und Cambridge fragten sich Philosophen und Wissenschaftler, was sie eigentlich tun, wenn sie von Feldern sprechen. Moritz Schlick, eine zentrale Figur des Wiener Kreises, neigte dazu, sie als mächtige begriffliche Werkzeuge zu betrachten, denen jedoch ontologische Autonomie fehlte: Was für ihn zählte, war die Fähigkeit einer Theorie, die beobachtbare Erfahrung zu ordnen.

Ganz anders ist die Haltung von Albert Einstein, der in einem Brief von 1952 an Max Born schrieb, dass das Feld keine mathematische Fiktion sei, sondern *„die einzige physikalische Realität, die diesen Namen verdient*“. Für Einstein bedeutete die Reduktion des Feldes auf eine zweckdienliche Sprache den Verlust dessen, was die Physik mühsam errungen hatte: die Vorstellung, dass die Realität nicht notwendigerweise mit dem übereinstimmt, was direkt beobachtbar ist.

Diese Spannung zieht sich durch die gesamte Wissenschaftsphilosophie des 20. Jahrhunderts. Karl Popper, obwohl kritisch gegenüber jeder als Wissenschaft getarnten Metaphysik, verteidigte eine Form des „konjekturalen“ Realismus: Felder sind nicht beobachtbar, sondern gewagte Hypothesen, die den Versuchen der Widerlegung standhalten. Bas van Fraassen hingegen schlug in den 1980er Jahren mit seinem konstruktiven Empirismus eine vorsichtigere Haltung vor: Wir sind nicht verpflichtet zu glauben, dass die Felder existieren; es reicht aus, dass die Theorien, die sie verwenden, empirisch angemessen sind.

Eine Anekdote, die von einem Studenten erzählt wurde, der 1967 an einem Seminar in Princeton teilnahm, vermittelt gut die Stimmung jener Zeit. Nach einer hitzigen Diskussion über die Ontologie der Quantenfelder soll ein älterer Physiker die Debatte mit den Worten beendet haben: *„Ich weiß nicht, ob das Feld existiert, aber ich weiß, dass ich ohne es nicht mehr arbeiten kann.*“ Es ist zwar ein Scherz, trifft aber einen wesentlichen Punkt: Das Feld erweist sich als konzeptionelle

Notwendigkeit, noch bevor es als metaphysische Entität in Erscheinung tritt.

Dieser philosophische Hintergrund ist entscheidend für das Verständnis des Schrittes hin zur Feldbiologie. Wenn heute vom biologischen Feld die Rede ist, geht es nicht darum, ob wir etwas „Mysteriöses" einführen, sondern darum, ob wir eine reale Struktur der lebenden Organisation anerkennen, die – epistemologisch gesehen – den Feldern der Physik entspricht. Die Lehre des 20. Jahrhunderts ist klar: Viele wissenschaftliche Entitäten waren zunächst Instrumente und wurden später als Realitäten anerkannt. Atome, Gene, ja sogar Quarks haben diese Schwelle überschritten.

Das Feld ist aus dieser Perspektive weder ein materielles Objekt noch eine bloße sprachliche Konvention. Es ist ein theoretisches Konstrukt mit Erklärungskraft, dessen Realität sich an der Fähigkeit misst, ansonsten fragmentarische Phänomene verständlich zu machen. Auf die Biologie angewendet, lädt diese Haltung zu einer Form des nüchternen Realismus ein: Das biologische Feld darf weder hypostasiert noch auf eine Metapher reduziert werden. Wie so oft in der Geschichte der Wissenschaft fällt seine „Existenz" mit seiner Fruchtbarkeit zusammen.

Denn „Feld" kommt nie aus der Mode: ein Wort, das Komplexität denkt.

Es gibt Wörter, die schnell veralten, erdrückt vom Fortschritt der Theorien, die sie hervorgebracht haben. Und es gibt andere, die im Gegenteil Jahrzehnte – manchmal sogar Jahrhunderte – zu überdauern scheinen und dabei den Kontext wechseln, ohne an Präzision zu verlieren. „Feld" gehört eindeutig zu dieser zweiten Kategorie. Es ist ein Wort, das die Wissenschaft weiterhin nicht aus Nostalgie, sondern aus Notwendigkeit verwendet. Und das ist für diejenigen, die sich mit der

Feldbiologie beschäftigen, kein sprachliches Detail: Es ist ein erkenntnistheoretischer Hinweis.

Der Begriff hielt mit einer gewissen Zurückhaltung Einzug in die moderne Wissenschaft. Michael Faraday, ein genialer Autodidakt, der 1831 im Keller der Royal Institution in London arbeitete, sprach eher von „Kraftlinien" als von Feldern im späteren mathematischen Sinne. Er zeichnete buchstäblich das, was man nicht sehen konnte: Eisenspäne, die sich in eleganten Formen um einen Magneten anordneten. Es war eine visuelle, fast handwerkliche Sprache. Doch schon damals ließ sich etwas Entscheidendes erahnen: die Vorstellung, dass der Raum kein neutraler Hohlraum sei, sondern ein strukturierter Bereich, der Beziehungen in sich trägt.

Seitdem ist „Feld" zu einem Begriff geworden, der Grenzen überschreitet. Er bezeichnet kein Objekt, fällt nicht mit einer Substanz zusammen und lässt sich nicht auf eine punktuelle Kraft reduzieren. Es handelt sich vielmehr um eine Art der Beschreibung der Realität, die es ermöglicht, von Kontinuität, verteiltem Einfluss und einer zentrumslosen Organisation zu sprechen. Und genau diese kontrollierte Flexibilität erklärt seine außergewöhnliche Langlebigkeit.

Eine Anekdote, die in den 1970er Jahren in den Fluren des MIT von einem jungen Forscher der Systemtheorie erzählt wurde, ist bezeichnend. Während einer hitzigen Diskussion über den Wortschatz, der zur Beschreibung bestimmter kollektiver Verhaltensweisen verwendet werden sollte, schlug jemand vor, den Begriff „Feld" aufzugeben, weil er „zu vage" sei. Die knappe Antwort kam von einem angewandten Mathematiker: *„Er ist nicht vage, er ist allgemein. Und Allgemeinheit ist, wenn sie gut verankert ist, eine Tugend.*" Das Wort blieb bestehen.

Der Punkt ist, dass „Feld" gut funktioniert, weil es ein seltenes Gleichgewicht zwischen Vorstellbarkeit und Strenge bewahrt. Es evoziert einen Raum der Möglichkeiten – ein Ackerfeld, ein Sichtfeld, ein Handlungsfeld –, lässt aber gleichzeitig eine präzise Formalisierung zu, wenn es nötig ist. Es ist kein Zufall, dass das Wort weit voneinander entfernte

Disziplinen durchzieht: von der Physik über die Biologie, die Soziologie von Pierre Bourdieu (der in den 1990er Jahren mit überraschender konzeptioneller Genauigkeit von sozialen Feldern sprach) bis hin zu den Kognitionswissenschaften. Jedes Mal ändert sich, womit das Feld gefüllt wird, aber die Logik, die es stützt, bleibt unverändert.

Im biologischen Kontext ist diese sprachliche Beständigkeit alles andere als harmlos. Von einem biologischen Feld zu sprechen bedeutet, ein Wort zu wählen, das nicht mehr verspricht, als es halten kann, das das Leben aber auch nicht auf eine Auflistung von Komponenten reduziert. „Feld" suggeriert eine verteilte, historisch stabilisierte Realität, die in der Lage ist, Prozesse zu lenken, ohne sie zu beherrschen. Es ist ein Wort, das Raum für Zeit, Form und Regulierung lässt, ohne der Versuchung eines starren Mechanismus zu erliegen.

Der Linguist Émile Benveniste bemerkte 1969 in einer Vorlesung am Collège de France, dass manche wissenschaftlichen Begriffe überdauern, weil *sie „die Erfahrung organisieren, noch bevor sie sie erklären*". „Feld" ist einer davon. Es beschreibt nicht nur das, was wir wissen, sondern auch, wie wir bereit sind zu forschen. Und vielleicht ist das der Grund, warum jedes Mal, wenn die Wissenschaft mit komplexen Phänomenen konfrontiert wird – von der Embryonalentwicklung bis hin zu kollektiven Dynamiken –, dieses Wort wiederkehrt, unauffällig, aber unverzichtbar.

In diesem Sinne ist das Feld nicht nur ein Begriff: Es ist eine sprachliche Geste, die eine methodische Entscheidung widerspiegelt. Den Begriff „Feld" zu bevorzugen bedeutet zu akzeptieren, dass sich die biologische Realität nicht vollständig in isolierten Einheiten erfassen lässt, sondern eine Sprache erfordert, die in der Lage ist, Beziehungen, Verbindungen und Möglichkeiten zusammenzuhalten. Ein Wort, das sich so lange hält, tut dies vielleicht nicht aus Trägheit, sondern weil es weiterhin etwas Wahres aussagt.

Warum gerade ein Feld? Das richtige Wort, um das organisierte Leben zu beschreiben.

Als sich die Biologie im Laufe des 20. Jahrhunderts mit Phänomenen auseinandersetzen musste, die sich der Summe der Teile entzogen – die Entwicklung einer Form, die Stabilität eines Organismus, die Regenerationsfähigkeit –, suchte sie oft nach neuen Metaphern. Doch das Feld ist keine zufällig entstandene Metapher: Es ist ein Konzept, das die Wissenschaft bereits an anderer Stelle erprobt hatte und das wie geschaffen schien, um verteilte Organisationen zu beschreiben – ohne Kommandozentrale, aber keineswegs chaotisch.

Das Feld entstand in der Physik, um ein konkretes Problem zu lösen: zu erklären, wie ein Körper einen anderen aus der Ferne beeinflussen kann, ohne auf mysteriöse Kräfte zurückzugreifen. Dabei führte es jedoch eine allgemeinere Idee ein: Die Wirkung geht nicht mehr von einem Objekt zum anderen über, sondern durch eine kontinuierliche räumliche Struktur, die bestimmte Konfigurationen möglich macht und andere nicht. Es ist diese Logik – mehr noch als die mathematischen Details –, die das Konzept überraschend geeignet für die Biologie macht.

Ein Entwicklungsbiologe, der einen Embryo beobachtet, sieht keine Abfolge von Anweisungen, die der Reihe nach ausgeführt werden, sondern einen Prozess, in dem die Zellen „wissen“, wohin sie gehen und was aus ihnen werden soll, ohne dass eine von ihnen über die vollständige Karte verfügt. Es ist eine Situation, die – mehr als man zugeben möchte – an die erinnert, die von einem physikalischen Feld beschrieben wird: lokale Bedingungen, die von einer globalen Organisation gesteuert werden.

Der entscheidende Punkt ist, dass das Feld es ermöglicht, den Organismus als eine sich in Zeit und Raum erstreckende Einheit zu betrachten. Im Gegensatz zu Konzepten wie „Programm“ oder „Maschine“, die zu sehr an eine sequenzielle und zentralisierte Logik gebunden sind, suggeriert das Feld eine sich selbst organisierende Ordnung, die auch dann bestehen bleibt, wenn einzelne Teile gestört werden. Es ist kein Zufall, dass in den frühen Studien zu komplexen Systemen in Santa Fe und Los Alamos in den Achtziger Jahren die Sprache der Felder wieder auftaucht, um robuste kollektive Dynamiken zu beschreiben, in denen die Form trotz des ständigen Wechsels der Komponenten bestehen bleibt.

Es gibt auch einen subtileren kulturellen Grund. Das Konzept des Feldes ist von Natur aus relational: Es beschreibt keine „Dinge“, sondern Anordnungen, Gradienten, Zwänge. Und genau das scheint zu fehlen, wenn man versucht, das Lebendige ausschließlich in Begriffen von Molekülen zu beschreiben. Ein Organismus besteht nicht nur aus dem, was er enthält, sondern auch davon, wie das, was er enthält, zusammengehalten wird. Das Feld wird dann zum Namen für diesen Zusammenhalt, für diese dynamische Kohärenz.

1973 bemerkte ein Physiker, der sich der Biologie zugewandt hatte, während einer Konferenz in Heidelberg über Morphogenese, dass das Feld einen entscheidenden Vorteil habe: *„Es sagt nicht, wer das Sagen hat, sondern was möglich ist.*“ Dieser Satz verdeutlicht, warum sich dieses Konzept mehr als andere dazu eignet, das Lebendige zu beschreiben. Das Leben folgt keinen Befehlen, sondern erkundet stabilisierte Möglichkeiten.

In dieser vorläufigen Phase von einem biologischen Feld zu sprechen, bedeutet also nicht, eine exotische Entität einzuführen, sondern anzuerkennen, dass die Organisation des Lebendigen eher einer Struktur aktiver Möglichkeiten gleicht als einem linearen Mechanismus. Das Feld ist das Konzept, das Form, Stabilität und Anpassungsfähigkeit am besten miteinander verbindet, ohne das eine auf das andere zu reduzieren. Und deshalb landet die Biologie, wenn sie nach einem Begriff sucht, der der Komplexität des Lebens gerecht wird, – wieder einmal – genau dort.

Was ein biologisches Feld nicht ist.

Jedes mächtige Konzept birgt ein Risiko: das Risiko, zu häufig und falsch verwendet zu werden. Das ist mit dem Begriff „Energie“ geschehen, das ist mit dem „Quanten“ geschehen, und unvermeidlich geschieht es auch mit dem „Feld“. In der Biologie, wo die Komplexität des Lebendigen einfache Erklärungen herausfordert, kann das biologische Feld zu einem Zufluchtsbegriff werden: evokativ, beruhigend, aber gefährlich mehrdeutig. Klarheit darüber zu schaffen, was ein biologisches Feld nicht ist, ist keine defensive Übung, sondern ein Akt wissenschaftlicher Präzision.

Zunächst einmal ist ein biologisches Feld keine mysteriöse Kraft, die von außen auf den Organismus einwirkt. Es ist weder eine Entität, die den Körper wie eine farbige Aura „umhüllt“, noch eine unsichtbare Präsenz mit eigenen Absichten. Die Vorstellung von einem Lebensprinzip, das über der Materie schwebt, gehört zu einer langen kulturellen Tradition, die aus historischer Sicht respektabel ist, aber nicht mit einem operativen wissenschaftlichen Konzept verwechselt werden darf. Wie der französische Physiologe Claude Bernard bereits 1865 betonte: *„Sich auf eine Lebenskraft zu berufen, erklärt die Phänomene nicht, sondern schiebt sie nur auf.“*

Das biologische Feld ist auch keine messbare Energieform wie eine Flüssigkeit, die sich nach Belieben speichern oder übertragen lässt. Hier entsteht das Missverständnis oft durch die Alltagssprache der Wissenschaft. Der Physiker Richard Feynman mahnte die Studenten 1961 in einer berühmten Vorlesung am Caltech: *„Energie ist kein Ding, sondern eine*

Zahl, die konstant bleibt." Diese Erkenntnis auf die Biologie zu übertragen bedeutet, das Feld nicht als „etwas" vorzustellen, das fließt, sich verbraucht. Das Feld ist kein Treibstoff des Lebens: Es ist eine Organisationsform.

Eine weitere häufige Verwirrung betrifft das Verhältnis zur Quantenphysik. Das biologische Feld ist kein getarntes Quantenfeld, noch erfordert es den Rückgriff auf Verschränkung oder Wellenkollaps, um jede Eigenschaft des Lebendigen zu erklären. In den 1970er Jahren beklagte sich der Physiker Wolfgang Pauli – in einem privaten Brief, der heute am CERN aufbewahrt wird – über die inflationäre Verwendung des Begriffs „quanten" außerhalb seines Gültigkeitsbereichs. Er hatte Recht: Der Verweis auf die Quantenphysik wird pseudowissenschaftlich, wenn er die Argumentation durch Anspielungen ersetzt.

Das bedeutet nicht, die physikalischen Grundlagen des Lebens zu leugnen, sondern anzuerkennen, dass das biologische Feld auf einer anderen beschreibenden Ebene operiert, auf der die Stabilität der Formen, die kollektive Regulierung und die funktionale Kohärenz zählen. Es mit einem direkten Quantenphänomen zu verwechseln, kommt dem Einsatz eines Mikroskops zur Orientierung in einer Stadt gleich: ein faszinierendes Instrument, aber für diesen Zweck ungeeignet.

Wichtig ist auch, das biologische Feld von einer bloßen sprachlichen Metapher zu unterscheiden. Es ist keine elegante Umschreibung für „Kontext" oder „inneres Umfeld". Wäre dies der Fall, würde es nichts zum Verständnis der Phänomene beitragen. Um wissenschaftliche Gültigkeit zu besitzen, muss das Feld beobachtbare Konsequenzen mit sich bringen: Formstabilität, Regenerationsfähigkeit, Grenzen der möglichen Variationen. Wenn es nur noch ein suggestives Wort bleibt, hört es auf, ein Konzept zu sein, und wird zur Rhetorik.

Schließlich ist das biologische Feld keine erkenntnistheoretische Abkürzung, um experimentelle Arbeit zu umgehen. Es dient nicht dazu, Wissenslücken mit vagen Aussagen zu füllen. Im Gegenteil, es ist ein anspruchsvolles

Konzept: Es verlangt Modelle, Vorhersagen und Vergleiche mit Daten. Wie der britische Biologe Peter Medawar 1967 bemerkte: *„Schlechte Erklärungen sind solche, die alles und damit nichts erklären.“*

Zu klären, was ein biologisches Fachgebiet nicht ist, bedeutet paradoxerweise, seine Tragweite zu stärken. Befreit von mystischen Verkrustungen und sprachlichen Missbräuchen kann das Fachgebiet wieder zu dem werden, was es verspricht: ein strenges konzeptionelles Instrument, um die Organisation des Lebendigen zu durchdenken, ohne dessen Komplexität zu verraten.

Vom Gleichgewicht zum Zeichen: Langsame Geschichten schwieriger Ideen.

Die Geschichte der Biologie schreitet nicht nur durch plötzliche Entdeckungen voran, sondern auch durch ungewisse Begriffe, Konzepte, die lange Zeit an der Schwelle zwischen dem Aussprechen und dem Verstehen verharren. Ideen, die vage, manchmal verdächtig erscheinen, bevor sie unverzichtbar werden. Die Biologie gehört zu dieser Genealogie. Um ihr mögliches Schicksal zu verstehen, lohnt es sich, zwei berühmte Beispiele zu betrachten, die Jahrzehnte der Mehrdeutigkeit durchlaufen haben, bevor sie einen präzisen Platz fanden: die Homöostase und die Epigenetik.

Als Walter Bradford Cannon 1926 in Harvard den Begriff „Homöostase“ prägte, war die Absicht klar, doch das Terrain tückisch. Die Fähigkeit von Organismen, relativ stabile innere Bedingungen aufrechtzuerhalten, zu beschreiben, schien vielen Physiologen eine elegante Art zu sein, die Unkenntnis über die tatsächlichen Mechanismen zu verschleiern. In einer Rezension, die 1933 in *Science* erschien, bemerkte ein Kollege ironisch, dass die Homöostase *„dazu neigte, ein neuer Name für ein altes Rätsel zu werden“*. Er hatte nicht ganz Unrecht: Jahrelang schwankte das Konzept zwischen Erklärung und Beschreibung, zwischen Organisationsprinzip und einfacher empirischer Feststellung.

Doch im Laufe der Zeit erwies sich die Homöostase gerade deshalb als fruchtbar, weil sie sich nicht auf einen einzigen Mechanismus reduzieren ließ. Sie war weder eine Pumpe noch ein spezifischer Kreislauf, sondern eine Logik der verteilten Regulierung. Ihre Stärke lag darin, verschiedene Phänomene – vom Blutzucker bis zur Körpertemperatur – unter einem gemeinsamen Prinzip zu vereinen. Erst später, mit der Entwicklung der Kybernetik und der Rückkopplungssysteme, fand dieses Konzept geeignete Instrumente, um formalisiert zu werden, ohne an Allgemeingültigkeit zu verlieren.

Ein ähnliches, aber noch wechselhafteres Schicksal ereilte *die Epigenetik.* Als Conrad Hal Waddington in den 1940er Jahren in Cambridge von einer *„epigenetischen* Landschaft" sprach und Hügel und Täler zeichnete, um die Embryonalentwicklung darzustellen, warfen ihm viele Genetiker vor, Metaphern anstelle von Genen zu verwenden. Seine Sprache schien der Kunst näher zu stehen als der harten Wissenschaft. Und doch enthielt diese Metapher eine entscheidende Intuition: dass es zwischen Genotyp und Phänotyp einen Regulationsraum gebe, der sich nicht auf die DNA-Sequenz reduzieren lasse.

Jahrzehntelang blieb die Epigenetik ein Niemandsland. Zu konkret für die Philosophie, zu theoretisch für die aufkommende Molekulargenetik. Erst gegen Ende des 20. Jahrhunderts, mit der Entdeckung der Mechanismen der DNA-Methylierung und der Histonmodifikationen, wurde der Begriff „rehabilitiert". Doch zu einem Preis: der Einschränkung seiner Bedeutung. Viele Biologen verwenden den Begriff „epigenetisch" heute im technischen, fast chemischen Sinne und vergessen dabei die ursprüngliche Tragweite von Waddingtons Idee. Ein paradoxes Schicksal: Um akzeptabel zu werden, musste das Konzept einen Teil seines Anspruchs aufgeben.

Die Biologie befindet sich in einer ähnlichen, aber nicht identischen Position. Wie die Homöostase betrifft sie die globale Stabilität des Organismus; wie die Epigenetik befasst sie sich mit dem Problem der Form und der Regulation, ohne diese auf lokale Anweisungen zu reduzieren. Doch im Gegensatz zu beiden ist dieses Fachgebiet nicht entstanden, um eine spezifische mechanistische Lücke zu schließen. Es entstand vielmehr als Versuch, eine organisatorische Dimension zu benennen, die zutage tritt, wenn lineare Erklärungen an ihre Grenzen stoßen.

Die Geschichte mahnt zur Vorsicht und Geduld. Grenzbegriffe klären sich nicht schnell. Sie durchlaufen Phasen des Missbrauchs, der Ablehnung und der erzwungenen Reduktion. Eine Anekdote der Wissenschaftshistorikerin Evelyn Fox Keller erinnert daran, dass während eines Seminars am MIT in den frühen 1980er Jahren ein Forscher die Epigenetik als *„ein elegantes Wort für das, was wir noch nicht messen* können“ bezeichnete. Heute steht genau dieses Wort im Mittelpunkt der Entwicklungsbiologie und der Medizin.

Der entscheidende Unterschied liegt in der Art und Weise, wie diese Konzepte behandelt werden. Wenn sie als rhetorische Lückenfüller verwendet werden, werden sie brüchig. Wenn sie hingegen als offene Probleme betrachtet werden, die die Forschung leiten können, ohne den Anspruch zu erheben, sie abzuschließen, können sie reifen. Das Feld der Biologie erfordert, wie zuvor schon die Homöostase und die Epigenetik, Zeit, geeignete Instrumente und eine strenge sprachliche Disziplin. Es verspricht keine schnellen Lösungen, sondern eine neue Grammatik zur Beschreibung des Lebendigen.

Das Feld als Struktur der Möglichkeiten.

Es gibt ein Paradoxon, das die Erforschung lebender Organismen seit jeher begleitet: Ihre verlässliche Regelmäßigkeit geht Hand in Hand mit einer überraschenden Elastizität. Ein Embryo durchläuft erkennbare Entwicklungsstadien und ist dennoch in der Lage, Fehler zu korrigieren; ein Gewebe behält seine Identität bei, kann sich aber umgestalten; ein Organismus widersteht Störungen, ohne sich zu versteifen. Die Rede vom biologischen Feld als Struktur der Möglichkeiten entspringt genau hier: aus dem Versuch zu beschreiben, wie das Leben seine Form bewahrt, ohne in einem starren Schema gefangen zu sein.

Die Idee ist nicht, dass der Organismus eine bereits bis ins Detail vorgegebene Form „enthält", sondern dass er innerhalb eines strukturierten Raums der Möglichkeiten agiert, in dem manche Konfigurationen stabil, andere unwahrscheinlich und wieder andere schlichtweg unmöglich sind. Das Feld schreibt in diesem Sinne keine konkreten Ergebnisse vor: Es grenzt ein, gibt Orientierung und macht plausibel. Es ist eher eine Grammatik als ein Drehbuch.

Eine in Seminaren zur Entwicklungsbiologie oft zitierte Episode, die bereits in den 1960er Jahren einiges Aufsehen erregte, betrifft die Salamander der Gattung Ambystoma, die in den Labors der Universität von Indiana untersucht wurden. Wenn ein Glied amputiert wird, entsteht bei der Regeneration keine zufällige Zellmasse, sondern es bildet sich eine Pfote wieder, die in Größe und Proportionen stimmig ist. Nicht, weil jede Zelle für sich genommen „weiß", was sie zu tun hat, sondern weil das gesamte System innerhalb eines Feldes operiert, das bestimmte formale Lösungen stabilisiert und andere ausschließt. Anstelle einer Pfote wächst weder eine Hand noch eine unendliche Pfote. Die Form ergibt sich als wahrscheinliches Ergebnis, nicht als zentraler Befehl.

Hier ist der Begriff der Stabilität mit Vorsicht zu verstehen. Er bedeutet nicht Unbeweglichkeit. Es handelt sich vielmehr um dynamische Robustheit. Ein Organismus bleibt er selbst, nicht weil er sich nicht verändert, sondern weil er sich innerhalb von Grenzen verändert, die seine Organisation bewahren. Im Jahr 1975 bemerkte der Zellbiologe Paul Weiss während einer Konferenz in Woods Hole mit einem unter Fachleuten berühmt gewordenen Bonmot: *„Das Leben verteidigt keinen Zustand, es verteidigt eine Beziehung.“* Dieser Satz fasst den Sinn des Feldes als Struktur der Möglichkeiten gut zusammen: Was stabil bleibt, ist nicht die Materie, sondern die Kohärenz der Beziehungen.

Auch die biologische Regulation verliert aus dieser Perspektive den Charakter einer „Kaskadenkontrolle“. Es gibt keinen Dirigenten, der in den Genen oder im embryonalen Gehirn verborgen ist. Die Regulation findet statt, weil das Feld bestimmte Abweichungen selbstkorrigierend gestaltet. Wenn ein Teil zu stark abweicht, muss der Organismus nicht „entscheiden“, was zu tun ist: Er kehrt auf natürliche Weise in eine kompatible Konfiguration zurück. Dieses Verhalten erinnert eher an Architektur als an Präzisionsingenieurwesen. Wie bei den großen gotischen Kathedralen – Chartres wird von Kunsthistorikern oft als Beispiel dafür angeführt – entsteht Stabilität durch die Verteilung der Kräfte, nicht durch eine einzelne wundersame Säule.

Das Feld als Struktur der Möglichkeiten zu betrachten, hilft auch dabei, ein häufiges Missverständnis zu vermeiden: nämlich die Form mit einem ästhetischen oder geometrischen Ergebnis zu verwechseln. In der Biologie ist die Form immer funktional, jedoch nicht im unmittelbar utilitaristischen Sinne. Sie ist funktional, weil sie langfristig tragfähig ist, weil sie

Energieschwankungen, molekulares Rauschen und Umweltbelastungen standhalten kann. Das Feld wählt Formen aus, die biologisch „standhalten“, noch bevor sie im evolutionären Sinne vorteilhaft sind.

In diesem Zusammenhang ist Stabilität kein Hemmnis für Innovation, sondern deren Voraussetzung. Nur ein ausreichend stabiles System kann sich Variationen leisten, ohne zusammenzubrechen. Das Feld erstickt das Mögliche nicht: Es organisiert es, macht es bewohnbar. Es ist eine weniger mechanische und weniger romantische, aber vielleicht realistischere Sichtweise auf das Leben: das Leben als offenes Gleichgewicht zwischen Zwang und Freiheit.

VI. Information, die Gestalt annimmt.

Während das vorangegangene Kapitel die Idee des biologischen Feldes als organisierende Realität eingeführt hat, geht dieses sechste Kapitel einen weiteren und in gewisser Weise heikleren Schritt: Es klärt, was wir wirklich unter Information verstehen, wenn wir vom Leben sprechen. Das ist kein terminologisches Detail. Es ist der Punkt, an dem viele wissenschaftliche Metaphern – zwar kraftvoll, aber oft irreführend – an ihre Grenzen stoßen.

In der Umgangssprache und in vielen populärwissenschaftlichen Darstellungen wird biologische Information immer noch als eine Ansammlung von Daten, Anweisungen oder Codes beschrieben: die DNA als Software, die Zelle als Computer, der Organismus als programmierte Maschine. Diese Metapher war historisch gesehen von großem Nutzen, weist heute jedoch offensichtliche Risse auf. Daten allein bewirken nichts. Sie können kopiert, übertragen und archiviert werden. Das Leben hingegen organisiert sich, erhält sich selbst und wandelt sich. Dieses Kapitel soll diesen entscheidenden Unterschied in den Fokus rücken.

Die Grundthese ist nur scheinbar einfach: Biologische Information ist kein Objekt, sondern eine Beziehung, die in der Materie dauerhaft Form annimm . Sie steuert das Leben nicht von außen wie ein abstrakter Code, sondern entsteht und wirkt aus dem Inneren der Lebensprozesse heraus. Sie ist Information, weil sie den Unterschied ausmacht; sie ist verkörpert, weil sie niemals getrennt von der Struktur existiert, die sie verwirklicht.

Im Gesamtkontext des Buches nimmt dieses Kapitel eine verbindende Funktion ein. Nachdem in den vorangegangenen Teilen die Grenzen des biochemischen Reduktionismus und die Bedeutung von Kohärenz und Feldern aufgezeigt wurden, wird hier verdeutlicht, was innerhalb dieser Felder zirkuliert, sich stabilisiert und verwandelt. Keine undefinierte Energie, keine digitalen Anweisungen, sondern informative Konfigurationen, die zugleich Form, Dynamik und biologische Bedeutung sind.

Auf der kritischen Linie gegenüber der Informatik-Metapher steht der Physiologe Denis Noble, einer der Protagonisten der postgenomischen Debatte, wenn er unmissverständlich feststellt: *„Es gibt kein Programm in der* DNA." Das Genom ist aus dieser Perspektive keine in sich geschlossene Gebrauchsanweisung, sondern eine Ressource, die erst innerhalb eines Netzwerks zellulärer, geweblicher und umweltbezogener Interaktionen Sinn erhält.

Dieses Kapitel greift noch nicht auf die klinischen oder kognitiven Implikationen vor, die später noch näher erläutert werden. Es beschränkt sich bewusst darauf, Ordnung in einen überstrapazierten Begriff zu bringen und aufzuzeigen, warum das Sprechen von Information in der Biologie bedeutet, von aktiven Formen zu sprechen, von Organisationen, die sich über die Zeit hinweg aufrechterhalten und die sich gerade deshalb weiterentwickeln, lernen und manchmal auch auflösen können.

Wachsen ohne Anleitung: Der Embryo als sich organisierendes Feld.

Wenn wir wirklich verstehen wollen, was es bedeutet, dass Leben verkörperte Information ist, gibt es kein aufschlussreicheres Gebiet als die Embryonalentwicklung. Hier, in den ersten Stunden und Tagen nach der Befruchtung, zeigt die Biologie am deutlichsten eine Tatsache, die für jede mechanistische Sichtweise unbequem ist: Die Form wird nicht ausgeführt, sondern nimmt Gestalt an.

Der Embryo folgt keinem detaillierten Entwurf, wie ein Haus, das anhand einer technischen Zeichnung gebaut wird. Vielmehr gleicht er einem Prozess, der sich schrittweise orientiert, wobei sich einige Möglichkeiten festigen und andere verfallen. Die Zellen teilen sich, wandern, ändern ihre Funktion, tun dies jedoch ohne ein Kommandozentrum, das ihnen vorschreibt: „Werde jetzt zur Leber“ oder „Werde jetzt zur Netzhaut“. Und doch entsteht mit erstaunlicher Zuverlässigkeit ein in sich schlüssiger Organismus.

Bereits in den 1930er Jahren zeigte der deutsche Embryologe Hans Spemann, Nobelpreisträger von 1935, dass bestimmte Regionen des Embryos keine vorgefertigte Form enthalten, sondern Organisationsprozesse im umgebenden Gewebe anregen. Sie geben keine detaillierten Anweisungen weiter: Sie schaffen Bedingungen. Das ist ein subtiler, aber entscheidender Unterschied. Die Information liegt nicht im Endergebnis, sondern in der Fähigkeit, einen kollektiven Prozess zu lenken.

Aus dieser Perspektive ist verkörperte Information nicht etwas, das wie eine versiegelte Botschaft „in“ einer Zelle „steckt“. Sie ist eine Beziehung, die sich im Raum und in der Zeit des Embryos ausdehnt und chemische Gradienten, mechanische Spannungen, Teilungsrhythmen sowie geometrische Zwänge einbezieht. Die Form entsteht, weil das System als Ganzes Konfigurationen erkennt und stabilisiert, die mit seiner eigenen Kohärenz vereinbar sind.

Der theoretische Biologe Stuart Kauffman hat in seinen Überlegungen zur Morphogenese diesen Punkt mit Worten ausgedrückt, die stark mit der Idee des Feldes im Einklang stehen: *„Organismen werden nicht nach einem Entwurf konstruiert; sie organisieren sich selbst innerhalb von Möglichkeitenräumen.*“ Die Embryonalentwicklung wird so zum natürlichen Labor, in dem man beobachten kann, wie Information Fleisch wird, ohne sich jemals von der Materie zu trennen, die sie zum Ausdruck bringt.

Diese Sichtweise hilft auch zu verstehen, warum der Embryo über eine bemerkenswerte Regulationsfähigkeit verfügt. Werden einige Zellen entfernt oder beschädigt, scheitert der Prozess nicht : Oft reorganisiert er sich. Nicht, weil das „Programm“ redundant wäre, sondern weil die Information verteilt ist, verkörpert im Feld der Beziehungen. Die endgültige Form ist kein vorgegebenes Ziel, sondern ein dynamischer Attraktor.

In diesem Sinne verdeutlicht die Embryonalentwicklung einen der zentralen Punkte des Kapitels: Biologische Information geht der Form weder als abstrakte Idee voraus, noch folgt sie ihr als bloße Beschreibung. Sie fällt mit dem Prozess selbst zusammen, der die Form hervorbringt. Der Embryo wendet Information nicht an: Er lebt sie.

Denn das Leben lässt sich nicht wie ein digitales System „neu starten“.

Eine der hartnäckigsten Illusionen der zeitgenössischen Biologie entsteht aus der – oft impliziten – Gegenüberstellung mit digitalen Technologien. Ein Computer stürzt ab, man startet ihn neu; eine Datei wird beschädigt, man stellt sie aus einer früheren Kopie wieder her. Aber so funktioniert das Leben nicht, und dieses Kapitel – im Zentrum der Reflexion über verkörperte Information – findet in der Unumkehrbarkeit der Zeit seinen überzeugendsten Beweis.

Ein lebender Organismus durchläuft die Zeit nicht wie ein neutraler Träger, über den Daten fließen. Es ist die Zeit selbst, die in seine Struktur eindringt, sich in der Form, im Gewebe und in den Entwicklungsverläufen festsetzt. Jeder erlebte Augenblick verändert das Informationsfeld des Organismus und hinterlässt Spuren, die nicht gelöscht werden können, ohne das System zu zerstören, das sie trägt. Biologische Information ist gerade weil sie verkörpert ist, immer auch Geschichte.

An diesem Punkt versagt die Metapher der Informatik endgültig. Ein digitales System kann in einen früheren Zustand zurückkehren, weil die Information vom Träger getrennt werden kann. Ein Organismus hingegen ist seine eigene Information im Laufe der Zeit. Es gibt kein „Vorher", das anderswo gespeichert ist und von dem aus man neu beginnen könnte. Auch wenn eine Wunde heilt, kehrt man nicht in den Ausgangszustand zurück: Man geht weiter, mit einer neuen Konfiguration.

Bereits 1944 hatte Erwin Schrödinger in seinem berühmten *Werk „What Is Life?*" einen wesentlichen Aspekt dieser zeitlichen Asymmetrie erfasst, indem er vom Leben als einem System sprach, das sich von „negativer Entropie" ernährt. Abgesehen von der heute veralteten Sprache bleibt die Intuition kraftvoll: *„Ein lebender Organismus erhält seine Ordnung aufrecht, indem er die Unordnung* seiner *Umgebung erhöht.*" Dieser Austausch ist nicht umkehrbar. Jeder Akt der Formerhaltung hat einen zeitlichen Preis, der nicht rückgängig gemacht werden kann.

Biologische Information ist also nicht nur eine räumliche Beziehung, sondern ein zeitlicher Prozess, der Spuren hinterlässt. Denken wir an die Reifung eines Nervensystems, an frühkindliche Prägung oder auch nur an die Zellalterung. In all diesen Fällen wird die Information nicht „ausgeführt" und anschließend gespeichert: Sie wird in die Materie eingebettet und verändert deren zukünftige Möglichkeiten für immer. Ein

Neustart würde bedeuten, die Geschichte zu löschen, aber die Geschichte zu löschen kommt der Auslöschung des Organismus gleich.

Deshalb kann Leben im eigentlichen Sinne des Wortes nicht geklont werden, selbst wenn die DNA identisch ist. Wie der französische Biologe Henri Atlan in seinen Überlegungen zu komplexen Systemen feststellte: „*Die Information, die zählt, ist nicht die, die sich wiederholt, sondern die, die sich wandelt.*" Und diese Wandlung findet per Definition nur einmal statt.

In diesem Licht betrachtet ist die zeitliche Irreversibilität keine Grenze des Lebens, sondern seine Möglichkeitsbedingung. Ohne Zeit, die in eine einzige Richtung fließt, gäbe es keine Entwicklung, kein Lernen, keine Anpassung. Verkörperte Information ist immer Information, die stattgefunden hat, nicht einfach nur bewahrte Information. Und genau aus diesem Grund ist jeder Organismus einzigartig: nicht, weil er besondere Daten enthält, sondern weil er eine Zeit durchlaufen hat, die kein anderer jemals auf dieselbe Weise nachverfolgen kann.

Von der Physik zum Bewusstsein: die konzeptuelle Reise der Information.

Es gibt Konzepte, die nicht nur einer einzigen Disziplin angehören, sondern als epistemologische Brücken fungieren: Sie ermöglichen den Dialog, ordnen Probleme neu und verändern die Art und Weise, wie Fragen gestellt werden. Die Information ist im Kontext der Feldbiologie eines davon. Nicht, weil sie alles erklärt – universelle Erklärungen sind immer verdächtig –, sondern weil sie verschiedene Wissenschaften dazu zwingt, sich damit auseinanderzusetzen, was sie wirklich unter „Realität" verstehen.

In der Physik gewann die Information erst dann wirklich an Bedeutung, als man erkannte, dass sie nicht nur eine Art der

Beschreibung von Systemen war, sondern etwas, das deren Verhalten bestimmte. Ende der 1980er Jahre wurde in den Fluren des *„Los Alamos National* Laboratory“ lebhaft darüber diskutiert, ob Information eine physikalische Größe im eigentlichen Sinne oder lediglich eine praktische Abstraktion sei. Der Physiker Rolf Landauer setzte mit einem berühmt gewordenen Satz einen Schlussstrich: *„Information is physical.*“ Damit meinte er nicht, dass Information ein „Ding“ sei, sondern dass sie ohne einen Träger, ohne einen Prozess und ohne Kosten nicht existiere. Eine Erkenntnis, die die Biologie oft nur halbherzig verinnerlicht hat.

Wenn wir uns nämlich dem Lebendigen zuwenden, hört Information auf, neutral zu sein. Sie beschreibt nicht einfach nur, was geschieht: Sie ist Teil dessen, was geschieht. Hier kommt die Erkenntnistheorie ins Spiel. In der Biologie bedeutet das Sprechen über Information, sich zu fragen, wer interpretiert, wie und auf der Grundlage welcher Rahmenbedingungen. Ein chemisches Signal, eine räumliche Verteilung, eine rhythmische Schwankung sind an sich keine Information: Sie werden erst innerhalb eines Systems zur Information, das in der Lage ist, ihnen eine operative Bedeutung zu geben.

Dies ist der Berührungspunkt mit der Philosophie des Geistes. In den 1990er Jahren wies der amerikanische Philosoph John Searle gerne darauf hin, dass es nicht ausreicht, Symbole zu manipulieren, um Bedeutung zu erzeugen. Information bleibt ohne ein Subjekt – oder zumindest ein System –, das sie verkörpert, stumm. Die Feldbiologie nimmt diese Beobachtung ernst, radikalisiert sie jedoch: Jeder Organismus ist bereits in embryonaler Form ein Subjekt der Bedeutung, da er ein Zentrum der Informationsintegration ist.

Eine in europäischen Kybernetikkreisen oft erzählte Anekdote handelt von einem informellen Treffen zwischen Biologen und Philosophen in Wien in den frühen 1970er Jahren. Während einer Kaffeepause fragte jemand, ob das Gehirn Informationen wie eine Bibliothek „speichere“. Der Neurobiologe Walter Freeman, bekannt für seine Studien zu dynamischen Gehirnmustern, antwortete lächelnd: „*Nein, das Gehirn tanzt die Information.*“ Eine unvollkommene, aber aufschlussreiche Metapher: Information ist kein mentales Objekt, sondern ein in der Zeit strukturiertes Ereignis.

Aus dieser Perspektive wird die Information zum Schnittpunkt dreier Traditionen: der Physik, die sie als Beschränkung und Möglichkeit betrachtet; der Biologie, die sie als in Prozessen stabilisierte Form erlebt; und der Philosophie des Geistes, die sie als Bedingung der Bedeutung hinterfragt.

Es ist kein Zufall, dass so unterschiedliche Denker wie Gilbert Simondon in Frankreich und Thomas Metzinger in Deutschland – aus entgegengesetzten Blickwinkeln – darauf bestanden haben, dass wir den Geist nicht ohne eine Theorie der Prozesse verstehen können, die ihn hervorbringen. Die Information, verstanden nicht als Inhalt, sondern als operative Beziehung, ermöglicht es, zwei Klippen zu umschiffen: den materiellen Reduktionismus und das immaterielle Mysterium.

Aus epistemologischer Sicht bedeutet dies auch, einen Statuswechsel der wissenschaftlichen Erklärung anzuerkennen. Wir erklären das Leben nicht mehr, indem wir sagen, „woraus es besteht“, sondern wie es sich organisiert und seinen inneren Sinn aufrechterhält. Die Information schließt die Diskussion nicht ab: Sie eröffnet sie. Sie fungiert als unvollkommene, aber unverzichtbare Verkehrssprache zwischen Disziplinen, die sonst unkommunizierbar blieben.

Letztendlich stellt die Feldbiologie eher eine kulturelle als eine wissenschaftliche Herausforderung dar: dass Information das Konzept sein könnte, durch das wir Natur, Leben und Geist gemeinsam neu denken können, ohne sie aufeinander zu reduzieren. Kein neues Dogma, sondern ein gemeinsamer Raum der Hinterfragung.

Wer beobachtet wen? Der Beobachter zwischen Labor und gelebtem Leben.

Jede Biologie beginnt mit einem Blick. Ein eingeschaltetes Mikroskop, ein aufgeschlagenes Notizbuch, eine gut formulierte Frage. Doch wenn das Objekt dieses Blicks ein lebender Organismus ist, geschieht etwas Einzigartiges: Wir stehen vor Systemen, die nicht nur beobachtet werden, sondern die auf ihre Weise sich selbst beobachten. Genau hier zeigt das Konzept der verkörperten Information eine seiner fruchtbarsten Spannungen: die zwischen der äußeren Beobachtung durch die Wissenschaft und der inneren Selbstbezugnahme des Lebens.

Im Labor arbeitet der wissenschaftliche Beobachter nach dem Prinzip der Trennung. Er isoliert Variablen, kontrolliert Bedingungen, übersetzt Prozesse in Messwerte. Das ist eine wirkungsvolle Herangehensweise, die zu außergewöhnlichen Ergebnissen geführt hat. Doch wie Claude Bernard bereits im Paris der Mitte des 19. Jahrhunderts feststellte: *„Das Leben entgleitet einem, sobald man es zu sehr zerlegt.*" Bernard stellte das Experiment nicht in Frage, sondern erinnerte daran, dass der Organismus auf den Akt der Beobachtung selbst reagiert, da er ein von innen reguliertes System ist.

Hier kommt eine entscheidende Unterscheidung ins Spiel. Die wissenschaftliche Beobachtung ist hetero-bezogen: Das Gültigkeitskriterium liegt außerhalb des beobachteten Systems. Die biologische Selbstbezüglichkeit hingegen ist konstitutiv: Ein Organismus lebt, weil er eine kontinuierliche Beziehung zu sich selbst aufrechterhält und seine internen Informationen im Hinblick auf das Überleben aktualisiert. Er „weiß" nicht, dass er beobachtet wird, sondern beobachtet sich ständig selbst, im operativen Sinne des Wortes.

In den 1960er Jahren, in einem von starken sozialen Spannungen geprägten Chile, gelangten die Biologen Humberto Maturana und Francisco Varela zu dieser Erkenntnis, als sie die Wahrnehmung in Nervensystemen untersuchten. Ihre Idee der

Autopoiesis – die 1972 offiziell vorgestellt wurde – entstand auch aus einer verblüffenden empirischen Beobachtung: Das Nervensystem registriert die Welt nicht so, wie sie ist, sondern erzeugt kontinuierlich eine innere Kohärenz. Wie „ “ Maturana in einem Vortrag in Santiago mit einem Satz sagte, *der* berühmt geworden ist: *„Alles, was gesagt wird, wird von einem Beobachter gesagt.*“ Doch im Lebendigen ist dieser Beobachter bereits Teil des Systems.

Diese Fähigkeit zur Selbstreferenz war bereits zu Beginn des 20. Jahrhunderts vom baltischen Biologen Jakob von Uexküll in überraschend moderner Form intuitiv erkannt worden. Bei der Untersuchung einfacher Tiere führte er das Konzept der Umwelt ein: Jeder Organismus lebt in einer bedeutungsvollen Welt, die nicht mit der des menschlichen Beobachters übereinstimmt. Es gibt keine einzige biologische Realität, sondern eine Vielzahl von Welten, in deren Mittelpunkt der Organismus steht.

Aus der Perspektive der Feldbiologie hat dies eine subtile, aber entscheidende erkenntnistheoretische Konsequenz: Der wissenschaftliche Beobachter beschreibt Informationsfelder, während der Organismus diese bewohnt und erzeugt. Die beiden Perspektiven stehen nicht im Widerspruch zueinander, lassen sich aber auch nicht überlagern. Sie zu verwechseln führt zu konzeptionellen Fehlern: Entweder wird der Organismus auf eine reaktive Maschine reduziert, oder der Wissenschaft wird eine Subjektivität zugeschrieben, die ihr nicht zusteht.

Das Leben als verkörperte Information ist stets auf sich selbst ausgerichtet, selbst in seinen einfachsten Formen. Ein Bakterium, das seinen Stoffwechsel reguliert, „weiß“ nichts im menschlichen Sinne des Wortes, trifft jedoch Unterscheidungen, die für es von Bedeutung sind. Dies ist der kleinste gemeinsame Nenner zwischen Biologie und Geist: nicht das reflektierende Bewusstsein, sondern die Fähigkeit, Informationen auf eine operative Identität zu beziehen. In diesem Sinne ist der Beobachter kein Eindringling in den biologischen Diskurs, sondern ein Bezugspunkt. Die Wissenschaft beobachtet das Leben; das Leben erhält sich selbst, indem es sich selbst beobachtet. Zwischen diesen beiden Ebenen spielt sich ein Großteil der Schwierigkeit – und des Reizes – einer Biologie ab, die wirklich über den Reduktionismus hinausgehen will.

Wenn Information die Art des Erkennens verändert.

Es gab einen Moment in der zweiten Hälfte des 20. Jahrhunderts, in dem die Wissenschaft begann, ein scheinbar harmloses Wort – Information – zu verwenden, um etwas radikal Neues über die Welt auszusagen. Es ging nicht mehr nur darum, zu messen, zu wiegen und zu quantifizieren. Es ging darum zu verstehen, wie Ordnung erhalten bleibt, weitergegeben wird und Gestalt annimmt – auch entgegen der natürlichen Tendenz zur Unordnung. Seitdem ist die Erkenntnistheorie – die Art und Weise, wie die Wissenschaft das, was sie erkennt, denkt – nicht mehr dieselbe.

Die Geschichte beginnt an einem unerwarteten Ort: in der Thermodynamik. In den 1940er Jahren, als Europa sich mühsam vom Krieg erholte, begannen Physiker wie Leo Szilard und Léon Brillouin, sich mit einem uralten Paradoxon auseinanderzusetzen: Wie kann ein System Ordnung erzeugen, ohne gegen den zweiten Hauptsatz der Thermodynamik zu verstoßen? Der berühmte „Maxwellsche Dämon“, der bereits im 19. Jahrhundert herangezogen worden war, trat nun in einem neuen Licht in Erscheinung. Szilard vermutete, dass der Akt des Erkennens – Unterscheiden, Messen, Auswählen – mit einem Energieaufwand verbunden ist. So hielt die Information Einzug in die Physik, nicht als Metapher, sondern als epistemische Größe.

Wenige Jahre später, im Jahr 1948, veröffentlichte Claude Shannon, der bei den Bell Labs in New Jersey tätig war, *„A Mathematical Theory of Communication*“. Sein Ziel war technischer Natur: die Effizienz der Telekommunikation zu verbessern. Doch die Konsequenzen waren philosophischer Art. Indem er Information als Verringerung der Unsicherheit definierte, trennte Shannon Information und Bedeutung klar voneinander. Eine methodologische, keine ontologische Entscheidung. Und doch sollte diese Trennung jahrzehntelang die Art und Weise beeinflussen, wie die Wissenschaft über Wissen, Geist und Leben sprach.

In denselben Jahren stellte sich Alan Turing in Cambridge die Frage, was es bedeutet, zu „denken". Sein berühmter Test definierte Intelligenz nicht anhand subjektiver Erfahrung, sondern anhand der kohärenten Verarbeitung symbolischer Informationen. So entstand eine computergestützte Sichtweise des Geistes, die die Philosophie und die Kognitionswissenschaften während eines Großteils der zweiten Hälfte des Jahrhunderts prägen sollte. Die Erkenntnistheorie verschob sich: Wissen bedeutete nicht mehr, die Welt widerzuspiegeln, sondern Informationen nach Regeln z . Und doch stimmte etwas nicht. 1944 hatte Erwin Schrödinger in einem kleinen Buch, das er während des Krieges in Dublin verfasste, eine Frage gestellt, die berühmt werden sollte: Was ist Leben? Seine Antwort war überraschend: Ein Organismus ist ein System, das sich von „negativer Entropie" ernährt. Heute würden wir sagen: Er bewahrt seine Form dank geordneter Informationsflüsse. Schrödinger sprach nicht von Genen als Codes, sondern von struktureller Stabilität im Laufe der Zeit und schlug damit eine Brücke zwischen Physik, Biologie und Erkenntnistheorie.

In den 1950er- und 1960er-Jahren weitete sich diese Kluft durch die Kybernetik aus. In New York diskutierten bei den berühmten *Macy-Konferenzen* Persönlichkeiten wie Norbert Wiener, Gregory Bateson und Margaret Mead über Rückkopplung, Regulation und Lernen. Hier änderte die Erkenntnistheorie ihren Kurs. Es reicht nicht mehr aus, sich zu fragen, ob eine Beschreibung wahr oder falsch ist. Man muss sich fragen: Für wen ist sie informativ? In welchem Kontext? Im Verhältnis zu welcher inneren Organisation? Diese Fragen werden auch in der Philosophie des Geistes der 1970er und 1980er Jahre zentral, als der Funktionalismus von Hilary Putnam seine Grenzen zu zeigen begann und den Weg für verkörpertere und situativere Konzepte der Kognition ebnete. Eine Anekdote, die ein niederländischer Wissenschaftsphilosoph erzählte, der in den 1980er Jahren sowohl Neurobiologielabore als auch Seminare zur analytischen Philosophie besuchte, vermittelt gut die Stimmung jener Zeit. „Wir sprachen alle von Information“, erinnerte er sich, *„aber wir sprachen nicht mehr über dasselbe.*“ Für die Physiker war sie ein Maß; für die Biologen eine organisatorische Funktion; für die Philosophen ein Sinnproblem. Genau diese Mehrdeutigkeit machte die Information zu einem epistemologisch fruchtbaren Begriff.

Im Kontext der Feldbiologie legt diese Geschichte eine klare Schlussfolgerung nahe: Information ist kein neutraler Vermittler zwischen Subjekt und Objekt, sondern ein Prinzip, das beide neu definiert. Wir kennen keine Welt mehr, die aus Dingen besteht, sondern aus Informationsprozessen, die sich in Formen stabilisieren. Das Leben „enthält“ in diesem Rahmen keine Information: Es ist Information, die einen Weg gefunden hat, in der Materie fortzubestehen.

Denn das Leben funktioniert nicht wie ein Computer.

Es gibt ein Bild, das die Biologie der zweiten Hälfte des 20. Jahrhunderts tief geprägt hat: das des Organismus als Maschine, die Informationen verarbeitet, der DNA als Software und der Zellen als hochentwickelter Hardware. Eine kraftvolle, verführerische und auf technischer Ebene äußerst produktive Metapher. Doch wie so oft läuft das, was anfangs zum Verständnis beiträgt, mit der Zeit Gefahr, zu einem verzerrenden Filter zu werden.

Die Informatik-Metapher entstand in einem ganz bestimmten historischen Kontext. Wir befinden uns in den 1950er- und 1960er-Jahren, als die ersten Computer ganze Räume einnahmen – wie der am MIT installierte IBM 7090 – und die Kybernetik eine gemeinsame Sprache für Maschinen, Gehirne und Gesellschaft versprach. In der Biologie von „Information" zu sprechen, bedeutete damals, in die Zukunft einzutreten, sich vom Vitalismus und von philosophischer Unbestimmtheit zu befreien. Doch der Preis dafür war hoch: Die Information wurde nach und nach auf Daten, auf diskrete Sequenzen, auf auszuführende Befehle reduziert.

Das Problem ist, dass Daten nicht leben. Sie sind abstrakte, austauschbare Einheiten, die unabhängig vom Kontext mit sich selbst identisch sind. Eine Datei bleibt auf einem Computer in Tokio oder Turin dieselbe. Ein Organismus hingegen nicht. Dieselbe „Information" hat unterschiedliche Auswirkungen, je nach dem Zustand des Systems, das sie empfängt, seiner Geschichte und seiner Umgebung. Information und Daten zu verwechseln bedeutet, diese grundlegende Dimension zu ignorieren: die Abhängigkeit vom Kontext und von der Form.

In den 1990er Jahren erzählte der britische Physiologe Denis Noble, der in Oxford an mathematischen Modellen des Herzens arbeitete, oft eine kuriose Anekdote. Während einer Konferenz fragte ihn ein Informatiker: *„Wo ist das Programm für den Herzschlag?*“ Noble antwortete mit einer verlegenen Pause und sagte dann: *„Es gibt kein Programm. Das Herz schlägt, weil es auf eine bestimmte Weise aufgebaut ist.*“ Nicht, um einen Code auszuführen, sondern aufgrund einer verteilten Dynamik, an der Zellen, Gewebe, elektrische Felder und mechanische Zwänge beteiligt sind. Die Information ist in diesem Fall nirgendwo niedergeschrieben: Sie ergibt sich aus der Organisation.

Die auf das Leben angewandte Informatikmetapher führt auch zu einem weiteren Missverständnis: der Vorstellung, dass Information der Materie vorausgeht und diese von außen steuert. Als wäre die DNA ein Text, den man lesen kann, und der Körper ein biologischer Drucker. Doch diese Sichtweise hält einer Überprüfung anhand der Fakten nicht stand. Bereits in den 1970er Jahren zeigten Studien der experimentellen Embryologie – wie jene, die in Neapel von Giuseppe Levi und seiner Schule durchgeführt wurden –, dass die Form eines Organismus von räumlichen und zeitlichen Wechselwirkungen abhängt und nicht von einer einfachen linearen Ausführung von Anweisungen.

Eine Datenangabe ist per Definition passiv. Biologische Information hingegen ist aktiv, performativ. Sie beschreibt nicht, was geschieht: Sie bewirkt, dass es geschieht. Hier hakt die Metapher aus der Informatik, denn in Computern ist die Bedeutung irrelevant. Eine Bitfolge funktioniert unabhängig davon, was sie „bedeutet“. Bei Organismen ist das anders. Wie der chilenische Biologe Humberto Maturana in den 1980er Jahren in Santiago feststellte: *„Was zählt, ist nicht das Signal an sich, sondern wie das System darauf reagiert.*“

Eine Anekdote, die von einer französischen Biologin gesammelt wurde, die in den 2000er Jahren in einem

Genomiklabor in Lyon arbeitete, ist aufschlussreich. Sie erzählt, wie zwei Zellen mit demselben Erbgut gegensätzlich auf denselben chemischen Reiz reagierten. „*Zuerst dachten wir an einen* Fehler“, sagte sie, „*dann wurde uns klar, dass wir die Information als Daten behandelten, und die Zellen sagten uns, dass sie keine waren.*“ Es gab keinen Fehler im System: Es gab eine lebendige Organisation, die interpretierte.

Die Kritik an der Informatik-Metapher bedeutet nicht, die Technologie oder die rechnergestützten Modelle abzulehnen. Sie bedeutet, sie in den richtigen Kontext zu stellen. Ein Modell kann simulieren, beschreiben, annähern. Aber das Leben „verarbeitet“ Informationen nicht wie eine Maschine: Es verkörpert sie, verwandelt sie in Struktur, Geste, Rhythmus. Alles auf Daten zu reduzieren bedeutet, das zu verlieren, was einen Organismus lebendig macht: seine Fähigkeit, Sinn zu stiften, Kohärenz zu wahren, kreativ zu reagieren.

Aus dieser Perspektive schlägt die Feldbiologie einen Perspektivwechsel vor. Information ist keine zu entschlüsselnde Sequenz, sondern eine Beziehung, die Gestalt annimmt. Keine Botschaft, die sich fortbewegt, sondern eine Struktur, die sich stabilisiert. Die Abkehr von der Informatik-Metapher ist kein Rückschritt, sondern ein Akt epistemologischer Reife: die Erkenntnis, dass das Leben kein missverstandener Computer ist, sondern ein Phänomen, das neue Konzepte erfordert.

Denn ein Algorithmus weiß nicht, dass er lebt.

Jede Epoche begreift das Leben mit den Mitteln, die ihr zur Verfügung stehen. Im 17. Jahrhundert war es die Uhr, im 20. Jahrhundert die thermodynamische Maschine, heute ist es der Computer. Es überrascht daher nicht, dass im Zeitalter der künstlichen Intelligenz der Organismus oft als ein besonders ausgeklügeltes Rechensystem beschrieben wird. Doch dieser Vergleich, so eindrucksvoll er auch sein mag, zeigt schon bald seine Schwächen. Denn die Informationen, die eine Maschine berechnet, sind nicht dieselben Informationen, die ein Organismus erlebt.

Im Jahr 1956, während des berühmten *„Dartmouth Summer Research Project on Artificial* Intelligence“, stellten sich John McCarthy und Marvin Minsky Maschinen vor, die im Prinzip zu allem fähig waren, was ein menschlicher Verstand leistet. Der Optimismus war ansteckend. In denselben Jahrzehnten sprach man in den Labors der Molekularbiologie vom „Ablesen“, „Transkribieren“ und „Übersetzen“ des genetischen Codes. Die lebende Welt schien endlich wie eine formale Sprache entschlüsselbar zu sein.

Doch siebzig Jahre später offenbart der Vergleich zwischen künstlicher Intelligenz und biologischer Intelligenz einen radikalen Unterschied, der über die Rechenleistung hinausgeht. Die KI manipuliert Symbole, auch wenn sie dies auf überraschend effektive Weise tut. Der Organismus hingegen ist in das eingebunden, was er wahrnimmt. Information ist für ein Lebewesen niemals neutral: Sie hat einen lebenswichtigen Wert, lenkt das Handeln und verändert die Form.

Eine Anekdote, die ein italienischer Forscher erzählte, der lange Zeit zwischen Mailand und Boston auf dem Gebiet *des „Machine* Learning“ tätig war, ist bezeichnend. Bei einem Test zum maschinellen Sehen erkannte ein System ein menschliches Gesicht perfekt, selbst wenn das Bild verzerrt oder unvollständig war. *„Besser als* wir“, kommentierte jemand. Der Forscher erwiderte: *„Ja, aber es weiß nicht, was es bedeutet, diesem Blick zu begegnen.*“ Die Maschine klassifizierte; der Mensch ging eine Beziehung ein.

Genau darin liegt der springende Punkt. Die berechnete Information befindet sich außerhalb des Systems, das sie verarbeitet: Sie kann übertragen, kopiert oder gelöscht werden, ohne ontologische Konsequenzen zu haben. Ein Algorithmus leidet nicht, wenn er Daten verliert. Biologische Information hingegen ist intrinsisch: Sie fällt mit dem Zustand des Organismus selbst zusammen. Wenn ein Tier eine Gefahr wahrnimmt, „trifft" die Information nicht einfach ein: Sie äußert sich in Körperhaltung, Muskelspannung und hormonellen Veränderungen. Es ist Information, die Gestalt annimmt.

Bereits in den 1980er Jahren betonte der Neurowissenschaftler Gerald Edelman, Nobelpreisträger für Medizin von 1972, diesen Punkt in seinen Vorlesungen in La Jolla: Das Gehirn funktioniert nicht wie ein Computer, weil es Verarbeitung und Wert niemals voneinander trennt. Jeder kognitive Akt ist selektiv, kontextgebunden und mit der individuellen Geschichte des Organismus verknüpft. Eine künstliche Intelligenz kann eine Funktion optimieren; ein Lebewesen muss weiterbestehen.

Selbst wenn die KI adaptive Verhaltensweisen nachahmt – wie in den seit den 2010er Jahren entwickelten Systemen des *„Reinforcement* Learning" –, bleibt ein entscheidender Unterschied bestehen. Die „Belohnung" einer Maschine ist ein numerischer Parameter. Für einen Organismus steht die Fortdauer seiner eigenen Lebensform auf dem Spiel. Die Information ist hier nicht nur eine Eingabe unter vielen: Sie ist das, was die Kohärenz des biologischen Feldes aufrechterhält.

Eine wenig bekannte, aber bedeutende Begebenheit geht auf einen interdisziplinären Workshop zurück, der Anfang der 2000er Jahre in Santa Fe stattfand. Ein Evolutionsbiologe stellte fest: Wenn ein Roboter hinfällt, steht er wieder auf, weil er dazu programmiert ist; wenn ein Kind hinfällt, steht es wieder auf, weil es gelernt hat, was es bedeutet, zu fallen. Das ist nicht nur ein Unterschied in der Komplexität, sondern in der Art der beteiligten Information. Im ersten Fall handelt es sich um Berechnung; im zweiten um im Körper verinnerlichte Erfahrung.

Die Feldbiologie bietet hier einen entscheidenden Interpretationsansatz. Biologische Intelligenz liegt weder in einem Kontrollzentrum noch in einem verborgenen Algorithmus, sondern in der globalen Kohärenz des Systems. Information ist die Art und Weise, wie sich das Feld organisiert und über die Zeit hinweg aufrechterhält. Deshalb ist sie untrennbar mit Materie, Energie und Form verbunden. Eine Maschine kann intelligentes Verhalten simulieren; ein Organismus ist dieses Verhalten im vollen und gewagten Sinne des Wortes.

Diesen Unterschied anzuerkennen bedeutet nicht, die künstliche Intelligenz herabzuwürdigen, sondern sie von unangemessenen Erwartungen zu befreien. Und vor allem bedeutet es, dem Leben seine Besonderheit zurückzugeben: nicht als biologische Hardware, die evolutionäre Software ausführt, sondern als Prozess gelebter, verkörperter, unumkehrbarer Information. Ein subtiler, aber entscheidender Unterschied, der die Grenze zwischen dem, was rechnet, und dem, was lebt, markiert.

Vom Bug zum Wandel: zwei gegensätzliche Schicksale des Fehlers.

In der Sprache der Informatik ist der Fehler ein Eindringling. Ein Bug, den es zu entdecken, zu isolieren und zu beheben gilt. In der Biologie ist genau das Gegenteil der Fall: Der Fehler ist kein Feind des Lebens, sondern einer seiner tiefgreifendsten Antriebe. Dieser scheinbar subtile Unterschied verdeutlicht auf exemplarische Weise, was es bedeutet, wenn man sagt, dass das Leben verkörperte Information und nicht bloße Datenverarbeitung ist.

Als das Team von Grace Hopper 1947 eine Motte fand, die sich in einem Relais des Mark-II-Computers in Harvard verfangen hatte, wurde dieser Vorfall – der heute im Smithsonian aufbewahrt wird – zur Gründungsanekdote des Begriffs „*Bug*“. Der Fehler war etwas Äußeres, Zufälliges, das beseitigt werden musste, um die ordnungsgemäße Funktion der Maschine wiederherzustellen. Sobald die Ursache beseitigt war, war das System wieder genau so wie zuvor. Keine Spur, keine Erinnerung, keine Veränderung.

In lebenden Organismen geschieht das Gegenteil. Ein genetischer Fehler, eine Abweichung in der Entwicklung, eine „falsche" physiologische Reaktion werden nicht einfach ausgelöscht: Sie schreiben sich in die Geschichte des Systems ein. Sie können resorbiert, kompensiert oder können unerwartete Wege eröffnen. Im Jahr 1943 beobachtete Conrad Waddington in seinen Experimenten in Cambridge, wie Embryonen, die thermischem Stress ausgesetzt waren, neue morphologische Konfigurationen entwickelten, von denen sich einige im Laufe der Zeit stabilisierten. Es handelte sich nicht um einen Fehler, der behoben werden musste, sondern um eine Abweichung, die den Bereich der Möglichkeiten neu definierte.

Hier zeigt sich ein entscheidender Unterschied zwischen berechneter und gelebter Information. In einer Maschine ist der Fehler eine Diskrepanz zwischen dem erwarteten und dem tatsächlichen Zustand. Im Organismus ist der Fehler ein Ereignis, etwas, das dem System und im System widerfährt und dessen innere Kohärenz verändert. Das Leben kehrt niemals einfach in den vorherigen Zustand zurück: Es integriert das Geschehene.

Ein französischer Arzt berichtete, wie ein schwerwiegender Belastungsfehler während der Rehabilitation eines Patienten – eine vorzeitige Bewegung, die theoretisch gegen die Regeln verstieß – eine unerwartete Neuorganisation der Körperhaltung ausgelöst hatte. Der Körper hatte einen „Fehler" begangen, doch dieser Fehler hatte das Nervensystem dazu gezwungen, eine stabilere Lösung zu finden. In einem Regelalgorithmus hätte derselbe Fehler einen Alarm ausgelöst; in einem Organismus hatte er zu einem Lernprozess geführt.

Das liegt daran, dass in der Feldbiologie Information keine Botschaft ist, die unverändert von einem Punkt zum anderen weitergeleitet wird, sondern eine Beziehung, die sich neu strukturiert. Der Fehler unterbricht den Informationsfluss nicht: Er lenkt ihn um, stellt ihn auf die Probe, bereichert ihn manchmal sogar. Wie Georges Canguilhem in *„Das Normale und das* Pathologische" (1966) schrieb, ist das Leben keine passive Anpassung an eine Norm, sondern die Fähigkeit, neue Normen zu schaffen. Und oft ist es gerade der Fehler, der diese Erfindung notwendig macht.

Selbst in den fortschrittlichsten Technologien der künstlichen Intelligenz bleibt der Fehler etwas grundsätzlich Reversibles. Ein Modell wird neu trainiert, die Gewichte aktualisiert, die Verlustfunktion minimiert. Nichts von dem, was geschehen ist, „hinterlässt Narben". In Organismen hingegen hinterlässt jeder bedeutende Fehler eine Spur: eine epigenetische Spur, ein Immungedächtnis, eine Verhaltensänderung. Das Lebendige korrigiert nicht einfach nur: Es verwandelt sich selbst.

In diesem Sinne ist der biologische Fehler nicht das Gegenteil von Information, sondern eine ihrer generativen Modalitäten. Es ist der Moment, in dem das Feld vorübergehend an Kohärenz verliert und gerade deshalb gezwungen ist, sich auf einer komplexeren Ebene neu zu organisieren. Maschinen streben nach funktionaler Perfektion; das Leben strebt nach Kontinuität. Und Kontinuität verläuft paradoxerweise oft über den Fehler.

Der unvollständige Code: Epigenetik, Raum und Zeit in der Feldbiologie.

Seit über einem halben Jahrhundert haben wir das Leben als eine Geschichte aus Buchstaben erzählt: A, T, C, G. Ein elegantes Alphabet, eingraviert in die Doppelhelix der DNA, das – so hieß es – die Form eines Blattes, den Herzschlag, ja sogar einen Charakterzug erklären konnte. Es ist eine eindrucksvolle Erzählung, die in den 1950er Jahren in den Labors von Cambridge entstand und schnell zu einem Gründungsmythos der modernen Biologie wurde. Doch wie es bei erfolgreichen Mythen oft der Fall ist, zeigten sich mit der Zeit erste Risse.

Schon in den 1970er Jahren kursierte in Woods Hole während der berühmten *Sommerschulen*, die von Biologen, Physikern und Wissenschaftsphilosophen besucht wurden, ein Witz, der einem älteren Forscher zugeschrieben wurde: *„Die DNA ist wie eine Zutatenliste. Aber wo sind das Rezept, die Küche und der Koch*?“ Das war natürlich eine Provokation. Doch sie nahm ein echtes Problem vorweg: Das Genom allein erklärt nicht, wie aus Information ein Organismus entsteht.

Die Vorstellung, dass die DNA ein vollständiges „Programm“ enthält, ist heute kaum noch haltbar. Nicht, weil Gene keine Rolle spielen – sie spielen durchaus eine Rolle –, sondern weil ihre Bedeutung vom Kontext abhängt. Ein Gen kann stillgelegt, verstärkt oder moduliert werden. Es kann in einem Gewebe aktiv sein und in einem anderen inaktiv bleiben. Dieselbe genetische Sequenz führt unter verschiedenen Bedingungen zu unterschiedlichen Ergebnissen.

Hier kommt die Epigenetik ins Spiel, ein Begriff, der bereits 1942 von Conrad Waddington in Edinburgh geprägt wurde, lange bevor er in Mode kam. Neuere Experimente haben seine Intuition fast schon banal erscheinen lassen. In den 2000er Jahren haben Studien an eineiigen Zwillingen – die genetisch identisch sind – gezeigt, dass sich ihre epigenetischen Profile im Laufe der Zeit . DNA-Methylierungen, Histonmodifikationen, microRNA: kleine chemische Markierungen, die zwar die Buchstaben des Codes nicht verändern, aber dessen Lesart beeinflussen. Das Leben, so könnte man sagen, macht sich Notizen am Rand des genetischen Textes.

Es gibt noch einen weitaus radikaleren Aspekt: Biologische Information ist räumlich. Sie liegt nicht nur in der Sequenz, sondern auch in der Anordnung. Ein Embryo wächst nicht wie ein 3D-Drucker, der lineare Anweisungen ausführt; er wächst wie ein Beziehungsgeflecht. Die Zellen „wissen", wo sie sich befinden, wer neben ihnen ist und welche Form sich gerade herausbildet.

In den 1950er Jahren schlug der britische Biologe Lewis Wolpert das Konzept der *„positionalen Information"* vor: Zellen lesen chemische Gradienten und aktivieren je nach ihrer Position unterschiedliche Programme. Eine einfache Idee, die aus der Beobachtung der Entwicklung von Insekten entstand, die jedoch die Vorstellung einer zentralisierten Steuerung untergrub. Die Form wird nicht von oben vorgegeben; sie entsteht aus einer verteilten Karte.

Eine Anekdote, die in den Fluren der Universität Cambridge oft erzählt wird, betrifft ein didaktisches Experiment: Man fragt die Studierenden, woher eine Zelle der Hand weiß, dass sie eine „Hand" und keine „Leber" ist. Die instinktive Antwort lautet: *„Weil es die DNA sagt.*" Doch die DNA einer Zelle der Hand und einer Zelle der Leber ist dieselbe. Der Unterschied liegt im Raum, in den Wechselwirkungen, in der lokalen Geschichte. Die Information ist hier topologisch.

Das Bild wird durch die dynamische Dimension noch weiter verkompliziert. Biologische Information ist nicht statisch: Sie entfaltet sich im Laufe der Zeit. Schwankungen, Rhythmen, Zyklen. Vom Pulsieren der Gene der zirkadianen Uhr, die in den 1990er Jahren bei der Erforschung der Drosophila entdeckt wurden, bis hin zu den Wellen elektrischer Aktivität in sich entwickelnden Geweben – das Leben organisiert sich als zeitlicher Prozess.

Ein faszinierendes Beispiel liefert die Regeneration. In den 1960er Jahren beobachtete man in Laboren in Chicago, wie Planarien aus einem Fragment einen ganzen Organismus regenerieren konnten. Es reicht nicht aus zu sagen, dass „die DNA weiß, was zu tun ist“. Die eigentliche Frage lautet: Woher weiß das Fragment, ob es einen Kopf oder einen Schwanz regenerieren soll? Neuere Studien deuten darauf hin, dass bioelektrische Signale und dynamische Membranmuster eine entscheidende Rolle spielen. Es handelt sich um Information, die fließt, sich stabilisiert und auch gestört werden kann. Hier liegt eine der Stärken der Feldbiologie: der Organismus als stabilisierte Informationsstruktur, die durch kontinuierliche Ströme aufrechterhalten wird. Kein Objekt, sondern ein andauerndes Geschehen.

Zu sagen, dass das Leben „über die DNA hinausgeht“, bedeutet nicht, die Wissenschaft zugunsten der Metapher aufzugeben. Es bedeutet anzuerkennen, dass biologische Information verkörpert ist: Sie nimmt Gestalt an in Raum, Zeit und organisierter Materie. Sie ist keine Datei, die man lesen kann, sondern eine Beziehung, die es aufrechtzuerhalten gilt.

Im Jahr 2001, als der erste Entwurf des menschlichen Genoms veröffentlicht wurde, sprach jemand vom „Buch des Lebens“. Jahre später räumte einer der Protagonisten des Projekts in einem Interview mit der New York Times mit einer gewissen Ironie ein: *„Wir haben das Wörterbuch, aber nicht die Grammatik.“* Vielleicht können wir heute hinzufügen: und auch nicht die Prosodie, den Rhythmus, die Anordnung der Sätze auf der Seite.

Die Biologie der Felder schlägt genau diesen Perspektivwechsel vor. Information nicht als Befehl, sondern als aktive Konfiguration. Nicht als lineare Ursache, sondern als Kohärenz, die sich aufrechterhält. Aus dieser Perspektive bleibt die DNA zwar grundlegend, hört aber auf, der absolute Herrscher zu sein. Sie wird zu einem Instrument in einem größeren Orchester, in dem Raum, Zeit und Beziehungen die Musik machen.

Das Gedächtnis ohne Archiv: Wie sich die Zellen daran erinnern, wer sie sind.

Wenn wir von Erinnerung sprechen, denken wir sofort an das Gehirn, an Kindheitserinnerungen, an ein vergilbtes Foto. Und doch ist das Gedächtnis viel älter als der Verstand. Es existierte schon vor den Neuronen, vor den Nervensystemen, vielleicht sogar noch bevor jemand es so nennen konnte. Die Feldbiologie lädt dazu ein, das Leben als eine im Laufe der Zeit stabilisierte, -Informationsstruktur zu betrachten, und in diesem Rahmen erscheint das nicht-genetische Gedächtnis als eines ihrer aufschlussreichsten Phänomene.

Zellen erinnern sich. Nicht im metaphorischen Sinne, sondern auf operative Weise: Sie bewahren Spuren vergangener Zustände, die ihr zukünftiges Verhalten beeinflussen, ohne dass die DNA verändert wird. Es ist ein verkörpertes, verteiltes, oft stilles Gedächtnis. Ein Gedächtnis, das nicht niedergeschrieben werden muss, um zu wirken.

In den 1980er Jahren stellten einige Forscher in den Pasteur-Laboren in Paris bei der Untersuchung von Zellkulturen eine merkwürdige Tatsache fest: Zellen, die einem vorübergehenden Stress ausgesetzt waren – einer Temperaturschwankung, einem Nährstoffmangel –, reagierten anders auf einen ähnlichen Stress, der Tage später ausgeübt wurde, selbst wenn sich die Ausgangsbedingungen wieder normalisiert hatten. Es gab keine nachweisbare genetische Mutation, und doch war etwas zurückgeblieben. Eine Art zelluläre „Erfahrung“.

Heute wissen wir, dass dieses Gedächtnis an vielen Orten gespeichert sein kann: in der Konformation von Proteinen, die aktiv oder inaktiv bleiben, in der Organisation des Zytoskeletts, in der Zusammensetzung der extrazellulären Matrix, sogar in den biophysikalischen Mustern, die das Gewebe durchziehen. Die Zelle fängt nie wirklich bei Null an. Jeder Zustand hinterlässt einen Abdruck.

Ein faszinierendes Beispiel liefert die Zelldifferenzierung. Wenn eine Stammzelle beispielsweise zu einer Muskelzelle wird, geht sie in einen stabilen Zustand über, der dazu neigt, fortzubestehen. Selbst wenn sie aus ihrem ursprünglichen Kontext herausgelöst wird, „erinnert" sie sich oft daran, ein Muskel zu sein. Dieses Identitätsgedächtnis ist nicht nur genetischer Natur: Es handelt sich um eine Gesamtkonfiguration, die Form, mechanische Spannungen und Proteinnetzwerke umfasst. Die Feldbiologie würde sagen: eine Kohärenz, die sich stabilisiert hat.

Es gibt ein wenig bekanntes, aber aufschlussreiches Kapitel dieser Geschichte, das sich mit *Prionen* befasst. Prionen wurden in den 1980er Jahren von Stanley Prusiner entdeckt, der dafür 1997 den Nobelpreis erhielt. Es handelt sich um Proteine, die in mehreren stabilen Konformationen existieren können. Das Überraschende daran ist, dass ein Protein anderen identischen Proteinen seine Form „beibringen" kann, ohne dass dabei ein Gen beteiligt ist.

In Hefen sind einige Prionenkonformationen nicht pathologisch, sondern funktional: Sie wirken wie ein molekulares Gedächtnis, das das Zellverhalten über viele Generationen hinweg verändert. Dies ist ein radikales Beispiel für Information ohne Code: Die Form selbst ist das Gedächtnis.

Das nicht-genetische Gedächtnis wird auf Gewebeebene noch deutlicher. Wer in der rekonstruktiven Chirurgie arbeitet, weiß das nur zu gut: Narbengewebe „verhält" sich anders als gesundes Gewebe, selbst nach Jahren noch. Es ist nicht nur eine Frage unterschiedlicher Zellen, sondern einer mechanischen und strukturellen Geschichte, die dem lebenden Gewebe eingeprägt ist. In den 1990er Jahren zeigten einige Studien zur Gewebezüchtung in Boston, dass Zellen, die auf starren oder elastischen Trägern kultiviert wurden, unterschiedliche Entwicklungswege einschlugen. Doch die interessanteste Entdeckung folgte erst danach: Selbst wenn sie auf einen neuen Träger übertragen wurden, behielten die Zellen für eine gewisse Zeit die „Erinnerung“ an die vorherige Steifigkeit bei. Als ob die mechanische Vergangenheit weiterhin ihre Sprache sprechen würde.

Diese Art von Gedächtnis stellt die Metapher der Informatik in Frage. Es gibt keine Datei, die irgendwo gespeichert ist. Vielmehr handelt es sich um eine eingebettete Geschichte, ähnlich der, die ein Pfad im Wald hinterlässt: Je öfter er begangen wird, desto deutlicher wird er.

Diese Vorstellung von einem diffusen Gedächtnis hat tiefgreifende philosophische Resonanzen. Henri Bergson unterschied in seinen Vorlesungen am Collège de France zwischen dem Gedächtnis als „Speicher“ und dem Gedächtnis als „Dauer“. Für Bergson bewahrt das Leben die Vergangenheit nicht wie ein Archiv auf, sondern trägt sie als kontinuierlichen Schwung mit sich. In der Biologie scheint das nicht-genetische Gedächtnis dieser Intuition Gestalt zu verleihen. Auch Paul Ricoeur betonte viele Jahrzehnte später im Zusammenhang mit der persönlichen Identität, dass Erinnern nicht bedeute, die Vergangenheit zu reproduzieren, sondern eine in der Gegenwart wirksame Spur davon zu bewahren. Die Zellen tun auf ihre Weise etwas Ähnliches: Sie „erinnern“ sich nicht an das, was war, sondern integrieren es in das, was sie sind.

Aus dieser Perspektive erscheint der Organismus als ein Feld aus geschichteten Erinnerungen. Jede Ebene – molekular, zellulär, gewebe – bewahrt Spuren, die die Zukunft lenken. Das Gedächtnis ist kein Zusatz zum Leben; es ist eine seiner Voraussetzungen.

So betrachtet bedeutet Erinnern nicht, gleich zu bleiben, sondern kohärent zu bleiben. Die Feldbiologie beschreibt den Organismus als eine stabilisierte Informationsstruktur, und das nicht-genetische Gedächtnis ist einer der Mechanismen, die diese Stabilität im Wandel ermöglichen.

Ein italienischer Biologe fasste das Konzept in einem informellen Gespräch während einer Tagung in Padua in den frühen 2000er Jahren mit einem Satz zusammen, der unter den Studierenden berühmt geblieben ist: *„Zellen wissen nicht, woher sie kommen, aber sie vergessen es nicht.“* Das ist natürlich ein Scherz. Aber er trifft einen wesentlichen Punkt: Das Leben verläuft nicht in isolierten Augenblicken. Jeder Moment ist geprägt von dem, was ihm vorausging.

Das Altern als Anhäufung biologischer Erinnerungen.

Seit Jahrzehnten begleitet eine beruhigende Vorstellung unser Verständnis der Biologie: Bleibt die DNA intakt, ist die Identität der Zelle gewahrt. Doch das Altern erschüttert diese Gewissheit. Genetisch identische Organismen – man denke an eineiige Zwillinge – können auf überraschend unterschiedliche Weise altern. Die Feldbiologie liefert einen aussagekräftigen Interpretationsansatz: Zellen altern nicht nur, weil sie kaputtgehen, sondern weil sie sich erinnern. Und sie erinnern sich nicht immer richtig.

Aus dieser Perspektive ist der Organismus eine stabilisierte Informationsstruktur, die die Zeit überdauert. Das Altern ist nicht nur ein Verschleiß, sondern die Anhäufung vergangener Zustände, die weiterhin wirksam bleiben: funktionale Erinnerungen, die eine Anpassung ermöglichen, und dysfunktionale Erinnerungen, die das System mit der Zeit bis hin zur Seneszenz erstarren lassen.

Im Jahr 2013 zeigte ein Forscher auf einer Tagung zum Thema Langlebigkeit in Cold Spring Harbor, einem der symbolträchtigen Orte der Molekularbiologie, eine Reihe von Bildern von Zellkernen , die aus jungen und alten Geweben entnommen worden waren. Die Unterschiede lagen nicht in der DNA-Sequenz, sondern in der Architektur: fragmentiertes

Heterochromatin, eine weniger stabile Kernlamina, verschwommene Grenzen. Es war, als würde man eine Bibliothek betrachten, in der die Bücher zwar dieselben sind, sich die Regale jedoch verformt haben.

Dieser Verlust an struktureller Ordnung ist eine Form des Gedächtnisses. Jede Zellteilung, jeder entzündliche Stress, jedes metabolische Ungleichgewicht hinterlässt eine Spur in der inneren Organisation der Zelle. Mit der Zeit summieren sich diese Spuren. Die Zelle „weiß“, dass sie alt ist, weil es für sie mühsamer geworden ist, die informative Kohärenz aufrechtzuerhalten.

Ein symbolträchtiges Beispiel liefert die Kernmembran, das Proteinnetzwerk, das den Zellkern stützt. Bei der Progerie – einer seltenen Erkrankung mit vorzeitiger Alterung, die erstmals 1886 von Jonathan Hutchinson in London beschrieben wurde – ist die DNA nahezu normal, doch die Struktur, die sie organisiert, ist beeinträchtigt. Das Ergebnis ist eine beschleunigte Alterung: ein eindrucksvoller Beweis dafür, dass das „Gedächtnis“ des Alters architektonischer und nicht genetischer Natur sein kann.

Viele zelluläre Gedächtnisse entstehen als Überlebensstrategien. Eine Zelle, die wiederholt oxidativem Stress ausgesetzt war, lernt, sich zu verteidigen: Sie aktiviert Reaktionsprogramme, verändert den Stoffwechsel und verlangsamt die Zellteilung. Kurzfristig ist dies eine kluge Entscheidung. Langfristig kann es jedoch zu einem Verhängnis werden.

Genau das geschieht bei der replikativen Seneszenz, die bereits in den 1960er Jahren von Leonard Hayflick in Philadelphia beobachtet wurde. Die Zellen hören auf, sich zu teilen, nicht weil die DNA irreparabel geschädigt ist, sondern weil sie „beschlossen“ haben, aufzuhören. Diese Entscheidung ist ein Gedächtnis: die Erinnerung an ein vergangenes Risiko, das die Gegenwart weiterhin beeinflusst.

Das Problem ist, dass seneszente Zellen nicht schweigen. Sie scheiden Entzündungssignale aus, die das biologische Feld des

Gewebes verändern. Es ist ein Dominoeffekt: Die Erinnerung einer Zelle wird zur Umgebung vieler anderer. Das Altern ist also nicht die Summe alter Zellen, sondern die Ausbreitung dysfunktionaler Erinnerungen in einem gemeinsamen Feld.

Eines der meistdiskutierten Experimente der letzten zwanzig Jahre entstand an der University of California in Berkeley. Im Jahr 2005 untersuchten Irina und Michael Conboy die heterochrone Parabiose: Sie verbanden das Kreislaufsystem junger und alter Mäuse miteinander. Das Gewebe der alten Mäuse zeigte Anzeichen einer Verjüngung. Die DNA hatte sich nicht verändert. Was sich verändert hatte, war der Informationskontext.

Die interessanteste Interpretation aus Sicht der Feldbiologie lautet, dass die alten Zellen nicht „vergessen" hatten, wie sie funktionieren, sondern in einem verarmten Feld gefangen waren. In eine Umgebung eingebettet, die reich an kohärenten Signalen war, wurden einige Erinnerungen an das Alter reversibel. Sicherlich nicht alle. Aber genug, um darauf hinzuweisen, dass das Altern keine Einbahnstraße ist. Ein Biologe aus dem Bereich der regenerativen Medizin bemerkte während eines informellen Besuchs im Labor in Berkeley einen Satz, der in den Notizen vieler Studenten haften geblieben ist: *„Wir haben keine alten Zellen, wir haben Zellen, die in einer alten Welt leben."* Das ist provokant, trifft aber einen entscheidenden Punkt.

In den letzten Jahren wird viel über epigenetische Uhren gesprochen, wie die von Steve Horvath im Jahr 2013 vorgeschlagene. Sie messen das biologische Alter anhand von DNA-Methylierungsmustern. Doch mehr als Uhren sind sie Gedächtnisaufzeichner: Sie lesen ab, wie sich die vom Organismus durchlebte Geschichte in seinen Regulationssystemen eingeprägt hat.

Ein Mensch, der lange Zeit unter chronischem Stress gelebt hat, kann ein biologisches Alter aufweisen, das über seinem kalendarischen Alter liegt. Nicht weil sich die Gene verändert hätten, sondern weil das Informationsfeld des Organismus diese

Erfahrung integriert hat. Das Alter ist in diesem Sinne nicht nur die vergehende Zeit, sondern die Art und Weise, wie sie festgehalten wird.

Hier ist der Dialog mit der Kultur unvermeidlich. Marcel Proust schrieb, dass die wahre verlorene Zeit die ist, die keine Spuren hinterlässt. In der Biologie geschieht das Gegenteil: Die Zeit, die zu viele Spuren hinterlässt, kann zur Last werden. Das Altern ist eine Erinnerung, die aufgehört hat, formbar zu sein. Wenn das Leben verkörperte Information ist, dann ist das Altern eine narrative Krise. Der Organismus hat Mühe, seine Vergangenheit in eine kohärente Form zu integrieren. Die zellulären Erinnerungen werden nicht mehr überarbeitet, sondern sammeln sich wie nicht neu geschriebene Kapitel an.

In diesem Licht erscheint das Altern weniger als Versagen, sondern eher als eine Starre: die Schwierigkeit, die eigene biologische Erzählung auf den neuesten Stand zu bringen. Die Biologie der Felder verspricht keine ewige Jugend, sondern bietet einen neuen Blickwinkel: das Alter als eine emergente Eigenschaft des verteilten Gedächtnisses des Organismus zu verstehen.

Das Immunsystem vergisst nicht...

Lange Zeit haben wir das Immunsystem als eine gut geordnete Bibliothek beschrieben: Regale voller Antikörper, von denen jeder mit dem Namen eines einmal angetroffenen Erregers beschriftet ist. Eine bequeme, wirkungsvolle Metapher, die jedoch zunehmend unzureichend ist. Heute wissen wir, dass sich die Immunität nicht darauf beschränkt, molekulare „Kopien“ der Vergangenheit aufzubewahren. Vielmehr erinnert sie sich, indem sie sich selbst verändert.

Aus der Perspektive der Feldbiologie ist das Immungedächtnis keine gespeicherte Datei, sondern eine dauerhafte Neuordnung des zellulären Feldes des Organismus.

Nach einer Infektion bleiben nicht nur spezifische Antikörper oder Lymphozyten zurück: Es bleibt eine neue Seinsweise des Immunsystems, eine Konfiguration, die zukünftige Reaktionen steuert.

Im Jahr 1957 formulierte Frank Macfarlane Burnet während seiner Arbeit in Melbourne die Theorie der klonalen Selektion. Das war ein Durchbruch: Das Immunsystem bildet keine Antikörper „auf Abruf", sondern wählt bereits prädisponierte Zellen aus. Für diese Arbeit erhielt Burnet 1960 den Nobelpreis. Doch wie so oft wurde aus einer brillanten Theorie letztendlich ein interpretativer Käfig.

Die klonale Selektion erklärt zwar gut die Spezifität, weniger jedoch die systemische Dauer des Gedächtnisses. Warum verändern sich nach einer Infektion auch Zellen, die dem Antigen noch nie direkt begegnet sind? Warum reagieren die Gewebe anders, schneller und koordinierter? Die Antwort, die sich in den letzten Jahren herauskristallisiert hat, ist eindeutig: Das Immungedächtnis ist verteilt. Es umfasst das Knochenmark, die Lymphknoten, die peripheren Gewebe, aber auch den Zellstoffwechsel, das grundlegende Entzündungsmilieu sowie die Kommunikation zwischen Immun- und Nicht-Immunzellen. Es ist das gesamte Feld, das sich neu konfiguriert.

Jahrzehntelang wurde immer wieder betont, dass nur die adaptive Immunität über ein Gedächtnis verfüge. Dann, in den frühen 2000er Jahren, begann diese Gewissheit zu bröckeln. In Nijmegen, in den Niederlanden, beobachteten Mihai Netea und sein Team, dass bestimmte Zellen des angeborenen Immunsystems – wie beispielsweise Monozyten – bei nachfolgenden Infektionen, auch wenn diese sich von der ersten unterschieden, verstärkt reagierten. So entstand das Konzept der *„trained immunity"*. Es handelte sich dabei weder um Antikörper noch um spezifische Rezeptoren, sondern um eine stabile Veränderung im Zellverhalten. Ein veränderter Stoffwechsel, besser zugängliches Chromatin, andere Aktivierungsschwellen. Mit anderen Worten: ein Gedächtnis ohne Archiv, eine Kompetenz, die in der Funktionsweise der Zelle verankert ist.

Ein Kliniker berichtete 2016 während eines Seminars in Bonn von älteren Patienten, die nach einer „unspezifischen“ Impfung wie der BCG-Impfung besser auf Infektionen reagierten. Das war keine Zauberei, sondern eine Neuorganisation des Immunsystems. Das System blieb, einmal „trainiert“, wachsamer.

Ein weiterer grundlegender Baustein ergibt sich aus der Entdeckung der gewebsresidenten T-Zellen (Trm). Im Gegensatz zu den im Blut zirkulierenden Lymphozyten verbleiben diese Zellen an den Orten, an denen die Infektion stattgefunden hat: Haut, Lunge, Darm. Sie wurden nach den Grippeepidemien der frühen 2000er Jahre eingehend untersucht, insbesondere in den Labors von La Jolla in Kalifornien.

Die Trm bewahren nicht nur eine Antigenspezifität: Sie bewahren auch ein Gedächtnis des Ortes. Sie werden durch die Gewebemikroumgebung, durch lokale Signale und durch die Entzündungsgeschichte dieses Bereichs geprägt. Wenn der Erreger zurückkehrt, ist die Reaktion nicht nur schneller, sondern auch kontextbezogener, „ortsspezifischer“. Hier findet die Biologie der Felder ein konkretes Beispiel: Das Immungedächtnis ist nicht abstrakt, sondern räumlich. Der Körper erinnert sich daran, wo er verletzt wurde.

Dann gibt es noch einen stillen Protagonisten: die Mikrobiota. Studien, die seit den 2010er Jahren an der Harvard University und am INSERM in Paris durchgeführt wurden, zeigen, dass das mikrobielle Gleichgewicht im Darm das Immunsystem tiefgreifend prägt. Es beschränkt sich nicht darauf, es zu stimulieren, sondern bildet es aus. Ein Darm, der lange Zeit mit einer bestimmten mikrobiellen Gemeinschaft gelebt hat, entwickelt eine aktive Toleranz, ein Gedächtnis des Zusammenlebens. Wenn diese Gemeinschaft gestört wird – durch Antibiotika, extreme Diäten, anhaltenden Stress –, verliert das Immunfeld an Kohärenz. Die Reaktionen werden übermäßig oder unwirksam. Nicht weil Informationen fehlen, sondern weil das relationale Gedächtnis unterbrochen wurde. Ein Mailänder Gastroenterologe berichtete bei einem informellen Treffen von Patienten, die nach wiederholten Antibiotikatherapien „nicht mehr wie zuvor reagierten“. Es handelte sich nicht um einen Verlust der Abwehrkräfte, sondern um den Verlust einer gemeinsamen Geschichte.

Auch der Erfolg von Impfstoffen erscheint in diesem Licht betrachtet in einem anderen Licht. Impfen bedeutet nicht nur, Antikörper zu induzieren, sondern dem Immunsystem eine neue Konfiguration zu verleihen. Manche Impfstoffe wirken besser als andere, nicht wegen der Stärke der Reaktion, sondern wegen der Qualität der Umgestaltung, die sie bewirken. Dies zeigte sich deutlich während der COVID-19-Pandemie, als festgestellt wurde, dass der Schutz nicht immer mit dem Antikörpertiter übereinstimmte. Im Spiel waren Gewebegedächtnis, trainierte angeborene Reaktionen und grundlegende Entzündungszustände. Das Immunsystem erwies sich einmal mehr als ein Feld, das seine Form bewahrt, und nicht als biologische Festplatte.

So betrachtet ist das Immungedächtnis ein Akt der Kohärenz im Laufe der Zeit. Das System bewahrt die Vergangenheit nicht aus Nostalgie, sondern um angesichts des Wandels sich selbst treu zu bleiben. Wenn diese Kohärenz erstarrt, entstehen Autoimmunerkrankungen. Wenn sie sich auflöst, nehmen Infektionen zu. In beiden Fällen ist das Problem nicht der Mangel an Informationen, sondern deren schlechte In der Integration. Das Immunsystem ist, wie Elias Canetti über die Massen schrieb, „Gedächtnis in Bewegung“. Es sammelt nicht an, sondern wandelt sich. Und in dieser ständigen Wandlung verkörpert es vielleicht eines der deutlichsten Beispiele dafür, was Leben als Information bedeutet, die Gestalt annimmt.

Das Gedächtnis der Lebewesen, vom Zytoplasma bis zu den Wäldern.

Es gibt eine scheinbar einfache Idee, die eine Zelle und einen Wald verbindet: Keines von beiden reagiert auf die Gegenwart, als wäre sie eine tabula rasa. Jede Reaktion, jede Anpassung, jede Krise trägt eine Geschichte in sich. In der Feldbiologie ist diese Geschichte kein verborgenes Archiv, sondern eine stabilisierte Informationsstruktur, die bestimmt, was möglich ist und was nicht mehr möglich ist.

In der Ökologie spricht man immer häufiger von „Legacy-Effekten", also von Vererbungswirkungen. Das ist die Art und Weise, wie die Vergangenheit – Brände, Dürren, Anbauflächen, ausgestorbene Arten – weiterhin auf die Gegenwart einwirkt. Nicht als bewusste Erinnerung, sondern als eine Konfiguration des ökologischen Feldes, die bestimmte Ergebnisse wahrscheinlich und andere fast unerreichbar macht. Genau wie es im zellulären Gedächtnis geschieht.

In den 1980er Jahren führte der kanadische Biologe C.S. Holling das Konzept der ökologischen Resilienz ein, als er boreale Wälder und Populationen von Blattfressern untersuchte. Seine Erkenntnis war gegen den Strom: Ein Ökosystem ist nicht deshalb gesund, weil es stabil ist, sondern weil es in der Lage ist, Störungen zu absorbieren, ohne seine funktionale Identität zu verlieren.

Doch Holling beobachtete etwas noch Subtileres. Zwei scheinbar ähnliche Ökosysteme, die von derselben Störung betroffen waren, reagierten gegensätzlich. Das eine regenerierte sich, das andere brach zusammen. Der Unterschied lag nicht im Ereignis selbst, sondern im ökologischen Gedächtnis: in der Abfolge früherer Zustände, die das System geprägt hatten.

Ein See, der beispielsweise bereits Phasen der Eutrophierung durchlaufen hat, kann leichter in einen degradierten Zustand „zurückfallen". Die Sedimente, die mit im Laufe der Jahre angesammeltem Phosphor belastet sind, fungieren als chemisches und biologisches Gedächtnis, das auch dann bestehen bleibt, wenn sich die Bedingungen an der Oberfläche verbessern. Der See erinnert sich.

In den 1990er Jahren zeigten Studien an der Karibik, dass viele Korallenriffe nach Bleicheereignissen und Überfischung nicht mehr in ihren ursprünglichen Zustand zurückkehrten. Anstelle der Korallen wuchsen Fadenalgen. Es handelte sich nicht um eine Übergangsphase: Es war ein neues, stabiles Gleichgewicht.

Ökologen sprachen von „stabilen Zuständen“ (stable states). In Begriffen der Feldbiologie könnte man sagen, dass das Ökosystemfeld seine Form verändert hatte. Das Gedächtnis früherer Störungen – Verlust von Pflanzenfressern, Anstieg der Nährstoffe, thermischer Stress – hatte die grundlegenden Beziehungen neu geordnet. Eine Rückkehr zum ursprünglichen Zustand war theoretisch nicht unmöglich, in der Praxis jedoch unwahrscheinlich.

Das gleiche Phänomen lässt sich in Wüsten beobachten, die nach intensiver Weidewirtschaft vordringen. Sobald die Vegetationsdecke und dic Bodenstruktur verloren gegangen sind, tritt das Ökosystem in einen Zustand ein, der sich an die Trockenheit „erinnert“, selbst wenn der Regen zurückkehrt. Der verdichtete Boden, der an Mikroben und Samen verarmt ist, ist ein verkörpertes Gedächtnis der Degradation.

Kaum ein Ort verdeutlicht diese Vorstellung besser als der Boden. Ein Teelöffel fruchtbarer Erde enthält Milliarden von Organismen, vor allem aber Geschichten von Nutzung, Anbau, Düngung und Vernachlässigung. Agrarwissenschaftler und Bodenkundler wissen das nur zu gut: Ein Feld reagiert nicht sofort auf eine Änderung der Bewirtschaftung.

In den 2000er Jahren zeigten Studien, die auf dem Land in Ostdeutschland auf ehemals kollektivierten Flächen durchgeführt wurden, dass einige Böden auch nach zwanzig Jahren ökologischer Landwirtschaft noch die „Spuren“ der vorherigen intensiven chemischen Landwirtschaft trugen. Es ging nicht nur um Rückstände: Die mikrobi n Struktur, die

Humusdynamik und die Wasserhaltekapazität hatten sich verändert. Der Boden erinnerte sich an seine industrielle Vergangenheit.

Hier ist die Parallele zum zellulären Gedächtnis offensichtlich. So wie eine Zelle, die wiederholten Stresssituationen ausgesetzt war, ihre Funktionsstruktur dauerhaft verändert, so trägt auch ein Ökosystem die Erfahrungen in sich, die es geprägt haben.

Ein besonders anschauliches Beispiel liefern die Wälder im Mittelmeerraum und in Kalifornien. Jahrhundertelang gehörten Brände geringer Intensität zu ihrem Lebenszyklus. Im 20. Jahrhundert hat dann die Politik der vollständigen Brandbekämpfung diese Dynamik verändert. Als die Brände – unvermeidlich – zurückkehrten, hatten sie verheerende Auswirkungen. Wälder, „die das Feuer vergessen hatten“, brannten mit einer noch nie dagewesenen Heftigkeit. Ökologen sprechen heute von *„Fire Memory*“: Die Häufigkeit und Art vergangener Brände bestimmen die zukünftige Reaktion des Ökosystems.

Im Jahr 2018, nach dem Camp Fire in Kalifornien, berichtete ein Ranger, dass einige Gebiete keine Anzeichen einer spontanen Regeneration zeigten. Nicht, weil es an Samen mangelte, sondern weil der Boden und die Vegetationszusammensetzung das Gedächtnis für den natürlichen Feuerzyklus verloren hatten. Das Waldgebiet war aus dem Gleichgewicht geraten.

Nicht jedes Gedächtnis ist von Vorteil. So wie es in Zellen dysfunktionale Erinnerungen gibt, kann auch in Ökosystemen die Vergangenheit zur Belastung werden. Überfischung, Fragmentierung und Umweltverschmutzung hinterlassen Spuren, die die Anpassungsfähigkeit einschränken. Der Zusammenbruch der Kabeljaufischerei in Neufundland in den frühen 1990er Jahren wird oft als Beispiel angeführt. Trotz des fast vollständigen Fischereistopps haben sich die Bestände nie wieder auf das frühere Niveau erholt. Das System hatte eine Schwelle überschritten: Neue Arten hatten die frei gewordenen

Nischen besetzt, das Nahrungsnetz hatte sich neu konfiguriert. Das Ökosystem erinnerte sich an die Abwesenheit des Kabeljaus. In Begriffen der Feldbiologie könnten wir sagen, dass das System einen Teil seiner historischen Kohärenz verloren hatte.

Was sich beim Betrachten von Ökosystemen abzeichnet, ist eine eindringliche Erkenntnis: Information ist nicht in den Elementen enthalten, sondern in den Beziehungen, die über die Zeit hinweg bestehen bleiben. Das ökologische Gedächtnis lässt sich nicht in einem einzelnen Organismus verorten, sondern in der Art und Weise, wie sich Energie-, Stoff- und Signalströme stabilisiert haben.

Wie in der Zelle bedeutet auch im Ökosystem Erinnern, orientiert zu sein. Nicht in Richtung der Vergangenheit, sondern in Richtung einer Zukunft, die durch das, was man einmal war, begrenzt ist. Das Leben reagiert auf jeder Ebene nicht einfach nur: Es antwortet ausgehend von seiner eigenen verkörperten Geschichte.

Steine, die sich erinnern: Wenn Materie ihre eigene Geschichte bewahrt.

Jeder, der schon einmal den Marmor einer antiken Skulptur gestreichelt oder ein restauriertes Fresko aus der Nähe betrachtet hat, weiß, dass Materie niemals neutral ist. Sie trägt Zeichen, Narben, Schichten. Sie beschränkt sich nicht darauf, im Raum zu „stehen“: Sie erzählt eine Geschichte. Gerade in dieser fast greifbaren Evidenz bieten Kunst und Architektur eine kraftvolle kulturelle Metapher für das biologische Gedächtnis, verstanden nicht als Datenarchiv, sondern als Information, die in der Materie Gestalt annimmt und fortbesteht.

In der Sprache der Feldbiologie ist ein Organismus eine stabilisierte Informationsstruktur. In der Kunst könnten wir etwas Ähnliches sagen: Eine Form ist niemals das augenblickliche Ergebnis einer Idee, sondern das Ergebnis eines langen und oft konfliktreichen Dialogs zwischen Entwurf, Material, Zeit und Ereignissen.

Michelangelo wusste das nur zu gut. Wenn er davon sprach, die „Figur aus dem Marmorblock zu befreien", benutzte er nicht irgendeine poetische Metapher. Der Carrara-Marmor, der bereits von den Römern abgebaut worden war, wies Adern, Mikrorisse und innere Spannungen auf. Er war kein gleichgültiges Material. Kunsthistoriker erinnern daran, wie Michelangelo während der Arbeit am Moses (die 1513 begann) den Entwurf mehrfach änderte – gerade als Reaktion auf die durch den Block auferlegten Grenzen. Das Material „erinnerte" an seine eigene geologische und technische Geschichte, und diese Information beeinflusste die endgültige Form. Nicht anders als in einem Organismus, wo die strukturelle Geschichte bestimmt, was sich entfalten kann.

Bei einem Spaziergang durch Rom, Istanbul oder Jerusalem stößt man ständig auf Gebäude, die wahre materielle Palimpseste sind. Kirchen, die auf Tempeln errichtet wurden, Moscheen, die Basiliken einbeziehen, mittelalterliche Mauern, die auf römischen Fundamenten aufgesetzt sind. Architektur löscht nichts aus: Sie schichtet.

Ein symbolträchtiges Beispiel ist Santa Maria sopra Minerva in Rom. Schon der Name selbst ist ein Bekenntnis zur Erinnerung: eine gotische Kirche, die auf einem antiken Tempel ruht, der der Göttin Minerva geweiht war. Die Fundamente sind nicht nur eine physische Stütze, sondern eine informative Beständigkeit, die die Jahrhunderte überdauert.

In der Biologie würden wir sagen, dass die gegenwärtige Form ohne die vorherige Konfiguration des Feldes nicht verstanden werden kann. In der Architektur verhält es sich ebenso: Jeder Eingriff steht im Dialog mit einer eingebetteten Erinnerung, die sich dem reinen Gestaltungswillen widersetzt.

Im 20. Jahrhundert hat die Debatte über die Restaurierung diese Erkenntnis deutlich gemacht. Cesare Brandi betonte in seiner „*Teoria del* restauro" (1963) einen entscheidenden

Punkt: Restaurieren bedeutet nicht, ein Werk in einen hypothetischen Ursprungszustand zurückzuversetzen, sondern seine materielle Geschichte anzuerkennen und zu respektieren.

Ein Restaurator berichtete während der Arbeiten an den Fresken von Giotto in Assisi nach dem Erdbeben von 1997, dass manche Risse nicht „korrigiert", sondern verstanden werden müssten. Sie waren das Ergebnis jahrhundertelanger Setzungen, Erschütterungen und früherer Eingriffe. Sie zu beseitigen hätte bedeutet, Informationen zu verlieren. Die Parallele zur Biologie liegt auf der Hand: In einen Organismus einzugreifen, ohne sein strukturelles Gedächtnis zu berücksichtigen, kommt dem Ignorieren des Feldes gleich, das ihn zusammenhält.

Es gibt einen Begriff, der Restauratoren und Kunsthistorikern am Herzen liegt: Patina. Sie ist kein Schmutz, kein Verfall. Sie ist das Zeichen der Zeit, das eine Form stabilisiert und sie zu dem macht, was sie ist. Walter Benjamin erinnerte im Zusammenhang mit dem Kunstwerk daran, dass die Aura auch aus dieser zeitlichen Einzigartigkeit entsteht.

Die Patina ist verkörperte Information: Sie erzählt von der Einwirkung von Licht, Luft und menschlichem Kontakt. Denken wir an die abgenutzten Stufen mittelalterlicher Kathedralen, die durch das Begehen von Millionen von Füßen ausgehöhlt wurden. Diese Form wurde nicht entworfen: Sie ist entstanden. Sie ist sichtbar gewordene Erinnerung. Ebenso ist in der Feldbiologie die lebendige Form nicht die bloße Ausführung eines Codes, sondern das Ergebnis einer Geschichte von Wechselwirkungen, die bleibende Spuren hinterlässt.

Ein japanischer Architekt, Tadao Ando, erzählte in einem Interview aus den 1990er Jahren, wie Stahlbeton, ein scheinbar anonymes Material, je nach Feuchtigkeit, Temperatur und Aushärtungszeit unterschiedlich reagiert. *„Man baut nicht nur mit dem* Entwurf", sagte er, *„man baut mit der Erinnerung des Materials.*" Diese Widerstandsfähigkeit ist kein Mangel: Sie ist eine Form des Dialogs. Wie in Organismen ist die Materie kein passiver Träger von Information, sondern ein aktiver Teil ihrer Stabilisierung.

Kunst, Architektur und Restaurierung lehren uns, dass Erinnerung nicht etwas ist, das nachträglich hinzugefügt wird. Sie ist das, was die Form erst möglich macht. Materie, die sich erinnert, ist keine Nostalgie: Sie ist Struktur.

Aus dieser Perspektive erscheint das Leben weniger als eine Maschine, die Anweisungen ausführt, sondern vielmehr als ein Werk, das ständig neu geschrieben wird, in dem jeder gegenwärtige Zustand untrennbar mit seiner eigenen, darin verankerten Geschichte verbunden ist. Genau wie eine Skulptur, ein Gebäude oder ein Fresko, die weiterleben, weil sie nie vergessen haben, was sie einmal waren.

Philosophische Implikationen des biologischen Raums.

Wenn biologische Information vom Raum abhängt, dann ist eine Konsequenz unvermeidlich: Das Leben ist niemals abstrakt. Es existiert nicht als allgemeine Formel, als Algorithmus, der überall auf dieselbe Weise repliziert werden kann. Das Leben geschieht immer irgendwo, und dieses „irgendwo" ist kein einfacher, neutraler Behälter , sondern ein aktiver Bestandteil des Lebensprozesses. Diese scheinbar einfache Idee hat tiefgreifende philosophische Implikationen, die einige der tief verwurzelten Gewohnheiten des modernen wissenschaftlichen Denkens ins Wanken bringen können.

Seit Jahrhunderten sucht die Wissenschaft nach universellen Gesetzen, indem sie diese aus ihrem Kontext herauslöst. Das funktionierte gut bei Planeten und idealen Gasen. Doch sobald man in den Bereich des Lebendigen vordringt, hört der Raum auf, nur noch Hintergrund zu sein, und wird zum Mitautor. Bereits Jakob von Uexküll, ein estnisch-deutscher Biologe und Philosoph, hatte dies in den ersten Jahrzehnten des 20. Jahrhunderts intuitiv erkannt, als er von der „Umwelt" sprach: Jeder Organismus lebt in seiner eigenen Welt, die durch seine Wahrnehmungs- und Handlungsmöglichkeiten strukturiert ist.

Innerhalb des Organismus betrachtet, wird diese Intuition noch radikaler. Wenn Information durch räumliche Beziehungen Gestalt annimmt – zwischen Molekülen, Strukturen, Interaktionsfeldern –, dann können wir das Leben nicht mehr als etwas betrachten, das im Raum steht, sondern als etwas, das Raum erzeugt. Jede Zelle, jedes Gewebe, jeder Organismus konstruiert seinen eigenen inneren Raum, erhält ihn aufrecht, verteidigt ihn und reorganisiert ihn. Die Feldbiologie legt nahe, dass Leben buchstäblich bedeutet, einen kohärenten Raum zusammenzuhalten.

Diese Perspektive rückt die Biologie näher an eine philosophische Tradition heran, die im wissenschaftlichen Diskurs oft an den Rand gedrängt wird. Maurice Merleau-Ponty sprach vom Körper nicht als Objekt im Raum, sondern als Ursprung des gelebten Raums. Der Körper, so schrieb er, befindet sich nicht „an" einem Ort: Er ist das, was einen Ort erst möglich macht. Auf die Biologie angewendet, kehrt diese Idee die Sichtweise um: Der Organismus nimmt keine Umgebung ein, sondern strukturiert sie.

Die Auswirkungen sind nicht nur theoretischer Natur. Wenn das Leben nicht von seinem Ort zu trennen ist, dann ändert sich auch der Status wissenschaftlicher Experimente. Eine Anekdote, die eine französische Zellbiologin 2018 während eines Seminars in Lyon erzählte, ist aufschlussreich. Bei der Untersuchung von in vitro gezüchteten Tumorzellen stellte sie fest, dass bestimmte „aggressive" Verhaltensweisen verschwanden, wenn dieselben Zellen wieder in ein dreidimensionales Gewebe eingebracht wurden, das dem ursprünglichen Gewebe ähnlicher war. „ *n Zellen hatten sich nicht* verändert", sagte sie, *„es hatte sich ihr Ort verändert.*" Der Raum erklärte in diesem Fall das Leben nicht: Er verwandelte es.

Daraus ergibt sich eine neue konzeptionelle Verantwortung. Einen Organismus von seinem Kontext zu trennen – sei es ein Ökosystem, ein Gewebe oder eine mikroumweltbezogene Nische – ist niemals ein harmloser Vorgang. Es bedeutet, die

Information selbst zu verändern, die dieser Organismus verkörpert. In diesem Sinne steht die Feldbiologie im Dialog mit der Tiefenökologie, aber auch mit der Wissenschaftsethik: Wenn der Ort Teil des Lebens ist, dann kommt ein Eingriff in den Ort einem Eingriff in die biologische Identität gleich.

Es ist kein Zufall, dass einige der heutigen Krisen – vom Verlust der Artenvielfalt bis hin zu umweltbedingten chronischen Krankheiten – als Krisen der Entwurzelung gelesen werden können. Organismen, die aus ihren Sinorräumen gerissen wurden und gezwungen sind, in Feldern zu funktionieren, die sie nicht mehr wiedererkennen. Das Leben, seines Ortes beraubt, hört nicht sofort auf zu existieren, verliert jedoch an Kohärenz. Und der Verlust an Kohärenz ist, wie wir in den folgenden Kapiteln sehen werden, oft der erste Schritt in Richtung Disharmonie.

Den biologischen Raum in diesen Begriffen zu begreifen, bedeutet zu akzeptieren, dass das Leben weder vollständig übertragbar noch gänzlich standardisierbar ist. Es ist ein verortetes Geschehen, ein lokales Gleichgewicht, eine Form, die ein „Wo" ebenso sehr braucht wie ein „Wie". In einer Zeit, die von der totalen Entortung träumt – von Prozessen, Körpern, ja sogar vom Bewusstsein –, klingt dieses Bewusstsein fast wie eine Aufforderung zur Vorsicht. Oder vielleicht wie eine Rückkehr zu einer alten Weisheit: Man kann das Lebendige nicht von dem Ort trennen, der es erst möglich macht.

Verkörperte Biografie: einen Körper bewohnen, jemand werden.

Es gibt eine beruhigende, sehr moderne Vorstellung, wonach die persönliche Identität „in" uns liegen würde: in den Genen, im Gehirn, vielleicht in irgendeinem tiefen und stabilen Schaltkreis. Die Feldbiologie erschüttert diese Gewissheit. Wenn das Leben ein r Information ist, die im Raum Gestalt annimmt, dann ist auch die Identität kein isolierter Kern, sondern ein verorteter Prozess, der sich im Laufe der Zeit durch Umgebungen, Körperhaltungen, wiederholte Gesten und Gewohnheiten stabilisiert. Mit anderen Worten: Jeder von uns ist biologisch gesehen eine „räumliche Biografie".

Der Körper ist nicht nur das, was uns durch das Leben begleitet; er ist der Ort, an dem das Leben Spuren hinterlässt. Nicht im metaphorischen, sondern im wörtlichen Sinne. Die Art und Weise, wie wir sitzen, gehen, arbeiten, schlafen; die Räume, die wir täglich aufsuchen; die Rhythmen, die wir unserem Nerven- und Hormonsystem auferlegen: All dies trägt dazu bei, relativ stabile Informationsfelder zu organisieren, die uns letztendlich „ähneln". Identität ist aus dieser Perspektive kein inneres Programm, sondern eine über die Zeit hinweg aufrechterhaltene, kohärente Konfiguration.

Der Soziologe Pierre Bourdieu sprach vom „Habitus", um zu beschreiben, wie soziale Strukturen zu körperlichen Dispositionen werden: die Art, wie man steht, einen Raum einnimmt, die Stimme einsetzt. Es war eine soziologische Intuition, doch heute können wir sie auch biologisch interpretieren. Der Habitus wird nicht nur erlernt: Er wird verinnerlicht. Er wird zu Muskeltonus, Haltungsmuster, Atemregulierung. In diesem Sinne ist der Körper ein lebendiges Archiv, das keine Daten speichert, sondern wiederholte räumliche Beziehungen.

Beispiele dafür gibt es zuhauf. Man denke nur an Astronauten, die von *der Internationalen Raumstation* zurückkehren. Studien der NASA und der ESA haben gezeigt, dass sich nach Monaten in der Schwerelosigkeit nicht nur Knochen und Muskeln verändern, sondern auch die Selbstwahrnehmung im Raum. Gehen, Stillstehen, sich orientieren – all das sind Handlungen, die neu erlernt werden müssen. Nicht, weil das Gehirn sie „vergessen" hat, sondern weil sich das körperliche Bezugssystem neu konfiguriert hat. Die motorische Identität – eine stille, aber entscheidende

Komponente dessen, wer wir sind – hängt davon ab, an welchem Ort der Körper gelebt hat.

Das gilt auch im alltäglichen, weniger extremen Sinne. Eine Lehrerin für zeitgenössischen Tanz erzählte in einem Interview aus dem Jahr 2016, wie sie nach zwanzig Jahren Praxis sich selbst mehr an der Qualität ihrer Bewegung erkannte als an der „ r Stimme oder an ihren Gedanken. „*Ich weiß, wer ich bin, daran, wie ich einen Raum* betrete“, sagte sie. Das ist keine poetische Phrase: Es ist die Beschreibung einer Identität, die sich im körperlichen Raum durch Tausende wiederholter Mikrohandlungen verfestigt hat.

Die Biologie der Felder lädt uns dazu ein, diese Beobachtungen ernst zu nehmen. Wenn die Information, die uns ausmacht, von räumlichen Konfigurationen abhängt, dann ist eine Veränderung der Umgebung, der Körperhaltung oder des Rhythmus niemals neutral. Ein Umzug, ein Jobwechsel, das Leben in beengten oder überstimulierenden Räumen bedeutet nicht nur, sich psychologisch anzupassen: Es bedeutet, das Informationsfeld, das uns zusammenhält, langsam neu zu formen. Deshalb scheinen uns manche Veränderungen „zu anderen Menschen zu machen“, auch wenn unsere Überzeugungen dieselben bleiben.

Aus dieser Perspektive ist die persönliche Identität nicht etwas, das wir besitzen, sondern etwas, das wir aufrechterhalten. Sie ist ein dynamisches Gleichgewicht zwischen Körper und Raum, zwischen Wiederholung und Variation. Und wie jedes biologische Gleichgewicht kann sie sich verstärken, schwächen oder an Kohärenz verlieren. Nicht aufgrund eines inneren Mangels, sondern weil der Ort, an dem wir leben – physisch, sozial, symbolisch –, die Form, zu der wir geworden sind, nicht mehr stützt.

Technologie und die Neudefinition lebenswichtiger Orte.

Während eines Großteils der Menschheitsgeschichte waren Lebensräume – jene Orte, an denen sich das Leben organisiert, entfaltet und wiedererkennt – eher gegeben als gewählt. Wälder, Ebenen, Städte, die langsam um Flüsse und Handelswege herum entstanden sind. Heute geschieht immer häufiger das Gegenteil: Zuerst entwerfen wir den Ort, dann fügen wir das Leben darin ein. Und diese stille Umkehrung definiert die biologischen Felder neu, in denen Organismen – menschliche und nichtmenschliche – ihre Information stabilisieren.

Biotechnologien, künstliche Umgebungen und digitalisierte Räume sind nicht bloß externe Werkzeuge. Sie fungieren als neue Beziehungsfelder, die in der Lage sind, biologische Rhythmen und , Wahrnehmung, Identität und sogar evolutionäre Verläufe zu beeinflussen. Wir haben es nicht mit einer technologischen „Einmischung" in das natürliche Leben zu tun, sondern mit der Entstehung hybrider Ökosysteme, in denen sich lebenswichtige Informationen in gestalteten Räumen verankern.

Ein symbolträchtiges Beispiel ist Biosphere 2, die in der Wüste von Arizona errichtet und 1991 eingeweiht wurde. Sie sollte eine autarke Nachbildung der Erde sein, ein Labor, um sich das Leben auf anderen Planeten vorzustellen. Das Projekt scheiterte teilweise – instabile Sauerstoffwerte, aus dem Gleichgewicht geratene Ökosysteme –, offenbarte jedoch etwas Entscheidendes: Das Leben lässt sich nicht ohne Weiteres in eine künstliche Umgebung übertragen, ohne an Kohärenz zu verlieren. Die Pflanzen wuchsen, doch die Bäume brachen, weil der Wind fehlte: Sie hatten die mechanische Widerstandsfähigkeit nicht „gelernt". Der biologische Bereich war unvollständig.

Heute sind künstliche Umgebungen weniger spektakulär, aber unendlich viel allgegenwärtiger. Man denke an die Neugeborenen-Intensivstationen, wo Frühgeborene Wochen in hochtechnologischen Inkubatoren verbringen. Studien, die in den 2010er Jahren in Stockholm und Boston durchgeführt wurden, haben gezeigt, dass Licht, Geräusche und sogar die

Regelmäßigkeit medizinischer Verfahren dazu beitragen, die neurobiologische Entwicklung zu prägen. In diesen Kontexten unterstützt die Technologie nicht das Leben, sondern die Struktur. Sie wird zum primären Raum, in dem der Organismus seine Informationen organisiert.

Noch radikaler ist der Fall der digitalen Räume. Hier geht es nicht mehr nur um veränderte physische Umgebungen, sondern um Orte ohne Materie, die dennoch biologisch aktiv sind. Im Jahr 2018 stellte eine Forschergruppe des University College London fest, dass die längere Nutzung immersiver virtueller Umgebungen die Körperwahrnehmung und die Stressreaktion veränderte, auch außerhalb der digitalen Erfahrung. Der Körper „verhielt" sich, sobald er in die physische Welt zurückkehrte, weiterhin so, als befände sich ein Teil seines Feldes an einem anderen Ort.

Das ist kein Einzelfall. Ein Informatikingenieur berichtete, dass er nach monatelanger Arbeit ausschließlich in der virtuellen Realität an einem Industrieprojekt unter einem anhaltenden Gefühl der Desorientierung gelitten habe. *„Es war, als hätte mein Körper eine* Größen s", sagte er. Keine psychische Störung, sondern eine räumliche Neukonfiguration der körperlichen Erfahrung. Das Informationsfeld des Organismus hatte sich an einen Ort angepasst, der nicht mehr mit dem physischen Körper übereinstimmte.

Die Biotechnologie treibt diesen Wandel noch weiter voran. Im Labor gezüchtete Organoide, gentechnisch hergestelltes Gewebe, entworfene Mikrobiome: Lebensformen, die in vollständig künstlichen Räumen entstehen und sich dort etablieren. Im Jahr 2013 sprach der Synthetische Biologe Craig Venter bei einer Konferenz in San Diego offen von „entworfenem Leben". Er bezog sich dabei nicht nur auf das Genom, sondern auf den Laborkontext als primären Lebensraum. Hier entsteht das biologische Feld nicht von selbst: Es wird bewusst konstruiert.

Diese neuen Lebensräume werfen bisher unbekannte wissenschaftliche und ethische Fragen auf. Wenn biologische

Information untrennbar mit dem Raum verbunden ist, der sie trägt, was geschieht dann, wenn dieser Raum temporär, proprietär und wie eine Software aktualisierbar ist? Wer ist für die Kohärenz eines künstlichen Lebensraums verantwortlich? Und vor allem: Welche Art von Leben kann in Umgebungen entstehen, die keine Geschichte haben?

Die Feldbiologie legt eine vorsichtige Antwort nahe: Das Leben kann sich an fast alles anpassen, aber nicht ohne Kosten. Jedes entworfene Feld trägt eine implizite Vorstellung davon in sich, wie das Leben sein sollte. Diese Vorstellung zu verdeutlichen – und die Verantwortung dafür zu übernehmen – ist vielleicht die dringlichste Herausforderung unserer technologischen Zeit.

Der teilhabende Blick: Denn auch die Wissenschaft hat einen Ort.

Wenn Leben Information ist, die in Beziehungsfeldern Gestalt annimmt, dann ist auch das Wissen über das Leben ein situiertes Phänomen. Es gibt keinen Blick *„von* nirgendwo", um einen Ausdruck zu verwenden, der der zeitgenössischen Wissenschaftsphilosophie am Herzen liegt. Jeder Akt der biologischen Beobachtung entsteht in einem historischen, kulturellen, technologischen und sogar körperlich n Kontext. Auch der Wissenschaftler bewohnt, ob er will oder nicht, ein Feld.

Die Idee des verorteten Wissens stammt nicht aus der Biologie. Sie wurde in den 1980er Jahren nachdrücklich formuliert, insbesondere von Donna Haraway, die 1988 schrieb: *„Eine Sichtweise ist immer eine Sichtweise von irgendwoher.*" Doch gerade in der Biologie der Felder gewinnt diese Erkenntnis eine neue Bedeutung. Wenn der Organismus keine zerlegbare Maschine, sondern eine kohärente Gesamtheit ist, dann tritt derjenige, der ihn untersucht, in Beziehung zu dem, was er beobachtet, und beeinflusst – zumindest teilweise – die Art und Weise, wie sich die biologische Information manifestiert.

Eine alte Anekdote, die in den Fluren des Laboratoriums für Meeresbiologie in Woods Hole, Massachusetts, erzählt wird, veranschaulicht dies sehr gut. In den 1960er Jahren untersuchten zwei Forschergruppen denselben Organismus, den Seeigel, um die frühen Stadien der Embryonalentwicklung zu verstehen. Die Instrumente waren ähnlich, die Techniken fast identisch. Dennoch gingen die Interpretationen weit auseinander. Erst später wurde klar, dass die anfänglichen Fragen – was man zu sehen versuchte – das gesamte experimentelle Feld geprägt hatten. Nicht der Embryo hatte sich verändert, sondern der konzeptuelle Raum, in dem er beobachtet wurde.

Die Feldbiologie zwingt uns, diese Tatsache ernst zu nehmen: Wissen steht nicht außerhalb des Lebens, sondern ist ein besonderer Ausdruck desselben. Jedes theoretische Modell, jedes experimentelle Protokoll, jede Fachsprache schafft ein kognitives Umfeld, das bestimmte Informationsformen herausfiltert und andere verdeckt. Das Labor ist ebenso wenig neutral wie das Mikroskop oder der Algorithmus: Es ist ein lebendiger Ort im wahrsten Sinne des Wortes.

Dieses Bewusstsein bringt eine neue Verantwortung mit sich. Wenn der wissenschaftliche Blick verortet ist, dann sind seine Konsequenzen nicht nur epistemologischer, sondern auch ethischer Natur. Im Jahr 1972 wurde während der Anhörungen des US-Kongresses zur Tuskegee-Studie deutlich, wie sehr eine Wissenschaft, die sich für „objektiv" hält, blind für ihren eigenen moralischen Horizont werden kann. Es handelte sich nicht um schlechte Biologie, sondern um Wissen, das den menschlichen Kontext, in dem es wirkte, aus den Augen verloren hatte.

Aus einer Feldperspektive betrachtet betrifft die Verantwortung des Wissenschaftlers nicht nur die Verwendung der Ergebnisse, sondern die Form des Erkennens selbst. Welche Art von Beziehung gehen wir mit dem ein, was wir untersuchen? Behandeln wir den Organismus als isolierbares Objekt oder als biologischen Gesprächspartner? Der Unterschied ist nicht rhetorischer Natur. In vielen Praktiken der zeitgenössischen ökologischen Forschung – man denke an die Arbeiten von Robin Wall Kimmerer mit den indigenen Gemeinschaften Nordamerikas – entsteht Wissen durch das ausgiebige Hinhören auf einen Ort, nicht durch dessen Abstraktion. Hier verzichtet die Wissenschaft nicht auf Strenge, sondern ändert ihre Haltung.

Eine situierte Wissenschaft ist also keine „relativistische" oder schwache Wissenschaft. Im Gegenteil, sie ist eine anspruchsvollere Wissenschaft, weil sie ihre eigenen Grenzen anerkennt. Sie weiß, dass sie in biologischen, sozialen und symbolischen Feldern agiert, zu deren Veränderung sie beiträgt. Und sie akzeptiert, dass das Erkennen des Lebens zum Teil bedeutet, selbst davon verändert zu werden.

Vielleicht ist dies die tiefgreifendste Erkenntnis der Feldbiologie: Wir können das Leben nicht verstehen, ohne uns zu fragen, von welchem Ort aus wir es betrachten. In diesem Sinne ist jeder Akt des Erkennens auch ein Akt der Teilhabe. Und jede Teilhabe bringt unweigerlich eine Verantwortung mit sich.

Wenn Information zum Organismus wird.

Es gibt einen Moment in der Erforschung des Lebens, in dem die Sprache der Codes ihre Nützlichkeit verliert. Das ist der Moment, in dem man erkennt, dass die Form nicht das Endergebnis eines Informationsprozesses ist, sondern der Prozess selbst in Aktion. Die Feldbiologie schlägt eine entscheidende Verschiebung vor: Information beschreibt den Organismus nicht, sie bildet ihn. Sie steht nicht hinter den Kulissen wie eine Partitur, sondern manifestiert sich direkt in der Struktur, die Zellen, Gewebe und Funktionen zusammenhält.

Ein klassisches Beispiel, das es wert ist, noch einmal angeführt zu werden und das oft in Embryologiekursen in Cambridge oder Heidelberg erzählt wird, betrifft die Experimente von Hans Driesch Ende des 19. Jahrhunderts. Durch die Trennung der Zellen eines Seeigel-Embryos im Frühstadium erwartete Driesch „halbfertige“ Organismen. Das Gegenteil geschah: Jeder Teil brachte ein vollständiges Individuum hervor, kleiner, aber in sich schlüssig. Es gab keinen lokalisierten Plan, dem man folgen musste, sondern eine globale Form, die sich neu organisierte. Die Information befand sich nicht an einem Punkt: Sie lag in dem Beziehungsgeflecht, das der Embryo verkörperte.

Hier hört die Form auf, passive Geometrie zu sein. Sie wird zu aktiver Information, die in der Lage ist, Prozesse zu lenken, Abweichungen zu korrigieren und Kohärenz aufrechtzuerhalten. Ein Organismus „hat“ keine Form, so wie ein Objekt eine Hülle hat: Es ist eine Form, die sich im Laufe der Zeit durch den ständigen Austausch von Materie und Energie aufrechterhält. Aristoteles hatte dies intuitiv erkannt, als er vom *Eidos* als aktivem Prinzip sprach; die zeitgenössische Biologie kehrt mit anderen Instrumenten auf diesen Weg zurück, ohne metaphysische Nostalgie.

In den 2000er Jahren zeigten einige Studien zur Regeneration von Planarien am *Max-Planck-Institut* in Dresden etwas Überraschendes: Enthauptete Tiere regenerierten Köpfe mit unterschiedlichen Ausrichtungen, je nach den Bedingungen des bioelektrischen Feldes. Nicht das „genetische Programm" änderte sich, sondern die Konfiguration des Feldes, die die zukünftige Form prägte. Der Kopf war nicht irgendwo vorprogrammiert: Er entstand als stabile Lösung eines Systems.

Aus dieser Perspektive ist die Form operatives Gedächtnis. Sie „weiß, was zu tun ist", weil sie bereits das Ergebnis verkörperten Wissens ist. Wie in einer alten Stadt – man denke an Siena oder Fès – folgen die Straßen keinem abstrakten Entwurf, sondern der Ablagerung von Gesten, Bedürfnissen und Anpassungen. Die städtische Form enthält Information, weil sie diese verkörpert. Ebenso ist der Organismus eine Geschichte, die weiter funktioniert.

Auch die Pathologie verdeutlicht diesen Punkt. Bei manchen Tumoren geht nicht nur die molekulare Kontrolle verloren, sondern auch die Zugehörigkeit zu einer gemeinsamen Form. Die Zellen „wissen" zwar noch, wie man sich teilt, aber nicht mehr als Teil eines Ganzen. Die Information ist nicht verschwunden: Sie hat sich von der Gesamtform abgekoppelt. Das Problem ist nicht die übermäßige Aktivität, sondern der Verlust der morphologischen Kohärenz.

Zu sagen, dass Information zum Organismus wird, bedeutet also anzuerkennen, dass das Leben durch Formen denkt. Nicht im menschlichen Sinne des Wortes, sondern als Fähigkeit, stabile, funktionale und im Kontext sinnvolle Konfigurationen auszuwählen. Jeder Organismus ist eine Antwort, die Gestalt angenommen hat. Er repräsentiert keine Umgebung: Er bewohnt sie aktiv, indem er sich selbst formt und sie formt.

Diese Sichtweise hat tiefgreifende Konsequenzen. Wenn Form aktive Information ist, können wir Lebewesen nicht mehr als Assemblagen behandeln, die Stück für Stück repariert werden können. Jeder Eingriff – sei er therapeutischer, technologischer oder umweltbezogener Natur – berührt ein formales Gleichgewicht, das implizites Wissen in sich trägt. Die Biologie der Felder fordert nicht zum Verzicht auf, sondern zu größerer Achtsamkeit: zu verstehen, wie eine Form funktioniert, bevor man sie korrigieren will.

Im Grunde genommen, wie Paul Valéry 1937 nach einem Besuch in einem physiologischen Labor in Paris schrieb: *„Das Lebendige ist das, was nicht erklärt werden kann, ohne etwas Wesentliches zu verlieren.*“ Vielleicht ist genau das dieses „Etwas“: die Form als fortwährende Geste der Information, der Moment, in dem Wissen aufhört, abstrakt zu sein, und zum Leben wird.

Das Auge und das Feld: das Schöne sehen, das Lebendige erahnen.

Wer schon einmal eine Kieselalge unter dem Mikroskop betrachtet oder an einer Atlantikküste entlang spaziert und dabei den Wechsel der Braunalgen beobachtet hat, hat wahrscheinlich ein vertrautes Gefühl verspürt: Diese Form „funktioniert“, und genau deshalb erscheint sie schön. Dabei handelt es sich weder um ein sentimentales Urteil noch um einen sekundären kulturellen Reflex. Aus der Perspektive der Feldbiologie wird die ästhetische Erfahrung zu einer Form der Anerkennung biologischer Kohärenz.

Natürliche Schönheit ist nicht mit Verzierung gleichzusetzen. Sie ist selten überflüssig. Vielmehr ist sie das sinnlich wahrnehmbare Zeichen einer gelungenen Organisation, einer Form, die vielfältige Zusammenhänge ohne offensichtliche Brüche zusammenhält. Im Jahr 1917 veröffentlichte D’Arcy

Wentworth Thompson das bereits erwähnte Werk *„On Growth and* Form“, ein Buch, das er zwischen Dundee und St. Andrews verfasste und in dem er aufzeigte, wie lebendige Formen eher aus physikalischen und mathematischen Gleichgewichten als aus genetischen Anweisungen hervorgehen. Thompson sprach nicht von Schönheit, doch seine Zeichnungen – Quallen, Muscheln, Knochen – übten auch auf Künstler und Architekten einen tiefgreifenden Einfluss aus. Eine überzeugende Form ist eine, die sich nicht erklären muss.

Goethe hatte mehr als ein Jahrhundert zuvor etwas Ähnliches intuitiv erkannt, als er die Pflanzen in den Gärten von Padua und Palermo studierte. Seine Morphologie suchte nicht nach abstrakten Gesetzen, sondern nach erkennbaren Verwandlungen: das Blatt, das zur Blüte wird, die Blüte, die zur Frucht wird. Das menschliche Auge, ob geschult oder nicht, nimmt diese Kontinuität als Harmonie wahr. Nicht weil sie „dekorativ“ ist, sondern weil sie eine lesbare innere Ordnung offenbart.

Die moderne Neurowissenschaft liefert hierzu einen interessanten Beitrag. Studien, die Anfang der 2000er Jahre in London und San Diego durchgeführt wurden und mit den Arbeiten von Semir Zeki und V.S. Ramachandran in Verbindung stehen, haben gezeigt, dass das menschliche Gehirn positiv auf Konfigurationen reagiert, die Information und Einfachheit optimieren, ohne dabei an Komplexität einzubüßen. Lebende Formen – ein Ast, ein Gefäßnetz, eine Lungenblase – besitzen genau diese Eigenschaft: Sie sind komplex, aber nicht chaotisch. Unser Wahrnehmungssystem scheint fast augenblicklich zu erkennen, wann eine Form „stimmt“.

In diesem Sinne ist die natürliche Ästhetik kein evolutionärer Luxus, sondern eine verinnerlichte kognitive Kompetenz. Schönheit zu erkennen bedeutet oft, eine gute Integration zwischen Teilen, Funktionen und Umgebung zu erkennen. Ein Biologe, der eine Zellkultur beobachtet, weiß schon vor der Messung von Parametern, ob etwas nicht stimmt: Er „sieht“ es. Diese visuelle Intuition ist keine Ungenauigkeit, sondern praktische Erfahrung. Wie ein italienischer Forscher berichtete, der in den 1990er Jahren am Institut Pasteur arbeitete: „*Wenn eine Kultur gesund ist, erkennt man das an der Ruhe der Form.*"

Auch in der Kunst kommt diese Sensibilität zum Vorschein. Ernst Haeckel, Biologe und Illustrator, veröffentlichte 1904 „*Kunstformen der* Natur", einen Atlas mariner Organismen, der den europäischen Jugendstil beeinflusste. Es handelte sich dabei nicht um eine ästhetisierende Maßnahme: Haeckel wollte zeigen, dass die lebendige Form bereits Ausdruck von Ordnung ist und kein Chaos, das es zu bändigen gilt. Heute können wir dieses Werk als Brücke zwischen Wissenschaft und Wahrnehmung lesen: Schönheit als sichtbare Spur stabilisierter Information.

In der Feldbiologie erhält all dies eine konkrete Bedeutung. Wenn Form aktive Information ist, dann ist unsere Fähigkeit, ihre Harmonie wahrzunehmen, eine – zwar partielle, aber reale – Möglichkeit, mit der Funktionsweise des Lebendigen in Kontakt zu treten. Das Schöne ist nicht das Gegenteil des Wahren, sondern eines seiner Zeichen. Es garantiert zwar nicht die Wahrheit, aber es gibt ihr eine Richtung.

Vielleicht beeindrucken uns lebende Formen deshalb mehr als die ausgefeiltesten Maschinen. Ein Schmetterlingsflügel oder ein Farnblatt sind nicht „perfekt": Sie sind stimmig. Und diese Stimmigkeit, wenn sie sich ohne sichtbare Anstrengung manifestiert, erzeugt Schönheit. In diesem Moment schaut das Auge nicht nur hin: Es erkennt.

VII. Wenn Tradition auf Wissenschaft trifft.

Es gibt einen Punkt im Verlauf dieses Buches, an dem es unvermeidlich wird, sich mit einem unbequemen Begriff auseinanderzusetzen. Ein Begriff, der Jahrhunderte, Kulturen und Denksysteme durchquert hat, den die moderne Biologie jedoch nach und nach aus ihrem offiziellen Vokabular verbannt hat: Lebensenergie. Dieses siebte Kapitel ist genau hier angesiedelt, wie eine Schwelle. Nicht, um alte Metaphysiken wiederzubeleben oder sich vorwissenschaftlicher Nostalgie hinzugeben, sondern um ein ehrgeizigeres und in gewisser Weise riskanteres Unterfangen zu vollziehen: das, was diese Traditionen zu benennen versuchten, konzeptionell neu zu begründen.

Im Gesamtkontext des Buches fungiert dieses Kapitel als Bindeglied. Nachdem in den vorangegangenen Teilen die Grenzen des biochemischen Reduktionismus aufgezeigt und die Idee des Lebens als Phänomen der Kohärenz und des Feldes eingeführt wurden, wird hier die heikelste Frage angegangen: ob hinter Begriffen wie *Qi, „ der Prana“ sowie „Lebenskraft“*

ein realer, beobachtbarer und in wissenschaftliche Sprache übersetzbarer Kern existiert. Mit anderen Worten: Ob das, was seit Jahrhunderten in symbolischer Form überliefert wurde, in Wirklichkeit nicht eine intuitive Beschreibung tiefgreifender organisatorischer Dynamiken lebender Organismen ist.

Der erste Schritt des Kapitels ist kultureller Natur. Auffällig ist nämlich die interkulturelle Universalität der Vorstellung von Lebensenergie. Von China bis Indien, von der griechischen bis zur arabischen Welt, bis hin zu den vormodernen europäischen medizinischen Traditionen taucht immer wieder dieselbe Intuition auf: Das Leben ist nicht nur Materie in Bewegung, sondern eine dynamische Ordnung, die die Materie durchdringt. Die Bezeichnungen ändern sich, die zugrunde liegenden Kosmologien ändern sich, doch das beschriebene Phänomen scheint überraschend ähnlich zu sein. Diese Tatsache allein beweist wissenschaftlich gesehen nichts, wirft jedoch eine berechtigte Frage auf: Ist es plausibel, dass ganze, voneinander unabhängige Zivilisationen komplexe Konzepte auf der Grundlage eines reinen Wahrnehmungsirrtums entwickelt haben?

Das Kapitel betont einen entscheidenden Punkt: Diese Konzepte dürfen nicht wörtlich genommen, aber auch nicht als Aberglaube abgetan werden. Sie müssen als phänomenologische Sprachen verstanden werden, als Versuche, reale Erfahrungen – die Vitalität, die Widerstandsfähigkeit, die Selbstorganisationsfähigkeit von Organismen – in Abwesenheit der konzeptuellen und mathematischen Werkzeuge, über die wir heute verfügen, in Form zu bringen. Es ist dieselbe Haltung, die die Wissenschaft einnimmt, wenn sie die Alchemie als Vorgeschichte der Chemie oder die ptolemäische Astronomie als notwendigen Schritt hin zu einem differenzierteren Verständnis des Kosmos betrachtet.

In diesem Sinne steht das Kapitel in einem ideellen Dialog mit einer Überlegung von Erwin Schrödinger, der bereits 1944 schrieb: „*Was wir Leben nennen, scheint sich wie ein geordnetes Phänomen zu verhalten, das vom Gleichgewicht ferngehalten* wird“ (*What Is Life?*). Schrödinger sprach nicht von Lebensenergie, sondern wies deutlich darauf hin, dass das Leben nicht auf den bloßen Fluss chemischer Energie reduziert werden kann: Es ist Ordnung, die sich bewahrt, Form, die über die Zeit hinweg fortbesteht.

Genau hier liegt der theoretische Kern des Kapitels: die Lebensenergie in Begriffe der dynamischen Kohärenz zu übersetzen. Keine mysteriö n „Kraft“, die zu den physikalischen Gesetzen hinzukommt, sondern eine besondere Art der Organisation von Energie- und Informationsprozessen innerhalb eines Organismus. Eine Kohärenz, die Schwingungen, Synchronisationen und schwache, aber strukturierte elektromagnetische Felder umfasst und es dem lebenden System ermöglicht, als integriertes Ganzes zu funktionieren.

In dieser Perspektive gewinnen die Worte des Nobelpreisträgers für Chemie, Ilya Prigogine, wieder an Aktualität, als er erklärte: *„Das Leben ist das Reich der dissipativen Strukturen, in dem Ordnung aus dem Fluss entsteht.*“ Auch hier kein Verweis auf Esoterik: lediglich die Erkenntnis, dass Energie im Leben niemals neutral ist, sondern stets nach kohärenten Mustern organisiert ist.

Das Kapitel macht deutlich, warum das Sprechen von Lebensenergie nicht bedeutet, nicht messbare Größen einzuführen. Es bedeutet vielmehr, anzuerkennen, dass sich die Biologie mit Feldern, Beziehungen und globalen Konfigurationen befasst, nicht nur mit isolierten Molekülen. Diese Position findet auch in den Worten des theoretischen Biologen Brian Goodwin ihren Widerhall, als er schrieb: *„Die biologische Form wird nicht von außen auferlegt, sondern entsteht aus den kollektiven Eigenschaften des Systems.*“ Wenn die Form entsteht, dann gibt es ein Organisationsprinzip, das der einzelnen chemischen Reaktion vorausgeht.

Das Ziel dieses Kapitels im Gesamtkontext des Buches ist daher ein doppeltes. Einerseits soll der falsche Konflikt zwischen Wissenschaft und Tradition entschärft werden, indem gezeigt wird, dass viele alte Intuitionen neu interpretiert werden können, ohne die wissenschaftliche Strenge zu verraten. Andererseits soll der Boden für die folgenden Teile bereitet werden, in denen Gesundheit und Krankheit als Zustände größerer oder geringerer Kohärenz des biologischen Feldes betrachtet werden. Die so neu definierte Lebensenergie ist kein vager Begriff mehr, sondern ein wirkungsvoller Interpretationsschlüssel, um zu verstehen, warum ein Organismus „funktioniert" oder zerfällt.

Letztendlich fordert dieses Kapitel den Leser nicht auf, zu glauben, sondern seine Vorurteile beiseite zu lassen. Die Idee zu akzeptieren, dass die Wissenschaft, wenn sie sich weiterentwickelt, die Vergangenheit nicht unbedingt auslöscht, sondern sie neu interpretiert. Und dass sich hinter alten und ungenauen Begriffen vielleicht bereits eine scharfsinnige Wahrnehmung dessen verbarg, was wir heute – mit größerer Vorsicht – als biologische Kohärenz be .

Das Wort „Energie": Von der physikalischen Größe zur Metapher für das Leben.

Im 21. Jahrhundert gibt es nur wenige Wörter, die mit derselben Selbstverständlichkeit – und Mehrdeutigkeit – verwendet werden wie das Wort „Energie". Wir verwenden es, um ein Kraftwerk, eine physikalische Formel, die Gemütsverfassung einer Person, die Lebenskraft eines Organismus oder sogar die Atmosphäre in einem Raum zu beschreiben. Es ist ein Brückenwort, das verschiedene Sprachen überspannt, ohne jemals wirklich in einer einzigen zu verharren. Und gerade diese Allgegenwärtigkeit macht es für das Thema dieses Kapitels so entscheidend: zu verstehen, wie der Wortschatz unser Verständnis vom Leben beeinflusst.

Aus Sicht der modernen Physik ist „Energie" eines der am besten definierten Konzepte, über die wir verfügen: eine messbare, erhaltbare Größe, die mit mathematischer Strenge formalisiert ist. Und doch, wie Richard Feynman bereits in seinen berühmten *„Lectures on* Physics“ feststellte: *„Wir wissen nicht, was Energie ist, wir wissen nur, wie man sie berechnet.*“ Ein Satz, der keineswegs provokativ gemeint ist, sondern ein tiefgreifendes Paradoxon offenbart: Selbst im Herzen der exaktesten Wissenschaft bleibt Energie zum Teil eher ein operatives als ein ontologisches Konzept.

Wenn dieser Begriff in den biologischen Diskurs Einzug hält, wird das Terrain noch rutschiger. Die Biologie des 20. Jahrhunderts hat von der Physik eine vorwiegend quantitative Vorstellung von Energie geerbt: ATP, elektrochemische Gradienten, Stoffwechselströme. Das ist alles richtig, reicht aber nicht aus, um das zu erfassen, was wir meinen, wenn wir sagen, dass ein Organismus „voller Energie“ oder im Gegenteil „leblos“ ist. In diesen Fällen sprechen wir nicht nur von Kalorien oder chemischen Reaktionen, sondern von der Qualität der Organisation, von der Fähigkeit, eine Form zu bewahren und kohärent auf die Umwelt zu reagieren.

Genau hier übt die traditionelle Sprache – Qi, Prana, Lebenskraft – weiterhin eine stille Anziehungskraft auf das kollektive Bewusstsein aus. Nicht, weil sie bessere Erklärungen bietet, sondern weil sie etwas benennt, das die wissenschaftliche Sprache noch immer nur schwer intuitiv vermitteln kann. Der heutige Erfolg dieser Begriffe, selbst in hochtechnologischen urbanen Kontexten wie Berlin, San Francisco oder Mailand, ist keine Rückkehr zum Irrationalen, sondern das Symptom einer semantischen Lücke: Es fehlt ein gemeinsamer Begriff, um die ganzheitliche und qualitative Dimension des Lebendseins zu bezeichnen.

In den 1970er Jahren stellte der Philosoph Ivan Illich fest, dass die Fachsprache zwar die Präzision erhöht, aber die gelebte Erfahrung auf das Messbare reduzieren kann. Ähnliches geschieht heute mit dem Wort „Energie“: Je mehr wir es im streng physikalischen Sinne definieren, desto mehr laufen wir Gefahr, die Verbindung zur konkreten Erfahrung des

Lebendigen zu verlieren. Es ist kein Zufall, dass Energie im allgemeinen Sprachgebrauch immer relational ist: Sie wird „übertragen“, sie „geht verloren“, sie wird „wiederhergestellt“. Es ist ein Wort, das von Prozessen spricht, nicht von Objekten.

Diese Ambivalenz hat erhebliche kulturelle Konsequenzen. Einerseits nährt sie Missverständnisse und vereinfachende Tendenzen, wenn Energie zu einer magischen Erklärung wird, die für alles herhalten muss. Andererseits weist sie jedoch auf ein echtes Bedürfnis hin: das Leben nicht nur als eine Ansammlung von Komponenten zu betrachten, sondern als ein dynamisches, strukturiertes und bedeutungsvolles Geschehen. In diesem Sinne ist der Wortschatz nicht bloß eine Zierde des wissenschaftlichen Denkens, sondern eines seiner mächtigsten Werkzeuge.

Die in diesem Kapitel vorgeschlagene Neudefinition des Begriffs der Lebensenergie fügt sich genau in diesen Zwischenraum ein. Sie fordert nicht, die Präzision der Physik aufzugeben, sondern anzuerkennen, dass der Begriff „Energie“ in der Biologie als Indikator für Kohärenz fungiert, als sprachliches Signal, das auf systemische Phänomene, Beziehungsfelder und kollektive Organisationen hinweist. Es handelt sich um einen Sprachgebrauch, der dem der Systemtheorie oder der theoretischen Biologie näherkommt als dem der klassischen Physik.

Wie der Sprachwissenschaftler und Philosoph Ludwig Wittgenstein schrieb: *„Die Grenzen meiner Sprache sind die Grenzen meiner Welt.*“ Auf die Biologie angewendet bedeutet dies: Solange wir über das Leben nur mit dem Vokabular der Maschine sprechen, werden wir Maschinen sehen. Wenn wir hingegen beginnen, Wörter zu verwenden, die Prozesse, Felder und Beziehungen heraufbeschwören, werden wir vielleicht in der Lage sein, das Lebendige in einer Weise zu begreifen, die seiner Natur besser entspricht.

Letztendlich ist der Begriff „Energie“ im 21. Jahrhundert eher ein kulturelles als ein wissenschaftliches Spannungsfeld. Es liegt an uns zu entscheiden, ob wir ihn in die Unbestimmtheit abgleiten lassen oder ihn als Gelegenheit nutzen, unser Verständnis vom Leben zu verfeinern. Ihn neu zu definieren bedeutet nicht, ihn seiner Bedeutung zu entleeren, sondern ihm eine neue Präzision zu verleihen, die der Komplexität des Lebendigen gerecht wird.

Von der Wissenschaftspopulärvermittlung bis zum Pop-Mythos: die mediale Vorstellungswelt der Energie.

Jede Epoche erzählt vom Leben mit den Mitteln, die ihr zur Verfügung stehen. In unserer Zeit nimmt die Vorstellung von Energie und Vitalität weniger in Fachbüchern oder an Hochschulen Gestalt an als vielmehr in Fernsehdokumentationen, wissenschaftlichen Podcasts, Wissenschaftsfestivals, aber auch in Talkshows, auf digitalen Plattformen und sogar in den Algorithmen sozialer Netzwerke. Hier wird das von der zeitgenössischen Wissenschaft neu formulierte Konzept der Lebensenergie gefiltert, vereinfacht, verstärkt oder manchmal auch verzerrt.

Die Wissenschaftsvermittlung hat in den letzten Jahrzehnten eine ambivalente Rolle gespielt. Einerseits hat sie dazu beigetragen, komplexe Konzepte wie die Organisation lebender Systeme, Selbstregulierung und Komplexität zugänglich zu machen. Andererseits ist sie oft der Versuchung spektakulärer Erzählungen erlegen, in denen Energie zu einem emotionalen Schlüsselbegriff wird, der eher Geheimnis und Kraft als Verständnis hervorruft.

Ein symbolischer Moment dieser Wende lässt sich in den 1980er Jahren verorten, als Carl Sagan mit der Serie *„Cosmos“* (1980), , Millionen von Menschen eine Vorstellung von einem dynamischen Universum näherbrachte, in dem das Leben als seltener, aber tief in die kosmischen Prozesse integrierter Ausdruck gesehen wurde. Sagan sprach über Sterne, Moleküle und Zellen im gleichen erzählerischen Ton und schuf so eine imaginative Kontinuität zwischen Physik und Biologie. Er verwendete zwar nicht den Begriff der „Lebensenergie“, trug aber dazu bei, ein Bild vom Leben als organisiertem und prozesshaftem Phänomen zu entwerfen, das sich nicht auf reine Mechanik reduzieren lässt.

In den folgenden Jahren führte die zunehmende Vielfalt der Medienkanäle jedoch zu einer Fragmentierung der Erzählung. Neben einer fundierten Wissensvermittlung – man denke an die Dokumentarfilme von David Attenborough, in denen die Lebendigkeit der Organismen durch ihr Verhalten, ihre ökologischen Beziehungen und ihre Zyklen zum Ausdruck kommt – hat sich ein riesiger Kommunikationsmarkt entwickelt, in dem das Wort „Energie“ zu einem narrativen Markenzeichen geworden ist. Energie als Versprechen von Wohlbefinden, Harmonie und persönlicher Stärkung.

Eine Anekdote, die eine italienische Wissenschaftsjournalistin während des Wissenschaftsfestivals in Genua (Ausgabe 2016) erzählte, ist aufschlussreich: Nach einem Vortrag über komplexe Systeme in der Biologie fragte eine Zuhörerin, ob diese „*Interaktionsnetzwerke*“ der wissenschaftliche Beweis für die Aura seien. Die Frage entsprang nicht Naivität, sondern einer hybriden Vorstellungswelt, die durch die gleichzeitige Konfrontation mit wissenschaftlichen und pseudowissenschaftlichen Inhalten entstanden war, die oft mit derselben visuellen und rhetorischen Sprache präsentiert wurden.

Die Medien vermitteln nämlich nicht nur Informationen: Sie prägen kognitive Erwartungen. Wenn die Wissenschaftsvermittlung energetische Metaphern verwendet, ohne deren Kontext zu klären, trägt sie dazu bei, eine Grauzone aufrechtzuerhalten, in der sich verschiedene Konzepte – physikalische, biologische, erfahrungsbezogene – überschneiden. Das Ergebnis ist nicht unbedingt Desinformation, sondern ein intuitives, emotionales Verständnis, das je nach Ausrichtung fruchtbar oder irreführend sein kann.

Ein interessantes Beispiel stammt aus der Welt der TED Talks (einer globalen Plattform, auf der innovative und inspirierende Ideen durch kurze, für alle zugängliche Vorträge unter geteilt werden). Seit den 2000er Jahren haben Ideen wie diese einen enormen Einfluss auf das globale kulturelle Bewusstsein ausgeübt. Viele Vorträge über das Leben, den Geist oder die Gesundheit sprechen von „Energie", „Verbindung" und „Schwingung", oft auf eindrucksvolle, aber wenig präzise Weise. Diese Sprache funktioniert, weil sie einem echten Bedürfnis nach Sinn entspricht, läuft jedoch Gefahr, Argumentation durch Inspiration zu ersetzen.

Und doch eröffnet sich genau hier eine Chance. Eine ausgereifte Populärwissenschaft könnte die erzählerische Kraft der Medien nicht dazu nutzen, Dinge übermäßig zu vereinfachen, sondern um für Komplexität zu sensibilisieren. Die Lebensenergie nicht als geheimnisvolle Kraft, sondern als eine Möglichkeit zu beschreiben, die dynamische Organisation von Organismen darzustellen, erfordert Zeit, Geduld und Vertrauen in die Intelligenz des Publikums. Es ist kein Zufall, dass einige der besten zeitgenössischen populärwissenschaftlichen Formate – lange Podcasts, Reportagebücher, tiefgehende Dokumentarserien – in diese Richtung gehen.

In diesem Sinne spielt die Rolle der Medien bei der Neudefinition des Konzepts der Lebensenergie keine untergeordnete Rolle: Sie ist ein integraler Bestandteil des Prozesses. Denn was eine Gesellschaft über das Leben glaubt, hängt auch davon ab, wie das Leben erzählt wird.

Von der Seite zum Metaversum: Wie sich die Erzählung von der Lebensenergie verändern wird.

Jeder technologische Wendepunkt bringt eine stille, aber tiefgreifende Veränderung mit sich: Er verändert die Art und

Weise, wie wir die Welt erzählen, und damit auch die Art und Weise, wie wir sie verstehen. Die Feldbiologie mit ihrer Vorstellung von Organismen als stabilisierte Informationsstrukturen kommt zu einem historischen Zeitpunkt, an dem die Wissenschaftskommunikation in eine neue Phase eintritt, die zwischen künstlicher Intelligenz, Augmented Reality und immersiven Umgebungen schwebt. Die Frage lautet nicht mehr nur, was über das Leben erzählt werden soll, sondern wie man dies tun kann, ohne seiner Komplexität Unrecht zu tun.

In den letzten Jahren ist künstliche Intelligenz zu einem alltäglichen Begleiter bei der Erstellung und Vermittlung von Wissen geworden. Systeme, die Artikel zusammenfassen, wissenschaftliche Bilder generieren oder biologische Prozesse simulieren können, werden bereits an Universitäten, in Museen und in Redaktionen eingesetzt. Im Jahr 2023 experimentierte beispielsweise die *Wellcome Collection* in London mit interaktiven Installationen auf der Grundlage computergestützter Modelle, um die Dynamik lebender Systeme zu veranschaulichen: keine einfachen Informationstafeln, sondern Umgebungen, die auf die Entscheidungen der Besucher reagierten. Die Lebensenergie wurde nicht erklärt, sondern als Prozess inszeniert.

Dieser Schritt ist entscheidend. Die Wissenschaftsvermittlung der Zukunft wird nicht nur narrativ oder beschreibend sein, sondern erlebnisorientiert. Augmented Reality und Virtual Reality ermöglichen es bereits heute, in ein biologisches Gefüge „einzutauchen“ und Strömungen, Rhythmen und Synchronisationen zu beobachten. An der Stanford University hat ein Labor für wissenschaftliche Visualisierung VR-Umgebungen für Biologiestudenten entwickelt, in denen zelluläre Phänomene nicht als lineare Ereignisketten erscheinen, sondern als dynamische Interaktionsfelder. Es ist eine Sprache, die der Vorstellung von Lebensenergie als Kohärenz überraschend nahekommt, ohne auf esoterische Metaphern zurückzugreifen.

Doch diese kommunikative Kraft birgt ein subtiles Risiko: die Verlockung der übermäßigen Klarheit. Ein Algorithmus neigt dazu, zu vereinfachen und das, was von Natur aus mehrdeutig ist, zu glätten. Aber das Leben besteht, wie theoretische Biologen nur zu gut wissen, auch aus Instabilität, Randbereichen und Grauzonen. Der Physiker und Wissenschaftsvermittler Philip Ball bemerkte 2019 bei einer öffentlichen Veranstaltung in Oxford, dass die besten wissenschaftlichen Visualisierungen nicht diejenigen sind, die alles erklären, sondern jene, die *„einen Einblick in das gewähren, was wir noch nicht verstehen*“. Eine wertvolle Lektion für alle, die die Energie des Lebens mit intelligenten Werkzeugen darstellen wollen.

Dann gibt es noch einen weiteren Aspekt, der eher kultureller als technischer Natur ist. Künstliche Intelligenz ist nicht nur ein Mittel, sondern ein neuer symbolischer Akteur. Wenn wir einer Maschine die Aufgabe anvertrauen, die Lebenskraft eines Organismus zu erklären, definieren wir damit implizit die Grenze zwischen menschlichem Wissen und automatisiertem Wissen neu. Eine Anekdote eines französischen wissenschaftlichen Kurators betrifft eine Wanderausstellung über die Biologie der Zukunft: Viele Besucher gaben an, den von der KI generierten Erklärungen mehr zu vertrauen als den von Experten verfassten, da sie als „neutraler“ empfunden wurden. Dies ist ein Signal, das direkt die Verantwortung der Wissensvermittlung in Frage stellt.

In diesem Szenario wird die Darstellung der Lebensenergie als dynamische Kohärenz zu einer narrativen wie auch wissenschaftlichen Herausforderung. Die neuen Technologien können dabei helfen, das Leben als Netzwerk, als Feld, als verkörperten Informationsprozess darzustellen. Sie erfordern jedoch eine bewusste kulturelle Steuerung, die sowohl mechanistische Reduktion als auch spektakuläre Auswüchse vermeiden kann.

Vielleicht liegt die Zukunft der Wissensvermittlung nicht darin, eine endgültige Definition der Lebensenergie zu finden, sondern darin, Kontexte des Verstehens zu schaffen – Räume, in denen der Leser, der Zuschauer oder der Besucher die Komplexität erleben kann, ohne davon erdrückt zu werden. In diesem Sinne sind künstliche Intelligenz und Augmented Reality nicht die Lösung, sondern mächtige Werkzeuge: Wie jede Sprache sagen sie viel darüber aus, was wir erzählen wollen, und noch mehr darüber, was wir offen lassen.

Qi, Prana, Lebenskraft.

Es gibt eine Tatsache, die jeden beeindruckt, der die Geschichte der Ideen unvoreingenommen betrachtet: Kulturen, die räumlich und zeitlich weit voneinander entfernt sind, haben das Leben als von einem unsichtbaren, dynamischen Prinzip durchdrungen verstanden, das wesentlich ist, sich aber nicht auf Materie reduzieren lässt. Die Bezeichnungen ändern sich – *Qi* im klassischen China, *Prana* im vedischen Indien, *Pneuma* in der griechischen Welt, *Ruach* in der jüdischen Tradition bis hin zur „Lebenskraft" der vormodernen europäischen Medizin –, doch die begriffliche Struktur bleibt überraschend ähnlich. Kein Objekt, sondern ein Prozess; keine Substanz, sondern ein Kreislauf.

Im „Neijing", dem Gründungswerk der chinesischen Medizin (zwischen dem 3. und 1. Jahrhundert v. Chr.), wird das Qi niemals statisch definiert. Es ist das, was fließt, was verbindet, was Organe, Jahreszeiten und Emotionen in Beziehung zueinander setzt. Ebenso entspricht in *den* indischen *Upaniṣaden* das *Prana* nicht dem physischen Atem, sondern dem, was ihm Bedeutung verleiht: einer ordnenden Kraft, die Leben und Bewusstsein trägt. In Athen sprach Hippokrates (5. Jahrhundert v. Chr.) von *der „physis"* als innerem Prinzip der Bewegung und Regulierung – eine Vorstellung, die auf überraschende Weise diese östlichen Sichtweisen widerspiegelt.

Diese Übereinstimmung entspringt nicht einem systematischen kulturellen Austausch – den es in vielen Fällen gar nicht gab –, sondern einer gemeinsamen phänomenologischen Erfahrung: der Erkenntnis, dass lebende

Organismen keine zufälligen Ansammlungen von Teilen sind, sondern dynamische Ganzheiten, erkennbar an ihrem Rhythmus und ihrer Fähigkeit, Form und Funktion im Wandel aufrechtzuerhalten. Hier zeigt das Konzept der Lebensenergie seine Stärke: nicht als kausale oder -Erklärung, sondern als umfassende Beschreibung dessen, was das Lebendige lebendig macht.

Qi oder Prana als Aberglauben abzutun, bedeutet, moderne wissenschaftliche Kriterien rückwirkend auf Epochen zu projizieren, die mit anderen begrifflichen Werkzeugen arbeiteten. Das ist eher ein historischer als ein erkenntnistheoretischer Fehler. Wie der britische Anthropologe Joseph Needham, der sein Leben dem Studium der chinesischen Wissenschaft widmete, feststellte, waren diese Konzepte keine naiven Versuche, die Chemie des Körpers zu erklären, sondern operative Landkarten der Erfahrung, die über Jahrhunderte hinweg medizinische, körperliche und spirituelle Praktiken leiten konnten.

Eine Anekdote, die ein italienischer Arzt erzählte, der in den 1990er Jahren lange Zeit in Nepal tätig war, ist aufschlussreich: Bei einem Besuch in einem Dorf im Himalaya stellte er fest, dass die lokalen Heiler die Symptome der Patienten als „blockierten Wind“ oder „gestörten Atem“ beschrieben. Sie sprachen nicht von Molekülen oder Nerven, erkannten jedoch mit großer Präzision Zustände von Stress, chronischer Erschöpfung und funktioneller Disharmonie. Die Sprache änderte sich, nicht jedoch die klinische Aufmerksamkeit.

Der gemeinsame Kern dieser Konzepte ist keine mysteriöse Kraft, die die Gesetze der Physik außer Kraft setzt, sondern die Intuition, dass das Leben eine fortwährende Organisation ist, die Aufrechterhaltung von Kohärenz im Laufe der Zeit. In zeitgenössischer Sprache könnten wir sagen, dass Qi und Prana verschiedene Bezeichnungen für das sind, was wir heute als Dynamiken der systemischen Integration beschreiben: Strömungen, Synchronisationen, verteilte Regulationsprozesse, die nicht an einem einzelnen Punkt angesiedelt sind, sondern aus dem Feld des Organismus als Ganzes hervorgehen.

In der Wissenschaft ist die Universalität einer Intuition immer ein Signal, das man ernst nehmen sollte. Kein Beweis, aber ein Hinweis. Die Tatsache, dass Zivilisationen ohne direkte Kontakte ähnliche Konzepte entwickelt haben, legt nahe, dass sie auf eine reale Struktur der biologischen Erfahrung reagierten. Wie der Biologiefilosoph Hans Jonas 1966 schrieb, manifestiert sich das Leben in erster Linie als „zerbrechliche Selbstbehauptung", als ständiges Bemühen, im Wandel sich selbst treu zu bleiben.

Die Feldbiologie reiht sich in diese lange Tradition ein, nicht um alte Begriffe wieder aufzugreifen, sondern um anzuerkennen, dass diese Begriffe auf etwas hinwiesen, das wir heute präziser formulieren können. Von Lebensenergie als dynamischer Kohärenz zu sprechen, bedeutet zu übersetzen, nicht zu widerlegen. Es ist ein Akt kultureller Kontinuität, nicht der Nostalgie.

Vielleicht lautet die eigentliche Frage also nicht, warum alle Kulturen von einer Lebensenergie gesprochen haben, sondern warum wir eine Zeit lang glaubten, darauf verzichten zu können. Oder, noch radikaler: ob die Wissenschaft vom Lebendigen heute nicht – mit anderen Instrumenten und einer anderen Strenge – wieder dazu zurückkehrt, das anzuerkennen, was die menschliche Erfahrung schon immer intuitiv gewusst hat: dass das Leben Beziehung, Fluss, Feld ist.

Das Wissen der Hände und des Atems: Yoga, Tai Chi und Kampfkünste als gelebte Biologie.

Lange bevor die Lebensenergie zu einem theoretischen Problem wurde – und noch bevor sie als vager oder vorwissenschaftlicher Begriff in die Kritik geriet –, hatte der Körper sie bereits verstanden. Oder besser gesagt: Er praktizierte sie. Yoga, Tai Chi, Qi Gong, traditionelle Kampfkünste: All diese Disziplinen haben ein entscheidendes Merkmal gemeinsam. Sie erklären das Leben nicht, sondern setzen es in die Tat um. In der langsamen Bewegung, im geregelten Atem, in der scheinbar unbeweglichen Haltung nimmt das, was die Lehren als Qi oder Prana bezeichneten, Gestalt an als konkrete, überprüfbare, wiederholbare Erfahrung.

Es ist kein Zufall, dass viele dieser Praktiken in Kontexten entstanden sind oder sich dort etabliert haben, in denen die schriftliche Überlieferung gegenüber der mündlichen und körperlichen untergeordnet war. In China entwickelte sich das Tai Chi Chuan zwischen dem 17. und 18. Jahrhundert in den Dörfern von Henan, insbesondere in Chenjiagou: eine eher familiäre als philosophische Praxis, bei der das Wissen von Körper zu Körper weitergegeben wird. In Indien existierten die *Asanas* des klassischen Yoga – die erst spät, zwischen dem dem 19. und 20. Jahrhundert, kodifiziert wurden – seit Jahrhunderten als Körperabläufe, noch bevor sie zu Kapiteln einer Abhandlung wurden.

Hier ist die Sprache nicht symbolisch, sondern propriozeptiv. Wie der Anthropologe Marcel Mauss in seinem berühmten Aufsatz über die Techniken des Körpers (1934) feststellte, erzieht jede Kultur ihre Mitglieder dazu, auf spezifische Weise zu fühlen, sich zu bewegen und zu atmen. Die mit der Lebensenergie verbundenen Praktiken sind in diesem Sinne Pädagogiken der Wahrnehmung: Sie trainieren das Erkennen von Kontinuität, Spannungen, Strömungen und Schwellen. Sie erklären nicht, was das Leben ist; sie lehren, wie es sich anfühlt, wenn es im Gleichgewicht ist.

Einen älteren Tai-Chi-Meister frühmorgens in den Parks von Peking oder Shanghai zu beobachten, ist selbst für einen Biologen eine lehrreiche Erfahrung. Die Bewegungen sind minimal, und doch ist nichts isoliert: Jede Drehung des Handgelenks betrifft die gesamte Körperhaltung. Es ist die zutiefst biologische Vorstellung, dass das Ganze vor den Teilen kommt. Dasselbe Prinzip zieht sich durch das Yoga von B.K.S.

Iyengar, der in den 1960er Jahren in Pune auf der Präzision der Ausrichtung bestand – nicht aus ästhetischen Gründen, sondern weil *„ein falsch ausgerichteter Körper den Geist verwirrt*". Eine Aussage, die wir heute im Sinne der sensomotorischen Integration verstehen könnten.

Auch in den japanischen Kampfkünsten spielt diese Erkenntnis eine zentrale Rolle. Als Jigoro Kano 1882 in Tokio das Judo gründete und dabei alte Techniken neu formulierte, sprach er von *„seiryoku zen'y*ō": dem optimalen Einsatz von Energie. Dabei geht es nicht um Muskelkraft, sondern um Koordination, Timing und Ökonomie der Bewegung. Ein Prinzip, das in praktischer Form vorwegnimmt, was wir heute als systemische Optimierung bezeichnen würden. Die Lebensenergie ist hier kein geheimnisvolles Fluid, sondern die Fähigkeit des Organismus, als kohärente Einheit zu handeln.

Diese Disziplinen haben – oft unbewusst – eine Rolle bei der Bewahrung der Kultur gespielt. Während die theoretische Sprache der Lebensenergie zwischen dem 18. und 19. Jahrhundert zunehmend aus der westlichen Wissenschaft verdrängt wurde, bewahrte der Körper die Erfahrung damit weiter. In Klöstern, in Turnhallen, auf Höfen im Morgengrauen. Ein französischer Arzt, der in den 1970er Jahren Qi Gong studierte, J.-C., berichtete, dass er die Bedeutung von „Energie" im nicht durch das Lesen von Texten verstanden habe, sondern dadurch, dass er nach monatelanger Praxis feststellte, besser zu atmen und weniger schnell müde zu werden. Keine Metaphysik: nur eine umfassende Veränderung, schwer zu lokalisieren, unmöglich auf eine einzige Ursache zurückzuführen.

Hier findet die Feldbiologie einen unerwarteten Verbündeten. Diese Praktiken zeigen, dass sich das Leben nicht nur in messbaren Parametern manifestiert, sondern auch in der Qualität der Organisation. Die Geste wird zu einem Fenster zu tiefgreifenden Dynamiken: Synchronisation, Stabilität, Anpassung. In diesem Sinne sind Yoga und Tai Chi keine spirituellen Relikte, sondern somatische Archive des Wissens über das Leben als integrierten Prozess.

Vielleicht muss die Wissenschaft, um das Konzept der Lebensenergie wirklich neu zu begründen, nicht nur lernen, besser zu messen, sondern auch anders zu beobachten. Akzeptieren, dass der Körper manchmal der Theorie voraus ist. Und dass bestimmte Formen des Wissens, um zu überleben, den diskretesten und widerstandsfähigsten Weg gewählt haben: den der Bewegung.

Vom Tempel zum Supermarkt: das zwiespältige Schicksal der Lebensenergie.

Es gibt ein spiegelbildliches, weniger diskutiertes, aber ebenso heimtückisches Risiko bei dem Versuch, das Konzept der Lebensenergie wissenschaftlich neu zu begründen: seine kommerzielle Banalisierung. Während Qi und Prana jahrhundertelang als Aberglaube angeprangert wurden, ereilt sie heute das gegenteilige Schicksal: Sie werden zu verführerischen Schlagworten, aufgedruckt auf Yogamatten, Nahrungsergänzungsmitteln und Wochenend-Intensivkursen zum „energetischen Ausgleich“. Nicht mehr abgelehnt, sondern konsumiert.

Schlendert man durch die Stände einiger Wellness-Messen – von Bologna bis München, von Rimini bis San Francisco –, gewinnt man den Eindruck, dass die Lebensenergie zu einer Ware wie jede andere geworden ist. Es wird versprochen, sie in wenigen Schritten zu „aktivieren“, zu „stärken“ oder zu „freisetzen“. Eine Sprache, die beruhigt, weil sie einfach ist, die aber einen Verlust an Tiefe verrät. Hier sind wir nicht weit entfernt von dem, was der Anthropologe Marc Augé einen kulturellen „Nicht-Ort“ genannt hätte: Konzepte, die aus ihrem Kontext gerissen, austauschbar gemacht und ihrer historischen Dichte beraubt wurden.

Die großen Traditionen, die die Konzepte von Qi und Prana entwickelt haben, waren keineswegs oberflächlich oder vereinfachend. Im „Neijing“, dem Gründungswerk der chinesischen Medizin (3.–1. Jahrhundert v. Chr.), ist das Erlernen des Qi untrennbar mit der Beobachtung der Jahreszeiten, dem Rhythmus des Atems und der Ethik des Arztes verbunden. Ebenso ist in den Texten des klassischen Yoga, wie den Patañjali zugeschriebenen Yoga-Sutras (2.–4. Jahrhundert n. Chr.), Prana keine „Energie zum Verbrauchen“, sondern ein Prinzip, das durch jahrelange Praxis gezügelt werden muss.

Ein Tai-Chi-Meister aus Peking, der in den 1980er Jahren von einem Team französischer Forscher interviewt wurde, antwortete auf eine eindringliche Frage mit einem entwaffnenden Satz: *„Ihr Westler wollt wissen, was das Qi ist. Wir lernen, wann wir es nicht stören dürfen.*“ Es ist ein subtiler, aber entscheidender Unterschied. Die moderne Kommerzialisierung verspricht hingegen sofortige Kontrolle, schnelle Ergebnisse, Meisterschaft. Genau das, wovor die Traditionen davor warnten, es anzustreben.

Das authentische kulturelle Erbe von New-Age-Vereinfachungen zu unterscheiden, bedeutet nicht, eine imaginäre Reinheit zu verteidigen. Traditionen leben, weil sie sich wandeln. Doch manche Anzeichen sind aufschlussreich. Authentizität verspricht keine Abkürzungen, trennt die Arbeit am Körper niemals von der Arbeit an der Aufmerksamkeit und am Verhalten und reduziert die Lebensenergie nicht auf eine individuelle Ressource, die es zu maximieren gilt.

Ein aufschlussreiches historisches Beispiel stammt aus dem Japan des frühen 20. Jahrhunderts. Jigoro Kano, der Begründer des Judo, wandte sich offen gegen die Verwandlung der Kampfkünste in reine Unterhaltung oder Ware. Im Jahr 1922 erinnerte er seine Schüler im Kodokan in Tokio daran, dass Ki keine magische Kraft sei, sondern das Ergebnis von Koordination, Körperhaltung und Absicht. Wenn eine Praxis diese Komplexität verliert, wenn sie zum Schlagwort wird, haben wir es wahrscheinlich nicht mehr mit einem lebendigen Erbe zu tun, sondern mit einer Karikatur davon.

Das Paradoxon liegt auf der Hand: Während die moderne Biologie mit strengen Methoden die Bedeutung globaler Muster und systemischer Kohärenz wiederentdeckt, reduziert ein Teil der Populärkultur diese Konzepte auf beruhigende Formeln. Der Lebensenergie wird so ihre unbequemste Dimension genommen: Sie erfordert Zeit, Zuhören und persönliche Veränderung.

1998 bemerkte der Physiker David Bohm – eine Brückenfigur zwischen verschiedenen Welten – während einer Tagung in London über Wissenschaft und Spiritualität, dass „*das Problem nicht darin besteht, alte Begriffe zu verwenden, sondern darin, sie ohne Disziplin zu verwenden*“. Ein Satz, der auch heute noch Gültigkeit hat. Die wissenschaftliche Neugestaltung der Lebensenergie erfolgt weder durch ihre Leugnung noch durch ihre Kommerzialisierung, sondern durch eine geduldige Arbeit der kulturellen Übersetzung.

Qi und Prana als vorwissenschaftliche Beschreibungen von Kohärenzphänomenen wiederzuentdecken, bedeutet nicht, sie besser zu vermarkten, sondern sie besser zu verstehen. Es bedeutet, ihnen wieder Tiefe zu verleihen und sie sowohl dem Dogmatismus als auch dem Marketing zu entziehen. In diesem Sinne bietet die Feldbiologie ein wertvolles Kriterium: Lebenswichtig ist nicht das, was am meisten verspricht, sondern das, was über die Zeit hinweg Kohärenz bewahrt.

Vielleicht ist das wahre Erbe der Traditionen kein Konzept, das man zur Schau stellt, sondern eine Haltung, die es zu pflegen gilt. In einer Zeit, in der alles an Leistung und Konsum gemessen wird, ist dies eine überraschend aktuelle Lektion.

Keine Magie, sondern Erfahrung: Denn die Lebensenergie hat die Jahrhunderte überdauert.

Traditionelle Konzepte der Lebensenergie als „Aberglauben" zu bezeichnen, ist oft ein Ausdruck kultureller Ungeduld. Es bedeutet, das, was in Kontexten entstanden ist, in denen die Beobachtung direkt, körperlich und über die Zeit hinweg wiederholt erfolgte, mit Kategorien zu beurteilen, die im modernen Labor entstanden sind. Die Zivilisationen, die von Qi, Prana, Pneuma oder *Vis vitalis* sprachen, formulierten keine alternativen physikalischen Theorien, sondern hielten Regelmäßigkeiten in der Erfahrung des Lebendigen fest.

Noch bevor man sich fragte, wie das Leben funktioniert, beschäftigten sich diese Traditionen mit der Frage, wie es sich manifestiert. Und was sich dabei mit erstaunlicher Kohärenz herauskristallisierte, war die Vorstellung, dass sich ein lebender Organismus nicht nur dadurch definiert, woraus er besteht, sondern auch dadurch, wie er Kontinuität, Rhythmus und Einheit im Wandel aufrechterhält. Keine metaphysische Hypothese, sondern eine wiederholt bestätigte empirische Feststellung.

Ein oft übersehener Aspekt ist, dass diese Konzepte nicht in Tempeln, sondern in den Handwerksberufen entstanden sind. Das Qi nahm in der chinesischen Medizin und Landwirtschaft Gestalt an; das Prana in der Beobachtung des Atems und der körperlichen Anstrengung; das Pneuma in der hellenistischen medizinischen Praxis. Galen (2. Jahrhundert n. Chr.) sprach vom Pneuma als dem, was den Körper befähigt, zu reagieren, sich anzupassen und zu heilen. Es handelte sich nicht um ein mystisches Wesen, sondern um eine beschreibende Funktion: das, was vorhanden ist, wenn der Körper als Ganzes reagiert.

Eine Anekdote aus den Archiven der Royal Navy berichtet, dass während der langen Seereisen des 18. Jahrhunderts einige Schiffsärzte die „noch gesunden“ Seeleute von denen, die kurz vor dem Skorbut standen, weniger anhand offensichtlicher Symptome – – als vielmehr anhand einer Art „allgemeinen Zusammenbruchs“ unterschieden: Haltung, Spannkraft, Koordinationsfähigkeit. Sie kannten zwar noch nicht den Begriff des Vitamin C, erkannten jedoch einen Verlust des organisierenden Prinzips. Genau das versuchten die Konzepte der Lebensenergie zu benennen.

Was diese Konzepte vom Aberglauben unterscheidet, ist ihr gemeinsamer phänomenologischer Kern. Wo immer sie auftauchen, beschreiben sie drei wiederkehrende Aspekte: die Kontinuität des Organismus im Zeitverlauf, seine Fähigkeit, verschiedene Teile zu koordinieren, und seine Sensibilität für den Kontext. Sie sprechen nicht von letzten Ursachen, sondern von Gesamtzuständen.

Aberglaube im eigentlichen Sinne führt Ereignisse auf willkürliche und unkontrollierbare Ursachen zurück. Die Konzepte der Lebensenergie tun das Gegenteil: Sie verleihen dem, was chaotisch erscheint, wieder Regelmäßigkeit. Ein ayurvedischer Arzt aus Kerala, der in den 1970er Jahren von einem Team der Universität Madras interviewt wurde, erklärte, dass das Sprechen über Prana dazu diente, den Gesamtüberblick über den Patienten nicht aus den Augen zu verlieren, insbesondere wenn sich die einzelnen Symptome änderten. Es war ein Gegenmittel gegen die Fragmentierung, nicht deren Produkt.

Es ist bezeichnend, dass diese Konzepte gerade dort auftauchen, wo der Reduktionismus an seine Grenzen stößt: bei Heilungsprozessen, bei der Entwicklung, bei der Anpassung. Bereiche, in denen das Verhalten des Ganzen nicht unmittelbar aus den Teilen abgeleitet werden kann. Die Feldbiologie erkennt mit verfeinerten Instrumenten nichts anderes als genau diese Schwierigkeit.

Es gibt noch ein letztes Element, das Qi und Prana vom Aberglauben unterscheidet: ihre zurückhaltende Erklärungskraft. Sie versprechen keine Wunder, garantieren keine vollständige Kontrolle. Im Gegenteil, sie betonen die Zerbrechlichkeit des lebenswichtigen Gleichgewichts. In vielen klassischen Texten ist die Lebensenergie nicht etwas, das man ansammeln muss, sondern etwas, das man nicht verschwenden darf. Eine Vorstellung, die dem modernen Begriff der dynamischen Stabilität überraschend nahekommt.

Im Jahr 1932 führte der Physiologe Walter Cannon den Begriff der Homöostase ein. Er sprach zwar nicht von Lebensenergie, beschrieb aber dasselbe Phänomen: die Fähigkeit eines Organismus, trotz ständiger Schwankungen er selbst zu bleiben. Die Begriffe ändern sich, doch die zugrunde liegende Erfahrung bleibt bestehen. In dieser Kontinuität liegt die Legitimität der traditionellen Konzepte.

Vielleicht geht es also gar nicht darum, zu entscheiden, ob Qi und Prana im physikalischen Sinne des Wortes „existieren“, sondern anzuerkennen, dass sie etwas bezeichnen, das tatsächlich geschieht: die Art und Weise, wie das Leben zusammenhält. Sie als Aberglauben abzutun, bedeutet, eine wertvolle Spur unserer langjährigen Beobachtung des Lebendigen zu verlieren.

Zählen allein reicht nicht aus: das mathematische Vorurteil und der Schatten, der auf die Lebensenergie geworfen wird.

In der modernen Wissenschaftskultur gibt es eine ungeschriebene Regel: Was sich nicht in Zahlen ausdrücken lässt, ist, wenn nicht falsch, so doch zumindest wenig zuverlässig. Es ist eine mächtige Regel, die außergewöhnliche Ergebnisse hervorgebracht hat, sich aber im Laufe der Zeit zu einem erkenntnistheoretischen Vorurteil gewandelt hat. In diesem Klima werden Konzepte wie Qi oder Prana gar nicht erst geprüft: Sie werden einfach ad acta gelegt. Nicht, weil sie widerlegt worden wären, sondern weil sie eine andere Sprache sprechen als die der Gleichung.

Und doch ist diese Gleichsetzung von Wissen und Mathematisierung historisch gesehen erst jüngeren Datums. Galileo schreibt in seinem „Saggiatore" (1623), dass das Buch der Natur in mathematischer Sprache verfasst sei. Doch Galileo sagt nicht, dass nur das Mathematische real sei; er sagt, dass es die geeignete Sprache zur Beschreibung bestimmter Phänomene sei. In den folgenden Jahrhunderten ging diese Besonnenheit verloren, und die Methode wurde zur Metaphysik.

Eine der Nebenwirkungen dieser Verschiebung ist die systematische Verwechslung von Symbolischem und Irrationalem. Im allgemeinen Sprachgebrauch klingt „symbolisch" vage, poetisch und daher verdächtig. Doch in der Geschichte des Wissens hatte das Symbol stets eine andere Funktion: das sichtbar zu machen, was sich nicht unmittelbar zerlegen lässt.

Ernst Cassirer, ein Kulturphilosoph, der in den 1920er- und 1930er-Jahren tätig war, erinnerte daran, dass Mythos, Sprache und „ " Wissenschaft keine Stufen fortschreitenden Irrtums sind, sondern unterschiedliche symbolische Formen. Jede ordnet die Erfahrung nach eigenen Kriterien. Zu sagen, dass das Qi symbolisch ist, bedeutet nicht, dass es falsch ist; es bedeutet anzuerkennen, dass es dazu dient, die Erfahrung des Lebendigen zu orientieren, und nicht, eine physikalische Theorie zu ersetzen.

Ein aufschlussreiches Beispiel stammt aus der Kunst. Als Kandinsky 1912 *„Das Geistige in* der Kunst" veröffentlichte, wurde er des Mystizismus bezichtigt. Erst Jahrzehnte später wurde verstanden, dass er versuchte, Wahrnehmungsfelder, Spannungen und visuelle Resonanzen zu beschreiben. Keine Zahlen, sondern Strukturen. Niemand würde heute behaupten,

Kandinsky sei irrational gewesen; und doch sprach er eine symbolische Sprache.

In der Medizin hatte dieses Vorurteil konkrete Folgen. Michael Polanyi, Chemiker und Wissenschaftsphilosoph, sprach von *„tacit knowledge*“: einem Wissen, das das Handeln leitet, aber nicht vollständig explizit gemacht werden kann. Ein erfahrener Chirurg „spürt“, ob ein Gewebe gesund ist oder nicht, noch bevor er es messen kann. Niemand nennt das Aberglauben. Doch wenn ähnliche Fähigkeiten durch symbolische Konzepte ausgedrückt werden, wie es in der traditionellen Medizin der Fall ist, ändert sich das Urteil.

In den 1950er Jahren unterschieden einige ältere Kliniker in Pariser Krankenhäusern zwischen Patienten, die „zusammenhielten“, und solchen, die „ausgefranst“ waren, wobei sie eine Sprache verwendeten, die wir heute als ungenau bezeichnen würden. Doch die jungen Ärzte wussten, dass diese Worte oft den klinischen Verlauf vorwegnahmen. Es handelte sich um eine ganzheitliche, nicht quantifizierte Beschreibung, die jedoch keineswegs willkürlich war. Das Problem war nicht mangelnde Genauigkeit, sondern das Fehlen einer wissenschaftlichen Sprache, die für diese Art von Phänomen geeignet war.

Der Kern des modernen Vorurteils liegt vielleicht genau hier: dass das Instrument mit dem ultimativen Kriterium der Realität verwechselt wurde. Die Mathematik ist ein äußerst mächtiges Mittel, aber sie ist nicht neutral: Sie wählt das aus, was messbar ist, und lässt das, was relational, qualitativ und dynamisch ist, im Schatten stehen. Die Konzepte der Lebensenergie entstehen genau in diesem Schatten, als Versuche, komplexen Konfigurationen, die sich einer Zerlegung entziehen, Ausdruck zu verleihen.

Der neapolitanische Philosoph Giambattista Vico warnte bereits 1725 vor der Vorstellung, dass nur die geometrische Methode Wahrheit hervorbringe. *„Verum ipsum factum*“: Wir verstehen wirklich nur das, was wir tun, erleben und durchleben können. Das Lebendige wird erst erfahren, bevor es berechnet wird. Die Traditionen, die von Qi oder Prana sprechen, lehnen die Rationalität nicht ab; sie lehnen die Vorstellung ab, dass eine einzige Form der Rationalität die Realität erschöpft.

Das Konzept der Lebensenergie neu zu begründen bedeutet auch dies: dem Symbolischen seine kognitive Würde zurückzugeben, ohne es in ein Dogma zu verwandeln. Das Symbol ist kein archaischer Überrest, den es zu beseitigen gilt, sondern eine provisorische Brücke zwischen Erfahrung und Theorie. Wenn die Feldbiologie von Kohärenz, Information und globaler Organisation spricht, vollzieht sie einen ähnlichen Vorgang: Sie übersetzt in eine präzisere Sprache, was jahrhundertelang in symbolischer Form ausgedrückt wurde.

Das eigentliche Hindernis ist nicht der Mangel an Daten, sondern die geistige Gewohnheit, nur das als real anzuerkennen, was sich in eine Formel einfügen lässt. Dieses Vorurteil zu überwinden bedeutet nicht, auf die Wissenschaft zu verzichten, sondern ihren Wortschatz zu erweitern. Und vielleicht besteht der Fortschritt, wie so oft in der Ideengeschichte, darin, das wiederzugewinnen, was zu voreilig ausgeschlossen wurde.

VIERTER TEIL. Leben, Gesundheit und Disharmonie.

Aus den Gedanken von Georges Canguilhem
Gesundheit ist kein idealer Zustand, den es zu bewahren gilt, sondern eine kreative Fähigkeit des Organismus, neue Normen zu etablieren, wenn sich der Kontext ändert.

Aus den Gedanken von Henri Atlan
Das Lebendige definiert sich nicht durch die Stabilität seiner Bestandteile, sondern durch die Kohärenz der Prozesse, die diese miteinander in Beziehung setzen.

Aus den Gedanken von Francisco Varela
Krankheit ist kein bloßer lokaler Defekt, sondern ein Bruch in der Kontinuität, durch die sich der Organismus selbst hervorbringt und als Einheit erkennt.

Nachdem der biologische Reduktionismus hinterfragt und die Vorstellung vom Leben als Phänomen der Kohärenz und des Feldes eingeführt wurde, befasst sich dieser vierte Teil mit dem heikelsten und zugleich konkretesten Thema: dem der Gesundheit und der Krankheit. Hier hören die theoretischen Hypothesen auf, nur eine neue Sprache zur Beschreibung des Lebens zu sein, und werden zu einer anderen Linse, durch die interpretiert werden kann, was geschieht, wenn das Leben funktioniert, sich anpasst, Widerstand leistet oder sich im Gegenteil desorganisiert.

Im klassischen Paradigma wird Gesundheit oft als Abwesenheit messbarer Anomalien verstanden, während Krankheit mit einer Läsion, einem molekularen Defekt oder einer lokalisierten Fehlfunktion gleichgesetzt wird. Die Perspektive der biologischen Felder kehrt diesen Ansatz um, ohne dessen Nutzen zu leugnen: Noch bevor sie sich im Gewebe, in den Genen oder in klinischen Parametern manifestieren, zeigen sich Gesundheit und Krankheit als globale Zustände der Kohärenz oder der informativen Fehlausrichtung des Organismus.

Gesundheit ist in diesem Rahmen weder Unbeweglichkeit noch perfektes Gleichgewicht, sondern die dynamische Fähigkeit, eine flexible Ordnung aufrechtzuerhalten und Störungen zu absorbieren, ohne die eigene funktionale Identität zu verlieren. Es handelt sich um einen kontinuierlichen Anpassungsprozess, eine Resilienz, die das gesamte biologische Feld betrifft und nicht nur dessen einzelne Teile. Gesund zu sein bedeutet nicht, unverändert zu bleiben, sondern sich verändern zu können, ohne dabei zu zerfallen.

Krankheit erscheint folglich nicht mehr als ein punktuelles, plötzliches und isoliertes Ereignis, sondern als ein fortschreitender Verlust an Kohärenz. Die Teile des Organismus existieren zwar weiterhin, aber sie kommunizieren nicht mehr harmonisch miteinander; die Information, die einst das Ganze koordinierte, zerstreut sich, verzerrt sich oder konzentriert sich auf bestimmte Bereiche. Was dabei zum Vorschein kommt, ist eine Disharmonie, die den materiellen Veränderungen vorausgeht und diese begleitet, wodurch sie als Ausdruck eines tiefer liegenden Prozesses verständlich werden.

Dieser Teil des Buches bietet weder therapeutische Abkürzungen noch suggestive Vereinfachungen. Im Gegenteil, er bewegt sich behutsam entlang einer heiklen Grenze: Einerseits zeigt er das Potenzial einer systemischen und informationsorientierten Sichtweise auf die „ “ Gesundheit auf; andererseits erkennt er deren Grenzen an und betont die Notwendigkeit wissenschaftlicher Strenge sowie der Integration in die evidenzbasierte Medizin. Das biologische Feld ist keine magische Erklärung, sondern eine weitere Ebene des Verständnisses.

Im Gesamtverlauf des Bandes stellt der vierte Teil einen Schlüsselabschnitt dar: Er übersetzt die theoretischen Grundlagen der Feldbiologie in eine Reflexion über das konkrete Leben, über Wohlbefinden und Leiden. Es ist der Punkt, an dem das Leben, verstanden als Phänomen der Kohärenz, zeigt, was geschieht, wenn diese Kohärenz erhalten bleibt, bröckelt oder wiederhergestellt wird. Und es ist auch der Punkt, an dem die Biologie unweigerlich einer umfassenderen Verantwortung begegnet: Gesundheit nicht nur als individuelles Phänomen zu verstehen, sondern als Ausdruck weitreichenderer biologischer und ökologischer Beziehungen, die das Leben selbst erst möglich machen.

VIII. Gesundheit als Kohärenz,

Im allgemeinen Sprachgebrauch wird Gesundheit oft negativ beschrieben: Sich wohlzufühlen bedeutet, keine Symptome zu haben, keine Veränderungen zu zeigen und nicht von als normal geltenden Parametern abzuweichen. Doch diese scheinbar beruhigende Definition erweist sich als fragil, sobald man das Leben aus der Nähe betrachtet. Lebende Organismen sind niemals unbeweglich und auch nicht perfekt auf einen festen Standard ausgerichtet. Sie verändern sich ständig, schwanken, gleichen aus, antizipieren. Gesundheit kann daher nicht mit der Stabilität eines Zustands gleichgesetzt werden, sondern mit der Fähigkeit, Veränderungen zu durchlaufen, ohne an Kohärenz zu verlieren.

Dieses Kapitel stellt eine Sichtweise auf Gesundheit vor, die mit der zentralen Idee der Feldbiologie im Einklang steht: der Organismus als stabilisierte Informationsstruktur, die in der Lage ist, ihre Identität durch kontinuierliche Ströme von Energie, Materie und Information aufrechtzuerhalten. Aus dieser Perspektive bedeutet Gesundheit, interne und externe

Störungen in eine dynamische Ordnung zu integrieren, ohne dass das biologische Feld seine Fähigkeit verliert, das Ganze zu koordinieren.

Das Konzept des Gleichgewichts wird hier radikal neu gedacht. Nicht mehr statisches Gleichgewicht, vergleichbar mit einer idealen Ruhe, sondern dynamisches Gleichgewicht, ähnlich dem eines Systems, das sich während der Bewegung selbst reguliert. Ein gesunder Organismus ist nicht der, der sich nicht verändert, sondern der, der sich gut verändert. Die informative Kohärenz beseitigt die Variation nicht, sondern macht sie bewohnbar.

Im Verlauf des Buches stellt dieses Kapitel einen entscheidenden Schritt dar: Nachdem das Leben als Phänomen der Kohärenz und des Feldes beschrieben wurde, wird aufgezeigt, wie sich diese Kohärenz konkret in der biologischen Erfahrung der Gesundheit manifestiert. Es ist der Punkt, an dem die Theorie auf die Physiologie trifft, ohne sich auf diese zu reduzieren. Gesundheit wird so zu einer globalen Eigenschaft des Organismus, nicht zur bloßen Summe korrekter Funktionen.

Besondere Aufmerksamkeit gilt der Resilienz des biologischen Feldes: der Fähigkeit zur Anpassung, zur Selbstheilung und zur Reorganisation nach einer Störung. Hier erscheint Gesundheit als eine verteilte Intelligenz, die sich nicht in einem Organ oder einem Molekül lokalisieren lässt, sondern daran erkennbar ist, wie das gesamte System auf Herausforderungen reagiert. Es handelt sich um eine sich entwickelnde Kompetenz und weniger um einen ein für alle Mal messbaren Zustand.

Schließlich eröffnet das Kapitel Implikationen, die über die individuelle Medizin hinausgehen. Wenn Gesundheit Feldkohärenz ist, dann hängt sie auch vom Kontext ab: vom Beziehungskontext, vom Umweltkontext und vom ökologischen Kontext. Ohne voreilige praktische Schlussfolgerungen zu erzwingen, zeichnet sich die Notwendigkeit einer systemischeren Medizin ab, die in der Lage ist, die Zeichen der Gesundheit nicht nur in isolierten Werten, sondern in der Qualität der Gesamtorganisation des Lebendigen zu lesen.

Kapitel VIII übersetzt die theoretische Sprache der Kohärenz und der biologischen Felder in einen Interpretationsrahmen, der auf eines der heikelsten Konzepte der Biologie und Medizin anwendbar ist. Indem es den Boden für das folgende Kapitel über Krankheit als Verlust der Kohärenz bereitet, verdeutlicht dieser Text, dass Gesundheit nicht der Nullpunkt der Pathologie ist, sondern eine spezifische Organisationsform des Lebendigen.

In diesem Sinne schlägt das Kapitel keine alternative Definition von Gesundheit vor, sondern einen Perspektivwechsel: weg von der „ n" Fehlerkorrektur hin zum Verständnis der Prozesse; weg von der Kontrolle der Parameter hin zum Erfassen der Gesamtordnung; weg von der Reparatur der Teile hin zur Pflege der Beziehungen, die das Ganze zusammenhalten.

Gesundheit bedeutet, im Takt zu sein: das unsichtbare Orchester der biologischen Rhythmen.

Wenn Gesundheit Kohärenz ist, dann ist die Zeit ihr wahrer Prüfstein. Nicht die abstrakte Zeit der Uhren, sondern die biologische, vielschichtige und vielfältige Zeit, die den Organismus wie ein Geflecht unterschiedlicher Rhythmen durchzieht. Jedes Lebewesen ist in erster Linie eine zeitliche Architektur: schnelle und langsame Zyklen, tägliche und saisonale Schwankungen, Mikroveränderungen, die sich ohne einen zentralen Dirigenten koordinieren. Gesundheit zeigt sich, wenn diese Rhythmen – metabolische, endokrine, neuronale – sich synchronisieren können und dabei eine stabile Beziehung aufrechterhalten, ohne ihre Flexibilität zu verlieren. Die Chronobiologie hat gezeigt, dass der menschliche Körper nach einer inneren zeitlichen Organisation funktioniert, die sich nicht darauf beschränkt, auf die Umwelt zu reagieren, sondern diese vorwegnimmt und interpretiert. Die Forschungen, die 2017 zur Anerkennung der Rolle der molekularen Mechanismen der zirkadianen Uhr führten, haben einen entscheidenden Punkt deutlich gemacht: Es kommt nicht nur darauf an, was im Körper geschieht, sondern auch darauf, wann es geschieht.

Ein gesunder Organismus ist nicht der, in dem jeder Prozess isoliert abläuft, sondern der, in dem die Zeitabläufe miteinander kommunizieren. Es ist diese zeitliche Kohärenz, die es dem Ganzen ermöglicht, sich selbst treu zu bleiben, während es sich verändert – so wie in einer Partitur, in der verschiedene Themen ein- und ausklingen, ohne die Einheit des Stücks zu unterbrechen. Aus dieser Perspektive erscheint das biologische Feld auch als ein Feld der Synchronisation, das in der Lage ist, unterschiedliche Rhythmen in eine dynamische Ordnung zu integrieren. Gesundheit ist also nicht mit starrer Regelmäßigkeit gleichzusetzen, sondern mit intelligenter Pünktlichkeit: der Fähigkeit des Organismus, im richtigen Moment zu sein, seine inneren Zeitabläufe mit denen der Welt in Einklang zu bringen, ohne dabei seine Identität zu verlieren.

Vom Organismus zum Ökosystem: dieselbe Grammatik der Kohärenz.

Ein vergleichender Blick auf biologische Systeme und Ökosysteme hilft dabei, fast wie von selbst zu erkennen, was wir wirklich meinen, wenn wir von Gesundheit als Kohärenz sprechen. Ein lebender Organismus und ein natürliches Ökosystem agieren auf unterschiedlichen Ebenen, scheinen jedoch überraschend ähnlichen Organisationsprinzipien zu folgen. In beiden Fällen kommt es nicht auf die perfekte Effizienz jedes einzelnen Elements an, sondern auf die Qualität der Beziehungen, die das Ganze zusammenhalten. Ein ausgewachsener Wald, der seit den 1970er Jahren von Ökologen untersucht wird, ist nicht deshalb „gesund“, weil jede Art optimal gedeiht, sondern weil das System als Ganzes in der Lage ist, Störungen – einen Brand, eine Dürre, das Auftreten einer invasiven Art – zu absorbieren, ohne seine funktionale Identität zu verlieren. Ebenso ist ein gesunder menschlicher Organismus nicht derjenige, der frei von Schwankungen oder Asymmetrien ist, sondern derjenige, der in der Lage ist, lokale Variationen in eine globale Ordnung zu integrieren.

Diese Analogie ist nicht nur anschaulich. Gregory Bateson sprach bei der Betrachtung lebender und ökologischer Systeme von einer „Ökologie des Geistes“ und betonte, dass Stabilität stets aus Rückkopplungskreisläufen und nicht aus linearer Steuerung entsteht. In einem Ökosystem führt eine übermäßige Vereinfachung – die drastische Reduzierung der Artenvielfalt – zu dessen Fragilität; in einem Organismus beeinträchtigt eine ähnliche funktionale Starrheit die Anpassungsfähigkeit. In beiden Fällen ist Gesundheit gleichbedeutend mit verteilter Kohärenz und nicht mit der Optimierung einer einzelnen Funktion.

Der Begriff des „biologischen Feldes“ ermöglicht es, diese Verwandtschaft zu erfassen, ohne die Analogie zu überstrapazieren. So wie ein Ökosystem nicht auf die Summe seiner Arten reduzierbar ist, lässt sich auch ein Organismus nicht als bloße Ansammlung von Organen oder Reaktionen erklären. In beiden wirkt eine informative Ordnung, die die lokalen Prozesse steuert und dabei eine im Laufe der Zeit erkennbare Form aufrechterhält. Aus diesem Grund haben viele Biologen bei der Beobachtung bestimmter natürlicher Lebensräume – einer Lagune, eines Korallenriffs, einer stabilen Prärie – von „gesunden Systemen“ gesprochen und dabei eine Sprache verwendet, die der der Physiologie überraschend nahekommt. Nicht weil das Ökosystem im engeren Sinne ein Organismus ist, sondern weil es mit dem einzelnen Lebewesen die Logik der dynamischen Kohärenz teilt.

Dieser Hinweis soll auf eine Kontinuität der Prinzipien hinweisen: Individuelle Gesundheit und Umweltgesundheit sind nicht dasselbe, scheinen aber aus derselben Grammatik des Lebendigen hervorzugehen, in der Gleichgewicht niemals Starre bedeutet und Ordnung niemals von oben auferlegt wird.

Heilen ist nicht dasselbe wie reparieren: das lebendige Vokabular der Gesundheit.

Im allgemeinen Sprachgebrauch bedeutet „heilen" oft, einzugreifen, um ein Problem zu beseitigen. Man heilt eine Wunde, man heilt eine Krankheit, als wäre der Körper eine defekte Maschine und Gesundheit käme mit der Beseitigung des Defekts gleich. Wenn wir jedoch das Vokabular der Heilung – das sich durch Medizin, Ökologie und sogar Ethik zieht – genau betrachten, ergibt sich eine tiefere und weniger technische Bedeutung: Heilen bedeutet, eine Beziehung über einen längeren Zeitraum hinweg zu pflegen. Es handelt sich nicht um eine einmalige Handlung, sondern um eine kontinuierliche Praxis der Achtsamkeit, des Zuhörens und der Regulierung. Aus dieser Perspektive bietet die Feldbiologie einen aussagekräftigen Interpretationsansatz: Bei der Gesundheit geht es nicht um die Beseitigung unerwünschter Elemente, sondern um die Erhaltung der relationalen Kohärenz, die ein lebendes System zusammenhält.

Eine aufschlussreiche Parallele ergibt sich aus dem Bereich des Umweltschutzes. Als in den 1990er Jahren die großen Renaturierungsprojekte im Rheindelta in den Niederlanden begannen, erkannten die Ökologen, dass die „Pflege" des Flusses nicht mehr darin bestand, ihn streng einzudämmen oder in einen idealen Verlauf zu zwängen, sondern ihm Raum zurückzugeben und seinen Dynamiken zu ermöglichen, sich auszudrücken, ohne das Gleichgewicht zu verlieren. Die Pflege der Landschaft wurde so zu einer begleitenden Aufgabe, nicht zu einer Kontrollmaßnahme. Ähnliches geschieht im Körper: Pflege, im tiefsten Sinne verstanden, erzwingt keine Ordnung von außen, sondern schafft die Voraussetzungen dafür, dass der Organismus seine eigene Informationskohärenz wiederherstellen kann.

Es ist kein Zufall, dass diese Idee in verschiedenen Bereichen wieder auftaucht. Die Philosophin Joan Tronto definierte in den 1980er Jahren Pflege als eine Tätigkeit, die *„alles* umfasst*, was wir tun, um unsere Welt zu erhalten, fortzuführen und zu reparieren*“. Eine Welt, die Körper, Umgebungen und Beziehungen umfasst. Auf die Gesundheit angewendet, verlagert diese Definition den Fokus: Es geht nicht darum, den Körper zu bekämpfen, sondern mit seiner systemischen Intelligenz zusammenzuarbeiten. Einige Hausärzte berichten – oft abseits offizieller Konferenzen –, dass die wirksamsten Behandlungswege dann beginnen, wenn man aufhört, einem einzelnen Parameter hinterherzujagen, und stattdessen beobachtet, wie der Patient lebt, arbeitet, schläft und atmet. Das ist keine Romantik: Es ist eine implizite Anerkennung der Tatsache, dass Gesundheit aus einem Netzwerk kohärenter Beziehungen entsteht.

Auch die traditionelle landwirtschaftliche Sprache bewahrt Spuren dieser Sichtweise. In vielen Gebieten des Apennins spricht man noch immer davon, „das Land zu pflegen“, um die Fruchtfolge, die Instandhaltung der Trockenmauern und die Pflege der Quellen zu bezeichnen. Einen Boden „repariert“ man nicht: Man begleitet ihn, Saison für Saison. Auf die biologische Ebene übertragen, wird diese Metapher überraschend treffend. Das biologische Feld des Organismus erfordert keine einmaligen, entscheidenden Eingriffe, sondern kontinuierliche Aufmerksamkeit und kleine Anpassungen, die die funktionalen Beziehungen zwischen den Teilen aufrechterhalten.

In diesem Sinne ist Gesundheit als Kohärenz auch eine Frage der Sprache. Von Heilung als Pflege von Beziehungen zu sprechen, verändert die Art und Weise, wie wir den Körper und das „ “ – unsere Beziehung zu ihm – begreifen. Nicht mehr ein Gebiet, das es zu erobern oder zu korrigieren gilt, sondern ein lebendiger Lebensraum, den es bewusst zu bewohnen gilt. Es ist ein stiller, aber entscheidender Paradigmenwechsel, der die Medizin der ökologischen Weisheit näherbringt, ohne die Ebenen zu verwechseln: Was sie verbindet, ist nicht das Objekt, sondern das Organisationsprinzip. Gesundheit, wie ein gut gepflegtes Ökosystem, drängt sich nicht auf. Sie wird gepflegt.

Gesundheit steht nicht still: die biologische Kunst, sich selbst treu zu bleiben und sich gleichzeitig zu verändern.

Lange Zeit wurde Gesundheit sowohl in der Medizin als auch im allgemeinen Verständnis als ein Zustand der Ruhe vorgestellt: normale Parameter, stabile Werte, regelmäßige Funktionen. Ein beruhigendes, fast geometrisches Ideal. Doch die zeitgenössische Biologie – und noch mehr die Perspektive der Feldbiologie – legt eine weniger bequeme, aber umso faszinierendere Wahrheit nahe: Ein gesunder Organismus ist nicht der, der sich nicht verändert, sondern der, der sich verändert, ohne dabei seine Kohärenz zu verlieren. Gesundheit gleicht also eher einer gut geregelten Schwingung als einer flachen Linie.

Ein klassisches Beispiel, das in Physiologiekursen oft angeführt, aber selten bis ins Detail diskutiert wird, betrifft den Herzschlag. In den 1980er Jahren stellten einige US-amerikanische Kardiologen fest, dass ein vollkommen regelmäßiges Herz – wie ein Metronom – oft ein Anzeichen für ein Risiko und nicht für Gesundheit ist. Ein gesundes Herz weist eine kontinuierliche Variabilität auf, Mikro-Unregelmäßigkeiten, die auf die Fähigkeit des Systems hinweisen, sich von Moment zu Moment an die Anforderungen des Organismus anzupassen. Rhythmische Unbeweglichkeit ist paradoxerweise eine Form der Starrheit. In diesem Sinne ist Gesundheit nicht mit der Abwesenheit von Schwankungen gleichzusetzen, sondern mit deren Einbettung in eine dynamische Ordnung.

Diese Idee findet auch außerhalb der Medizin überraschende Resonanz. Der Evolutionsbiologe Stephen Jay Gould beschrieb in einem Aufsatz aus den 1990er Jahren, dass die langlebigsten Arten nicht die am stärksten spezialisierten sind, sondern jene, die in der Lage sind, Schwankungen zu tolerieren und ein breites Spektrum an Bedingungen zu bewältigen, ohne zusammenzubrechen. Das Gleiche gilt für den einzelnen Organismus: Das statische Gleichgewicht – das um jeden Preis versucht, einen idealen Zustand aufrechtzuerhalten – ist fragil; das dynamische Gleichgewicht hingegen ist eine Form der Intelligenz des Systems.

Aus der Perspektive der Feldbiologie erhält diese Unterscheidung eine noch radikalere Bedeutung. Wenn der Organismus eine stabilisierte Informationsstruktur ist, kann seine Gesundheit nicht im Einfrieren der Information bestehen, sondern in der Fähigkeit des biologischen Feldes, sich neu zu organisieren und dabei eine erkennbare Form beizubehalten. Wie ein Jazzmusiker, der improvisiert, ohne die Tonart zu verlieren, variiert der gesunde Körper ständig seine inneren Konfigurationen, ohne dabei den Sinn für das Ganze aus den Augen zu verlieren. Es ist kein Zufall, dass der Musikwissenschaftler Leonard Meyer auch im Zusammenhang mit der Musik von dynamischem Gleichgewicht sprach: Spannung und Auflösung sind keine Zufälle, sondern Voraussetzungen für Harmonie.

Auch die Wissenschaftsgeschichte bietet aufschlussreiche Anhaltspunkte. Walter Cannon, der Physiologe, der in den 1930er Jahren das Konzept der Homöostase einführte, verstand Gleichgewicht bereits als aktiven Prozess und nicht als passiven Zustand. Im Laufe der Zeit wurde seine Intuition jedoch vereinfacht, wodurch die Homöostase zu einer Art statischem Ideal wurde. Die Feldbiologie greift die ursprüngliche Intuition wieder auf und radikalisiert sie: Gleichgewicht ist ein Verb, kein Substantiv. Es ist etwas, das der Organismus tut, nicht etwas, das er besitzt.

In diesem Licht erscheint Gesundheit als eine Form gelungener Bewegung im Laufe der Zeit. Nicht die Abwesenheit von Krisen, sondern die Fähigkeit, diese zu durchleben. Nicht Unbeweglichkeit, sondern die Kontinuität des Sinns durch den Wandel. Ein gesunder Organismus ist nicht der, der sich selbst treu bleibt, sondern der, der es schafft, sich selbst treu zu bleiben, während er sich verändert.

Resilienz des Feldes. Anpassung und Selbstheilung.

Wenn biologisches Gleichgewicht keine Unbeweglichkeit ist, dann ist Resilienz auch nicht bloßer Widerstand. Aus der Perspektive der Feldbiologie erscheint Resilienz vielmehr als die Fähigkeit eines Organismus, eine Störung zu durchlaufen, ohne seine informative Form zu verlieren, und sich dabei von innen heraus neu zu organisieren. Es handelt sich nicht um eine passive Abwehr, sondern um einen aktiven, kreativen Prozess, der Gedächtnis, Flexibilität und eine überraschende Ökonomie der Mittel beinhaltet.

Ein symbolträchtiges Beispiel – das in zellbiologischen Labors oft zitiert, der breiten Öffentlichkeit jedoch selten vermittelt wird – betrifft das Epithelgewebe. Wenn eine Wunde die Kontinuität eines Gewebes unterbricht, beschränken sich die Zellen nicht darauf, sich willkürlich zu vermehren. Studien, die seit den 2000er Jahren durchgeführt wurden, darunter auch jene der Gruppe um Pazhuh Benoît Ladoux in Paris, haben gezeigt, dass die Zellen die Lücke „spüren", ihre Geometrie verändern, die mechanischen Spannungen neu ausrichten und die Form noch vor der Funktion wiederherstellen. Als ob das Informationsfeld des Organismus bereits eine implizite Karte dessen enthielte, was wiederhergestellt werden muss.

Dieses Phänomen der Selbstheilung betrifft nicht nur die mikroskopische Ebene. Nach dem Brand, der 1988 einen Teil des Yellowstone-Nationalparks verwüstete, sprachen viele Beobachter von einer irreversiblen Katastrophe. Doch in den folgenden Jahren stellten Ökologen fest, dass das System nicht „zurückfiel", sondern sich neu organisierte: neue

Pflanzensukzessionen, andere Gleichgewichte, eine in manchen Fällen sogar gesteigerte Artenvielfalt. Resilienz bedeutete hier nicht die Wiederherstellung des vorherigen Zustands, sondern die Fähigkeit des Systems, seine Identität während der Transformation zu bewahren. Dasselbe Prinzip gilt – auf einer anderen Ebene – auch für den lebenden Organismus.

Aus biologischer Sicht ist Anpassung keine lokale Reaktion auf einen lokalen Reiz. Es handelt sich um eine globale Reaktion auf eine Störung, die vom System als Ganzes „gelesen" wird. Der Neurowissenschaftler Kurt Goldstein beobachtete während des Ersten Weltkriegs Soldaten mit Hirnverletzungen und stellte fest, dass die funktionelle Erholung nicht nur von der geschädigten Zone abhing, sondern von der Fähigkeit des gesamten Organismus, sein Verhalten neu zu organisieren. Es ging nicht darum, zu dem zurückzukehren, was verloren gegangen war, sondern darum, eine neue, kohärente Art des Seins in der Welt zu finden. Eine Erkenntnis, die heute in der Feldbiologie starken Widerhall findet.

Resilienz bedeutet in diesem Sinne eine Form des Gedächtnisses, die kein Archiv, sondern eine operative Spur ist. Der Körper erinnert sich nicht nur daran, was geschehen ist, sondern auch daran, wie er darauf reagiert hat. Einige Immunologen sprechen von funktionellem „Imprinting": Jede Infektion, jedes Trauma hinterlässt eine Modulation im biologischen Feld, die die zukünftige Anpassungsfähigkeit stärken oder schwächen kann.

Von der Resilienz des Feldes zu sprechen bedeutet, den Fokus vom Schaden auf die Kompetenz des Lebendigen zu verlagern. Der Organismus ist nicht zerbrechlich, weil er Störungen ausgesetzt ist; er ist nur dann zerbrechlich, wenn er die Fähigkeit verliert, sich neu zu organisieren. Gesundheit erscheint in diesem Licht als eine emergente Eigenschaft: nicht die Abwesenheit von Verletzungen, sondern die Möglichkeit, diese zu durchleben, ohne dabei zu zerfallen.

Was das Leben in Erinnerung behält: Gedächtnis, Identität und biologische Kontinuität.

Jeder lebende Organismus ist ein Archiv. Aber nicht im verstaubten Sinne einer unbeweglichen Bibliothek: vielmehr als lebendiges Gedächtnis, das die Vergangenheit auswählt, aufarbeitet und nutzt, um in der Gegenwart kohärent zu bleiben. In dem Kapitel, das der Gesundheit als Kohärenz gewidmet ist, rückt das Thema des biologischen Gedächtnisses in den Mittelpunkt , denn es gibt keine Kontinuität ohne Erinnerung, und es gibt keine Gesundheit ohne ein Gedächtnis, das die Anpassung lenken kann.

Die bekannteste Form des Gedächtnisses ist das genetische. Die DNA mit ihrer Sprache aus vier Buchstaben wird oft als das große Buch des Lebens dargestellt. Zum Teil ist sie das tatsächlich: Sie bewahrt uralte Anweisungen, die sich im Laufe von Millionen von Jahren festgesetzt haben. Als Watson und Crick 1953 in Cambridge die Doppelhelixstruktur bekanntgaben, hatte Francis Crick die berühmte Kühnheit zu sagen, sie hätten „das Geheimnis des Lebens entdeckt“. Mit der Zeit haben wir verstanden, dass es sich um ein wichtiges, aber nicht ausreichendes Geheimnis handelte. Das Genom ist keine Partitur, die immer auf dieselbe Weise aufgeführt wird, sondern eine offene Partitur, die Interpreten, Kontext und Gedächtnis erfordert.

Hier kommt das epigenetische Gedächtnis ins Spiel. Seit den 1990er Jahren zeigten Studien in Schweden, in der Region Överkalix, dass Hunger oder Nahrungsüberfluss, die die Großeltern erlebt hatten, die Gesundheit ihrer Enkelkinder beeinflussen konnten. Dabei änderte sich nicht die DNA-Sequenz, sondern die Art und Weise, wie bestimmte Gene aktiviert oder stillgelegt wurden. Mit anderen Worten: Der Organismus erinnerte sich an Ereignisse, die er nicht direkt erlebt hatte, und setzte diese in eine Regulierung der Genexpression um. Das epigenetische Gedächtnis speichert keine symbolischen Inhalte, sondern operative Spuren: Anweisungen, wie man in der Welt existiert, basierend auf dem, was bereits geschehen ist. Doch auch dieses Gedächtnis erschöpft das Bild nicht. Es gibt eine dritte, subtilere und umstrittenere Dimension, die die Feldbiologie als Feldgedächtnis zu bezeichnen vorschlägt. Es ist weder in einem bestimmten Molekül festgeschrieben, noch lässt es sich auf einen lokalen Mechanismus reduzieren. Es handelt sich um eine informative Kontinuität, die die Gesamtform des Organismus betrifft, also die Art und Weise, wie sich die Teile im Laufe der Zeit aufeinander abstimmen. Ein eindrucksvolles Beispiel stammt aus der Regenerationsforschung: Wenn ein Planarien-Tier zerschnitten wird, kann jedes Fragment einen vollständigen Organismus regenerieren. Überraschend ist dabei jedoch nicht nur das Nachwachsen des Gewebes, sondern auch die korrekte Rekonstruktion der Form. Wie „weiß“ das System, wo der Kopf und wo der Schwanz ist? Genetiker liefern einen Teil der Antwort, aber nicht die ganze. Etwas scheint das Gedächtnis des Ganzen zu bewahren. In den 1970er Jahren sprach der Biologe Rupert Sheldrake – eine umstrittene, aber kulturell einflussreiche Persönlichkeit – von „morphischen Feldern“ als Trägern des Gedächtnisses. Abgesehen von den eher spekulativen Interpretationen ist die Vorstellung, dass die Form eine eigene informative Trägheit besitzt, heute Gegenstand strengerer Forschungen, beispielsweise in den Studien zu bioelektrischen Gradienten, die Michael Levin an der Tufts University durchführt. Hier ist das Gedächtnis kein Speicher, sondern eine Bedingung der Möglichkeit: das, was es dem System ermöglicht, nach einer Störung wieder erkennbar zu werden.

Ein Hausarzt aus Lyon berichtete von Patienten, die sich nach technisch erfolgreichen Operationen monatelang weiterhin „falsch“ fühlten, als bräuchte der Körper Zeit, um sein inneres Bild zu aktualisieren. Im Gegensatz dazu gewannen andere mit schwereren Verletzungen schnell wieder ein Gefühl der Einheit zurück. Klinische Erfahrungen, die schwer zu quantifizieren sind, die aber darauf hindeuten, dass Gesundheit auch von der Kontinuität des körperlichen Sinnfeldes abhängt, nicht nur von der Reparatur einzelner Teile. Die Unterscheidung zwischen genetischem, epigenetischem und Feldgedächtnis bedeutet nicht, abstrakte Entitäten zu vervielfachen, sondern verschiedene Ebenen der Informationsspeicherung anzuerkennen. Die Genetik bewahrt das Mögliche, die Epigenetik das Wahrscheinliche, das Feldgedächtnis das Erkennbare. Letzteres ermöglicht es dem Organismus, sozusagen zu sagen: „Ich bin immer noch ich“, auch nach der Veränderung. Aus dieser Perspektive erscheint Gesundheit als eine dynamische Treue zu einer Form der Identität, die niemals mit sich selbst identisch ist.

In all dem gibt es eine kuriose kulturelle Parallele. Der Schriftsteller W. G. Sebald bemerkte, dass Erinnerung niemals eine getreue Wiedergabe der Vergangenheit ist, sondern eine Konstruktion, die der Gegenwart dient. Dasselbe gilt für das Lebendige: Es erinnert sich nur an das, was es braucht, um weiterzuleben. Das biologische Gedächtnis ist keine Nostalgie, sondern Orientierung. Und vielleicht findet die Biologie der Felder gerade hier einen ihrer fruchtbarsten Ansatzpunkte: indem sie zeigt, dass das Leben nicht fortbesteht, weil es der Zeit widersteht, sondern weil es sich auf kreative Weise erinnern kann.

Medizinische und ökologische Implikationen.

Wenn Gesundheit Kohärenz ist, wie es die Feldbiologie nahelegt, dann kann sich die Medizin nicht mehr darauf beschränken, isolierte Teile zu reparieren. Sie muss sich mit den Beziehungen auseinandersetzen, die das Lebendige zusammenhalten, innerhalb und außerhalb des Körpers. Dieser Wandel ist keine theoretische Utopie: Er findet bereits statt, oft fragmentarisch, manchmal unbewusst, aber mit konkreten Konsequenzen sowohl in der klinischen Praxis als auch in der Beziehung zwischen Mensch und Umwelt.

In der Medizin hat sich der Systemgedanke still und leise durchgesetzt. Ein Kardiologe aus Stockholm berichtete, dass sich der Zustand einiger Patienten mit Herzinsuffizienz durch eine Veränderung ihres Lebensumfelds – Rhythmen, Beziehungen, Schlafqualität – stärker verbesserte als durch die x-te medikamentöse Anpassung. Es ging nicht darum, den Nutzen von Medikamenten zu leugnen, sondern anzuerkennen, dass das Herz nicht „von selbst schlägt“: Es reagiert auf ein Feld aus nervösen, hormonellen, emotionalen und umweltbedingten Signalen. Das Organ zu behandeln, ohne dieses Feld zu hinterfragen, entspricht – um eine bei angelsächsischen Klinikern beliebte Metapher zu verwenden – dem eine Geige zu stimmen, ohne das Orchester zu berücksichtigen.

In den letzten Jahren haben Disziplinen wie die Psychoneuroimmunologie mit soliden Daten gezeigt, was die klinische Erfahrung schon lange intuitiv vermutete: Das Immunsystem verändert sich je nach der Qualität sozialer Beziehungen, dem empfundenen Stress und sogar dem Gefühl der Kontrolle über das eigene Leben. Die Studien von Sheldon Cohen an der Carnegie Mellon University zeigten bereits in den 1990er Jahren, dass die Wahrscheinlichkeit, nach Kontakt mit einem Atemwegsvirus zu erkranken, bei sozial n isolierten Menschen höher war. Das Virus war dasselbe, das biologische Umfeld, in das es eintrat, jedoch nicht.

Diese Sichtweise hat auch radikale Auswirkungen auf die Prävention. Eine systemische Medizin fragt nicht nur: „Welchen Risikofaktor soll man beseitigen?“, sondern: „Welche Kohärenz soll man fördern?“. Es ist eine Verlagerung der Fragestellung, die den Fokus vom Kampf gegen den Feind hin zur Pflege lebenswichtiger Beziehungen verlagert. In einigen Krankenhäusern in Japan beispielsweise umfassen Rehabilitationsprogramme für ältere Menschen gemeinschaftliche Aktivitäten und den Kontakt mit Grünflächen, basierend auf Erkenntnissen, die die Qualität der Umwelt mit der Regulation des vegetativen Nervensystems in Verbindung bringen. Das ist keine östliche Folklore: Es ist die Physiologie des Feldes.

Die gleiche Argumentation lässt sich natürlich auch auf die Ökologie übertragen. Wenn der Organismus ein kohärentes System ist, dann ist es das Ökosystem ebenfalls. Die menschliche Gesundheit lässt sich nicht von der Gesundheit der Umgebungen trennen, in denen wir leben. Die Umwelt-Epidemiologie erinnert uns daran mit Daten, die immer schwerer zu ignorieren sind: Die Zunahme von Atemwegserkrankungen in der Poebene, die bereits 2019 von der WHO dokumentiert wurde, ist nicht nur eine Frage der individuellen Lungen, sondern chronisch unausgewogener Umweltbedingungen. Luft, Boden, Lärm, städtische Verdichtung: Alles trägt dazu bei, die biologische Kohärenz zu modulieren.

Ein symbolträchtiges Beispiel ist die Wasserkrise in Flint, Michigan, die 2014 begann. Die Bleibelastung betraf nicht nur einzelne Organismen, sondern führte zu einem systemischen Bruch: biologisch, sozial und kognitiv. Die neurologischen

Schäden bei Kindern wurden durch Stress, Armut und Misstrauen gegenüber den Institutionen noch verschlimmert. Dies ist ein dramatisches Beispiel dafür, wie der Verlust der Kohärenz eines Feldes – in diesem Fall eines sozio-ökologischen – zu einer weit verbreiteten Pathologie führt. Keine individuelle Therapie kann ein geschädigtes Feld ausgleichen.

Der Weg zu einer systemischen Medizin bedeutet daher auch, die Verantwortung des Arztes neu zu überdenken. Er ist nicht mehr nur ein Techniker der Reparatur, sondern ein Hüter der Verbindungen. Einige Programme der Familienmedizin in Kanada und den Niederlanden gehen in diese Richtung und integrieren klinische Kompetenzen mit ökologischen und sozialen Kenntnissen. Der Arzt wird im fast hippokratischen Sinne wieder zu einem Beobachter des Bios, nicht nur des Symptoms.

Schließlich gibt es noch eine tiefgreifende kulturelle Dimension. Eine auf den Feldern basierende Medizin kann weder vollständige Kontrolle noch automatische Heilung versprechen. Sie bietet jedoch etwas, das vielleicht realistischer ist: die Möglichkeit, die Dissonanzen zu verringern, die sich summieren und das System in Richtung Krankheit treiben. Wie Ivan Illich in „Medizinische Nemesis“ (1975) schrieb, liegt das Risiko nicht in der Technik an sich, sondern im Verlust des Maßes. Die systemische Medizin versucht, dieses Maß wiederherzustellen, indem sie anerkennt, dass Gesundheit aus der Harmonie zwischen verschiedenen Ebenen des Lebendigen entsteht.

Eine einzige Gesundheit, viele Lebewesen: wenn das biologische Feld die Artengrenzen überschreitet.

Es gibt ein Bild, das in den Berichten derjenigen, die vor Ort arbeiten – fernab von den hochglanzpolierten Labors –, immer wieder auftaucht: ein Landtierarzt, der eine drohende Epidemie erkennt, indem er zuerst das Verhalten der Tiere beobachtet und erst danach die klinischen Symptome beim Menschen. Das war bereits zu Beginn des 20. Jahrhunderts der Fall, als der deutsche Arzt Rudolf Virchow – besser bekannt für seine Zellpathologie – erklärte, dass *„es zwischen Human- und Veterinärmedizin keine Grenzen geben sollte*“. Das war keine Metapher: Es war eine systemische Intuition, die ihrer Zeit voraus war.

Heute hat diese Intuition einen konkreten Namen: *One Health.* Kein Slogan, sondern ein konzeptioneller Rahmen, der anerkennt, dass die Gesundheit von Mensch, Tier und Ökosystemen verschiedene Ausprägungen desselben weitreichenden biologischen Feldes sind, durchzogen von Informationsflüssen, Krankheitserregern, Chemikalien, landwirtschaftlichen Praktiken und kulturellen Entscheidungen. Aus dieser Perspektive ist Krankheit nicht mehr nur ein individuelles Ereignis, sondern ein Signal, das aus einem Netzwerk interspezifischer Beziehungen hervorgeht.

Das bekannteste Beispiel – das oft nur im Zusammenhang mit Notfällen erwähnt wird – sind die Zoonosen. One Health jedoch auf das Thema „Artenübergänge“ zu reduzieren, wäre zu kurz gegriffen. Als im Jahr 2006 die H5N1-Vogelgrippe-Epidemie die WHO und die FAO in Alarmbereitschaft versetzte, war das Problem nicht nur das Virus, sondern die gesamte Struktur der intensiven Tierhaltung: Tierbesatzdichte, genetische Homogenität, chronischer Stress. Der Erreger fand ein günstiges Umfeld vor, das eher durch wirtschaftliche und ökologische als durch biologische Entscheidungen verstärkt wurde.

In diesem Sinne steht „One Health“ in engem Dialog mit der Biologie der Natur: Gesundheit entsteht dort, wo Beziehungen nachhaltig sind. Ein Naturschutzbiologe, der im Serengeti-Nationalpark tätig war, berichtete, wie das Verschwinden einiger Geierarten – bedingt durch den veterinärmedizinischen Einsatz von *Diclofenac* – in den frühen 2000er Jahren in einigen Gebieten Indiens zu einem Anstieg der Zahl streunender Hunde und folglich zu vermehrten Tollwutfällen beim Menschen geführt hatte. Ein scheinbar „wildtierbezogenes“ Ereignis hatte den gesamten Gesundheitsbereich neu geordnet. Gesundheit gehörte einmal mehr nicht nur einer einzigen Art.

Aus medizinischer Sicht bedeutet dies eine Verlagerung des Maßstabs und der Verantwortung. Es geht nicht darum, vom Kliniker zu verlangen, zum Ökologen zu werden, sondern anzuerkennen, dass jede medizinische Maßnahme Auswirkungen hat, die über den Körper des Patienten hinausreichen. Der massive Einsatz von Antibiotika in der Tierhaltung – dokumentiert von der *„European Medicines* Agency“ in ihrem Bericht von 2014 – hat erheblich zur Antibiotikaresistenz beigetragen, die heute als eine der größten globalen Gesundheitsbedrohungen gilt. Hier wird der biologische Raum buchstäblich geteilt: Bakterien machen keinen Unterschied zwischen Krankenhausstation und industrieller Tierhaltung.

„One Health“ führt auch eine neue ethische Grammatik ein. Im Jahr 2021 stellte ein französischer Epidemiologe auf einer internationalen Tagung zur Gesundheitsökologie in Marseille fest, dass *„der Schutz eines Waldes eine wirksamere Maßnahme zur Gesundheitsvorsorge sein kann als viele medikamentöse Kampagnen*“. Das war keine Provokation, sondern eine Feststellung: Die Zerstörung von Lebensräumen verstärkt den erzwungenen Kontakt zwischen Arten, verändert die natürlichen Reservoirs von Krankheitserregern und destabilisiert ökologische Systeme, die jahrhundertelang als biologische Puffer fungiert hatten.

Diese Sichtweise spiegelt sich auch in den fortschrittlichsten politischen Strategien wider. In den nordischen Ländern integrieren einige Raumordnungsprogramme Indikatoren für menschliche Gesundheit, Biodiversität und Tierschutz in ein und dasselbe Entscheidungsmodell. Das ist keine grüne Romantik, sondern angewandte Biologie im großen Maßstab. Wenn Gesundheit Kohärenz bedeutet, dann muss sie dort gepflegt werden, wo sie entsteht: in den Beziehungen zwischen Lebewesen.

Letztendlich ist „One Health“ vielleicht der konkreteste Ausdruck der Feldbiologie in der heutigen Welt. Es erinnert uns daran, dass wir keine biologischen Inseln sind, sondern vorübergehende Knotenpunkte eines größeren Geflechts. Den Menschen zu heilen, ohne die Umwelt und die Tiere zu heilen, bedeutet, in ein Fragment einzugreifen und dabei die Struktur zu ignorieren, die es stützt. Und jede Informationsstruktur fordert, wenn sie zerbrochen wird, früher oder später ihren Tribut.

Die unsichtbaren Hüter des Feldes: Wenn die Gesundheit zuerst zu den Hirten spricht.

Im Vokabular der Feldbiologie, das gewohnt ist, von Information, Kohärenz und Resonanz zu sprechen, gibt es eine Figur, die selten in Lehrbüchern vorkommt, aber in der Realität beharrlich wiederkehrt: der verkörperte Beobachter. Es ist der Hirte, der seine Herde Stück für Stück kennt, der Landwirt, der einen „erschöpften“ Boden daran erkennt, wie er Wasser zurückhält, der Älteste einer indigenen Gemeinschaft, der eine Veränderung im Wald spürt, noch bevor sie messbar ist. Das sind keine poetischen Metaphern: Es sind hochauflösende biologische Sensoren, die sich im Laufe der Zeit durch eine kontinuierliche Beziehung zum lebendigen Feld gebildet haben.

Im Jahr 1972, während einer schweren Dürre in der Sahelzone, stellten einige Anthropologen fest, dass die Hirten bereits Wochen bevor die offiziellen Wetterindikatoren die Anomalie signalisierten, damit begonnen hatten, ihre Herden umzusiedeln. Sie stützten sich nicht auf Vorhersagen, sondern auf kleinste Details: die Qualität des Weidelands, das Verhalten der Insekten, die Art und Weise, wie sich das Vieh in der Nacht anordnete. Es war, als würden sie eine subtile Grammatik des Lebensraums lesen, bestehend aus Mikroveränderungen, die dem instrumentellen Blick entgehen.

Diese Art von Wissen ist keine „Alternative“ zur Wissenschaft: Es ist präanalytisch, im edelsten Sinne des Wortes. Es entsteht aus dem langjährigen Eintauchen in ein lebendes System und aus einem kollektiven Gedächtnis, das Generationen von Beobachtungen vereint. Gregory Bateson, der sicherlich kein Nostalgiker der Vergangenheit war, erinnerte daran, dass die wichtigste Information in einem System oft jene ist, die nicht in Zahlen kodiert wird. Lokale Gemeinschaften leben genau in diesem Raum: dort, wo Information noch gelebte Form ist.

Ein symbolträchtiges Beispiel stammt aus den peruanischen Anden. In den 1990er Jahren meldeten einige Quechua-Bauern einen ungewöhnlichen Anstieg von Schädlingen in Kartoffelkulturen in Höhenlagen, die traditionell vor Kälte geschützt waren. Die Agrarwissenschaftler sprachen von Einzelfällen; sie hingegen sprachen von „Bergen, die nicht mehr schlafen“. Erst Jahre später bestätigten die Daten den Anstieg der Nachttemperaturen. Wieder einmal war die Disharmonie auf dem Land zuerst in den Körpern, in den Gesten, in der symbolischen Sprache spürbar gewesen.

In Europa betrifft eine weniger bekannte, aber bedeutende Episode die Ausbreitung der *Blauzungenkrankheit* auf Sardinien (eine durch Culicoides-Insekten übertragene Viruserkrankung bei Schafen) zu Beginn der 2000er Jahre. Einige Züchter hatten Veränderungen im Verhalten der Schafe und das Vorkommen von Überträgerinsekten bemerkt, lange bevor die Epidemie offiziell anerkannt wurde. Die ersten Meldungen wurden unterschätzt, da sie nicht den Standardprotokollen entsprachen. Dennoch beschrieben sie präzise einen Verlust an Kohärenz im agro-pastoralen Feld – nicht nur ein veterinärmedizinisches Problem.

Was diese Erfahrungen verbindet, ist die Qualität der Beziehung. Traditionelles Wissen trennt den Beobachter nicht vom Beobachteten: Wissen ist Teilhabe. In Bezug auf die Biologie der Felder könnten wir sagen, dass diese Gemeinschaften als Rückkopplungssysteme mit geringer

Latenz funktionieren, die in der Lage sind, Schwankungen zu erfassen, bevor sie zu pathologischem Rauschen werden. Nicht weil sie über bessere Instrumente verfügen, sondern weil sie Teil des Systems sind, das sie beobachten.

Dies wirft eine entscheidende Frage für die Gesundheit im Sinne von Kohärenz auf: Dieses Wissen zu ignorieren bedeutet, einen Teil der im Feld verfügbaren Informationen zu verlieren. Es ist kein Zufall, dass in den letzten Jahren einige Programme im Bereich Umwelt- und Agrargesundheit begonnen haben, lokale Beobachtungen neben Satellitendaten zu integrieren. In Alaska beispielsweise arbeiten Forscher und Inuit-Gemeinschaften seit 2008 zusammen, um Veränderungen im Meereis zu überwachen, wobei sie Radarbilder und mündliche Überlieferungen kombinieren. Die Ergebnisse zeigen, dass Diskrepanzen zwischen diesen beiden Ebenen oft das erste Anzeichen für eine Disharmonie sind.

Den Wert dieses Wissens anzuerkennen bedeutet nicht, es zu idealisieren oder in einer romantischen Folklore einzufrieren. Es bedeutet zu verstehen, dass Gesundheit, wenn sie wirklich systemisch ist, mehrere Wahrnehmungskanäle benötigt. Die Feldbiologie lädt uns dazu ein, den Organismus – und im weiteren Sinne die Gemeinschaft – als eine stabilisierte Informationsstruktur zu betrachten. Traditionelles Wissen ist eine der historisch ausgefeiltesten Formen dieser Stabilisierung: zwar fragil, aber außerordentlich sensibel.

In einer Zeit, die von Vorhersagemodellen und künstlicher Intelligenz geprägt ist, liegt die Gefahr weniger in der Technologie als vielmehr im Verlust der Fähigkeit zum Zuhören. Wenn Gesundheit die Fähigkeit ist, Kohärenz wiederherzustellen, dann müssen die ersten Anzeichen von Disharmonie auch dort gesucht werden, wo die Sprache weniger technisch, dafür aber lebensnaher ist. Manchmal kommt die früheste Diagnose von denen, die nicht über biologische Felder sprechen, sondern in ihnen leben.

Lebendige Metropolen: Wenn der gebaute Raum in den Körper eindringt.

Es gibt einen oft kaum wahrnehmbaren Moment, in dem eine Stadt aufhört, nur noch Kulisse zu sein, und zu einem biologischen Akteur wird. Das geschieht, wenn der nächtliche Verkehr in den Schlaf eindringt, wenn das Fehlen von Bäumen die Hitze bis zur Erschöpfung verstärkt, wenn der ständige Lärm – ohne uns um Erlaubnis zu fragen – die Rhythmen des Nervensystems neu gestaltet. Aus der Perspektive der Feldbiologie ist die Stadt nicht mehr nur ein einfacher Behälter für menschliche Leben, sondern ein komplexes biologisches Feld, das in der Lage ist, die Kohärenz der Organismen, die sie bewohnen, zu modulieren – im harmonischen oder dissonanten Sinne.

Bereits in den 1960er Jahren stellte der Stadtplaner Kevin Lynch fest, wie die Form der Stadt die mentale „Lesbarkeit" von Räumen beeinflusst. Heute wissen wir, dass diese Lesbarkeit nicht nur kognitiver, sondern auch physiologischer Natur ist. Chaotische Stadtviertel ohne visuelle Orientierungspunkte und ohne Räume zur Entspannung erzeugen eine ständige Informationsflut, die der Körper nur schwer verarbeiten kann. Es ist kein Zufall, dass seit den 2000er Jahren einige epidemiologische Studien eine höhere Inzidenz von Angststörungen und Herz-Kreislauf-Erkrankungen in städtischen Gebieten mit hoher Bevölkerungsdichte und geringer Umweltqualität aufgezeigt haben. Mit anderen Worten: Die Stadt greift in den biologischen Bereich des Individuums ein.

Lärm ist vielleicht das offensichtlichste Beispiel für diese Einmischung. Im Jahr 2011 schätzte die Europäische Umweltagentur, dass städtischer Lärm für Zehntausende Fälle von Bluthochdruck und Schlafstörungen pro Jahr verantwortlich sei. Was jedoch aus systemischer Perspektive auffällt, ist nicht nur der konkrete Schaden, sondern der Verlust an Kohärenz: Der Körper findet keine Ruhepausen mehr, erkennt Stille nicht mehr. Der deutsche Philosoph Peter Sloterdijk sprach von „Klangatmosphären" als unsichtbaren Hüllen, die die menschliche Erfahrung prägen. In einer extrem lauten Stadt wird diese Hülle zu einer ständigen Belastung.

Am anderen Ende des Spektrums wirken Grünflächen als Stabilisatoren. Nicht nur, weil sie die Luftqualität verbessern oder Wärmeinseln abmildern, sondern weil sie nicht-künstliche biologische Rhythmen einbringen. Im Jahr 1984 stellte der Forscher Roger Ulrich fest, dass Krankenhauspatienten mit Blick auf Bäume schneller genasen als solche, die auf eine Mauer blickten. Seitdem haben nachfolgende Studien bestätigt, dass städtisches Grün den Cortisolspiegel senkt und die emotionale Regulierung verbessert. Es ist, als ob die Pflanzenwelt dem menschlichen Organismus eine Erinnerung an Kohärenz bietet, eine Rückbesinnung auf uralte Lebensmuster.

Einige Städte haben begonnen, diese Erkenntnisse ernst zu nehmen. In Kopenhagen wurden bereits in den 1990er Jahren durchgängige Grünkorridore in die Stadtplanung integriert, die nicht als Dekoration, sondern als biologische Infrastruktur konzipiert wurden. In Mailand ist das Thema Grün nach dem extremen Sommer 2003 wieder in die gesundheitspolitische Debatte zurückgekehrt, noch bevor es um ästhetische Aspekte ging. Nicht immer mit einheitlichen Ergebnissen, aber mit einem neuen Bewusstsein: Stadtplanung ist eine Form der Präventivmedizin.

In diesem Licht erscheint die Stadt ihrerseits als ein Organismus: durchströmt von Strömungen, geprägt von Rhythmen, fähig, die biologische Kohärenz ihrer Bewohner zu stützen oder zu untergraben. Es überrascht nicht, dass bereits Lewis Mumford im Jahr 1938 die Stadt *als „eher ein biologisches als ein wirtschaftliches* Phänomen" bezeichnete. Heute findet diese Intuition neue wissenschaftliche Grundlagen. Über städtische Gesundheit nachzudenken bedeutet daher, sich nicht nur mit Krankenhäusern und Arztpraxen zu befassen, sondern auch mit Straßen, Geräuschen, Bäumen, Entfernungen und der Art und Weise, wie all dies den Körper Tag für Tag prägt.

IX. Krankheit als Verlust der Kohärenz.

Nachdem Gesundheit als die Fähigkeit definiert wurde, die Kohärenz des eigenen biologischen Feldes aufrechtzuerhalten und zu regenerieren, vollzieht dieses Kapitel einen notwendigen und heiklen Schritt: den Blick auf die Krankheit zu richten, nicht als bloße lokale Störung, sondern als Prozess fortschreitender Desorganisation. Die grundlegende Frage lautet nicht „Wo ist etwas kaputtgegangen?“, sondern „Wann und wie hat das Feld aufgehört, seine Teile zusammenzuhalten?“.

Im Rahmen der Feldbiologie fällt Krankheit nicht unmittelbar mit einer beobachtbaren molekularen Veränderung zusammen. Diese Veränderungen, die oft entscheidend für die Diagnose sind, treten erst später auf. Zuvor kommt es zu einem Verlust der informativen Ausrichtung: Signale, die nicht mehr integriert werden, Rhythmen, die sich nicht mehr synchronisieren, Funktionen, die wie Solisten agieren, die nicht auf das Orchester hören können. Die Sprache der Pathologie, wie sie die klassische Medizin kennt, beschreibt die Ergebnisse. Dieses

Kapitel versucht, die dynamische Entstehung dieser Ergebnisse zu hinterfragen.

Hier rückt der Begriff der Informationsfehlausrichtung in den Mittelpunkt. Ein gesunder Organismus toleriert Schwankungen, lokale Fehler, ja sogar vorübergehende Schäden, da sich das Gesamtfeld neu organisieren kann. Wenn diese Fähigkeit nachlässt, funktionieren die Teile zwar weiter, aber nicht mehr zusammen. Die Krankheit zeigt sich dann eher als ein Verlust der Koordination denn als ein struktureller Defekt. Aus dieser Perspektive ist die Pathologie kein punktuelles Ereignis, sondern ein Verlauf: etwas, das sich im Laufe der Zeit vollzieht, oft lange bevor es benannt wird.

Aus diesem Grund betont das Kapitel die Vorstellung von Krankheit als Prozess. Ein Prozess, der sich beschleunigen oder verlangsamen, stabilisieren oder verschlimmern kann, je nach der verbleibenden Resilienz des Feldes. Diese Sichtweise leugnet weder die Bedeutung der klinischen Praxis noch die biochemischer Erklärungen; vielmehr ordnet sie diese in einen größeren Rahmen ein, in dem die molekularen Daten zu einer verspäteten Momentaufnahme einer Geschichte werden, die anderswo begonnen hat. Es ist eine Perspektive, die konzeptionelle Strenge erfordert, denn die Gefahr vereinfachender Fehlschlüsse ist real: Von einem „Feld" zu sprechen, rechtfertigt weder therapeutische Abkürzungen noch vage Erklärungen.

Das Ziel dieses Kapitels im Gesamtkontext des Buches ist genau dies: die logische Kontinuität zwischen Gesundheit und Krankheit aufzuzeigen und zu vermeiden, sie als gegensätzliche und voneinander getrennte Zustände zu behandeln. Wenn Gesundheit dynamische Kohärenz ist, dann ist Krankheit eine Kohärenz, die sich verengt, versteift oder fragmentiert. Das Verständnis dieses Übergangs ist unerlässlich, um den Boden für die folgenden Kapitel zu bereiten, in denen das Leben als kognitiver Prozess und als sinnstiftendes Ereignis interpretiert wird, auch in seinen Krisenmomenten.

Einige Stimmen aus der Geschichte des medizinischen und wissenschaftlichen Denkens helfen dabei, diese Lektüre zu orientieren, ohne dass interpretative Zwänge erforderlich sind. Georges Canguilhem, Philosoph und Arzt, schrieb 1943: „*Krankheit ist keine quantitative Abweichung vom Normalen, sondern eine neue Lebensnorm.*“ Ein Satz, der in der Sichtweise des Fachgebiets stark nachhallt: Pathologie ist keine einfache Subtraktion, sondern eine Neuordnung – oft ärmer, aber dennoch organisiert.

René Leriche, Chirurg und medizinischer Denker des 20. Jahrhunderts, bot eine ebenso aufschlussreiche Definition: „*Gesundheit ist das Leben in der Stille der Organe.*“ Wenn diese Stille unterbrochen wird, gibt es nicht immer sofort Schmerzen oder Verletzungen: Manchmal gibt es nur ein Hintergrundrauschen, eine Störung, eine Verstimmung.

Schließlich erinnerte Ilya Prigogine aus der Physik komplexer Systeme daran: „*Leben ist nur fernab vom Gleichgewicht möglich.*“ Wenn Leben unter Bedingungen kontrollierter Instabilität existiert, dann kann Krankheit als Versagen dieser Kontrolle gelesen werden, nicht als bloße Rückkehr zu einer einfacheren Ordnung.

Dieses Kapitel stellt somit eine konzeptionelle Schwelle dar: Es lädt den Leser dazu ein, die Vorstellung von der Krankheit als äußerem Feind oder plötzlichem Unglück aufzugeben und sie als eine Sprache des Feldes zu betrachten – manchmal undurchsichtig, manchmal missverständlich, aber selten zufällig. Ohne Romantisierung und ohne einfache Versprechungen schlägt die Feldperspektive einen Perspektivwechsel vor: weg von der Reparatur des Einzelteils hin zum Verständnis der Dynamik.

Wenn sich die Zellen nicht mehr verstehen: Die Stille vor der Krankheit.

Im Kern von Kapitel IX stellt das Thema der Informationsfehlausrichtung vielleicht den radikalsten – und zugleich konkretesten – Punkt der Feldbiologie dar. Hier wird die Krankheit in ihrem unauffälligsten und am wenigsten spektakulären Moment betrachtet: wenn die Teile des Organismus zwar weiterhin funktionieren, aber aufhören, wirklich miteinander zu kommunizieren. Es gibt noch kein „krankes" Organ und auch keinen Wert außerhalb der Norm. Vielmehr gibt es eine zunehmende Schwierigkeit bei der Integration, einen Verlust der gemeinsamen Sprache.

Aus dieser Perspektive war der Organismus nie eine Summe isolierter Einheiten, sondern eine Gemeinschaft kommunizierender Prozesse. Hormone, elektrische Signale, Stoffwechselschwankungen, zirkadiane Rhythmen: Alles trägt dazu bei, eine Art permanenten Dialog aufrechtzuerhalten. Die Informationsfehlausrichtung tritt zutage, wenn dieser Dialog bruchstückhaft wird. Die Botschaften kommen verspätet oder mit einer nicht mehr angemessenen Intensität an; die Antworten sind lokal zwar korrekt, aber für den Gesamtkontext unangemessen.

Ein Beispiel, das Fachleuten bekannt ist, außerhalb von Fachkreisen jedoch kaum diskutiert wird, betrifft die seit den 1970er Jahren durchgeführten Studien zu biologischen Rhythmen. Als Franz Halberg, ein Pionier der Chronobiologie, beobachtete, dass minimale Veränderungen in der Synchronisation der Rhythmen Stoffwechsel- oder

Immunstörungen vorausgehen konnten, sprach er nicht von einer direkten Ursache, sondern von einem Signal innerer Disharmonie. Das System war nicht kaputt: Es war aus dem Takt geraten.

Dieses „aus dem Takt sein“ ist eine gute Metapher für die Informationsfehlausrichtung. Die Teile sind nicht beschädigt, aber sie teilen nicht mehr dasselbe Maß an Zeit, Raum und Funktion. In der Feldbiologie bedeutet dies, dass das Informationsfeld keine wirksame Steuerung mehr aufrechterhalten kann. Die Krankheit ist in dieser Phase nicht als Objekt sichtbar, sondern als Orientierungsverlust wahrnehmbar.

Das ist keine ganz neue Idee. Schon Claude Bernard hatte Mitte des 19. Jahrhunderts erkannt, dass die Stabilität des Organismus eher von der Qualität der inneren Beziehungen als von der Robustheit der einzelnen Elemente abhängt. In einer Vorlesung aus dem Jahr 1865 notierte er: *„Die Beständigkeit des inneren Milieus ist die Voraussetzung für ein freies Leben.“* Wenn diese dynamische Beständigkeit ins Wanken gerät, nimmt die Freiheit des Organismus ab – und mit ihr seine Anpassungsfähigkeit. Eine Informationsfehlausrichtung entsteht genau dann, wenn Unterschiede keine angemessenen Auswirkungen mehr haben, wenn Signale keine kohärenten Reaktionen mehr hervorrufen.

Auch die Neurophysiologie liefert aussagekräftige Beispiele. In den 1990er Jahren zeigten Studien zur Epilepsie, dass Anfälle nicht einfach auf eine neuronale Hyperaktivität zurückzuführen sind, sondern auf einen Koordinationsverlust zwischen den Netzwerken. Die Neuronen feuern, aber nicht gemeinsam; sie kommunizieren, aber ohne gemeinsamen Kontext. Auch hier ist das Problem nicht die Energie, sondern ihre informative Organisation.

Der Wert dieser Sichtweise im Kontext des Buches liegt darin, die Vorstellung von Krankheit als plötzlichem Verrat des Körpers zu entkräften. Die informative Fehlausrichtung deutet auf eine langsamere und verständlichere Geschichte hin: eine

Reihe von Mikro-Missverständnissen, die, wenn sie sich anhäufen, den Organismus immer weniger in die Lage versetzen, als Ganzes zu reagieren. Die Pathologie wird so zu einer Folge, nicht zu einem Ausgangspunkt.

Es handelt sich dabei – das sei noch einmal betont – nicht um eine tröstliche Lesart. Die Diskrepanz zu erkennen bedeutet nicht, sie immer korrigieren zu können. Aber es bedeutet, der Krankheit eine verständliche Dimension zurückzugeben und sie sowohl dem biologischen Fatalismus als auch therapeutischen Vereinfachungen zu entziehen. Das Feld „heilt" sich nicht durch eine Maßnahme, sondern orientiert sich – sofern möglich – durch Prozesse neu, die Zeit, Kontext und Maß erfordern. Wie der Physiologe Walter Cannon 1932 bei der Einführung des Konzepts der Homöostase feststellte: *„Der Körper besitzt eine Weisheit, die unterhalb des Bewusstseins wirkt.*" Die informative Fehlausrichtung ist vielleicht einer der Momente, in denen diese Weisheit Mühe hat, Gehör zu finden.

Krankheit geschieht nicht einfach: Sie nimmt Gestalt an.

Es gibt eine tief verwurzelte Gewohnheit, sowohl in der Medizin als auch im allgemeinen Verständnis: Krankheit als Ereignis zu betrachten. Ein Vorher und ein Nachher. Eine Untersuchung, die „positiv ausfällt“, ein Symptom, das „auftritt“, eine Diagnose, die wie ein Datum im Kalender auf das Leben des Patienten „fällt“. Doch die Feldbiologie und ganz allgemein eine dynamische Sichtweise auf den Organismus laden zu einem radikalen Perspektivwechsel ein: Die Pathologie geschieht nicht, sie entwickelt sich.

Die Krankheit als Prozess zu betrachten bedeutet, den Fokus vom Moment, in dem etwas zerbricht, auf den langen Zeitraum zu verlagern, in dem sich etwas wandelt. Der Verlust der Kohärenz ist kein plötzlicher Vorfall, sondern eine Abdrift. Ein langsames, oft unmerkbares Abgleiten aus dem Gleichgewicht, bei dem der Organismus weiterfunktioniert, während sich die Art und Weise, wie er funktioniert, verändert.

Ein symbolträchtiges Beispiel stammt aus der Onkologie. In den 1990er Jahren zeigten Bert Vogelstein und sein Team an der Johns Hopkins University, dass Darmkrebs nicht das Ergebnis einer einzelnen Mutation war, sondern einer Abfolge fortschreitender Veränderungen, die sich über einen längeren Zeitraum erstreckten. Kein Schicksalsschlag, sondern eine biologische Geschichte. Jeder Schritt war notwendig, aber nicht ausreichend; jede Phase eröffnete Möglichkeiten und schloss andere aus. Der Tumor ist nach dieser Lesart ein Prozess pathologischer Reorganisation, kein plötzlich aufgetauchtes Objekt.

Diese Idee hat illustre Vorläufer. Im Jahr 1913 erinnerte William Osler – einer der Väter der modernen klinischen Medizin – seine Studenten in Baltimore daran, dass „*die Medizin eine Wissenschaft der Ungewissheit und eine Kunst der Wahrscheinlichkeit ist*". Worte, die heute wie eine Aufforderung klingen, die der Krankheit innewohnende Zeitlichkeit anzuerkennen. Wenn die Pathologie eine Dynamik ist, dann ist die Diagnose immer eine unvollständige Momentaufnahme, aufgenommen mitten in einer Bewegung.

Die Feldbiologie untermauert diese Intuition: Was sich entwickelt, ist nicht nur eine Läsion oder ein Parameter, sondern die gesamte Informationsstruktur des Organismus. Eine chronische Entzündung ist zum Beispiel nicht einfach eine Entzündung, die zu lange andauert, sondern ein System, das – sozusagen – eine starre, sich wiederholende Reaktion gelernt hat, die unfähig ist, in den Grundzustand zurückzukehren. Das Problem ist nicht die Intensität des Signals, sondern dessen Fortbestehen über einen längeren Zeitraum.

Eine in der Gastroenterologie oft erzählte Anekdote betrifft die Entdeckung von *Helicobacter pylori*. Als Barry Marshall und Robin Warren 1982 die Hypothese aufstellten, dass viele Geschwüre das Ergebnis einer chronischen Infektion und nicht nur von Stress oder Übersäuerung seien, stießen sie auf Skepsis. Das Magengeschwür wurde als akutes Ereignis angesehen. In Wirklichkeit handelte es sich um einen langsamen Prozess der Wechselwirkung zwischen Bakterium, Schleimhaut und Immunantwort. Die Pathologie war nicht das Loch im Magen, sondern die Vorgeschichte, die es erst möglich gemacht hatte.

Das Verständnis von Krankheit als Prozess hat auch auf konzeptioneller Ebene tiefgreifende Konsequenzen. Es bedeutet anzuerkennen, dass es keinen absoluten Nullpunkt der Pathologie gibt, ebenso wenig wie es ein statisches Gleichgewicht der Gesundheit gibt. Es gibt Verläufe. Kurven. Tendenzen. Wenn das biologische System an Kohärenz verliert, bricht es nicht zusammen: Es reorganisiert sich in weniger funktionale, manchmal stabilere, aber biologisch ärmere Formen.

1977 verwendete der theoretische Biologe Conrad Waddington während einer Konferenz in Brüssel eine treffende Metapher: „*Entwicklung und Krankheit sind zwei verschiedene Arten, denselben Hügel hinunterzurollen*." Die Pathologie ist in diesem Bild kein Sturz, sondern eine fortschreitende Abweichung vom Weg.

Grenzen und Möglichkeiten der ganzheitlichen Sichtweise.

Jeder Paradigmenwechsel bringt eine Versuchung mit sich: die, alles erklären zu wollen – und das viel zu schnell. Die auf die Biologie – und insbesondere auf die Krankheit – angewandte Feldtheorie bildet da keine Ausnahme. Gerade weil sie kraftvoll, eindrucksvoll und in der Lage ist, verstreute Phänomene zu vereinen, erfordert sie eine strengere konzeptionelle Disziplin als üblich. Die Krankheit als Verlust der Kohärenz des biologischen Feldes anzuerkennen, rechtfertigt weder therapeutische Abkürzungen noch rettende Vereinfachungen.

Die Grenzen der Feldtheorie sind kein Mangel, sondern ein Zeichen der Reife. Die erste Grenze ist epistemologischer Natur: Ein biologisches Feld ist kein isolierbares, wiegbares oder fotografierbares Objekt wie ein Gewebe oder ein Molekül. Es ist eine Beschreibung der Ordnung, eine Art, die Beziehungen zwischen Prozessen zu deuten. Von dieser Sichtweise dieselbe lineare Vorhersagbarkeit wie von der Biochemie zu erwarten, wäre ein Kategorienfehler.

Karl Popper erinnerte 1965 in einem Vortrag in London daran, dass *„die Wissenschaft nicht durch die Anhäufung von Gewissheiten voranschreitet, sondern durch die Beseitigung von Irrtümern*“. Auf die Feldbiologie angewendet bedeutet dies, zu unterscheiden zwischen dem, was das Modell klären kann – die globale Dynamik, den Verlust der Integration, die Schwellenwerte der Instabilität – und dem, was es noch nicht garantieren kann: konkrete Therapieprotokolle, Heilungszeiten, individuelle Ergebnisse.

Das historische Risiko ist bekannt. Jedes Mal, wenn Begriffe wie „Feld“, „Energie“ oder „Information“ ohne angemessene Vorsicht aus dem Labor gelangen, werden sie letztendlich von der Sprache des einfachen Wohlbefindens vereinnahmt. Das ist im 20. Jahrhundert mehrfach geschehen. In den 1930er Jahren wurden in Wien Theorien über morphogenetische Felder in seriösen wissenschaftlichen Kreisen diskutiert, doch fast zeitgleich kursierten populäre Versionen, die vage und universelle Heilungen versprachen. Das Problem war nicht die Idee selbst, sondern ihr leichtfertiger Gebrauch.

Die Möglichkeit einer Feldperspektive liegt hingegen woanders. Sie liegt in der Fähigkeit, einen Interpretationsrahmen anzubieten, der unterschiedliche Daten zusammenführt, ohne sie auf eine einzige Ursache zu reduzieren. Georges Canguilhem, Philosoph und Arzt, schrieb 1966: *„Die Krankheit ist keine quantitative Abweichung von der Gesundheit, sondern eine neue Lebensnorm.“* Die Feldbiologie greift diese Intuition auf und interpretiert sie aus systemischer Perspektive neu: Wenn sich das Feld auf dysfunktionale Weise neu organisiert, ist der Organismus nicht „weniger lebendig“, sondern lebt nach einer geringeren Kohärenz.

Strenge bedeutet in diesem Zusammenhang, die Ebenen – die interpretative, die beschreibende und die therapeutische – voneinander zu trennen. Die Feldbiologie kann helfen zu verstehen, wie eine Pathologie entsteht und sich stabilisiert; sie kann jedoch allein nicht sagen, wie in jedem einzelnen Fall vorgegangen werden soll. Hier ist der Dialog mit der evidenzbasierten Medizin nicht optional, sondern notwendig.

Thomas Kuhn stellte 1962 fest, dass *„ein neues Paradigma nicht sofort alle Probleme löst: Es verändert die Art der Probleme, die es wert sind, gestellt zu werden“*. Die fruchtbarste Möglichkeit der Feldperspektive liegt genau darin: die Fragen neu zu formulieren. Nicht mehr „Wo liegt der Fehler?“, sondern „Welche Kohärenz hat sich eingestellt?“. Nicht „Wie lässt sich das Symptom beseitigen?“, sondern „Welche Dynamik sorgt für seine Stabilität?“.

Die Grenzen der Feldperspektive zu akzeptieren bedeutet, sie vor ideologischen Auswüchsen zu schützen und sie – paradoxerweise – wirkungsvoller zu machen. Gerade in der Ablehnung einfacher Versprechungen zeigt diese Perspektive ihre wissenschaftliche Seriosität. Sie bietet keine Abkürzungen, sondern Horizonte des Verständnisses.

In Feldern denken, ohne Allmacht: Was die Biologie vom Planeten lernen kann.

Jedes Mal, wenn eine Wissenschaft aufhört, isolierte Objekte zu betrachten, und beginnt, in Feldern, Systemen und Beziehungen zu denken, gewinnt sie an Tiefe, verliert aber eine Illusion: die der totalen Kontrolle. Das ist eine Lektion, die die Feldbiologie noch lernt, die Ökologie und Klimatologie jedoch seit Jahrzehnten gut kennen. Und gerade aus ihrer Strenge, die oft wenig spektakulär, aber fruchtbar ist, kann die Feldperspektive in der Medizin einen verlässlichen Kompass gewinnen.

Die moderne Ökologie entstand offiziell in der Zeit nach dem Zweiten Weltkrieg, als Wissenschaftler wie Eugene Odum an den Universitäten im Süden der Vereinigten Staaten begannen, Ökosysteme nicht als Ansammlungen von Arten, sondern als Netzwerke von Energie- und Informationsflüssen zu beschreiben. Odum betonte einen Punkt, der heute überraschend aktuell ist: Das Ökosystem ist im Detail nicht vorhersehbar, aber in seinen Tendenzen nachvollziehbar. Wer von ihm präzise Modelle, konkrete Antworten und schnelle Lösungen verlangte, wurde enttäuscht. Wer jedoch die Ungewissheit akzeptierte, entdeckte etwas Solideres: die Grenzen, jenseits derer ein System zusammenbricht.

Eine berühmte Anekdote erzählt, dass Odum während einer Konferenz in Woods Hole in den 1960er Jahren einem jungen Forscher, der fragte, wie man ein degradiertes Feuchtgebiet „in

Ordnung bringen“ könne, antwortete: *„Frag dich zuerst, ob du Teil des Problems oder Teil des Systems bist.*“ Das war kein philosophischer Witz, sondern ein methodischer Hinweis. Die Feldökologie funktioniert, weil sie keine einfachen Eingriffe verspricht, sondern langsame, vielschichtige und oft unbequeme Diagnosen fordert.

Die Klimatologie hat einen ähnlichen Weg eingeschlagen. Als in den 1980er Jahren die ersten großen globalen Klimamodelle entstanden, glaubte keiner der beteiligten Wissenschaftler – von Syukuro Manabe bis James Hansen –, das Klima „heilen“ zu können. Die Sprache war zurückhaltend, fast bescheiden: Szenarien, Wahrscheinlichkeiten, Konfidenzintervalle. Die Stärke des 1988 gegründeten IPCC, nicht des „ “, liegt nicht darin, sofortige Lösungen anzubieten, sondern darin, einen strengen Konsens über die Grenzen des Erdsystems hergestellt zu haben.

Hier ist die Parallele zur Feldbiologie aufschlussreich. Auch im menschlichen Körper, wie im Klima, ist das feldorientierte Denken nur dann fruchtbar, wenn es akzeptiert, sich nicht sofort in operative Rezepte umsetzen zu lassen. Die Klimatologie hat – nicht ohne Mühe – der Versuchung widerstanden, sich in eine rettende Technologie zu verwandeln. Sie hat nicht versprochen, „den Planeten abzukühlen“, sondern die kritischen Schwellenwerte, die Punkte ohne Wiederkehr und die langsamen, aber unumkehrbaren Dynamiken zu verstehen. Und genau diese Strenge hat sie wissenschaftlich glaubwürdig gemacht.

Ein weiteres Beispiel stammt aus dem Konzept der Resilienz, das 1973 von C.S. Holling in die Ökologie eingeführt wurde. Holling zeigte, dass ein Ökosystem stabil erscheinen kann, obwohl es sich gefährlich nahe an eine Schwelle des Zusammenbruchs nähert. Stabilität bedeutet nicht Gesundheit; genau wie in der Biologie kann eine pathologische Kohärenz sehr widerstandsfähig sein. Die Feldökologie hat Resilienz nie mit Unverwundbarkeit verwechselt. Im Gegenteil, sie hat gelehrt, Systemen zu misstrauen, die „zu gut“ zu funktionieren scheinen.

Das Potenzial der Feldperspektive in der Biologie liegt genau darin: darin, die Art der Fragen zu verändern, nicht darin, sofortige Antworten zu liefern. Ökologie und Klimatologie haben gelernt, dass das Denken in Feldern vor allem bedeutet, zu lernen, nicht falsch einzugreifen. Zu erkennen, wann eine lokale Maßnahme unvorhersehbare globale Auswirkungen hat. Zwischen Verständnis und Kontrolle zu unterscheiden.

Es gibt einen symbolischen Ort dieser wissenschaftlichen Reife: die Antarktis. Dort, in Forschungsstationen wie McMurdo oder Concordia, werden extreme Systeme untersucht, in dem Wissen, dass jede Datenangabe unvollständig und jedes Modell lückenhaft ist. Niemand spricht davon, das Eis zu „heilen“. Man spricht von Beobachten, Interpretieren, Vorhersehen. Es ist eine Wissenschaft, die durch das Abtragen von Illusionen voranschreitet, nicht durch das Anhäufen von Versprechungen.

Die Feldbiologie muss, wenn sie einfache therapeutische Auswüchse vermeiden will, denselben Schritt der Demut gehen. Sie muss akzeptieren, dass ein biologisches Feld kein Schalter ist, den man einfach umlegen kann, sondern ein „ “ – ein dynamisches Gleichgewicht, das es zu verstehen gilt. Die Disziplinen, die das systemische Denken zu ihrem Grundpfeiler gemacht haben, lehren eine einfache und strenge Lektion: Strenge entsteht aus der Achtung vor Grenzen.

FÜNFTER TEIL. Jenseits des Reduktionismus.

Aus den Gedanken von Gregory Bateson:
„Der Geist ist nicht auf das Gehirn beschränkt, sondern immanent in den Schaltkreisen, die Organismus und Umwelt verbinden."

Aus den Gedanken von Francisco Varela:
„Leben ist Wissen, und Wissen ist eine Art zu existieren."

Aus den Gedanken von Hans Jonas:
„Im Phänomen des Lebens setzt sich das Sein zum ersten Mal dem Risiko des Sinns aus."

Nach Erwin Schrödinger:
„Das Leben scheint sich den bekannten Gesetzen zu entziehen, aber vielleicht ist das ein Zeichen dafür, dass unsere Gesetze unvollständig sind."

Nachdem wir die Krise des klassischen biologischen Paradigmas durchlaufen, das Leben als Phänomen der Kohärenz erforscht und Gesundheit und Krankheit als Zustände des biologischen Feldes verstanden haben, gelangt der Weg des Buches an einen unvermeidlichen Punkt: das Überdenken dessen, was wir unter Leben, Wissen und wissenschaftlicher Verantwortung verstehen. Der fünfte Teil fügt nicht einfach neue Konzepte hinzu, sondern verändert den Blickwinkel. Hier zeigt die Feldbiologie ihre tiefgreifendsten Implikationen.

„Jenseits des Reduktionismus" bedeutet weder, die analytische Wissenschaft abzulehnen, noch den Beitrag der Molekularbiologie oder der Neurowissenschaften abzuwerten. Es bedeutet anzuerkennen, dass wir, sobald wir akzeptieren, dass Organismen stabilisierte Informationsstrukturen sind, die Kognition nicht mehr als einen evolutionären Zufall betrachten können, der erst spät mit dem menschlichen Gehirn aufgetreten ist. Kognition wird vielmehr zu einer weit verbreiteten Eigenschaft des Lebendigen, zu einer Art und Weise, wie sich das Leben in der Welt orientiert, misst, antizipiert und seine Kohärenz aufrechterhält.

Kapitel X befindet sich genau an dieser Schwelle. Hier fällt Wissen weder mit dem reflektierenden Denken noch mit der Sprache oder dem Bewusstsein zusammen, wie wir sie gemeinhin verstehen. Wissen bedeutet in dieser Perspektive, für die Unterschiede sensibel zu sein, die einen Unterschied ausmachen, angemessen zu reagieren und eine aktive Beziehung zur Umwelt aufzubauen. Jeder Organismus, vom einfachsten bis zum komplexesten, erkennt, weil er lebt, und lebt, weil er erkennt. Es ist eine stille, aber radikale Umkehrung, die die Erkenntnis dem Ausschließlichkeitsanspruch des Menschen entzieht, ohne sie dabei zu banalisieren.

Kapitel XI treibt diese Entwicklung noch einen Schritt weiter und befasst sich mit den kulturellen und erkenntnistheoretischen Konsequenzen der Feldbiologie. Wenn das Leben nicht nur organisierte Materie, sondern ein sinnstiftender Prozess ist, dann ist auch die Wissenschaft aufgefordert, ihren Status neu zu definieren. Sicherlich ändern sich die Modelle, aber vor allem ändern sich die legitimen Fragen: nicht mehr nur „Wie funktioniert es?“, sondern „Was für ein Wesen ist das, was wir untersuchen?“. In diesem Raum eröffnet sich ein neuer Dialog zwischen Wissenschaft und Metaphysik, nicht als Rückkehr zu mystischen Erklärungen, sondern als Anerkennung der Tatsache, dass jedes Wissen über das Lebendige eine Ontologie impliziert, sei sie nun explizit oder implizit.

Dieser Teil des Buches bildet somit das abschließende Bindeglied des gesamten Weges. Nachdem aufgezeigt wurde, dass das Leben nicht auf Reaktionen reduzierbar ist, dass der Organismus seinen Teilen vorausgeht und dass Gesundheit und Krankheit Zustände der Kohärenz des Feldes sind, wird es unumgänglich, sich nach dem Platz des Menschen in diesem Szenario zu fragen. Nicht mehr als äußerer Beobachter, noch als Herrscher über das Lebendige, sondern als Teilnehmer an umfassenderen kognitiven Prozessen, verantwortlich für die Lebensbilder, die er erzeugt und verbreitet.

Das Ziel dieses fünften Teils ist es nicht, endgültige Antworten zu liefern, sondern eine neue Diskussionsgrundlage zu schaffen. Eine Grundlage, auf der die Biologie streng bleiben kann, ohne reduktionistisch zu sein, offen für den Sinn, ohne an Präzision zu verlieren. Hier hört die Feldbiologie auf, nur eine Theorie des Lebendigen zu sein, und wird unweigerlich zu einer Reflexion über den Menschen, sein Wissen und seine Art, in der Welt zu leben.

X. Das Leben als kognitiver Prozess.

Dieses Kapitel markiert eine entscheidende konzeptionelle Schwelle im Verlauf des Buches. Nachdem aufgezeigt wurde, dass sich das Leben nicht in der Chemie erschöpft, dass der Organismus eine kohärente Gesamtheit ist und dass die biologischen Felder verkörperte Information organisieren, ergibt sich hier eine unvermeidliche Konsequenz: Leben bedeutet bereits Erkennen. Nicht in dem hohen und reflektierten Sinne, den wir dem menschlichen Denken zuschreiben, sondern in einem ursprünglicheren, nüchterneren und zugleich radikaleren Sinne.

Die These, die sich durch das Kapitel zieht, ist nur scheinbar einfach: Kognition entsteht nicht erst mit dem Gehirn, sondern begleitet das Leben bereits seit seinen elementarsten Formen. Jeder Organismus unterscheidet, wählt aus, reagiert und antizipiert allein schon dadurch, dass er seine Kohärenz über die Zeit hinweg aufrechterhält. Mit anderen Worten: Er vermisst die Welt und sich selbst in der Welt. Diese Aktivität ist kein funktionaler Zusatz, sondern der Kern des Lebensprozesses selbst.

Wurde das Leben in den vorangegangenen Kapiteln als stabilisierte Informationsstruktur beschrieben, so zeigt die Information hier ihr dynamisches Gesicht: nicht nur Form, sondern Handlung. Nicht nur Ordnung, sondern Orientierung. Die Feldbiologie darf sich nicht auf die „ “ Beschreibung von Konfigurationen beschränken; sie muss sich fragen, wie diese Konfigurationen fortbestehen, sich anpassen und sich wandeln können.

Wenn von „Erkennen ohne zu denken“ die Rede ist, handelt es sich nicht um eine poetische Metapher, sondern um eine biologische Feststellung: Die Empfindlichkeit eines Organismus gegenüber den Bedingungen seiner Umgebung ist nicht passiv. Es ist eine aktive, strukturierte, selektive Beziehung. Die Reaktion ist niemals rein reaktiv; sie enthält immer einen Anteil an Vorwegnahme. In diesem Sinne erscheint der Organismus als ein System, das misst – nicht, weil er über Instrumente verfügt, sondern weil er selbst ein lebendiges Messinstrument ist, das ständig auf sein eigenes Überleben und seine Kohärenz abgestimmt ist.

Diese Idee verlagert den Schwerpunkt der Biologie. Erkenntnis ist nicht mehr ein Ereignis, das in einem getrennten Subjekt stattfindet, sondern ein Prozess, der zwischen Organismus und Umwelt entsteht. Kognition wird zu einer relationalen, verteilten, verkörperten Eigenschaft. An dieser Stelle öffnet sich das Kapitel vorsichtig, aber entschlossen hin zu einer möglichen Biologie des Bewusstseins: nicht als reduktive Erklärung der Erfahrung, sondern als Erweiterung des begrifflichen Rahmens, innerhalb dessen die Erfahrung selbst denkbar wird.

Dieses Kapitel X bereitet den Boden für den letzten Abschnitt des Werks. Indem es aufzeigt, dass Kognition eine dem Leben innewohnende Dimension ist, macht es die folgende Frage unausweichlich: Welche Art von Wissenschaft ist möglich, wenn der Untersuchungsgegenstand in gewissem Maße auch Subjekt ist? Die Feldbiologie führt nicht zu einer Aufhebung der disziplinären Grenzen, sondern zu einer verantwortungsvollen

Neuverhandlung derselben. Hier endet die Betrachtung des Lebens als Naturphänomen und beginnt die Betrachtung des Lebens als Träger von Sinn.

Wenn Information Leben ist, dann ist sie kein Rechenvorgang.

An dieser Stelle wird die Unterscheidung zwischen berechenbarer Information und gelebter Information entscheidend, um zu verstehen, was einen lebenden Organismus radikal von jedem künstlichen System unterscheidet, selbst vom ausgefeiltesten. Berechenbare Information ist jene, die formalisiert, kodiert und ohne Bedeutungsverlust übertragen werden kann: Es ist die Information der Codes, der Algorithmen, der Sequenzen, die heute oder morgen, hier oder anderswo unterschiedslos von einer Maschine verarbeitet werden können. Es ist dieselbe Information, die Claude Shannon 1948 ausdrücklich als bedeutungsunabhängig definierte und die sich auf die effiziente Übertragung von Signalen konzentrierte.

Die gelebte Information hingegen existiert niemals „abstrakt“: Sie ist immer verortet, verkörpert und für den Empfänger wertvoll. Ein Organismus verarbeitet keine Daten, sondern Unterschiede, die für sein Überleben und seine Kohärenz von Bedeutung sind. Gregory Bateson sprach von „einem Unterschied, der einen Unterschied macht“, und es ist kein Zufall, dass diese Formulierung heute wieder in den Mittelpunkt der Debatte über biologische Kognition rückt. Ein Thermometer registriert eine Temperaturschwankung; ein Organismus empfindet Wärme oder Kälte als etwas, das sein inneres Gleichgewicht betrifft.

Selbst die neuesten Systeme der künstlichen Intelligenz, die fähig sind zu lernen und sich anzupassen, bleiben auf einen Informationsbereich beschränkt, in dem es um keine existenzielle Herausforderung geht: Sie können eine Funktion optimieren, riskieren dabei aber nichts. Wie Hans Jonas bereits in den 1970er Jahren feststellte: *„Im Stoffwechsel erhält sich die Form nur, indem sie ihre eigene Materie aufs Spiel* setzt" – es ist dieses ständige Risiko, das Information in Erfahrung verwandelt.

Es ist kein Zufall, dass Norbert Wiener, der Vater der Kybernetik, als er über die Grenzen von Maschinen nachdachte, zugab, dass diese „den Preis ihrer Entscheidungen nicht zahlen". Der Organismus hingegen schon. Und genau dieser Preis – die Verletzlichkeit, die Endlichkeit, die Offenheit gegenüber der Welt – macht biologische Information zu etwas, das sich nicht auf eine Berechnung reduzieren lässt, da sie stets mit einer Perspektive, einer Geschichte, einem Körper verflochten ist.

Leben bedeutet, der Welt einen Schritt voraus zu sein.

Über Kognition zu sprechen, ohne sich mit der Zeit auseinanderzusetzen, hieße, das Bild unvollständig zu lassen. Denn das Leben erkennt niemals in der reinen Gegenwart: Es erkennt immer zwischen dem, was bereits geschehen ist, und dem, was geschehen könnte. Vorwegnahme und Erinnerung sind keine Nebenfunktionen, sondern die beiden Pole, durch die das biologische Feld seine Kohärenz bewahrt. Ein Organismus lebt, weil er es schafft, in der Zeit zu verweilen, ohne sich aufzulösen, und um dies zu tun, muss er ständig vorausschauen, sich erinnern, sich anpassen.

Biologische Kognition beschränkt sich nicht darauf, auf Reize zu reagieren: Sie ist strukturell nach vorne gerichtet. Selbst die einfachste Zelle wartet nicht darauf, dass die Umwelt sie überrollt; sie bereitet sich vor, orientiert sich, passt ihre Reaktionsschwellen an. In diesem Sinne ist das Leben sich selbst immer ein wenig voraus. Der US-amerikanische Neurowissenschaftler Dean Buonomano schrieb, dass *„das*

Gehirn keine Maschine zum Denken, sondern eine Maschine für die Zeit ist“: eine Aussage, die sich auf den gesamten Organismus ausweiten lässt. Noch vor den Neuronen ist es der Stoffwechsel, der zeitlich geprägt ist, bestehend aus Zyklen, Rhythmen und Zeitfenstern. Vorwegnahme ist keine bewusste Vorhersage, sondern eine dynamische Struktur des Feldes, eine Spannung hin zum Möglichen, die es dem Lebewesen ermöglicht, niemals vollständig dem Zufall ausgeliefert zu sein.

Andererseits ist das biologische Gedächtnis nicht mit einem Archiv von Erinnerungen gleichzusetzen. Es handelt sich um ein diffuses Gedächtnis, das in den Formen, Schwellenwerten und Handlungspräferenzen eines Organismus verankert ist. Jede Erfahrung hinterlässt eine Spur, die das Feld verändert und es dadurch etwas anders macht als zuvor. Hier ist die Zeit nicht umkehrbar: Das Erlebte verändert die Art und Weise, wie das Lebewesen in Zukunft reagieren kann. Der Biologe und Nobelpreisträger Gerald Edelman sprach von einem „darwinistischen Gedächtnis“, um diesen Prozess der kontinuierlichen Auswahl wirksamer Reaktionen zu bezeichnen. Es geht nicht darum, die Vergangenheit zu bewahren, sondern sie zu verinnerlichen. Die Kohärenz des Feldes entsteht gerade aus dieser kontinuierlichen Integration zwischen dem, was war, und dem, was erwartet wird.

Diese Sichtweise findet ein überraschendes Echo in der Zeitphilosophie von Henri Bergson, der bereits zu Beginn des 20. Jahrhunderts zwischen der Zeit der Physik und der Zeit des Lebens unterschied. Die bergsonische „Durée“ ist keine Abfolge von Augenblicken, sondern ein qualitativer Fluss, in dem Vergangenheit und Gegenwart ineinanderfließen. Ein Organismus durchläuft die Zeit nicht wie ein sich bewegendes Objekt: Es ist die Zeit, die sich organisiert. Auch die zeitgenössische Biologie scheint sich dieser Intuition anzunähern, wenn sie zirkadiane Rhythmen oder physiologische Plastizität untersucht: Zeit ist nicht nur ein äußerer Rahmen, sondern eine innere Dimension des Lebendigen.

Aus dieser Perspektive lässt sich das biologische Feld als eine stabilisierte zeitliche Struktur verstehen, die sich nur deshalb aufrechterhalten kann, weil es ihr gelingt, Erinnerung und Vorwegnahme miteinander zu verbinden. Wenn diese Integration zerbricht, geht die Kohärenz verloren. Es ist kein Zufall, dass viele Formen biologischen und psychischen Leidens eine Störung der gelebten Zeit aufweisen: die Unfähigkeit, aus Erfahrungen zu lernen, oder im Gegenteil eine übermäßige Starrheit, die eine Anpassung verhindert.

Das Gehirn reicht nicht aus: Wo befindet sich die Kognition wirklich?

Im Verlauf des Buches markiert dieses Kapitel einen heiklen und in gewisser Weise provokativen Übergang. Nachdem aufgezeigt wurde, dass das Leben weder auf eine biochemische Maschine noch auf eine Summe von Teilen reduziert werden kann, wird hier einer der wunden Punkte der zeitgenössischen Wissenschaft angesprochen: die Vorstellung, dass Kognition mit dem übereinstimmt, was im Gehirn geschieht. Die Neurowissenschaften der letzten Jahrzehnte haben außergewöhnliche Ergebnisse hervorgebracht und Schaltkreise, Funktionsbereiche sowie neuronale Korrelate der Erfahrung kartiert. Doch gerade dieser Erfolg läuft Gefahr, zu einer Grenze zu werden, wenn das Gehirn zum einzigen legitimen Ort des Erkennens wird.

Die kritische Auseinandersetzung ist kein Anklageakt, sondern ein Perspektivwechsel. Das Bewusstsein ausschließlich in den Neuronen zu verorten, bedeutet anzunehmen, dass es sich um eine emergente Funktion eines spezialisierten Organs handelt. Doch was geschieht, wenn man die Hypothese ernst nimmt, dass jeder Organismus bewusst wahrnimmt, auch ohne Nervensystem? In den 1990er Jahren wurde in den pflanzenbiologischen Labors der Universität Bonn beobachtet, wie Pflanzenwurzeln in der Lage waren, Geräusche und Bodenvibrationen zu unterscheiden und ihr Wachstum auf weit entfernte Wasserquellen auszurichten. Kein Gehirn, keine Synapsen, und doch eine Form der Entscheidungsfindung. Wie der chilenische Neurobiologe Francisco Varela provokativ feststellte: *„Kognition ist nicht das, was das Gehirn tut, sondern das, was ein Organismus tut, um in Beziehung zu bleiben.*"

Die klassischen Neurowissenschaften, die aus einer langen Tradition der Lokalisierung hervorgegangen sind, die auf Paul Broca und seine Pariser Studien zum Sprachverlust (1861) zurückgeht, haben eine Geografie des Geistes entworfen. Nützlich, wirkungsvoll, aber unvollständig. Die Biologie hingegen suggeriert ein anderes Bild: Kognition als verteilte Eigenschaft, die aus der Kohärenz des gesamten Organismus in seiner Umgebung hervorgeht. Nicht das Gehirn „beherbergt" die Kognition, sondern das Gehirn ist Teil eines umfassenderen kognitiven Prozesses, der Körperhaltung, Stoffwechsel, Immunsysteme und innere Rhythmen einbezieht. Der Neurowissenschaftler Antonio Damasio hat dies mit intellektueller Ehrlichkeit eingeräumt, als er schrieb, dass *„das Gehirn nicht von selbst denkt*": Es braucht einen Körper, der fühlt, und eine Welt, mit der es interagieren kann.

Wenn die Kognition nicht mehr auf den Schädel beschränkt ist, verändert sich auch die Art und Weise, wie wir Erfahrung verstehen. Es geht nicht mehr darum, die Welt darzustellen, sondern sie aktiv zu erfassen, mit ihr in Resonanz zu treten. In diesem Sinne fungiert das biologische Feld als ein Integrationssystem, das der Unterscheidung zwischen Empfindung und Reaktion vorausgeht.

Diese Verschiebung hat tiefgreifende Konsequenzen. Wenn das Erkennen ein Feldprozess ist, dann lässt sich auch das Bewusstsein nicht auf ein neuronales Epiphänomen reduzieren.

Vom Herzen zum Gehirn: eine westliche Geschichte des lokalisierten Denkens.

Die Frage lautet nicht nur, was Kognition ist, sondern auch, warum wir gelernt haben, sie genau dort zu suchen, wo wir heute glauben, sie zu finden: im Gehirn. Sein Aufstieg zum „souveränen Ort" des Geistes ist weder eine natürliche noch eine unvermeidliche Tatsache. Es ist eine Kulturgeschichte, geprägt von theoretischen Entscheidungen, klinischen Erfolgen, technologischen Metaphern und nicht zuletzt von mächtigen symbolischen Bildern, die über Jahrhunderte hinweg unsere Art, das Leben zu begreifen, geprägt haben.

In der Antike sah das Bild anders aus. Für Aristoteles, der am Lyzeum in Athen lehrte, war das Herz das Zentrum des psychischen Lebens: warm, pulsierend, reaktionsfähig. Das Gehirn spielte eine untergeordnete, fast kühlende Rolle. Diese Sichtweise war nicht naiv, sondern stand im Einklang mit einer direkten Körpererfahrung, in der Emotion, Entscheidung und Bewegung untrennbar miteinander verbunden schienen. Noch in der römischen Welt vertrat Galen, der Gladiatorenarzt in Pergamon (2. Jahrhundert n. Chr.), zwar dank der Untersuchung von Verletzungen die Bedeutung des Gehirns an, behielt jedoch eine verteilte Sichtweise der lebenswichtigen Funktionen bei.

Der Wendepunkt kam mit der Moderne und hat ein symbolisches Datum: 1641, als René Descartes die „*Meditationes de prima* philosophia" veröffentlichte. Hier wird der Geist *zur res cogitans*, getrennt vom Körper, *der res extensa ist*. Das Problem ist nicht nur der Dualismus, sondern die praktische Konsequenz: Wenn der Geist etwas Eigenständiges ist, dann muss man ihm einen Sitz zuweisen. Descartes verortet ihn in der Zirbeldrüse, einem präzisen Punkt, fast wie ein Kontrollknoten. Es ist ein wegweisender Schritt: Die Erkenntnis wird lokalisierbar. Von diesem Moment an kann der Geist gesucht, seziert und wie ein Objekt untersucht werden.

Die Medizin des 19. Jahrhunderts festigt diesen Kurs. Im Jahr 1861 stellt Paul Broca in Paris vor der Société d'Anthropologie den berühmten Fall von „Tan" vor, einem Patienten, der zwar nicht sprechen, aber verstehen konnte. Nach seinem Tod schien eine Läsion in der linken Gehirnhälfte die Störung zu erklären. Die Vorstellung, dass komplexe Funktionen in bestimmten Hirnarealen kartiert werden können, ist unwiderstehlich. Sie ist wirkungsvoll, liefert klinische Ergebnisse und stärkt die Autorität der aufkommenden Neurologie. Wie John Hughlings Jackson später in London schreiben wird: „Die Lokalisierung ist eine Methode, keine Metaphysik", doch diese Grenze wird oft vergessen werden.

Das 20. Jahrhundert fügt einen weiteren entscheidenden Baustein hinzu: die Technologie. Mit dem Aufkommen des Elektroenzephalogramms in den 1930er Jahren und später der Neurobildgebungsverfahren ab Ende der 1970er Jahre wird das Gehirn sichtbar. Die farbigen Bilder der funktionellen Magnetresonanztomographie, die auf Kongressen und in Zeitungen gezeigt werden, üben eine enorme Faszination aus. Was man sieht, scheint real zu sein, realer als das, was man hört oder erlebt. Auf einer berühmten Tagung in San Diego in den frühen 2000er Jahren zeigte ein junger Forscher Hirnkarten der Aufmerksamkeit, als wären sie Fotografien der Erfahrung selbst. Jemand aus dem Publikum murmelte: *„Endlich sehen wir das Denken.*" Es war ein Scherz, aber nicht ganz.

Parallel dazu liefert die Informatik die entscheidende Metapher. Seit Mitte des letzten Jahrhunderts wird das Gehirn als biologischer Computer beschrieben: Input, Verarbeitung, Output. In diesem Schema kann die Kognition nur im „Zentralprozessor" angesiedelt sein. Es ist eine kraftvolle, aber vereinfachende Metapher. Wie der Philosoph Gilbert Ryle bereits 1949 ironisch anmerkte, ist es ein *„category* mistake", ein Kategorienfehler, vom Geist als etwas Getrenntem zu sprechen. Und doch funktioniert die Metapher, weil sie mit einer technologischen Kultur vereinbar ist, die Kontrolle, Vorhersage und Zerlegung in den Vordergrund stellt.

So wird das Gehirn zum Herrscher: nicht, weil es alles erklärt, sondern weil es sich mit den verfügbaren Instrumenten am besten erklären lässt. Der Preis für diesen Erfolg ist eine fortschreitende Marginalisierung des Organismus als kognitive Gesamtheit. Kapitel X fügt sich hier als kritische Geste ein: nicht, um die Rolle des Gehirns zu leugnen, sondern um ihm seinen Platz innerhalb eines umfassenderen Feldes zurückzugeben. Wenn das Leben ein kognitiver, „ " Prozess ist, dann geht die Kognition ihrer neuronalen Spezialisierung voraus. Das Gehirn ist nicht der Ursprung des Erkennens, sondern eine seiner Formen, die sich historisch und biologisch herausgebildet haben.

In diesem Sinne schlägt die Feldbiologie keine ikonoklastische Revolution vor, sondern eine Korrektur der Perspektive. Sie lädt uns ein, anzuerkennen, dass die Vorstellung von einem im Schädel eingeschlossenen Geist das Ergebnis einer konkreten, verorteten und kulturell geprägten Geschichte ist. Und dass wir heute vielleicht bereit sind, eine andere Geschichte zu erzählen.

Wir denken auch mit dem Bauch: Kognition jenseits des Gehirns.

Wenn wir begonnen haben, das Leben als kognitiven Prozess anzuerkennen, ist die Vertiefung in die peripheren Systeme der Punkt, an dem diese Aussage aufhört, abstrakt zu sein, und fast unvermeidlich wird. Denn es reicht aus, den Blick nur ein wenig vom Gehirn weg zu richten, um zu erkennen, dass die Kognition bereits dort ist – verteilt, wirksam, oft schneller und zuverlässiger als die bewusste. Der Organismus weiß, bevor er denkt, und er tut dies mit dem ganzen Körper.

Nehmen wir den Darm. Jahrhundertelang auf die Rolle eines einfachen Verdauungstraktes beschränkt, steht er heute im Mittelpunkt einer regelrechten wissenschaftlichen Revolution.

Ende der 1990er Jahre begann der Neurogastroenterologe Michael Gershon in den Labors der Columbia University, ganz offen vom „zweiten Gehirn" zu sprechen. Das war keine journalistische Metapher: Das enterische Nervensystem zählt Hunderte Millionen Neuronen, produziert Neurotransmitter wie Serotonin und trifft eigenständige Entscheidungen. Doch die eigentliche Neuigkeit ist nicht quantitativer, sondern qualitativer Natur: Der Darm bewertet, unterscheidet, lernt – im ständigen Dialog mit der Mikrobiota und der Umwelt. Er denkt nicht, aber er weiß. Und vor allem steuert er das Verhalten des gesamten Organismus und beeinflusst Emotionen, Aufmerksamkeit und sogar komplexe Entscheidungen.

Nach Antonio Damasio: *„Der Körper ist nicht die Stütze des Gehirns, sondern sein ständiger Gesprächspartner.*" In diesem Satz verdichtet sich ein konzeptioneller Wendepunkt: Die Kognition ist kein zentraler Kontrollturm , sondern ein Netzwerk von Systemen, die die Welt aus unterschiedlichen Perspektiven erfassen. Der Darm erfasst die Qualität des chemischen Umfelds, das endokrine System übersetzt allgemeine Zustände in langsame, aber wirkungsvolle Signale, das Immunsystem unterscheidet Vertrautes von Fremdem. All diese Prozesse weisen eine kognitive Struktur auf, da sie Erkennung, Gedächtnis und selektive Reaktion beinhalten.

Insbesondere das Immunsystem ist vielleicht das überraschendste Beispiel. In den frühen 2000er Jahren zeigten Studien des Institut Pasteur in Paris und der Stanford University, dass Immunzellen nicht einfach auf einen „Feind" reagieren, sondern im Laufe der Zeit eine regelrechte Geschichte der Interaktionen aufbauen. Sie erinnern sich, antizipieren und modulieren die Intensität der Reaktion. Die Immunologin Polly Matzinger hat mit ihrer *„Danger* Theory" die These aufgestellt, dass das Immunsystem weniger auf *das „Nicht-Selbst"* als vielmehr auf kontextbezogene Gefahrensignale reagiert. (In der Immunologie bezeichnet „Nicht-Selbst" alles, was nicht zum Organismus gehört, wie Krankheitserreger oder fremde Moleküle.) In *der Gefahrentheorie* wird die Immunantwort eher von Schadenssignalen gesteuert als von der bloßen Unterscheidung zwischen „Selbst" und „Nicht-Selbst".

Auch das Hormonsystem ist an dieser verteilten Intelligenz beteiligt. Hormone übermitteln keine punktuellen Informationen, sondern Sinnzusammenhänge: Zustände der Wachsamkeit, der Verfügbarkeit, des Rückzugs, der Offenheit. Ein Mailänder Endokrinologe berichtete, wie manche Patienten, noch bevor sie offensichtliche klinische Symptome entwickelten, *„Veränderungen der körperlichen Atmosphäre"* zeigten: unbegründete Müdigkeit, Schlafstörungen, subtile Schwankungen im emotionalen Tonus. Signale, die sich nicht lokalisieren lassen, aber kohärent sind. Das Feld sprach bereits, lange bevor die Diagnose gestellt wurde.

Diese Perspektive verändert das Verhältnis zu den Neurowissenschaften radikal. Sie widerlegt diese nicht, sondern dezentriert sie. Das Gehirn bleibt zwar ein entscheidender Knotenpunkt, aber nicht der absolute Herrscher. Es ist vielmehr ein Organisator von Kohärenz, ein fortgeschrittener Interpret von Signalen, die anderswo entstehen. Wenn Kognition als Eigenschaft des biologischen Feldes betrachtet wird, sind die peripheren Systeme nicht mehr „ " „Zusatzkomponenten", sondern konstitutiver Bestandteil des Erkennens. Wie der französische Physiologe Claude Bernard bereits 1865 schrieb: *„Die Stabilität des Organismus ist eine aktive Errungenschaft."* Heute können wir hinzufügen: Es ist eine kognitive Errungenschaft.

In diesem Sinne bedeutet die Betrachtung von Organismen als stabilisierte Informationsstrukturen anzuerkennen, dass Information nicht nur in den Neuronen zirkuliert, sondern in den Geweben, in den Flüssigkeiten und in den langsamen und tiefgreifenden Wechselwirkungen mit der Umwelt Gestalt annimmt. Kognition wird so zu einem verkörperten, verteilten, pluralen Prozess.

Wissen, ohne zu wissen: die stille Intelligenz des Lebens.

In der westlichen Kultur gibt es ein hartnäckiges Vorurteil: die Vorstellung, dass Wissen bedeutet, zu denken, zu reflektieren und sich die Welt mental vorzustellen. Und dass Kognition daher erst dort beginnt, wo es ein Gehirn gibt. Wir versuchen, diese Überzeugung an der Wurzel zu erschüttern, indem wir aufzeigen, dass das Leben schon lange vor dem Denken weiß – und dies oft, ohne jemals zu denken. Wissen ohne zu denken ist keine poetische Provokation, sondern eine biologische Feststellung.

Bereits Ende des 19. Jahrhunderts beobachtete der estnische Biologe Jakob von Uexküll an den Ufern der Ostsee, wie eine Zecke jahrelang regungslos verharren konnte, bis drei bestimmte Signale – der Geruch von Buttersäure, eine Temperaturänderung, die Beschaffenheit der Haut – sie dazu veranlassten, sich auf ein vorbeikommendes Säugetier fallen zu lassen. Keine Vorstellung von der Welt, kein „Denken". Und doch ein makelloses Wissen darüber, worauf es ankommt. Uexküll nannte diese selektive Welt „Umwelt": nicht die objektive Umgebung, sondern die für den Organismus bedeutsame. Wissen bedeutet in diesem Sinne, das zu spüren, was relevant ist.

Die Sinneswahrnehmung ist die erste Stufe dieser elementaren Erkenntnis. Sie darf jedoch nicht mit einer passiven Rezeption von Reizen verwechselt werden. Ein lebender Organismus nimmt die Welt nicht wie ein träger Sensor wahr: Er greift sie auf. In den 1950er Jahren stellten einige Mikrobiologen in den Labors von *„Cold Spring Harbor"* fest, dass sich Bakterien wie *Escherichia coli* nicht zufällig bewegen, sondern ihr Verhalten entsprechend chemischen Gradienten anpassen und so günstigere Bereiche vorwegnehmen. Sie „denken" nicht an die Nahrung – „ " –, sondern erkennen sie, noch bevor sie sie erreichen. Es handelt sich um eine Form des zeitlichen, auf das Mögliche ausgerichteten Erkennens.

Hier kommt die Reaktion ins Spiel. Jeder lebende Organismus nimmt nicht nur wahr, sondern reagiert auch angemessen, d. h. im Einklang mit seinem eigenen Überleben und seiner Identität. Der Physiologe Claude Bernard war Mitte des 19. Jahrhunderts in seinem Pariser Labor beeindruckt von der Konstanz des inneren Milieus höherer Organismen. Was heute jedoch noch überraschender erscheint, ist, dass auch Organismen ohne Nervensystem integrierte Reaktionen zeigen. Pflanzen zum Beispiel. Im Jahr 1880 veröffentlichte Charles Darwin in seinem Arbeitszimmer in Down House gemeinsam mit seinem Sohn Francis *„The Power of Movement in* Plants" und beschrieb darin, wie Wurzeln ihr Wachstum anhand von Licht- und Berührungsreizen ausrichten. Darwin sprach – wenn auch mit Vorsicht – von einer Art „empfindlicher Spitze", die das Verhalten der Pflanze koordiniert. Eine Intuition, die lange Zeit am Rande stand, weil sie die Vorstellung von einer auf „höhere" Tiere beschränkten Kognition störte.

Die dritte Dimension, die vielleicht am meisten ins Wanken bringt, ist die Antizipation. Leben bedeutet, nicht nur als Reaktion auf das zu handeln, was geschieht, sondern auch in Abhängigkeit davon, was geschehen könnte. In den 1960er Jahren sprach der italienische Physiologe Luigi Fantappiè von „biologischer Finalität" – nicht in metaphysischem, sondern in dynamischem Sinne: Lebende Systeme organisieren sich entlang orientierter Bahnen. In jüngerer Zeit haben Studien zum zirkadianen Rhythmus gezeigt, dass einzellige Organismen regelmäßige Umweltveränderungen, wie den Wechsel von Licht und Dunkelheit, vorwegnehmen, selbst wenn der Reiz vorübergehend entfernt wird. Sie reagieren nicht auf die Gegenwart: Sie bereiten sich auf die Zukunft vor.

In diesem Licht erscheint die Kognition nicht mehr als ein spät entstandener evolutionärer Luxus, sondern als eine grundlegende Eigenschaft des Lebens als Informationssystem. Wahrnehmung, Reaktion und Vorwegnahme sind keine zusätzlichen Funktionen: Sie sind die Art und Weise, wie ein Organismus existiert. Wie der Philosoph und Arzt Georges Canguilhem 1952 schrieb: *„Leben bedeutet, zu bevorzugen und auszuschließen.“* Jeder Lebensakt ist bereits ein Akt des Erkennens, denn er unterscheidet, bewertet und orientiert.

Die Feldbiologie bietet hier einen entscheidenden Interpretationsschlüssel. Wenn der Organismus eine stabilisierte Informationsstruktur ist, dann bedeutet Erkennen ohne zu denken, eine dynamische Kohärenz mit dem eigenen Beziehungsfeld aufrechtzuerhalten. Es bedarf weder eines Kommandozentrums noch einer inneren Repräsentation der Welt. Es genügt eine diffuse Sensibilität, die in der Lage ist, Information in Form und Form in Handlung umzuwandeln. Vielleicht ist der wahre Skandal nicht, dass Organismen ohne zu denken erkennen. Sondern dass wir lange Zeit geglaubt haben, zu erkennen, ohne zu leben.

Gänse, Spinarelli und blitzschnelle Entscheidungen: Kognition ohne Denken.

Es gab einen ganz bestimmten Moment im europäischen 20. Jahrhundert, in dem die Vorstellung, dass man zum Erkennen denken müsse, ernsthaft ins Wanken geriet. Nicht in den Labors der experimentellen Psychologie, sondern auf den Wiesen, entlang der Kanäle, in den Naturschutzgebieten. Dort, wo Konrad Lorenz und Nikolaas Tinbergen die Tiere dabei beobachteten, wie sie das taten, was sie können – ohne zu zögern, ohne zu überlegen, oft ohne es jemals „gelernt“ zu haben.

Lorenz erzählte dies mit einem ironischen Lächeln und erinnerte sich dabei an seine Graugänse in Altenberg bei Wien in den 1930er Jahren. Es genügte, dass er das erste sich bewegende Objekt war, das die frisch geschlüpften Küken sahen, damit sie ihm überallhin folgten, so wie sie es bei ihrer Mutter tun würden. Das Prägungsverhalten ist kein kognitiver Fehler: Es ist eine Form blitzschnellen, unumkehrbaren und perfekt anpassungsfähigen Wissens. In einer Welt, in der Unentschlossenheit das Leben kostet, bleibt keine Zeit zum Nachdenken. Der Organismus weiß, wem er folgen muss, weil er darauf ausgelegt ist, bestimmte Signale innerhalb eines genau festgelegten Zeitraums zu erkennen. Die Wahrnehmung ist hier ein Fenster, das sich öffnet und wieder schließt.

Tinbergen richtete einige Jahre später seine Aufmerksamkeit auf einen scheinbar unscheinbaren Fisch, den Spinarello. In den Kanälen der Niederlande zeigte er, dass das Männchen während der Fortpflanzungszeit jeden Gegenstand angreift, der einen roten Fleck aufweist, selbst eine grobe Pappfigur. Es greift keinen „Rivalen“ an: Es reagiert auf einen Schlüsselreiz. Das Verhalten ist komplex, koordiniert und effektiv. Es wird jedoch nicht durch mentale Vorstellungen vermittelt. Es ist die Reaktion eines sensorischen Systems auf eine bedeutungsvolle Konfiguration des Wahrnehmungsfeldes.

Hier unternimmt die klassische Ethologie einen entscheidenden Schritt: Sie zeigt, dass die Form des Verhaltens der Absicht vorausgeht. Tiere entscheiden nicht, was sie tun sollen; sie erkennen, wann der richtige Zeitpunkt dafür gekommen ist. Die sogenannten festen Handlungsmuster – hochgradig organisierte Bewegungsabläufe – werden wie bereits geschriebene Sätze aktiviert, jedoch erst dann, wenn die Umgebung das richtige Wort „ausspricht“. Wissen bedeutet in diesem Sinne nicht, ein Modell der Welt zu konstruieren, sondern auf bestimmte Frequenzen dieser Welt eingestimmt zu sein.

Eine Anekdote, die in den 1950er Jahren in den Ethologie-Seminaren in Oxford oft zitiert wurde, erzählt von Tinbergen, der während einer Demonstration einer Gruppe von Studenten zeigte, wie ein Weibchen der Silbermöwe lieber nach einem Stäbchen mit drei roten Streifen pickte als nach dem realistischen Schnabel eines erwachsenen Tieres. Das übertriebene Signal funktionierte besser als das Original. Nicht, weil das Tier sich „irrt", sondern weil seine Wahrnehmung auf Beziehungen ausgerichtet war, nicht auf Objekte. Biologisches Wissen ist immer ökonomisch: Es wählt aus, was zählt, nicht was im abstrakten Sinne wahr ist.

Diese Perspektive fügt sich auf natürliche Weise in die Feldbiologie ein. Wenn der Organismus eine stabilisierte Informationsstruktur ist, dann ist Verhalten nicht die Ausführung eines internen Programms, sondern die Resonanz zwischen einer Umweltkonfiguration und einer inneren Disposition. Empfindlichkeit und Reaktion sind zwei Seiten desselben Prozesses. Antizipation erscheint in der Ethologie nicht als bewusste Vorhersage, sondern als strukturelle Bereitschaft: Der Organismus ist bereits auf das vorbereitet, was biologisch wahrscheinlich ist.

Lorenz betonte einen Punkt, der heute überraschend aktuell ist: Diese Verhaltensweisen sind keine starren Automatismen. Sie können moduliert, abgelenkt, manchmal auch gehemmt werden. Doch ihre Intelligenz liegt nicht in unendlicher Flexibilität, sondern in situierter Präzision. Ein verkörpertes Wissen, das in der Form des Organismus und in seiner Evolutionsgeschichte verankert ist. Mit anderen Worten: eine Kognition, die nicht denkt, aber deshalb nicht blind ist.

Von hier aus betrachtet erscheint die klassische Ethologie als eine Grenzdisziplin, die viele zeitgenössische Erkenntnisse vorweggenommen hat. Sie hat gezeigt, dass Wissen nicht mit reflektierendem Bewusstsein gleichzusetzen ist, dass Sinn aus der Interaktion entsteht und dass sich das Leben, bevor es sich erklärt, orientiert. Es ist eine nüchterne, aber radikale Erkenntnis: Das Leben zu verstehen bedeutet zu beobachten, wie es handelt, wenn es keine Zeit hat, sich zu erklären, warum es dies tut.

Messen, um zu leben: Wie Organismen der Welt Sinn verleihen.

Wenn es ein Missverständnis gibt, das die Feldbiologie zu überwinden einlädt, dann ist es die Vorstellung, dass der Organismus ein bloßer Rezipient von Reizen sei, eine Art Steuergerät, das Daten aus der Außenwelt sammelt, um dann zu reagieren. In Wirklichkeit misst jeder lebende Organismus seine Umgebung. Und Messen bedeutet hier nicht, nach abstrakten Parametern zu quantifizieren, sondern Unterschiede festzustellen, die von Bedeutung sind, und durch Beziehungen eine sinnvolle Welt zu konstruieren.

In den 1930er Jahren stellte der ungarische Biophysiker László von Bertalanffy bei der Beobachtung offener biologischer Systeme fest, dass das Lebendige sich nicht durch die Materie auszeichnet, aus der es besteht, sondern durch die Art und Weise, wie es trotz des kontinuierlichen Flusses von Energie und Informationen stabile Beziehungen aufrechterhält. Der Organismus ist nicht bloß der Umwelt ausgesetzt: Er nimmt sie wahr, filtert sie und verwandelt sie in eine Geografie von Werten. Jede Messung ist bereits eine Interpretation.

Ein scheinbar einfaches Beispiel stammt aus den Studien zur Thermoregulation, die in den 1960er Jahren in den Labors von Stockholm durchgeführt wurden. Die Forscher stellten fest, dass viele Säugetiere nicht auf die „objektive" Temperatur reagieren, sondern auf schnelle und lokal begrenzte Schwankungen. Die Haut ist in diesem Sinne kein neutraler Sensor, sondern eine kognitive Oberfläche, die Veränderungen abwägt und dabei zwischen Bedrohung und Hintergrundrauschen unterscheidet. Der Organismus misst Gradienten, keine isolierten Größen.

Diese Fähigkeit kommt besonders deutlich in den Arbeiten von James J. Gibson zum Ausdruck, einem Wahrnehmungspsychologen, der in den 1970er Jahren von *„Affordance"* sprach: den Handlungsmöglichkeiten, die die Umgebung einem bestimmten Organismus bietet. Eine Klippe ist an sich nich „hoch"; sie ist je nach dem Körper, der auf sie trifft, erklimmbar oder tödlich. Das Maß liegt weder in der Welt noch im Organismus, sondern in der Beziehung zwischen beiden. Hier zeigt sich die biologische Kognition als verortetes, verkörpertes Ereignis, das sich nicht auf eine abstrakte Berechnung reduzieren lässt.

Eine Anekdote, die ein italienischer Ethologe während einer Beobachtungskampagne im Gran-Paradiso-Nationalpark erzählte, veranschaulicht dies gut. Bei der Untersuchung von Gämsen stellte er fest, dass die Tiere ihre gewohnten Wege nicht aufgrund der direkten Anwesenheit des Menschen änderten, sondern aufgrund von Mikrovariationen der Stille und des vom Wind herübergetragenen Geruchs. Die Umgebung wurde als dynamische Wahrscheinlichkeitskarte „gelesen". Die Gämse nahm den Menschen nicht wahr, sondern maß eine Veränderung des Beziehungsfeldes, in dem sie lebte.

Aus dieser Perspektive erscheint der Organismus als ein verteiltes Messgerät ohne ein einziges Zentrum. Zellen, Gewebe und Organe sind an dieser kontinuierlichen Bewertungsaktivität beteiligt. In den 1990er Jahren zeigten Walter Freemans Studien zur olfaktorischen Dynamik, dass das Gehirn Gerüche nicht als feste Abdrücke erkennt, sondern als Konfigurationen, die aus der Interaktion zwischen Reiz und innerem Zustand hervorgehen. Auch hier ist die Messung keine Momentaufnahme, sondern ein Prozess.

Die Feldbiologie bietet hier einen leistungsstarken konzeptuellen Rahmen: Der Organismus stabilisiert Informationen nicht, weil er sie speichert, sondern weil er eine operative Kohärenz mit dem aufrechterhält, was er misst. Leben bedeutet, auf bestimmte Unterschiede eingestimmt zu bleiben und unzählige andere zu ignorieren. Jeder Lebensakt ist eine implizite Entscheidung, eine Stellungnahme im Fluss des Realen.

Wie der Philosoph Maurice Merleau-Ponty 1945 schrieb: *„Der Körper ist unser allgemeines Mittel, eine Welt zu haben.“* Kein Objekt unter Objekten, sondern eine messende Schwelle, eine lebendige Schnittstelle. In diesem Sinne ist die aktive Beziehung zur Umwelt kein nebensächliches Kapitel der Biologie: Sie ist ihr epistemologischer Kern. Das Leben erkennt die Welt nicht, weil es sie darstellt, sondern weil es sie misst, während es sie durchquert.

Die Gefahr, die man spürt, bevor man sie berechnet.

Es gibt eine Form der Intelligenz, die jeder Berechnung, jeder bewussten Vorhersage, jeder Wahrscheinlichkeitskurve vorausgeht. Es ist die Intelligenz, mit der Organismen das Risiko einschätzen. Sie schätzen es nicht ab, sie messen es nicht in Prozent: Sie spüren es. Die Biologie der Felder lädt dazu ein, diesen Prozess nicht als eine primitive Version des menschlichen Denkens zu betrachten, sondern als eine autonome und raffinierte Form verkörperten Wissens.

Das Risiko ist in diesem Rahmen keine externe Variable, die es zu bewerten gilt, sondern eine Störung des Sinnfeldes, in dem der Organismus lebt. Ein plötzliches Geräusch, eine für uns nicht wahrnehmbare chemische Veränderung, eine Unterbrechung des gewohnten Rhythmus können ausreichen, um eine drastische Reaktion auszulösen.

Ein faszinierendes Beispiel liefern die in den 1970er Jahren vom Biochemiker Howard Berg durchgeführten Studien zur Chemotaxis von Bakterien. In seinem Labor in Boulder beobachtete Berg, dass *Escherichia coli* weder „weiß“, wo sich eine Nahrungsquelle befindet, noch die beste Bewegungsbahn berechnet. Es vergleicht von Augenblick zu Augenblick, ob sich die Situation verbessert oder verschlechtert. Verschlechtert sie sich, ändert es die Richtung. Es handelt sich um eine elementare, aber wirksame Risikobewertung: Sie basiert nicht auf einer Karte der Zukunft, sondern auf einer differenzierten Wahrnehmung der Gegenwart.

Etwas Ähnliches, allerdings in unendlich viel komplexerer Größenordnung, geschieht bei großen Pflanzenfressern. Nach der Wiederansiedlung von Wölfen im Yellowstone-Nationalpark im Jahr 1995 stellten Verhaltensforscher fest, dass Wapitis ihr Weideverhalten auch dann änderten, wenn keine Raubtiere sichtbar waren. Sie mieden bestimmte Täler, änderten ihre Zeiten und verkürzten ihre Aufenthalte. Das Risiko bestand nicht in der direkten Begegnung mit dem Wolf, sondern in der Veränderung des gesamten ökologischen Umfelds. Der Organismus misst die Gefahr anhand der Gestalt der Landschaft, nicht durch das Zählen von Angriffen.

In solchen Fällen ist es irreführend, von einer „Entscheidung" zu sprechen. Es gibt kein Subjekt, das Alternativen abwägt. Es gibt ein lebendes System, das den Grad seiner Gefährdung reguliert und dabei seine innere Kohärenz bewahrt. Die biologische Risikobewertung ist immer präventiv, selten reaktiv. Noch bevor der Organismus weiß, warum etwas gefährlich ist, weiß er, dass es gefährlich ist.

Eine Anekdote, die während einer ethologischen Untersuchung an den Küsten der Bretagne gesammelt und von einer französischen Meeresbiologin erzählt wurde, betrifft Kraken. Einige Exemplare mieden nach kürzlich aufgetretenen Stürmen scheinbar ideale Höhlen. Nicht, weil diese zerstört worden wären, sondern weil sich die Strömungsverhältnisse verändert hatten. Das Risiko für den Kraken lag nicht in der Höhle an sich, sondern im Verlust der Kontrolle über seinen Aktionsradius. Wieder einmal keine Einschätzung, keine explizite Vorhersage: nur eine feinsinnige Beurteilung der Beziehung.

Diese Art der Risikobewertung ist auch weit entfernt vom modernen, von Berechnungen besessenen Menschenbild. Der Soziologe Ulrich Beck sprach in den 1980er Jahren von einer „Risikogesellschaft", um genau eine Kultur zu bezeichnen, die versucht, Unsicherheit durch Zahlen und Simulationen zu beherrschen. Das biologische Leben hingegen scheint einer entgegengesetzten Logik zu folgen: die Gefährdung zu verringern und dabei die Qualität der Beziehung zur Umwelt zu bewahren, nicht die Genauigkeit der Vorhersage.

In diesem Licht erscheint die biologische Risikobewertung als eine grundlegende kognitive Funktion, die im Organismus selbst verankert ist. Es ist nicht notwendig zu wissen, wie wahrscheinlich ein Ereignis ist; es reicht aus zu wissen, ob diese Situation noch bewohnbar ist. Das Überleben erfordert keine Statistiken, sondern ein ständiges Gespür für die Schwellenwerte, jenseits derer die Kohärenz zerbricht.

Pflanzen, die entscheiden: Wie das Leben Risiken ohne Gehirn einschätzt.

Es gibt ein Bild, das immer wieder auftaucht, wenn von Kognition die Rede ist: ein Tier, das beobachtet, bewertet, entscheidet. Und dann ist da die Unbeweglichkeit der Pflanzen, die jahrhundertelang mit Passivität verwechselt wurde. Doch wenn wir genauer hinschauen, sind Pflanzen e Meister einer radikal anderen Form des Wissens: Sie denken nicht, sie rechnen nicht, sondern sie messen. Und indem sie messen, entscheiden sie.

Schon Charles Darwin beobachtete 1880, wie sich die Wurzelspitze „wie das Gehirn eines niederen Tieres" verhielt. Das war zwar eine Provokation, aber kein Scherz. Darwin hatte erkannt, dass das Leben, auch ohne Nervensystem, über eine grundlegende Fähigkeit verfügt: das Wesentliche vom Unwesentlichen zu unterscheiden.

Für eine Pflanze ist Wasser nicht nur eine Ressource: Es steht auf dem Spiel. Die Spaltöffnungen zu öffnen, um Kohlendioxid aufzunehmen, bedeutet, Wasser zu verlieren; sie zu schließen schützt vor Austrocknung, verlangsamt aber die Photosynthese. Es ist ein ständiges Dilemma, das sich jeden Tag, oft sogar jede Stunde, neu stellt. In den 1990er Jahren haben Pflanzenphysiologen wie Melvin Tyree und John Sperry in den Labors der University of Utah und später in Davis gezeigt, dass viele Pflanzen mit dem arbeiten, was wir heute als hydraulische Sicherheitsmarge bezeichnen. Einfach ausgedrückt: Sie wissen, wie weit sie „gehen" können, bevor sich in ihren Leitgefäßen Luftblasen bilden – die sogenannte Kavitation –, die den Wasserfluss unterbrechen und zum Absterben des Gewebes führen können.

Das ist keine reflexartige Reaktion. Pflanzen handeln vorausschauend. Sie passen die Stomaleleitfähigkeit nicht nur an die aktuelle Feuchtigkeit an, sondern auch an die Entwicklung des Systems: Wenn sich die Trockenheit verschlimmert, reagieren sie, bevor der Schaden irreversibel ist. Bei einigen mediterranen Arten, wie der Steineiche, ist diese Vorsicht fast sprichwörtlich; bei anderen, wie bestimmten Pappeln der Ebene, ist die Strategie riskanter, fast „spekulativ". Zwei kognitive Stile, könnte man sagen, die in der Physiologie verankert sind.

Wie „weiß" eine Pflanze, dass sie ein Risiko eingeht? Es gibt kein Kommandozentrum. Die Steuerung ist verteilt. Schwankungen des Wasserdrucks, Ionengradienten und Hormone wie Abscisinsäure wandern durch das Gewebe und ergeben ein kohärentes Bild der Situation. Jedes Blatt, jede Wurzel trägt zur Gesamtbewertung bei.

Ein Forscher berichtete 2008 auf einer Konferenz in Montpellier, dass die Arbeit mit Pflanzen bedeutet, die Vorstellung eines einzigen Entscheidungsträgers aufzugeben: *„Es ist, als würde man mit einer Menschenmenge sprechen, die jedoch im Einklang antwortet.*" Hier gewinnt der Begriff des

Organismus als stabilisiertes Informationssystem an Bedeutung: Die Einheit ist kein Punkt, sondern eine Kohärenz.

Auch das Licht, das wir instinktiv mit pflanzlichem Leben verbinden, kann zur Gefahr werden. Ein Übermaß an Strahlung schädigt die Photosysteme und führt zu oxidativem Stress. Pflanzen wissen das – und reagieren darauf. In den 1950er Jahren entdeckten Sterling Hendricks und Harry Borthwick in den Labors des US-Landwirtschaftsministeriums die Phytochrome: Pigmente, die auf die Lichtqualität reagieren. Dank dieser Sensoren erkennt eine Pflanze, ob sie in voller Sonne steht oder im Schatten anderer Pflanzen. Das ist kein unbedeutender Unterschied: Der „grüne" Schatten der Blätter anderer Pflanzen signalisiert drohende Konkurrenz.

So entsteht das sogenannte *„Shade Avoidance Syndrome*": Der Stängel streckt sich, die Blätter ändern ihren Winkel, die Verteilung der Ressourcen wird neu ausgerichtet. Es handelt sich um eine Einschätzung des zukünftigen Risikos: Klein zu bleiben bedeutet, vom Licht ausgeschlossen zu sein; schnelles Wachstum setzt die Pflanze mechanischer Instabilität und Wasserstress aus. Auch hier gibt es keine Berechnung, sondern eine dynamische Abwägung der Überlebenschancen.

Das Erstaunlichste daran ist, dass all dies ohne Fortbewegung geschieht. Oder besser gesagt: ohne das, was wir Bewegung nennen. Pflanzen erkennen durch das „Verharren". Im Boden verwurzelt, wandeln sie Zeit in Information um. Wo ein Tier fliehen kann, muss eine Pflanze vorausschauen.

Im Botanischen Garten von Kew in London pflegte ein alter Kurator zu sagen, dass Pflanzen „gezwungene Philosophen" seien: Sie können nicht impulsiv handeln, also müssen sie weise sein. Das ist eine ironische Bemerkung, trifft aber einen wesentlichen Punkt. Pflanzliche Kognition ist keine schnelle Reaktion, sondern eine langsame und tiefgreifende Integration von Signalen.

Wenn wir sagen, dass jeder Organismus weiß, schreiben wir den Pflanzen damit keinen Miniaturverstand zu. Wir erweitern vielmehr den Begriff des Wissens selbst. Wissen bedeutet in diesem Sinne, die eigene Lebenskohärenz in einer ungewissen Welt aufrechtzuerhalten. Es bedeutet, Risiken und Chancen mit den Mitteln abzuwägen, die die eigene Lebensform zur Verfügung stellt.

Pflanzen zeigen uns, dass Kognition nicht mit dem Gehirn entsteht, sondern mit der Notwendigkeit, intakt zu bleiben. Es sind Systeme, die bewerten, vorausschauen, wählen – nicht zwischen Ideen, sondern zwischen biologischen Möglichkeiten. In dieser stillen Arbeit des ständigen Abwägens offenbart das Leben sein wesentlichstes Gesicht: kein blinder Mechanismus, sondern ein sinnempfindlicher Prozess.

Fehler machen, um am Leben zu bleiben: die umsichtige Intelligenz des Lebens.

Es gibt eine tief in unserer Denkweise verwurzelte Vorstellung – nicht nur in der Wirtschaft, sondern auch in einer gewissen naiven Biologie –, wonach Leben bedeutet, den Gewinn zu maximieren. Mehr Wachstum, mehr Energie, mehr Fortpflanzung. Doch bei genauerer Betrachtung scheint das reale Leben einer anderen, fast kontraintuitiven Logik zu folgen: nicht maximieren, sondern nicht zu sehr irren. Oder besser gesagt: jene Fehler vermeiden, die keinen Spielraum für Korrekturen lassen.

In dem Kapitel, das dem Leben als kognitivem Prozess gewidmet ist, wird diese Perspektive entscheidend. Wenn jeder Organismus weiß, dann kennt er auch seine eigenen Grenzen. Und der Fehler – weit davon entfernt, eine bloße Abweichung zu sein – wird zu einem strukturellen Element des biologischen Wissens.

In der Biologie ist der Fehler niemals abstrakt. Er ist keine falsche Antwort auf einem Prüfungsbogen, sondern eine Entscheidung, die die gesamte Lebensform gefährden kann. Deshalb optimieren Organismen nicht: Sie gehen auf Nummer sicher. Wie der Physiologe Walter Cannon bereits in den 1930er Jahren bei der Erforschung der Homöostase in Harvard feststellte, streben lebende Systeme nicht nach maximaler Leistung, sondern nach Beständigkeit innerhalb von Grenzen, die mit dem Überleben vereinbar sind.

Es ist ein subtiler, aber entscheidender Unterschied. Die Maximierung des Gewinns birgt das Risiko katastrophaler Fehler; die Minimierung des „ n Risikos" akzeptiert hingegen ein gewisses Maß an Ineffizienz. Das Leben, so könnte man sagen, zieht es vor, lieber ein wenig langweilig zu sein als zu waghalsig. Ein faszinierendes Beispiel stammt aus der Welt der Mikroben, wo Kognition in ihrer essenziellsten Form auftritt. Bereits in den 1970er Jahren wurde im Labor beobachtet, dass sich genetisch identische Populationen von *E. coli-Bakterien* in einer instabilen Umgebung nicht alle gleich verhalten. Einige Individuen verlangsamen ihren Stoffwechsel drastisch, andere wachsen weiter. Diese Strategie ist als *„Bet-Hedging"* bekannt: Man setzt nicht alles auf eine einzige Zukunftsprognose.

Aaron Mitchell, der Anfang der 2000er Jahre an der Stanford University forschte, zeigte, dass diese scheinbare „Ineffizienz" die Wahrscheinlichkeit erhöht, dass zumindest ein Teil der Population plötzliche Schocks überlebt. Der Fehler besteht hier nicht darin, das Wachstum zu vermeiden, wenn die Umwelt günstig wäre, sondern darin, zu wachsen, wenn sie es in Kürze nicht mehr sein wird. Biologisches Wissen besteht in diesem Fall darin, den gegenwärtigen Bedingungen nicht zu sehr zu vertrauen.

Auch in komplexeren Systemen, wie dem menschlichen Immunsystem, wiederholt sich dieselbe Logik. Das Immunsystem macht ständig Fehler: Es erkennt Dinge als gefährlich an, die es nicht sind, löst unnötige Entzündungen aus, manchmal sogar Autoimmunreaktionen. Aus ingenieurwissenschaftlicher Sicht ist das eine Katastrophe. Aus biologischer Sicht ist es eine sinnvolle Entscheidung. In den 1950er Jahren formulierte Frank Macfarlane Burnet die Theorie der klonalen Selektion, nachdem er beobachtet hatte, dass das

Immunsystem so aufgebaut ist, dass es überempfindlich ist. Besser einmal zu viel reagieren als nicht zu reagieren, wenn der Erreger tatsächlich vorhanden ist. Auch hier ist die Erkenntnistheorie des Lebens asymmetrisch: Manche Fehler sind tolerierbar, andere nicht. Die biologische Erkenntnis strebt nicht nach Wahrheit, sondern nach Kontinuität.

Diese „Weisheit des Irrtums“ zeigt sich auch auf ökologischer Ebene ganz deutlich. In instabilen Lebensräumen – Wüsten, Tundren, Gezeitenzonen – sind es nicht jene Arten, die jedes günstige Zeitfenster maximal ausnutzen, die überleben, sondern jene, die sich eine Reserve an Möglichkeiten bewahren. In den 1980er Jahren zeigten Feldstudien v n in der Negev-Wüste, dass manche Pflanzen selbst nach ergiebigen Regenfällen nur einen Bruchteil ihrer Samen keimen lassen. Der Rest verbleibt im Boden und wartet ab. Das ist ein Akt des Misstrauens gegenüber der Gegenwart. Ein israelischer Botaniker erzählte mit einem Hauch von Ironie, dass diese Pflanzen „den Versprechungen des Himmels nicht glauben“. Wieder einmal geht Wissen nicht mit Optimismus einher, sondern mit einer nüchternen Einschätzung der Konsequenzen.

Kehren wir zu der Vorstellung vom Organismus als stabilisierter Informationsstruktur zurück, erhält der Fehler einen neuen Stellenwert. Er ist kein Zufall des kognitiven Prozesses, sondern dessen Prüfstein. Ein lebendes System weiß, weil es ohne Gewissheiten handeln muss, und es handelt in dem Wissen, dass manche Wetten nicht zulässig sind. In diesem Sinne ist Risikovermeidung keine evolutionäre Feigheit, sondern verkörperte Intelligenz. Das Leben strebt nicht nach dem größtmöglichen, sondern nach dem ausreichend Zuverlässigen. Diese Erkenntnis stellt viele vorherrschende Metaphern in Frage – vom linearen Fortschritt bis zur algorithmischen Optimierung – und bereitet den Boden für eine Biologie des Bewusstseins, die nicht mit Leistung, sondern mit der Verantwortung für die Form einhergeht.

Das Leben als Messinstrument: Wenn die Wissenschaft von Organismen lernt.

Wenn wir die Geschichte der wissenschaftlichen Instrumente genau betrachten, entdecken wir ein kurioses Detail: Viele von ihnen entspringen nicht einer reinen mathematischen Abstraktion, sondern der – oft unbewussten – Nachahmung elementarer biologischer Funktionen. Als hätte die Menschheit, noch bevor sie Geräte zur Vermessung der Welt erfand, durch die Beobachtung von Organismen gelernt, die dies bereits seit Millionen von Jahren taten.

Im Rahmen dieses Kapitels, in dem das Leben als kognitiver Prozess beschrieben wird, erweist sich dieser Vergleich als aufschlussreich. Der Organismus beschränkt sich nämlich nicht darauf, zu reagieren: Er misst. Und er misst stets im Hinblick auf sein eigenes Überleben, wobei er Information, Gedächtnis und Vorausschau miteinander verbindet. Genau das, was wir von unseren wissenschaftlichen Instrumenten verlangen. Nehmen wir eines der ikonischsten Instrumente der modernen Wissenschaft: das Thermometer. Als Galileo Galilei zu Beginn des 17. Jahrhunderts in Padua mit seinem Thermoskop experimentierte, maß er die Temperatur noch nicht im quantitativen Sinne, sondern registrierte Schwankungen. Warm und kalt waren wahrgenommene Unterschiede, keine absoluten Zahlen.

Es ist dasselbe Prinzip, das die Haut eines Säugetiers oder die Hautmembranen eines Reptils bestimmt: nicht „die Temperatur" zu kennen, sondern eine Abweichung von einem lebenswichtigen Zustand zu spüren. Die Haut ist kein neutraler Sensor: Sie ist eine kognitive Schnittstelle, die auf biologische Schwellenwerte abgestimmt ist. Das moderne Thermometer macht diese uralte Funktion lediglich stabil, wiederholbar und kommunizierbar.

Auch die Zeitmessung, die scheinbar am abstraktesten ist, hat tiefe biologische Wurzeln. Die Marinechronometer des 18.

Jahrhunderts, wie das von John Harrison zur Lösung des Längengradproblems perfektionierte, entstanden aus dem Bedürfnis nach Synchronisation. Doch Synchronisation ist seit jeher eine Fähigkeit des Lebendigen.

Jeder Organismus besitzt innere Rhythmen: Zyklen von Aktivität, Ruhe und Erneuerung. Im 20. Jahrhundert zeigten die Experimente von Jürgen Aschoff im Bunker von Andechs in Deutschland, dass der menschliche Körper auch ohne Licht und äußere Bezugspunkte weiterhin „die Zeit zählt". Nicht mit Zahlen, sondern mit physiologischen Schwankungen. Der wissenschaftliche Chronometer ahmt diese Fähigkeit nach: eine von der Umgebung unabhängige innere zeitliche Kohärenz aufrechtzuerhalten.

Bevor Evangelista Torricelli 1643 das Barometer erfand, „wussten" viele Tiere, wann sich das Wetter ändern würde. Hirten und Seeleute berichteten seit Jahrhunderten davon: unruhige Hunde, Vögel, die ihren Kurs ändern, Frösche, die aus dem Wasser auftauchen. Keine Folklore, sondern die Wahrnehmung von Druckveränderungen. Das Barometer führt kein neues Wissen ein: das objektive. Es wandelt eine weit verbreitete Sensibilität in eine ablesbare Angabe um. Wieder einmal stabilisiert das wissenschaftliche Instrument eine biologische Funktion : relevante Umweltveränderungen zu erkennen, bevor sie gefährlich werden.

Was diese Beispiele verbindet, ist ein oft übersehener Punkt: Kein Instrument misst „absolut". Jede Messung ist eine Beziehung. Das steigende Quecksilber, die schwankende Nadel, das schwingende Pendel – all das übersetzt lediglich eine Wechselwirkung in ein stabiles Signal. Genau so, wie es ein Organismus tut, wenn er wahrnimmt, bewertet und reagiert. Aus dieser Perspektive betrachtet, erscheinen wissenschaftliche Instrumente als kognitive Prothesen des Lebens selbst. Keine neutralen Einheiten, sondern Erweiterungen einer primären biologischen Fähigkeit: das Wesentliche vom Unwesentlichen zu unterscheiden.

Die moderne Wissenschaft hat in ihrem Streben nach Objektivität diesen Ursprung oft vergessen. Und doch trägt jedes Instrument eine implizite Frage in sich: Was ist relevant für ein System, das Bestand haben will? Es ist dieselbe Frage, die jeder Organismus stillschweigend an die Welt richtet. In diesem Sinne bedeutet das Sprechen von Feldbiologie und von Organismen als stabilisierte Informationsstrukturen anzuerkennen, dass Kognition weder im Gehirn noch im Labor beginnt. Sie beginnt in dem Moment, in dem etwas etwas anderes misst, um das zu bleiben, was es ist.

Messen ist bereits eine Entscheidung: die stille Verantwortung des Lebendigen.

An diesem Punkt angekommen, ändert die Frage ihren Ton. Es geht nicht mehr nur darum, wie Organismen die Welt messen, sondern was die Tatsache impliziert, dass sie dies tun. Denn wenn das Leben in jeder seiner Formen ein messendes System ist – das Signale auswählt, Rauschen aussortiert, Konsequenzen vorwegnimmt –, dann ist das Messen niemals ein unschuldiger Akt. Es ist bereits eine Stellungnahme.

In der Geschichte der Wissenschaft sind wir daran gewöhnt, das Messen als eine neutrale, fast moralisch transparente Geste zu betrachten. Ein Thermometer urteilt nicht, ein Sensor entscheidet nicht. Doch diese „ " Vorstellung gerät ins Wanken, sobald wir zu den biologischen Ursprüngen jeder Messung zurückkehren. Der Organismus misst, um weiter zu existieren. Jeder Akt der Erkenntnis ist orientiert, verortet, zielgerichtet. Mit anderen Worten: Er ist bereits von Wert durchdrungen. In den 1930er Jahren beobachtete der Physiologe Walter Bradford Cannon während seiner Tätigkeit an der Harvard-Universität, dass der Körper niemals zufällig auf innere und äußere Veränderungen reagiert. Genau hier liegt der Ursprung des Konzepts der Homöostase: Messen bedeutet, lebensverträgliche

Bedingungen aufrechtzuerhalten. Doch Aufrechterhaltung impliziert eine Präferenz, eine Norm, ein „so und nicht anders".

Diese Norm ist nicht moralisch im menschlichen Sinne des Wortes, aber sie ist auch nicht ethisch neutral. Es handelt sich um eine biologische Proto-Ethik: Was die Kohärenz bewahrt, wird begünstigt, was sie zerstört, wird vermieden. Jeder Organismus legt durch sein Messen implizit fest, was akzeptabel ist und was nicht.

Dies wird besonders deutlich, wenn die biologische Messung in die Technologie ausgelagert wird. Im Jahr 1945 zeichneten die Messgeräte am *Trinity Site* in der Wüste von New Mexico die erste Atomexplosion mit makelloser Präzision auf. Die Geigerzähler funktionierten einwandfrei. Doch die ethische Frage lag nicht in den gesammelten Daten, sondern in der Entscheidung, was gemessen werden sollte und warum.

Die Biologie lehrt uns, dass kein System alles misst. Jede Messung ist selektiv. Diese Erkenntnis auf die Wissenschaft zu übertragen bedeutet anzuerkennen, dass Verantwortung nicht erst nach dem Wissen entsteht, sondern gemeinsam mit ihm. Wie Hans Jonas in *„Das Prinzip* Verantwortung" (1979) schrieb, zwingt uns die Macht des modernen Wissens zu einer vorausschauenden Ethik. Doch im Grunde ist diese Vorausschau bereits im Lebendigen verankert.

Es gibt einen Aspekt, der oft übersehen wird: Das Messen setzt den Messenden einer Gefahr aus. Ein wahrnehmender Organismus wird durch die Informationen, die er empfängt, verwundbar. Claude Bernard stellte in seinem Pariser Labor in der Rue d'Ulm fest, dass eine Überreizung ein physiologisches System ebenso destabilisieren kann wie deren Fehlen. Das Messen kann, wenn es nicht integriert wird, zu Disharmonie führen. Diese Beobachtung gilt auch für den heutigen Menschen , der in einer Datenflut versinkt. Die Feldbiologie legt nahe, dass Verantwortung nicht nur den Umgang mit Informationen betrifft, sondern auch die Fähigkeit, diese zu verkraften, ohne an Kohärenz zu verlieren. Ein System, das misst, ohne zu integrieren, zerfällt.

In diesem Licht erscheint Ethik nicht mehr als nachträglicher Zusatz zum Wissen, sondern als dessen natürliche Folge. Wenn jeder Organismus eine stabilisierte Informationsstruktur ist, dann fällt Verantwortung mit der Sorge um die eigene Kohärenz und die der Systeme zusammen, mit denen er in Beziehung steht.

Es geht noch nicht um Gerechtigkeit, Rechte oder Pflichten im klassischen Sinne. Es geht um etwas Grundlegenderes: das Bewusstsein, dass Wissen Eingreifen bedeutet und dass Eingreifen das Feld verändert, zu dem wir gehören. Wenn die Wissenschaft ihre biologischen Wurzeln anerkennt, kann sie sich der Frage nach dem Sinn und den Folgen ihres Handelns nicht mehr entziehen.

Das Leben lehrt uns durch seine Maßstäbe, dass jedes authentische Wissen eine stille Verantwortung mit sich bringt: in Beziehung zu bleiben, ohne die Kohärenz zu zerstören, die diese Beziehung erst ermöglicht.

Auf dem Weg zu einer Biologie des Bewusstseins.

An diesem Punkt des Weges, nachdem wir das Leben dabei beobachtet haben, wie es misst, auswählt, vorwegnimmt und seine eigene Kohärenz aufrechterhält, drängt sich mit einer gewissen Unausweichlichkeit eine Frage auf: Wann und auf welche Weise wird all dies zur Erfahrung? Noch nicht Bewusstsein im menschlichen, reflektierenden, sprachlichen Sinne, sondern etwas, das ihm genug ähnelt, um uns zu zwingen, unsere Kategorien zu überdenken.

Von einer Biologie des Bewusstseins zu sprechen bedeutet weder, nach einer in den Zellen verborgenen Seele zu suchen, noch die Erfahrung auf einen molekularen Algorithmus zu reduzieren. Es bedeutet, nüchterner, aber auch radikaler, sich zu fragen, ob das Bewusstsein nicht eine emergente Eigenschaft hochkohärenter biologischer Felder ist, so wie das Leben entsteht, wenn Information aufhört, abstrakt zu sein, und Gestalt annimmt. In den 1990er Jahren erzählte der Neurobiologe Antonio Damasio oft von einem Vorfall im *„Beth Israel Deaconess Medical* Center“ in Boston: Patienten mit spezifischen Läsionen in den emotionalen Bereichen des Gehirns waren durchaus in der Lage zu denken, aber unfähig, Entscheidungen zu treffen. Es fehlte etwas, das keine Information war, sondern ein Gespür für den Wert der Alternativen.

Diese mittlerweile klassische Anekdote wird besonders interessant, wenn man sie im Lichte der Feldbiologie betrachtet. Noch vor der bewussten Entscheidung gibt es eine Ebene globaler Integration, die bewertet, orientiert und abwägt. Es ist kein Denken, aber auch keine einfache Reaktion. Es ist ein Feld verkörperter Sinnhaftigkeit.

In der Physik ist das Konzept der Schwelle entscheidend: Unterhalb einer bestimmten Intensität geschieht nichts qualitativ Neues, oberhalb dieser Schwelle tritt eine unerwartete Eigenschaft zutage. Einige theoretische Biologen haben begonnen, sich zu fragen, ob das Bewusstsein nicht auf dieselbe Weise funktioniert. Im Jahr 2014 wurde auf einer Konferenz in Tucson, die sich mit den Grundlagen des Bewusstseins befasste, lebhaft darüber diskutiert, ob die subjektive Erfahrung ein „Schalter" oder ein „Gradient" sei. Der weit verbreitete Eindruck – der später von mehreren Teilnehmern informell geschildert wurde – war, dass das Bewusstsein nicht plötzlich auftaucht, sondern sich verdichtet. Wo die Information ausreichend integriert, stabil und umfassend ist, geschieht etwas.

In diesem Sinne können die in den vorangegangenen Kapiteln beschriebenen biologischen Felder als Nährboden der Erfahrung verstanden werden: dynamische Strukturen, die das Vielfältige zusammenhalten und es sich selbst bewusst machen. Eine Biologie des Bewusstseins leugnet nicht die Rolle des Nervensystems, genauso wenig wie die Biologie des Lebens die Chemie leugnet. Sie lehnt jedoch die Vorstellung ab, dass das Gehirn das Bewusstsein so produziert, wie eine Drüse ein Hormon produziert.

Bereits in den 1940er Jahren beobachtete der Neurologe Kurt Goldstein bei seiner Arbeit mit hirngeschädigten Patienten in Frankfurt und später in den Vereinigten Staaten, dass der Organismus als Ganzes auf Verletzungen reagiert und sein gesamtes Verhalten neu organisiert. Es geht nicht nur eine einzelne Funktion verloren: Die Art und Weise, in der man in der Welt ist, verändert sich. Ein starkes Indiz dafür, dass Erfahrung nicht wie ein Objekt lokalisierbar ist, sondern wie ein Feld verteilt ist.

So weit zu kommen bedeutet, die Frage nach dem Bewusstsein verlagert zu haben. Nicht mehr „Wo befindet es sich?“, sondern „Wann entsteht es?“. Nicht mehr „Woraus besteht es?“, sondern „Welchen Grad an Kohärenz erfordert es?“. Es ist ein Perspektivwechsel, der unweigerlich metaphysische Fragen aufwirft, ohne jedoch die wissenschaftliche Strenge aufzugeben.

Der nächste Schritt wird darin bestehen, nach der Bedeutung dieses Entstehens zu fragen: Wenn das Bewusstsein ein Ereignis ist, das in den Feldern des Lebens stattfindet, dann betrifft es nicht nur den Menschen, sondern die Art und Weis , in der das Universum lokal seiner selbst bewusst wird. Hier trifft die Biologie auf die Verantwortung, und die Beschreibung weicht dem Sinn.

Das Bewusstsein in Klammern: Wie die Biologie es aus den Augen verloren hat und wiederfindet.

Während eines Großteils des 20. Jahrhunderts war das Bewusstsein eine peinliche Präsenz in der Biologie. Nicht offen geleugnet, aber sorgfältig gemieden. Zu subjektiv, zu schwer messbar, zu nah an jenem philosophischen Vokabular, das die moderne Wissenschaft mit Argwohn zu betrachten gelernt hatte. Wenn die Biologie eine „harte“ Wissenschaft werden wollte, musste sich die moderne Wissenschaft davon befreien. Der Akt der Ausgrenzung hat ein symbolisches Datum: 1913, als John B. Watson das Manifest des Behaviorismus veröffentlichte. Die Psychologie – und mit ihr die Verhaltensbiologie – sollte nur das untersuchen, was beobachtbar ist: Reize und Reaktionen. Das Bewusstsein? Ein metaphysischer Überrest. In den amerikanischen Labors, von den Fluren der Johns Hopkins University bis hin zu den Universitäten im Mittleren Westen, galt es fast schon als wissenschaftlicher Fauxpas, von innerer Erfahrung zu sprechen.

Die gleiche Logik zieht sich durch die aufkommende Molekularbiologie. 1965 schrieb Jacques Monod am Institut

Pasteur in Paris „*Zufall und Notwendigkeit*". Es ist ein faszinierendes, stringentes Buch, dessen Botschaft jedoch unmissverständlich ist: Das Leben ist das Produkt blinder Mechanismen, und jeder Verweis auf Zweckmäßigkeit oder Innerlichkeit ist eine anthropozentrische Illusion. Das Bewusstsein ist in diesem Rahmen kein biologisches Problem, sondern allenfalls ein kulturelles Epiphänomen. Auch Francis Crick wiederholte in den 1980er Jahren in seinem Büro am Salk Institute in La Jolla gerne, dass „*du, deine Freuden und deine Leiden, nichts anderes bist als eine riesige Ansammlung von Neuronen*". Ein Satz, der gerade deshalb berühmt wurde, weil er den Zeitgeist auf den Punkt bringt: alles von Grund auf zu erklären, auch wenn dabei etwas auf der Strecke bleibt.

Und doch stimmte etwas nicht ganz. Reale biologische Systeme – von Ökosystemen bis hin zu Zellen – zeigten weiterhin Eigenschaften, die sich der Summe ihrer Teile entzogen. In den 1970er Jahren untersuchte Ilya Prigogine in Brüssel dissipative Strukturen und zeigte, dass Ordnung spontan aus dem Chaos entstehen kann, wenn sich ein System weit vom Gleichgewicht entfernt befindet. Er sprach nicht vom Bewusstsein, aber er öffnete eine Tür wieder: Die globale Organisation zählt mehr als die einzelnen Mechanismen.

Kurz darauf führten Humberto Maturana und Francisco Varela in Chile das Konzept der Autopoiesis ein. Ein Organismus wird nicht durch das definiert, woraus er besteht, sondern durch den Prozess, durch den er sich selbst erhält. Er ist eine Einheit, die sich selbst hervorbringt und als solche erkennt. Hier wird das Bewusstsein noch nicht namentlich genannt, doch die Vorstellung eines Systems, das eine eigene Perspektive besitzt, beginnt sich durchzusetzen.

Die Rückkehr des Bewusstseins in die Biologie vollzieht sich nicht als plötzliche Wendung, sondern als langsamer Wandel des kulturellen Klimas. Ende des 20. Jahrhunderts wird es in den Forschungszentren für komplexe Systeme – vom Santa Fe Institute in New Mexico bis zu den europäischen Labors für nichtlineare Dynamik – immer schwieriger, das Problem der Erfahrung zu ignorieren.

Wenn ein System Informationen auf globaler Ebene integriert, wenn es eine dynamische Kohärenz aufrechterhält, wenn es unterscheidet, was für seine eigene Existenz relevant ist, dann lautet die Frage nicht mehr, ob etwas Ähnliches wie Bewusstsein entsteht, sondern wann und in welcher Form. Das Bewusstsein hört auf, ein mysteriöses Objekt zu sein, und wird zu einer emergenten Eigenschaft hochorganisierter biologischer Systeme. Dieser historische Exkurs dient nicht dazu, verworfene Konzepte nostalgisch neu zu bewerten, sondern zu zeigen, dass sich die Fragestellung in der Biologie wandelt. Nicht mehr „wie man das Bewusstsein aus dem wissenschaftlichen Diskurs ausklammert“, sondern „wie man es beschreibt, ohne sein Wesen zu verfälschen“. Es ist ein heikler Übergang, der neue Sprachen und neue theoretische Verantwortlichkeiten erfordert. Die Biologie des Bewusstseins ist noch keine vollendete Disziplin, sondern ein sich öffnender Horizont.

XI. – Auf dem Weg zu einer neuen Biologie.

Dieses Kapitel versteht sich als Schwelle. Es fügt dem Mosaik kein neues technisches Puzzleteil hinzu, sondern lädt dazu ein, das Gesamtbild zu betrachten. Nachdem wir dem Leben entlang der Achse der Kohärenz, der biologischen Felder, der verkörperten Information und der verteilten Kognition gefolgt sind, drängt sich unweigerlich die Frage auf, was all dies für die Wissenschaft – und für uns – bedeutet. Kapitel XI schließt das Buch nicht einfach ab: Es macht dessen Konsequenzen deutlich.

Die Feldbiologie ist nämlich nicht nur ein alternatives Interpretationsmodell. Sie ist ein ontologischer Vorschlag: Sie legt nahe, dass Organismen keine Objekte unter Objekten sind, sondern stabilisierte Informationsprozesse, in der Welt verortete Sinnzentren. Diese Perspektive zu akzeptieren bedeutet anzuerkennen, dass das Leben weder auf eine Maschine noch auf den Zufall reduzierbar ist, ohne sich dabei in mystische Erklärungen zu flüchten. Es ist eine unbequeme, aber fruchtbare Position.

Im Laufe des 20. Jahrhunderts hat die Wissenschaft äußerst leistungsfähige Instrumente verfeinert, oft um den Preis einer Vereinfachung des untersuchten Objekts. Dieses Buch hat gezeigt, wie diese Vereinfachung im Fall des Lebendigen allmählich zu einer Grenze wird. Dieses Kapitel dient daher dazu, zu verdeutlichen, was sich ändert, wenn das Leben als kohärentes und kognitives Feld gedacht wird: Es ändern sich die legitimen Fragen, die zulässigen Modelle, aber auch die epistemische Haltung des Wissenschaftlers. Es geht nicht darum, der Biologie von außen „Werte“ hinzuzufügen, sondern anzuerkennen, dass jede Beschreibung des Lebendigen kulturelle und ethische Implikationen mit sich bringt. Wie Hans Jonas in „Das Prinzip Verantwortung“ schreibt: *„Handle so, dass die Folgen deines Handelns mit dem Fortbestehen eines wahrhaft menschlichen Lebens auf der Erde vereinbar sind.“* Diese Aussage, die in einem philosophischen Kontext entstanden ist, erhält überraschend biologische Bedeutung, wenn das Leben als Netzwerk miteinander verflochtener Felder verstanden wird: Ein Eingriff in eines bedeutet immer einen Eingriff in das Ganze.

Eines der Ziele dieses Kapitels ist es, aufzuzeigen, dass die Feldbiologie die Wissenschaft nicht verarmt, sondern erweitert. Sie führt neue Modelle ein – systemische, nicht-lokale, dynamische – und zwingt dazu, Konzepte zu hinterfragen, die die Biologie aus Vorsicht beiseitegeschoben hatte: Form, Zweck, Bedeutung. Nicht als Dogmen, sondern als legitime Fragestellungen.

In diesem Sinne ist der Dialog mit der Metaphysik kein Rückschritt, sondern ein Schritt zur Seite. Dieses Kapitel bietet also keine endgültigen Lösungen. Es weist eine Richtung. Es zeigt, dass das Begreifen des Lebens als sinnstiftendes Ereignis eine reflektierendere Wissenschaft und ein verantwortungsbewussteres Wissen voraussetzt. Es ist der Punkt, an dem der wissenschaftliche Diskurs auf die Frage trifft, was es wert ist, gewusst zu werden – und wie wir das, was wir wissen, nutzen sollen.

Wenn die Wissenschaft aufhört, zu zerlegen, und anfängt, zuzuhören.

Wenn die Feldbiologie ein radikaler Vorschlag ist, dann ist sie es vor allem für die Wissenschaft selbst. Nach der Überwindung der Krise des klassischen Paradigmas, der Entdeckung der Kohärenz und der Vorstellung vom Organismus als stabilisiertem Informationsfeld drängt sich unweigerlich die Frage auf: Was ändert sich tatsächlich in der Arbeit des Wissenschaftlers? Die Antwort ist nicht technischer, sondern methodologischer und kultureller Natur. Die Modelle ändern sich – sie sind nicht mehr linear, nicht mehr rein kausal – und auch die als legitim angesehenen Fragen ändern sich. Die Feldbiologie legt nahe, dass das Lebendige nicht allein durch Zerlegung verstanden werden kann, sondern dass man seinen Organisationsmustern, seinen Resonanzen und seiner dynamischen Stabilität folgen muss. Mit anderen Worten: Die Wissenschaft ist dazu aufgerufen, Prozesse zu beobachten, nicht nur Mechanismen.

Eine der offensichtlichsten Veränderungen betrifft die Art der zulässigen Modelle. Die vorherrschende Metapher der Maschine, die zwar im molekularen Bereich außerordentlich wirksam ist, stößt hier an ihre Grenzen. Organismen erscheinen zunehmend als kohärente Systeme, die ihre Identität durch kontinuierliche Ströme von Materie, Energie und Information aufrechterhalten. Das ist keine neue Idee, aber die Art und Weise, wie sie formalisiert wird, ändert sich.

Erinnern wir uns daran, dass Ludwig von Bertalanffy, der Begründer der Systemtheorie, in den 1950er Jahren feststellte:

„ “ – *„Das Ganze ist mehr als die Summe seiner Teile.“* Ein oft zitierter Satz, der jedoch selten wirklich ernst genommen wurde. Die Feldbiologie versucht dies, indem sie Modelle vorschlägt, die beschreiben können, wie biologische Ordnung entsteht und sich aufrechterhält, ohne auf einer einzelnen Ebene lokalisiert zu sein. Es ist kein Zufall, dass konzeptionelle Instrumente wie nichtlineare Dynamiken, Selbstorganisation und Kohärenz heute fest in den biologischen Wortschatz eingegangen sind, weit über die Physik hinaus, in der sie ihren Ursprung hatten.

Neben den Modellen ändern sich auch die Fragen. Jahrzehntelang hat die Biologie das „Wie“ auf Kosten des „Warum“ bevorzugt, aus Angst vor finalistischen Tendenzen. Doch eine Feldbiologie kann Fragen nach der Form, der Stabilität und der Richtung lebenswichtiger Prozesse nicht vermeiden. Nicht als äußere Ursachen, sondern als immanente Eigenschaften lebender Systeme.

Conrad Waddington schrieb, dass die biologische Entwicklung einer Landschaft der Möglichkeiten gleicht. Heute gewinnt diese Intuition wieder an Aktualität: Die Frage lautet nicht mehr nur, welche Gene beteiligt sind, sondern wie der Organismus seinen Kurs unter vielen kompatiblen Möglichkeiten beibehält. Es ist eine Frage, die Regulationsfelder und nicht einzelne Moleküle ins Spiel bringt.

Eine weitere Veränderung betrifft die Vorstellung von wissenschaftlicher Neutralität. Wenn das Lebendige ein Informationssystem ist, das interpretiert und reagiert, dann ist auch der Akt des Erkennens niemals vollständig von außen. Die Feldbiologie macht deutlich, was Wissenschaftsphilosophen wie Evelyn Fox Keller seit langem betonen: Modelle sind keine Spiegel der Natur, sondern situative Werkzeuge, durchdrungen von Metaphern und impliziten Entscheidungen.

Karl Popper erinnerte daran, dass *„die Wissenschaft kein System sicherer Aussagen ist, sondern ein menschliches Unterfangen, das ständig überarbeitet wird.“* In diesem Zusammenhang liegt der Wert einer Theorie nicht nur in ihrer Vorhersagekraft, sondern auch in ihrer Offenheit: in der

Möglichkeit, verschiedene Ebenen zu integrieren, ohne sie zwangsweise zu reduzieren. Die Feldbiologie fordert von der Wissenschaft, reflektierter zu werden, nicht weniger streng.

Schließlich verändert sich das Verhältnis zwischen dem, was messbar ist, und dem, was bedeutsam ist. Nicht alles, was in einem lebenden System zählt, ist unmittelbar quantifizierbar, und nicht alles, was quantifizierbar ist, erschöpft das Phänomen. Das bedeutet nicht, auf das Messen zu verzichten, sondern dessen Grenzen anzuerkennen. Wie Niels Bohr in seinen Überlegungen zu komplexen Systemen mahnte: „*Wir sind keine Zuschauer, sondern Akteure im großen Drama des Daseins*."

Auf die Biologie übertragen lädt diese Aussage dazu ein, Instrumente zu entwickeln, die Muster, Beziehungen und Stabilität erfassen können, ohne den Anspruch zu erheben, sie auf eine einzige Skala zu reduzieren. Es ist eine subtile, aber tiefgreifende Veränderung: Die Wissenschaft verzichtet nicht darauf, zu erklären, sondern akzeptiert, dass das Erklären des Lebens auch bedeutet, es zu interpretieren.

Was ändert sich für den Menschen, wenn das Leben ein Feld ist?

Wenn die Feldbiologie neu definiert, was Leben ist, definiert sie unweigerlich auch neu, wer wir sind. Nicht als Nebeneffekt, sondern als direkte Folge. Denn der Mensch betrachtet das Leben nicht von außen: Er ist eine komplexe Modulation davon, eine besondere Stabilisierung verkörperter Information. Wenn der Organismus nicht mehr als eine aus Teilen zusammengesetzte Maschine betrachtet wird, sondern als ein kohärentes Feld, das sich über die Zeit hinweg aufrechterhält, hören Identität, Gesundheit und die Beziehung zur Natur auf, getrennte Konzepte zu sein.

In dieser Perspektive entspricht Identität nicht mehr einem festen Kern – dem Genom, dem Gehirn, der Persönlichkeit –, sondern einem Prozess dynamischer Kontinuität. Wir sind nicht deshalb erkennbar, weil wir unveränderlich sind, sondern weil wir kohärent sind. Der Philosoph Maurice Merleau-Ponty beharrte auf einer damals noch randständigen Idee: Der Körper ist kein Objekt, das wir besitzen, sondern die Art und Weise, wie wir in der Welt sind. Heute findet diese Intuition eine präzise biologische Entsprechung. Den Menschen als Feld zu begreifen bedeutet anzuerkennen, dass Identität aus der ständigen Beziehung zwischen verschiedenen Ebenen entsteht: der molekularen, der physiologischen, der wahrnehmungsbezogenen und der symbolischen.

Auch die Gesundheit erhält einen neuen Status. Sie ist nicht mehr einfach die Ruhe der Organe oder die Rückkehr zu den Normwerten, sondern die Qualität der globalen Kohärenz des

Organismus. Ein gesunder Körper ist nicht der, der niemals abweicht, sondern der, der sich neu organisieren kann, ohne seine Einheit zu verlieren.

In den 1970er Jahren schlug der Epidemiologe Aaron Antonovsky – der sowohl in Israel als auch in den Vereinigten Staaten tätig war – das Konzept des *„Sense of* Coherence" vor, um zu erklären, warum manche Menschen unter widrigen Umständen gesund bleiben . Seine Intuition war, dass Gesundheit von der Fähigkeit abhängt, der Erfahrung Sinn und Kontinuität zu verleihen, und nicht nur von isolierten biologischen Faktoren. Heute lässt sich diese Idee aus biologischer Sicht neu interpretieren: Gesundheit als informative Stabilität, als Aufrechterhaltung des Gleichgewichts.

Dies verschiebt auch den Schwerpunkt der Verantwortung: nicht im schuldzuweisenden Sinne von „Es liegt ganz in deiner Verantwortung", sondern als aktive Teilhabe. Bei der Heilung geht es nicht mehr nur um die Wiederherstellung, sondern um die Unterstützung der Kohärenz: der umgebungsbezogenen, der zwischenmenschlichen und der zeitlichen.

Schließlich verändert sich auch die Art und Weise, wie sich der Mensch in der Natur verortet. Wenn Organismen Felder sind, die miteinander interagieren, dann ist auch das Ökosystem kein bloßer Behälter, sondern ein Feld von Feldern. Der Mensch steht nicht darüber oder außerhalb, sondern ist darin, in ständiger Resonanz. Als Rachel Carson 1962 *„Silent* Spring" veröffentlichte, schilderte sie nicht nur eine ökologische Katastrophe, sondern auch den Verlust unsichtbarer Beziehungen: Insekten, Vögel, Böden, Jahreszeitenzyklen. In dem Buch prangert die Autorin den wahllosen Einsatz chemischer Pestizide an und zeigt auf, wie diese die Ökosysteme schädigen, die Tierwelt töten und die menschliche Gesundheit gefährden. Damals wurde ihr Emotionalität vorgeworfen. Heute gilt sie als eine der ersten Stimmen, die erkannte, dass die Gesundheit des Menschen und die der

Ökosysteme untrennbar miteinander verbunden sind, da sie gemeinsame Informations- und Regulationsfelder teilen.

Auch James Lovelock gelangte in den 1960er Jahren als wissenschaftlicher Berater der NASA zur Gaia-Hypothese, als er chemische Anomalien in der Erdatmosphäre beobachtete. Die Erde, so seine These, verhalte sich wie ein sich selbst regulierendes System. Keine Gottheit, sondern eine kohärente Organisation. In diesem Rahmen ist der Mensch kein Herrscher, sondern ein mächtiger Gestalter – und damit verantwortlich.

Was sich für den Menschen letztendlich ändert, ist nicht ein einzelner Glaube, sondern der Grundton. Die Vorstellung, getrennte Wesen zu sein, weicht der Vorstellung, sensible Knotenpunkte in einem lebendigen Geflecht zu sein. Dies schmälert die Individualität nicht, sondern vertieft sie. Sie löst die Freiheit nicht auf, sondern verankert sie in realen Bedingungen. Sie idealisiert die Natur nicht, sondern erkennt ihre gemeinsame Komplexität an. Wie Gregory Bateson schrieb, als er über lebende Systeme nachdachte: *„Das Durchtrennen von Verbindungen ist immer eine Form des* Wahnsinns." Die Feldbiologie legt nahe, dass die Gesundheit des Menschen – biologisch, psychisch, kulturell – von der Qualität der Verbindungen abhängt, die er aufrechterhalten kann.

Wissenschaft und Metaphysik versöhnt.

Lange Zeit haben sich Wissenschaft und Metaphysik in der westlichen Kultur mit Misstrauen betrachtet. Die erste warf der zweiten Unbestimmtheit vor, die zweite warf der ersten Blindheit gegenüber dem Sinn vor. Die Feldbiologie zwingt heute – fast ungewollt – beide dazu, ihre Positionen zu überdenken. Nicht, um in einem verworrenen Synkretismus zu verschmelzen, sondern um anzuerkennen, dass das Lebendige Fragen aufwirft, die keine der beiden für sich allein mehr beantworten kann.

Der Ausgangspunkt ist überraschend konkret. Wenn das Leben als stabilisierte Informationsstruktur beschrieben wird, als ein kohärentes Feld, das Materie und Energie im Laufe der Zeit organisiert, zeigt die rein mechanistische Sprache erste Risse. Nicht weil sie falsch ist, sondern weil sie unvollständig ist.

Seitdem hat die Komplexitätswissenschaft enorme Fortschritte gemacht, doch der philosophische Kernpunkt bleibt bestehen. Ilya Prigogine wiederholte gerne, dass *„die Zukunft nicht vorgegeben ist*“. Er sagte dies, während er Systeme untersuchte, die weit vom Gleichgewicht entfernt sind, und nicht, um existenzielle Essays zu verfassen. Und doch hat dieser Satz eine offensichtliche metaphysische Tragweite: Wenn die Natur echte Neuheiten hervorbringt, wenn die Zeit schöpferisch ist, dann ist die Welt keine bloße Abfolge bereits vorbestimmter Ursachen. Die Feldbiologie greift dieses Erbe auf und trägt es ins Herz des Lebendigen.

Hier findet der Punkt der Versöhnung statt. Die Metaphysik kehrt nicht durch die Tür des unaussprechlichen Geheimnisses zurück, sondern durch die der Struktur. Sie spricht nicht mehr von „Lebenskräften“ im nebulösen Sinne, sondern von Organisationsprinzipien, von Einheiten, die den Teilen vorausgehen, von Bedeutung als einer den lebenden Systemen innewohnenden Dimension. Es ist, so könnte man sagen, eine nüchterne Metaphysik, die auf „ “ Erklärungen verzichtet, aber die Vorstellung ablehnt, dass Sinn eine subjektive Illusion sei.

Eine in französischen akademischen Kreisen oft erwähnte Anekdote erzählt von einer Diskussion, die Ende der 1980er Jahre in Paris nach einem Vortrag im Musée de l'Homme zwischen einem Molekularbiologen und einem Wissenschaftsphilosophen stattfand. Der erste behauptete, dass *„sich letztendlich alles auf Moleküle zurückführen lässt*“. Der zweite antwortete: *„Ja, aber nicht alles entscheidet sich dort.*“ In dieser minimalen, aber entscheidenden Differenz findet die Biologie der Felder ihren Platz.

Die Versöhnung vollzieht sich auch auf der Ebene der Verantwortung des Wissens. Hans Jonas sprach in seinem *Werk „Das Prinzip* Verantwortung“ (1979) zwar nicht von biologischen Feldern, hatte das Problem jedoch klar erkannt: Eine äußerst mächtige Wissenschaft, der es an einer Reflexion über Sinn und Folgen mangelt, wird gefährlich kurzsichtig. Wenn das Leben ein Netzwerk aus Informationsfeldern ist, ist jeder technische Eingriff niemals lokal begrenzt, sondern wirkt auf Ebenen nach, die wir oft nicht sofort messen können. Die Metaphysik schreibt der Wissenschaft hier keine Gesetze vor: Sie erinnert sie an die Tragweite ihrer Auswirkungen.

Es ist wichtig zu klären, was diese Versöhnung nicht ist. Sie ist weder eine Rückkehr zum Mystizismus noch eine unangebrachte Spiritualisierung der Biologie. Aber sie ist auch kein raffinierter Reduktionismus, der lediglich den Wortschatz ändert, während die Grundstruktur intakt bleibt. Von Feldern zu sprechen bedeutet zu akzeptieren, dass es Ebenen der Realität gibt, die nur in relationalen und formalen Begriffen beschreibbar sind und sich nicht vollständig in lineare Kausalketten übersetzen lassen.

In diesem Sinne spielt die Feldbiologie eine ähnliche kulturelle Rolle wie die allgemeine Relativitätstheorie zu Beginn des 20. Jahrhunderts. Als Einstein 1915 in Berlin seine Gleichungen vorstellte, schlug er nicht nur eine neue Physik vor, sondern eine neue Art, Raum und Zeit zu begreifen. Ebenso zwingt eine Biologie, die stabilisierte Informationsfelder anerkennt, dazu, Kategorien wie Ursache, Form, Emergenz und Zweck neu zu überdenken – Begriffe, die die Wissenschaft verdrängt hatte, die nun aber in veränderter und kontrollierter Form wieder Einzug halten.

Das Ergebnis ist keine endgültige Synthese, sondern ein fruchtbares Miteinander. Die Wissenschaft tut weiterhin das, was sie am besten kann: beobachten, messen, modellieren. Die Metaphysik verzichtet auf umfassende Erklärungen, kehrt aber dazu zurück, die Voraussetzungen, die Grenzen und den Gesamtzusammenhang zu hinterfragen. Das Leben hingegen bleibt bestehen: konkret, messbar und doch nicht auf eine reine Summe von Daten reduzierbar.

Jenseits der Erklärung, vor dem Geheimnis: das Leben als Ereignis, das spricht.

An diesem Punkt angelangt, nachdem wir uns mit den Themen Paradigmenkrise, Kohärenz, Felder, Gesundheit und biologisches Wissen befasst haben, bleibt eine Frage offen, der man sich nicht länger entziehen kann. Es handelt sich weder um eine technische Frage noch um ein methodisches Problem. Es ist eine Frage nach dem Wesen: Was für eine Art von Realität ist das Leben, wenn wir, um es zu verstehen, nicht nur Reaktionen, Selektionen und Informationen, sondern auch Einheit, Form, Orientierung und Sinn heranziehen müssen?

Die Feldbiologie liefert keine endgültige Antwort, macht jedoch deutlich, dass das Lebendige gegenüber der Bedeutung nicht neutral ist. Nicht in dem Sinne, dass es „etwas bedeutet“ wie ein symbolischer Text, sondern im nüchternsten und tiefgründigsten Sinne: Das Leben geschieht als strukturiertes, kohärentes, orientiertes Ereignis. Und wo Orientierung vorliegt – sei sie auch noch so gering, sei sie auch noch so unpersönlich –, stellt sich unweigerlich die Frage nach dem Sinn.

Ein Physiker wie John Archibald Wheeler fasste seine Sichtweise in den letzten Jahren seines Lebens gerne mit einer kuriosen Formel zusammen: *„it from bit“*. Die physikalische Realität, so suggerierte er, entsteht aus Information. Es war eine gewagte Hypothese, die jedoch ein kulturelles Klima offenbart: Wenn die Wissenschaft zum Kern der Prozesse vordringt, stößt sie auf etwas, das nicht nur Materie in Bewegung ist, sondern Konfiguration, Auswahl unter Möglichkeiten, Stabilisierung von Formen. Die Feldbiologie überträgt diese Intuition auf den Bereich des Lebendigen und zeigt, dass Organismen nicht nur Produkte der Welt sind, sondern Ereignisse, die die Welt lokal organisieren.

Hier hören Wissenschaft und Metaphysik auf, sich das Terrain streitig zu machen, und beginnen endlich, sich gegenseitig anzuerkennen. Die Wissenschaft akzeptiert, dass die Beschreibung des Lebendigen Realitätsebenen impliziert, die sich nicht durch lineare Kausalität erschöpfen lassen. Die Metaphysik wiederum verzichtet darauf, anstelle der Wissenschaft zu sprechen, und beschränkt sich darauf, das zu hinterfragen, was die Wissenschaft voraussetzt, ohne es direkt messen zu können: Einheit, Identität, Richtung, Wert.

Das Leben als Ereignis von Sinn zu begreifen, bedeutet nicht, ihm einen äußeren Zweck oder einen vorgegebenen kosmischen Plan zuzuschreiben. Es bedeutet anzuerkennen, dass im bekannten Universum das Leben der Ort ist, an dem Information zu organisierter Erfahrung wird, an dem die Materie aufhört, sich selbst gegenüber gleichgültig zu sein. Wie die Philosophin Hannah Arendt in ihren Überlegungen zur Geburt schrieb, *bringt* jeder Neuanfang *„etwas in die Welt, das zuvor nicht da war“*. Die Feldbiologie zeigt, dass dies nicht nur für menschliches Handeln gilt, sondern für das Lebendige als solches.

Dieses Kapitel endet also an einer Schwelle. Es bietet keine Metaphysik des Lebens, sondern zeigt, warum eine Reflexion über den Sinn keine willkürliche Ergänzung ist, sondern eine natürliche Konsequenz dessen, was die zeitgenössische Biologie entdeckt. Wenn das Leben ein kohärentes Feld ist, das sich über die Zeit hinweg aufrechterhält, wenn es erkennt, misst, auswählt und reagiert, dann ist es nicht nur eine Tatsache des Universums, sondern ein Ereignis, das es von innen heraus verändert.

Der Schluss des Buches kann sich nun offen mit dieser Implikation auseinandersetzen: nicht, was das Leben bedeutet, sondern warum im Herzen der Natur selbst der Sinn zu einer realen Möglichkeit wird.

Schlussfolgerung. Das Leben als Ereignis von Sinn im Universum.

Am Ende dieses Weges ermöglicht es uns die Feldbiologie, eine Aussage zu formulieren, die noch vor wenigen Jahrzehnten in einem wissenschaftlichen Kontext unangebracht erschienen wäre: Das Leben ist ein Ereignis von Sinn im Universum. Kein poetischer Zusatz, kein philosophischer Trost, sondern eine konsequente Folge dessen, was sich ergibt, wenn das Lebendige als stabilisierte Informationsstruktur betrachtet wird, als kohärentes Feld, das Materie, Energie und Information im Laufe der Zeit organisiert.

Lange Zeit herrschte die Vorstellung vor, dass das Leben eine unwahrscheinliche Abweichung in einem im Wesentlichen gleichgültigen Kosmos sei. Jacques Monod sprach in seinem berühmten Werk „Zufall und Notwendigkeit" von einer grundlegenden „Einsamkeit" des Menschen in einem blinden Universum. Diese Sichtweise hatte eine enorme kulturelle Kraft, erscheint heute jedoch als historisch bedingt. Nicht, weil sie „widerlegt“ worden wäre, sondern weil sich der Erkenntnisrahmen verändert hat. Durch die Erforschung komplexer Systeme, Selbstorganisation und nichtlinearer Dynamiken wird es immer schwieriger zu behaupten, dass das Leben nur ein statistischer Zufall sei.

Dieses Buch schlägt eine andere Perspektive vor: das Leben als natürliche Modalität, mit der das Universum unter bestimmten Bedingungen dauerhafte Kohärenz und verkörperte Information hervorbringt. Es ist kein übernatürliches Ereignis, aber auch keine bloße mechanische Folge. Es ist ein Phasenübergang. So wie Wasser bei einer bestimmten Temperatur aufhört, flüssig zu sein, und zu Eis mit neuen Eigenschaften wird, so erzeugt Materie, indem sie sich in biologischen Feldern organisiert, etwas, das zuvor nicht da war: ein Zentrum der Beziehung, des Gedächtnisses, der Reaktion.

Eine wenig bekannte Anekdote betrifft einen Vortrag, den Freeman Dyson Anfang der 2000er Jahre in Princeton hielt. Am Ende der Veranstaltung fragte ihn ein Student, ob er das Leben im Universum als „unvermeidlich“ betrachte. Dyson lächelte und antwortete: *„Ich weiß nicht, ob es unvermeidlich ist, aber es ist sicherlich nicht überraschend.*“ In diesem Satz liegt eine subtile, aber entscheidende Verschiebung: Das Leben nicht als skandalöse Ausnahme, sondern als kohärentes Ergebnis eines Kosmos, der reich an organisatorischen Möglichkeiten ist.

Das Leben als sinnvolles Ereignis zu betrachten, bedeutet nicht, ihm einen vorgegebenen Zweck zuzuschreiben. Der Sinn ist hier kein von außen auferlegtes Ziel, sondern eine emergente Eigenschaft. Jeder lebende Organismus wählt aus, interpretiert und unterscheidet das, was zählt, von dem, was nicht zählt. Selbst das Bakterium lebt in seiner mikroskopischen Umgebung in einer bedeutungsvollen Welt, die aus Gradienten, Schwellenwerten und Signalen besteht. Jakob von Uexküll hatte dies bereits in den 1920er Jahren erahnt, als er von der „Umwelt“ sprach: Jedes Lebewesen bewohnt eine Welt voller Bedeutung, kein neutrales Universum.

Wenn dies für jeden Organismus gilt, dann führt das Entstehen des Lebens eine neue Qualität ins Universum ein: die Möglichkeit, dass etwas Bedeutung hat. Nicht für jemanden Bestimmten, nicht für einen externen Beobachter, sondern für das lebende System selbst. *„Die Biologie der* Felder“ macht diesen Übergang sichtbar und zeigt, wie biologische Kohärenz immer auch funktionale Kohärenz ist, die auf Beständigkeit, Beziehung und Kontinuität ausgerichtet ist.

Eine Begebenheit, die ein Hausarzt während der schwierigen Jahre der Pandemie erzählte, beleuchtet diesen Punkt aus einer konkreten Perspektive. Bei Patienten mit ähnlichen klinischen Werten reagierten einige darauf, andere nicht. „Irgendwann“, sagte er, *„wurde mir klar, dass ich nicht nur Körper behandelte, sondern Geschichten, die versuchten, ganz zu bleiben.*“ Das ist keine wissenschaftliche Aussage im engeren Sinne, aber es ist eine Intuition, die tief mit der Idee des Feldes mitschwingt: das Leben als Sinneinheit, die versucht, sich selbst zu erhalten.

In diesem Licht erscheint das Universum nicht mehr als gleichgültiger Hintergrund, vor dem das Leben zufällig geschieht. Es erscheint vielmehr als ein Kontext, der – zumindest lokal – fähig ist, durch das Leben Sinn zu erzeugen. Die Biologie der Felder behauptet nicht, dass das Universum das Leben „will“, sondern zeigt, dass das Universum dank des Lebens bedeutungsvoll werden kann. Es ist ein subtiler, aber entscheidender Unterschied.

Mit einer Aussage über Sinn zu schließen, bedeutet nicht, sich von der Wissenschaft zu entfernen, sondern ihre fruchtbare Grenze anzuerkennen. Die Wissenschaft beschreibt, wie das Leben entsteht; der Sinn ergibt sich aus der Tatsache selbst, dass es so geschieht und nicht anders. In diesem Raum, der nicht leer, sondern offen ist, liegt die menschliche Verantwortung: zu verstehen, dass wir beim Erforschen des Lebens eine der Weisen beobachten, auf die das Universum interpretierbar, ja sogar erzählbar wird.

Das Leben ist also weder ein Wunder, das gegen die Naturgesetze verstößt, noch ein unbedeutender Zufall. Es ist eines der Ereignisse, in denen die Natur, ihren eigenen Gesetzen folgend, ihre Gleichgültigkeit überwindet und eine Welt eröffnet, in der etwas zählt.

-Literaturverzeichnis.

Im Folgenden findest du eine umfangreiche Fachbibliografie, die mit dem konzeptionellen Rahmen des Buches im Einklang steht und sich auf die Bereiche Biologie, Information, Form, Kohärenz, Komplexität sowie jenseits des Reduktionismus bezieht, einschließlich Klassiker, wissenschaftlicher und theoretischer Texte sowie Werke aus angrenzenden Disziplinen. Die Titel sind, sofern verfügbar, in der Originalsprache angegeben.

Abrams David	The Spell of the Sensuous – Pantheon Books
Bateson Gregory	Mind and Nature: A Necessary Unity – Dutton
Bateson Gregory	Steps to an Ecology of Mind – University of Chicago Press
Behe Michael J.	Darwin's Black Box – Free Press
Bohm David	Wholeness and the Implicate Order – Routledge
Bohm David	Causality and Chance in Modern Physics – Routledge
Capra Fritjof	The Web of Life – Anchor Books
Capra Fritjof, Luisi Pier Luigi	The Systems View of Life – Cambridge University Press
Davies Paul	The Cosmic Blueprint – Simon & Schuster
Davies Paul	The Fifth Miracle – Simon & Schuster
Deacon Terrence W.	Incomplete Nature: How Mind Emerged from Matter – W.W. Norton
Del Giudice Emilio	Role of Coherence in Biological Systems – World Scientific
Elsasser Walter	The Physical Foundation of Biology – Pergamon Press
Elsasser Walter	Atom and Organism – Princeton University Press
Goodwin Brian	How the Leopard Changed Its Spots – Princeton University Press
Goodwin Brian	Nature's Due – Floris Books

Gould Stephen Jay	The Structure of Evolutionary Theory – Harvard University Press
Hameroff Stuart, Penrose Roger	Consciousness and the Universe – Cosmology Science Publishers
Ho Mae-Wan	The Rainbow and the Worm – World Scientific
Hoffmeyer Jesper	Signs of Meaning in the Universe – Indiana University Press
Hoffmeyer Jesper	Biosemiotics – University of Scranton Press
Jantsch Erich	The Self-Organizing Universe – Pergamon Press
Kauffman Stuart	The Origins of Order – Oxford University Press
Kauffman Stuart	At Home in the Universe – Oxford University Press
Keppler Joachim	The Energetic Basis of Life – Springer
Lovelock James	Gaia: A New Look at Life on Earth – Oxford University Press
Margulis Lynn	Symbiotic Planet – Basic Books
Margulis Lynn, Sagan Dorion	What Is Life? – University of California Press
Maturana Humberto, Varela Francisco	Autopoiesis and Cognition – D. Reidel
Maturana Humberto, Varela Francisco	The Tree of Knowledge – Shambhala
Montagnier Luc	DNA Waves and Water – AIP Conference Proceedings
Morin Edgar	La Méthode – Seuil
Pattee Howard	Hierarchy Theory – George Braziller
Penrose Roger	The Emperor's New Mind – Oxford University Press
Prigogine Ilya	From Being to Becoming – W.H. Freeman
Prigogine Ilya, Stengers Isabelle	Order Out of Chaos – Bantam Books
Rosen Robert	Life Itself – Columbia University Press
Rosen Robert	Essays on Life Itself – Columbia University Press
Sheldrake Rupert	A New Science of Life – Blond & Briggs
Sheldrake Rupert	The Presence of the Past – Times Books
Stengers Isabelle	Thinking with Whitehead – Harvard University Press
Uexküll Jakob von	A Foray into the Worlds of Animals and Humans – University of Minnesota Press
Varela Francisco	Ethical Know-How – Stanford University Press
Waddington C.H.	The Strategy of the Genes – Allen & Unwin
Whitehead Alfred North	Process and Reality – Free Press
Wiener Norbert	Cybernetics – MIT Press
Wolfram Stephen	A New Kind of Science – Wolfram Media

Studien und Forschungen

Im Folgenden findest du eine fachspezifische Liste aktueller und anerkannter wissenschaftlicher Studien und Projekte, die mit dem Thema des Buches im Einklang stehen.

Ich habe Arbeiten zu biologischer Kohärenz, Feldern, Information, Nichtlokalität, komplexen Systemen, Biophysik und verkörperter Kognition bevorzugt und rein metaphorische Titel vermieden.

Die Titel sind in der Originalsprache angegeben, die Liste ist alphabetisch nach dem Nachnamen des Verantwortlichen geordnet.

Albert Rémi	Institut de Biologie de l'École Normale Supérieure	*Network Inference, Analysis, and Modeling in Systems Biology* – Nature Reviews Genetics
Bialek William	Princeton University	*Biophysics: Searching for Principles* – Princeton University Press
Cifra Michal	Czech Academy of Sciences	*Electromagnetic Fields Generated by Living Cells* – BioSystems
Del Giudice Emilio	INFN – Istituto Nazionale di Fisica Nucleare	*Coherent Quantum Electrodynamics in Living Matter* – Journal of Physics: Conference Series
De Loof Arnold	University of Leuven	*The Cell's Self-Generated Electromagnetic Field* – Communicative & Integrative Biology
Ellis George F.R.	University of Cape Town	*Top-Down Causation and the Emergence of Information in Complex Systems* – Interface Focus

Fields Chris	Independent Researcher	*How Do Living Systems Create Meaning from Information?* – Biosemiotics
Fröhlich Herbert	University of Liverpool	*Long-Range Coherence and Energy Storage in Biological Systems* – International Journal of Quantum Chemistry
Giudice Del Emilio, Preparata Giuliano	INFN	*Biological Ordering and Coherent Domains in Water* – Journal of Biological Physics
Haken Hermann	University of Stuttgart	*Synergetics: Introduction and Advanced Topics* – Springer
Ho Mae-Wan	Institute of Science in Society	*Quantum Coherence and the Living Organism* – BioSystems
Keppler Joachim	University of Tübingen	*The Energetic Basis of Information and Consciousness* – Entropy
Kauffman Stuart	Institute for Systems Biology	*Autocatalytic Sets and the Origin of Life* – Journal of Theoretical Biology
Levin Michael	Tufts University – Allen Discovery Center	*The Computational Boundary of a "Self"* – Frontiers in Psychology
Levin Michael	Tufts University – Allen Discovery Center	*Bioelectric Signaling: Reprogrammable Circuits Underlying Embryogenesis* – Cell
Longo Giuseppe	CNRS – École Normale Supérieure	*Extended Criticality and the Physics of Life* – Journal of Biological Systems
Montagnier Luc	Fondation Luc Montagnier	*DNA Waves and Water* – Interdisciplinary Sciences: Computational Life Sciences
Mossio Matteo	CNRS – Sorbonne Université	*Organizational Closure in Biological Organisms* – Journal of Theoretical Biology
Noble Denis	University of Oxford	*Biophysics and Systems Biology: Why Reductionism Fails* – Journal of Physiology
Popp Fritz-Albert	International Institute of Biophysics	*Biophoton Emission: New Evidence for Coherence in Living Systems* – Physics Letters A
Prigogine Ilya	Université Libre de Bruxelles	*Non-Equilibrium Systems and the Emergence of Order* – Physics Today
Rosen Robert	Dalhousie University	*Life Itself: A Comprehensive Inquiry into the Nature, Origin, and*

		Fabrication of Life – Columbia University Press
Simeonov Plamen	BAS – Bulgarian Academy of Sciences	*Integral Biomathics: A Post-Newtonian View into the Logos of Bios* – Springer
Torday John	UCLA	*Evolutionary Biology, Cell Communication and the Origin of Physiological Coherence* – Progress in Biophysics and Molecular Biology
Ulanowicz Robert	University of Maryland	*Information Theory in Ecology and Biology* – BioSystems
Varela Francisco	CNRS – CREA, École Polytechnique	*The Brainweb: Phase Synchronization and Large-Scale Integration* – Nature Reviews Neuroscience
Walker Sara Imari	Arizona State University	*The Information Theory of Life* – Reports on Progress in Physics
Werner Eric	University of Oxford	*The Origin, Evolution and Development of Biological Complexity* – BioSystems

Rückseite

Sind wir wirklich nur das Ergebnis von Milliarden chemischer Reaktionen, die von der DNA orchestriert werden? Oder verbirgt das Leben ein tieferes Ordnungsprinzip, das der lebenden Materie Form, Kohärenz und Sinn verleiht? Die Feldbiologie lädt den Leser dazu ein, eine der tief verwurzelten Gewissheiten der modernen Wissenschaft in Frage zu stellen: die Vorstellung, dass das Verständnis der Teile gleichbedeutend ist mit dem Verständnis des Ganzen.

In einem populärwissenschaftlichen, aber stringenten Stil führt dieses Buch den Leser in die Krise des klassischen biologischen Paradigmas ein, dort, wo die biochemische Erklärung an ihre Grenzen stößt und der Darwinismus Mühe hat, das Problem der Form zu erklären. Wie kann ein Organismus seine Identität bewahren, sich kohärent entwickeln und sich kreativ an die Umwelt anpassen, wenn es kein Prinzip gibt, das die Teile koordiniert, noch bevor sie ins Spiel kommen?

Die vorgeschlagene Antwort ist ebenso gewagt wie faszinierend: das Leben als Phänomen der Kohärenz. Von der Physik komplexer und quantenmechanischer Systeme bis hin zur Biologie zeichnet sich das Bild des Organismus als nicht-lokales System ab, in dem das Ganze den Teilen vorausgeht und sie prägt. In diesem Horizont nehmen die biologischen Felder Gestalt an: keine vagen Metaphern, sondern reale Informationsstrukturen, die in der Lage sind, die Form zu stabilisieren, die Lebensprozesse zu lenken und die lebende Materie zu etwas mehr als einer zufälligen Ansammlung zu machen.

Information, die Gestalt annimmt, Lebensenergie, die wissenschaftlich neu gedacht werden muss, Gesundheit als Zustand globaler Kohärenz und Krankheit als Fragmentierung des Feldes: Jedes Kapitel eröffnet eine neue Perspektive auf das Leben und das Erkennen. Das Leben erscheint so als ein weit verbreiteter kognitiver Prozess, in dem jeder Organismus – vom einfachsten bis zum komplex n – die Welt interpretiert und auf sie in sinnvoller Weise reagiert.

Die Feldbiologie verspricht keine endgültigen Formeln, sondern schlägt eine integrierte und verantwortungsvolle Sichtweise vor, die Wissenschaft, Philosophie und Tradition in einen Dialog bringt, ohne sie miteinander zu verwechseln. Ein Buch für alle, die spüren, dass es nicht mehr ausreicht, das Leben auf einen Mechanismus zu reduzieren, und die das Bedürfnis verspüren, den Organismus als ein Ereignis von Sinn im Universum zu begreifen.

Kurze Zusammenfassung ISBN

Das Buch bietet eine innovative Neuinterpretation des Lebensphänomens und richtet sich an alle, die die Grenzen einer auf reine Chemie und Genetik reduzierten Biologie erkennen. In einem populärwissenschaftlichen, aber stringenten Stil beleuchtet das Buch die Krise des klassischen Paradigmas und zeigt auf, warum das Leben weder als einfache Summe von Reaktionen noch als blinder Ausgang der natürlichen Selektion erklärt werden kann. Im Mittelpunkt des Werks steht das Konzept der Kohärenz: das Leben als einheitlicher Prozess, in dem das Ganze den Teilen vorausgeht und diese organisiert. Der Organismus wird somit als nicht-lokales System beschrieben, das von biologischen Feldern getragen wird, die nicht als Metaphern, sondern als reale Informationsstrukturen verstanden werden, die in der Lage sind, die Form zu lenken, die Identität zu stabilisieren und Materie, Energie und Information zu integrieren. Diese Perspektive eröffnet neue Interpretationsansätze für Gesundheit und Krankheit, die jeweils als Zustände der Kohärenz bzw. der Fragmentierung des Lebensfeldes verstanden werden, und führt zu einer Sichtweise des Lebens als diffusem kognitiven Prozess. Ein Buch für Leser, die sich für eine Biologie interessieren, die im Dialog mit der Philosophie steht und dem Leben seinen Sinn im Universum zurückgibt.

Der Autor

Bruno Del Medico, 1946 in Sabaudia (Italien) geboren, beschäftigte sich im Laufe seines Berufslebens mit Informatik und Softwareentwicklung. Später widmete er sich dem Studium und der Verbreitung der aktuellsten wissenschaftlichen Theorien, wie beispielsweise der Quantentheorie in ihrer metaphysischen Auslegung. Derzeit ist Bruno Del Medico Autor zahlreicher Werke, die im Verlag Edizioni PensareDiverso erschienen sind. Das Werk von Bruno Del Medico hebt sich durch seinen kritischen, unabhängigen und unkonventionellen Ansatz von den traditionellen Darstellungen im Bereich der technischen Wissenschaften ab. Anstatt sich auf Standardinterpretationen oder den allgemeinen Konsens zu rein wissenschaftlichen Themen zu beschränken, erkundet Bruno Del Medico alternative, oft gegen den Strom schwimmende Perspektiven und hinterfragt dabei allgemein akzeptierte Annahmen. Ein besonderes Merkmal seiner Werke ist die Fähigkeit, Wissenschaft, Ethik und Philosophie in einem offenen Dialog miteinander zu verknüpfen, der den Leser dazu anregt, selbstständig nachzudenken und die tieferen Implikationen technologischer und wissenschaftlicher Innovationen zu bedenken.

Leben als Informationsprozess – Lebensfelder,
Organismen als kohärente Systeme – Nichtlokalität,
Biologie und Quantenphysik – Kohärenz,
verkörperte Information – biologische Form,
Gesundheit und Krankheit – Verlust der Kohärenz,
Erkenntnistheorie der Biologie – neue Wissenschaft,
Leben und Sinn – Metaphysik der Natur,

AM – Feldbiologie – Leben als Information,
neue Biologie – jenseits des Reduktionismus,
biologische Kohärenz – Physik und Leben,
biologische Felder – nichtlokaler Organismus,
Gesundheit als Kohärenz – systemische Krankheit,
Darwinismus und Form – Kritik am Evolutionismus,
Quantenbiologie – komplexe Systeme,

www.ingramcontent.com/pod-product-compliance
Lightning Source LLC
LaVergne TN
LVHW052021200926
848481LV00005B/1548
* 9 7 9 1 2 5 8 0 6 0 6 7 0 *